高职高专公共基础课“十三五”规划教材

大学生心理健康教育

主　编　冯　涛　黄卫国

副主编　林　静　吴清梅　凌常山　潘雪红

主　审　蒋平生

西安电子科技大学出版社

内 容 简 介

本书根据教育部办公厅印发的《普通高等学校学生心理健康教育课程教学基本要求》编写，主要内容为10个项目：心理健康与心理咨询、自我意识与自信培养、人格发展与健全塑造、环境适应与挫折应对、学习心理与潜能开发、生涯规划与能力发展、情绪调节和压力管理、人际交往与沟通互动、恋爱心理与性爱“禁果”、生命危机与幸福心理。每个项目由数个任务组成，每个任务均以“情境描述—尝试探索—知识学习—能力训练—思考澄清”的逻辑顺利进行编排，具体包括“情境任务描述”、“情境任务分析”、“情境任务知识”、“情境任务训练”、“思考、澄清、分享、巩固”等5项基本教学内容。

本书既可作为高职高专院校开设“大学生心理健康教育”课的教材、团体训练手册或辅助读物，同时也适合广大高校学生、高校心理咨询教师、高校教育管理者以及相关工作者阅读和参考。

图书在版编目(CIP)数据

大学生心理健康教育/冯涛，黄卫国主编. —西安：西安电子科技大学出版社，2014.9(2017.8 重印)

高职高专公共基础课“十三五”规划教材

ISBN 978-7-5606-3478-4

Ⅰ. ① 大… Ⅱ. ① 冯… ② 黄… Ⅲ. ① 大学生—心理健康—健康教育—高等职业教育—教材

Ⅳ. ① B844.2

中国版本图书馆 CIP 数据核字(2014)第 190965 号

策　　划　毛红兵

责任编辑　刘玉芳　毛红兵

出版发行　西安电子科技大学出版社(西安市太白南路 2 号)

电　　话　(029)88242885　88201467　　邮　　编　710071

网　　址　www.xduph.com　　电子邮箱　xdupfxb001@163.com

经　　销　新华书店

印刷单位　陕西利达印务有限责任公司

版　　次　2014 年 9 月第 1 版　2017 年 8 月第 5 次印刷

开　　本　787 毫米×1092 毫米　1/16　印　张　20.5

字　　数　489 千字

印　　数　12 001～15 000 册

定　　价　37.00 元

ISBN 978-7-5606-3478-4/B

XDUP 3770001-5

*****如有印装问题可调换*****

前　言

随着积极心理学的兴起，人们越来越意识到，心理学的目的并不仅仅在于除去人心理或行为上的问题，而是要帮助人们形成良好的心理品质和行为模式。没有问题的人，并不意味着就能自然而然地形成一种良好的心理品质和行为模式。而且，时代的变迁和社会的发展在给大学生带来机遇和挑战的同时，也给他们的心灵带来了巨大的冲击。因此，高校心理健康教育教学的目标和重心，不言而喻，就是帮助大学生形成良好的心理品质和行为模式。

根据《教育部关于推进高等职业教育改革创新引领职业教育科学发展的若干意见》(教职成[2011]12 号)的精神，高职高专的人才培养目标已经调整为“培养高端技能型专门人才”。“大学生心理健康教育”作为高职高专的公共必修课程，也必须以此培养目标为导线，培养大学生保持心理健康的技能。编者在总结三年来课堂教学实践经验的基础上，结合高职高专教学特点和学生的心理与行为特点编写了本书。

本书坚持以高职高专人才培养目标为导向，突出项目化教学的理念，坚持以大学生现在和未来的生活情境为引入点，注重学生心理技能的训练，强调培养学生的自我探索技能、心理调适技能及心理发展技能。这些技能具体包括：鉴别健康与不健康心理的技能、区分正常与异常心理的技能、识别精神障碍的技能、正确认识自我的技能、客观评价自我的技能、积极悦纳自我的技能、健全人格的技能、环境适应的技能、挫折应对的技能、学习发展的技能、确立目标的技能、时间管理的技能、开发潜能的技能、职业生涯规划的技能、觉察情绪的技能、情绪与压力管理的技能、人际交往的技能、人际沟通的技能、处理爱与被爱的技能、塑造幸福心理的技能等。

《大学生心理健康教育》既是高职高专院校公共课教材，又是大学生增强心理健康素质，提高保持健康心理能力的训练手册。本书根据现代心理学的原理与方法，在保证教材专业性、科学性的基础上，整合教育教学内容，进一步增加应用性，将大学生常见的心理问题作为教学项目，以情境引入、问题驱动、定量理论、训练消化、练习巩固、归纳总结为主线展开内容，旨在促进大学生自我调适和发展，贯彻“助人自助”的教学理念。

本书由清远职业技术学院蒋平生主审，冯涛、黄卫国任主编，林静、吴清梅、凌常山、潘雪红任副主编。蒋平生负责全书的框架结构设计并指导具体写作；项目一、八由冯涛编写；项目二、三由黄卫国编写；项目五、六由吴清梅编写；项目九由凌常山编写；项目四由冯涛、凌常山、潘雪红编写；项目七由林静、凌常山编写；项目十由林静、冯涛编写；全书的统稿、审稿由冯涛负责。

本书在编写过程中广泛参考和借鉴了国内外众多专家、学者的研究成果，在此表示由衷的感谢。同时，本书的出版得到了西安电子科技大学出版社领导和编辑的大力支持，在此表达诚挚的谢意。

由于编者水平所限，书中疏漏之处在所难免，恳请专家、同仁、读者批评指正。

编　者

2014 年 4 月

目　　录

项目一　心理健康与心理咨询

【项目导言】

心理学的研究对象是人的思想。在这个信息时代，没有学习过心理学的人都不能算是受过完整教育的人，因为在报纸、广播、杂志、电视和互联网上到处都是与心理学有关的信息，而不懂心理学的人无法理解和把握这些信息。在这个社会竞争激烈的时代，不关注自身心理健康的人都不能算是具备良好综合素质的人，因为社会时时刻刻、随处随地都可能对人们进行各种考验和历练，而不关注心理健康的人就无法快速有效地应对这些考验和历练。

【学习目标】

➢ **知识目标**

(1) 认识心理和心理活动的特点与本质。

(2) 掌握正常与异常心理、健康与不健康心理的差异。

(3) 掌握大学生心理健康的标准和影响因素。

(4) 了解常见心理异常的症状和精神障碍。

(5) 了解心理咨询的概念、功能和意义。

(6) 了解大学生心理咨询的内容和类型。

➢ **能力目标**

(1) 能识别健康与不健康的心理和行为。

(2) 能区分正常与异常的心理和行为。

(3) 能帮助自己和他人正确地应对心理问题。

(4) 能纠正自己和他人对心理健康与咨询的理解误区。

任务1　识别健康心理与不健康心理

【情境任务描述】

郑同学的女朋友在外地上大学，两人恋爱一年多了，关系一直很好。郑同学是学生会干部，在工作中，认识了一位女同学，对他很好，也知道他有女朋友，所以两人只是一般关系。可是，由于经常在一起工作，相互照顾，彼此也很真诚，郑同学逐渐对她产生了好感，郑同学试探性地向这位女同学表达爱慕，她也没有明确反对。这样一来，郑同学反而陷入了矛盾的境地，无法自拔。最近跟女朋友通电话，忽然觉得很平淡，没有激情，于是，感到女朋友很陌生，不如身边的这个女孩亲切。所以在电话中也对女朋友很冷淡，但事后又觉得自己这样太不道德，似乎伤害了对方。思想斗争激烈，不知怎么处理。由于这件事，郑同学近来时而失眠，心情不好时注意力不集中，学习、工作效率也比原来低。原来很喜欢和同学聊天，但最近和别人来往时有些烦，但在理智控制下，维持一般同学关系。

【情境任务分析】

(1) 情境中的郑同学有哪些心理行为表现?

(2) 郑同学的心理是正常的吗?

(3) 郑同学的心理是健康的吗?

(4) 如果你的身上发生类似的情感困惑，你怎么处理?

【情境任务知识】

一、人的心理的本质

(一) 心理是脑的机能

心理是脑的机能，脑是心理活动的器官。没有脑的心理，或者说没有脑的思维是不存在的。正常发育的大脑为心理的发展提供了物质基础。人的大脑是最为复杂的物质，是物质发展的最高产物。人脑受到损伤，就不能进行正常的心理活动。脑的任何部分受到损伤，都会阻碍与之相应的心理活动。例如，大脑的额叶损坏就会引起智力的降低和性格的破坏，使一个原本温良宁静、有理智的人变成粗野急躁、不能自制的人。

人的心理是心理发展的最高阶段，因为人的大脑是最复杂的物质，是神经系统发展的最高产物。所以，从心理现象的产生和发展过程，也说明了心理是神经系统，特别是大脑活动的结果。神经系统，特别是大脑，是从事心理活动的器官。

(二) 心理是客观现实的反映

健全的大脑给心理现象的产生提供了物质基础，但是，大脑只是从事心理活动的器官，有反映外界事物产生心理的能力，而心理并不是大脑本身所固有的。心理现象是客观事物作用于人的感觉器官，通过大脑活动而产生的。所以，客观现实是心理的源泉和内容。离开客观现实来考察人的心理，心理就变成了无源之水、无本之木。对人来说，客观现实包括自然界，也包括人类社会，还包括人类自己。

20 世纪 20 年代，印度发现了两个狼孩，他们有健全的人的大脑，但是，他们脱离了社会，是在狼群中长大的。他们只具有狼的本性，而不具备人的心理。所以，心理也是社会的产物，离开了人类社会，即使有人的大脑，也不能自发地产生人的心理。

心理的反映不是镜子式的反映，而是能动的反映。因为通过心理活动不仅能认识事物的外部现象，还能认识到事物的本质和事物的内在联系，并用这种认识来指导人的实践活动，改造客观世界。

心理是大脑活动的结果，却不是大脑活动的产品。因为心理是一种主观映像，这种主观映像可以是事物的形象，也可以是概念，甚至可以是体验。它是主观的，而不是物质的。虽然这种映像本身从外部是看不见、摸不着的，但是心理支配人的行为活动，又通过行为活动表现出来。因此，可以通过观察和分析人的行为活动客观地研究人的心理。

综上所述，心理现象既是脑的机能，是人脑对客观现实的主观反映，但是又受到社会的制约，是自然和社会相结合的产物。人的心理具有能动性和主观性两个特点。

二、什么是心理健康

第三届国际心理卫生大会(1946 年)曾为心理健康下过一个定义："所谓心理健康是指在身体、智能以及情感上，在与他人的心理健康不相矛盾的范围内，将个人心境发展成最佳的状态。"该次大会也曾认定心理健康的标志是："身体、智力、情绪十分协调；适应环境，人际关系中彼此能谦让；有幸福感；在职业工作中，能充分发挥自己的能力，过着有效率的生活。"

自第三届国际心理卫生大会对心理健康下过定义之后，迄今又有许多作者给心理健康下过定义或制订过标准。中国心理学专家对心理健康的定义如下：

心理健康是指心理活动正常、关系协调、内容与现实一致和人格处在相对稳定的状态。

三、心理健康的标准

郭念锋于 1986 年在《临床心理学概论》一书中提出评估心理健康水平的十个标准。

(一) 心理活动强度

心理活动强度是指对于精神刺激的抵抗能力。在遭遇精神打击时，不同的人对于同一类精神刺激的反应各不相同。这表明，不同人对于精神刺激的抵抗力是不同的。抵抗力低的人往往反应强烈，并容易遗留后患，可能因为一次精神刺激而导致反应性精神病或癔病；而抵抗力强的人，虽有反应，但不强烈，不会致病。这种抵抗力，或者说心理活动强度，主要和人的认识水平有关。一个人对外部事件有充分理智的认识时，就可以相对地减弱刺激的强度。另外，人的生活经验、固有的性格特征、当时所处的环境条件以及神经系统的类型，也会影响到这种抵抗能力。

(二) 心理活动耐受力

前面说的是对突然的强大精神刺激的抵抗能力。而这种慢性的、长期的精神刺激，可以使耐受力差的人处于痛苦之中，在经历一段时间后，便在这种慢性精神折磨下出现心理异常、个性改变、精神不振，甚至产生严重躯体疾病；但是，也有人虽然被这些不良刺激缠绕，日常也体验到某种程度的痛苦，但最终不会在精神上出现严重问题，有的人，甚至把不断克服这种精神苦恼作为强者的象征，作为检验自身生存价值的指标。有的人，甚至可以在别人无法忍受的逆境中做出光辉成绩。我们把这种经受精神刺激的能力看做衡量心理健康水平的指标，称它为心理活动的耐受力。

(三) 周期节律性

人的心理活动在形式和效率上都有着自己内在的节律性。比如，人的注意力水平，就有一种自然的起伏。不只是注意状态，人的所有心理过程都有节律性。一般可以用心理活动的效率作为指标去探查这种客观节律的变化。有的人白天工作效率不高，但一到晚上就很有效率，有的则相反。如果一个人的心理活动的固有节律经常处在紊乱状态，不管是什么原因造成的，我们都可以说他的心理健康水平下降了。

(四) 意识水平

意识水平的高低，往往以注意力品质的好坏为客观指标。如果一个人不能专注于某种工作，不能专注于思考问题，思想经常"开小差"或者因注意力分散而出现工作上的差错，我们就要警惕他的心理健康问题了。因为注意水平的降低会影响到意识活动的有效水平。思想不能集中的程度越高，心理健康水平就越低，由此而造成的其他后果，如记忆力水平下降等也越严重。

(五) 暗示性

易受暗示的人，往往容易被周围环境的无关因素引起情绪的波动和思维的动摇，有时表现为意志力薄弱。他们的情绪和思维很容易随环境而变化，给精神活动带来不太稳定的特点。当然，受暗示这种特点在每个人身上都或多或少地存在着，但水平和程度差别是较大的，女性比男性较易受暗示。

(六) 康复能力

在人的一生中，谁也不可避免遭受精神创伤，在精神创伤之后，情绪极大波动，行为暂时改变，甚至某些躯体症状都有可能出现。但是，由于人们各自的认识能力和经验不同，从一次打击中恢复过来所需要的时间也会有所不同，恢复的程度也有差别。这种从创伤刺激中恢复到往常水平的能力，称为心理康复能力。康复水平高的人恢复得较快，而且不留什么严重痕迹，每当再次回忆起这次创伤时，他们表现得较为平静，原有的情绪色彩也很平淡。

(七) 心理自控力

情绪的强度、情感的表达、思维的方向和思维过程都是在人的自觉控制下实现的。所谓不随意的情绪、情感和思维，只是相对的。它们都有随意性，只是水平不高以致难以察觉罢了。对情绪、思维和行为的自控程度与人的心理健康水平密切相关。当一个人的身心十分健康时，他的心理活动会十分自如，情感的表达恰如其分，辞令通畅，仪态大方，不过分拘谨，不过分随便，这就是说，我们观察一个人的心理健康水平时，可以从他的自我控制能力如何来进行判断。为此，精神活动的自控能力不失为一个心理健康指标。

(八) 自信心

当一个人面对某种生活事件或工作任务时，首先是估计自己的应付能力。人们在进行这种自我评估时，有两种倾向，一种是估计过高，一种是估计过低。前者是盲目的自信，后者是盲目的不自信。这种自信心的偏差所导致的后果都是不好的。前者由于过高的自我评估，在实际操作中因掉以轻心而导致失败，从而产生失落感或抑郁情绪；后者由于过低评价自己的能力而畏首畏尾，因害怕失败而产生焦虑不安的情绪。为此，一个人是否有恰如其分的自信，是精神健康的一种标准。"自信心"实质上是正确自我认知的能力，这种能力可以在生活实践中逐步提高。但是，如果一个人具有"缺乏自信"的心理倾向，对任何事情都显得畏首畏尾，并且不能在生活实践中不断提高自信心，那么，此人心理健康水平是不高的。

(九) 社会交往

人类的精神活动得以产生和维持，其重要的支柱是充分的社会交往。社会交往的剥夺，必然导致精神崩溃，从而出现种种异常心理。因此，一个人能够正常与人交往，也能标志一个人的心理健康水平。

当一个人毫无理由地与亲友和社会中其他成员断绝来往，或者变得十分冷漠时，这就构成了精神病症状，叫做"接触不良"。如果过分地进行社会交往，与任何素不相识的人也可以"一见如故"，这可能是躁狂状态。在现实生活中，比较多见的是心情抑郁，人处在抑郁状态下，社会交往受阻较为常见。

(十) 环境适应能力

从某种意义上说，心理是适应环境的工具，人为了个体保存和种族延续，为了自我发展和完善，就必须适应环境。因为，一个人从生到死，始终不能脱离自己的生存环境。环境条件是不断变化的，有时变动很大，这就需要采取主动或被动的措施，使自身与环境达到新的平衡，这一过程就叫适应。主动适应，其内涵是积极地去改变环境；消极适应，其内涵是躲避环境的冲击。有时，生存环境的变化十分剧烈，人对它无能为力，而只能韬晦、忍耐，即进行所谓的"消极适应"。"消极适应"只是形式，其内在意义也含有积极的一面，至少在某一时期或某一阶段上有现实意义。当生活环境条件突然变化时，一个人能否很快地采取各种办法去适应，并依此保持心理平衡，往往标志着一个人心理活动的健康水平。

四、健康心理和不健康心理

(一) 概念的区分

心理正常、心理不正常，心理健康、心理不健康，这是我们日常生活中经常使用的词汇和概念。将这些概念彼此区分清楚，把它们之间的联系梳理通顺，可以使人们更好地识别各种心理状态和活动。

这里说的"心理正常"，是指具备正常功能的心理活动，或者是不包含有精神病症状的心理活动；而这里说的"心理不正常"，也就是"异常心理"，是指有典型精神障碍(俗称"精神病")症状的心理活动。"正常"和"异常"，是表明和讨论"有精神障碍"或"没有精神障碍"等问题的一对范畴。而"健康"和"不健康"，是另外一对范畴，是在"正常"范围内用来讨论"正常心理"水平的高低和程度如何。可见，"健康"和"不健康"这两个概念包含在"正常"这一概念中。不健康不是有病，不健康和病是两类性质的问题。这几种概念的关系，如图 1-1 所示。

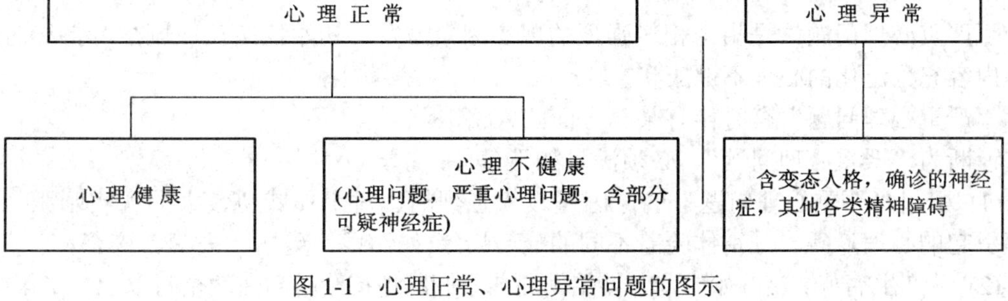

图 1-1　心理正常、心理异常问题的图示

(二) 健康心理和不健康心理的具体内涵

从静态的角度看，健康心理是一种心理状态，它在某一时段内，展现着自身的正常功能。而从发展角度看，健康心理是在常规条件下，个体为应对千变万化的内、外环境，围绕某一群体的心理健康常模，在一定范围内不断上下波动的相对平衡过程。这就是“健康心理”的内涵，它涵盖着一切有利于个体生存发展和稳定生活质量的心理活动。依据上述含义，我们可以从动态角度把“健康心理活动”定义为：健康心理活动是一种处于动态平衡的心理过程。

很显然，在常规条件下，这种动态平衡过程是在主体与内外环境的相互作用中实现的。然而，人类及其个体不是静止的，无论他们自身的状态，还是他们的生存环境都是处在变化之中的。倘若主体自身，或内、外环境发生了激烈的变化，那么，这种动态平衡过程就可能被打破，心理活动就可能远远偏离群体心理的健康常模。这时，心理活动就可能变为另一种相对失衡的状态和过程。

假如，在非常规条件下，当心理活动变得相对失衡，而且对个体生存发展和稳定生活质量起着负面作用，那么，这时的心理活动便称为“不健康心理”状态。“不健康心理活动”涵盖一切偏离常模而丧失常规功能的心理活动。据此，我们给“不健康心理活动”的定义为：不健康心理活动是一种处于动态失衡的心理过程。

至于如何界定“心理健康”和“心理不健康”，虽然尚无量化水平比较理想的方法或工具。但是，人们仍然可以利用现有的工具和手段，尽量把两者分开并划分出不同的水平与等级。

五、心理不健康的分类

(一) 心理不健康的第一类型——一般心理问题

“一般心理问题”是指由现实因素激发，持续时间较短，情绪反应能在理智控制之下，不严重破坏社会功能，情绪反应尚未泛化的心理不健康状态。

诊断为“一般心理问题”，必须满足以下条件：

(1) 由于现实生活、工作压力、处事失误等因素而产生内心冲突，并因此而体验到不良情绪(如厌烦、后悔、懊丧、自责等)。

(2) 不良情绪不间断地持续一个月，或不良情绪间断地持续两个月仍不能自行化解。

(3) 不良情绪反应仍在相当程度的理智控制下，始终能保持行为不失常态，基本维持正常的生活、学习、社会交往，但效率有所下降。

(4) 没有泛化自始至终，不良情绪的激发因素仅仅局限于最初事件，即便是与最初事件有联系的其他事件，也不会引起此类不良情绪。

(二) 心理不健康的第二类型——严重心理问题

“严重心理问题”是指由相对强烈的现实因素激发，初始情绪反应剧烈、持续时间长久、内容充分泛化的心理不健康状态。

“严重心理问题”有时伴有某一方面的人格缺陷。

诊断为“严重心理问题”，必须满足如下条件：

(1) 引起“严重心理问题”的原因是较为强烈的、对个体威胁较大的现实刺激。不同原因引起的心理障碍，分别体验着不同的痛苦情绪(如悔恨、冤屈、失落、恼怒、悲哀等)。

(2) 从产生痛苦情绪开始，痛苦情绪间断或不间断地持续时间在两个月以上，半年以下。

(3) 遭受的刺激强度越大，反应越强烈。多数情况下，会短暂地失去理性控制；在后来的持续时间里，痛苦可逐渐减弱，但是，单纯依靠“自然发展”，却难以解脱；对生活、工作和社会交往有一定程度的影响。

(4) 痛苦情绪不但能被最初的刺激引起，而且与最初刺激相类似、相关联的刺激也可以引起此类痛苦，即反应对象被泛化。

(三) 心理不健康的第三类型——神经症性的心理问题

第三种类型的心理不健康状态，已接近神经衰弱或神经症，或者它本身就是神经衰弱或神经症的早期阶段。

【情境任务训练】

一、案例分析

1. 严重心理问题案例

李明，男性，20岁，大学一年级学生。李明家庭条件优越，父母对其要求很高，为了将来能出人头地，父母自其上学起就逼着他上各种各样的补习班，大大小小的竞赛奖拿了不少，最终如愿考上重点大学。上大学后，几乎天天都努力学习专业知识，可同学们都笑话他是书呆子。两个月前的一天，他一踏进教室就出现了焦虑、恐惧、心神不安、心慌、全身出冷汗等症状，请假回家后缓解，这样的情况后来出现了多次。他告诉妈妈，自己不想上学了。他妈妈看到这种情况也感到非常紧张，多次带他到医院检查，但检查结果都很正常，并未查出明显的器质性病变。

2. 神经症性心理问题案例

小丽在一次班里举办的圣诞联谊会上，不知什么原因弄洒了饮料。一位同学对她开玩笑说：“你心虚什么啊，手抖得这么厉害！”小丽认为别人都在看自己的笑话，就借故离开了。两个月前有一次到台上试讲，老师和同学们在台下听，小丽感觉手抖得很厉害，拿不住水杯。小丽认为自己手抖，多次暗暗告诉自己，不要让别人看出自己手抖。从此以后小丽就很怕去人多的地方，尤其是不能在人多的场合喝水。为此以各种理由谢绝各种集体活动，甚至不到食堂吃饭。同学说她清高，很不理解她的行为。小丽感到自己出现了大问题，到多家医院做了检查，但没有发现器质性病变。小丽认为自己有病无法解决，而别人不能理解自己，苦恼、痛苦、情绪低落。近来没有胃口，吃不下饭，失眠，已经请了好几天假。

(1) 请根据严重心理问题的相关知识，列出“严重心理问题” 案例中的主人公诊断为严重心理问题的依据是什么?

(2) 从心理症状、病程时间、产生原因和社会功能影响等方面来分析“神经症性心理问题”案例。

(3) 根据所学相关知识，分析一般心理问题、严重心理问题的诊断依据有哪些异同。

二、自测心理健康状况

症状自评量表(The self-report symptom inventory，Symptom CheckList 90，简称 SCL-90)

有 90 个评定项目，每个项目分五级评分，包含了比较广泛的精神病症状学内容，从感觉、情感、思维、意识、行为直至生活习惯、人际关系、饮食等均有涉及，能准确刻划被试者的自觉症状，能较好地反映被试者的问题及其严重程度和变化，是当前研究神经症及综合性医院住院病人或心理咨询门诊中应用最多的一种自评量表。

（一）自评题目

指导语：以下列出了有些人可能会有的问题，请仔细地阅读每一条，然后根据最近一星期以内下述情况影响您的实际感觉，在每个问题后标明该题的程度得分。其中，“没有”选 1，“很轻”选 2，“中等”选 3，“偏重”选 4，“严重”选 5

项　目	没有	很轻	中等	偏重	严重
1. 头痛	1	2	3	4	5
2. 神经过敏，心中不踏实	1	2	3	4	5
3. 头脑中有不必要的想法或字句盘旋	1	2	3	4	5
4. 头昏或昏倒	1	2	3	4	5
5. 对异性的兴趣减退	1	2	3	4	5
6. 对旁人责备求全	1	2	3	4	5
7. 感到别人能控制您的思想	1	2	3	4	5
8. 责怪别人制造麻烦	1	2	3	4	5
9. 忘性大	1	2	3	4	5
10. 担心自己的衣饰整齐及仪态的端正	1	2	3	4	5
11. 容易烦恼和激动	1	2	3	4	5
12. 胸痛	1	2	3	4	5
13. 害怕空旷的场所或街道	1	2	3	4	5
14. 感到自己的精力下降，活动减慢	1	2	3	4	5
15. 想结束自己的生命	1	2	3	4	5
16. 听到旁人听不到的声音	1	2	3	4	5
17. 发抖	1	2	3	4	5
18. 感到大多数人都不可信任	1	2	3	4	5
19. 胃口不好	1	2	3	4	5
20. 容易哭泣	1	2	3	4	5
21. 同异性相处时感到害羞不自在	1	2	3	4	5
22. 感到受骗，中了圈套或有人想抓住您	1	2	3	4	5
23. 无缘无故地突然感到害怕	1	2	3	4	5
24. 自己不能控制地大发脾气	1	2	3	4	5
25. 怕单独出门	1	2	3	4	5
26. 经常责怪自己	1	2	3	4	5
27. 腰痛	1	2	3	4	5
28. 感到难以完成任务	1	2	3	4	5

续表一

项　　目	没有	很轻	中等	偏重	严重
29. 感到孤独	1	2	3	4	5
30. 感到苦闷	1	2	3	4	5
31. 过分担忧	1	2	3	4	5
32. 对事物不感兴趣	1	2	3	4	5
33. 感到害怕	1	2	3	4	5
34. 您的感情容易受到伤害	1	2	3	4	5
35. 旁人能知道您的私下想法	1	2	3	4	5
36. 感到别人不理解您、不同情您	1	2	3	4	5
37. 感到人们对您不友好，不喜欢您	1	2	3	4	5
38. 做事必须做得很慢以保证做得正确	1	2	3	4	5
39. 心跳得很厉害	1	2	3	4	5
40. 恶心或胃部不舒服	1	2	3	4	5
41. 感到比不上他人	1	2	3	4	5
42. 肌肉酸痛	1	2	3	4	5
43. 感到有人在监视您、谈论您	1	2	3	4	5
44. 难以入睡	1	2	3	4	5
45. 做事必须反复检查	1	2	3	4	5
46. 难以作出决定	1	2	3	4	5
47. 怕乘电车、公共汽车、地铁或火车	1	2	3	4	5
48. 呼吸有困难	1	2	3	4	5
49. 一阵阵发冷或发热	1	2	3	4	5
50. 因为感到害怕而避开某些东西、场合或活动	1	2	3	4	5
51. 脑子变空了	1	2	3	4	5
52. 身体发麻或刺痛	1	2	3	4	5
53. 喉咙有梗塞感	1	2	3	4	5
54. 感到前途没有希望	1	2	3	4	5
55. 不能集中注意力	1	2	3	4	5
56. 感到身体的某一部分软弱无力	1	2	3	4	5
57. 感到紧张或容易紧张	1	2	3	4	5
58. 感到手或脚发重	1	2	3	4	5
59. 想到死亡的事	1	2	3	4	5
60. 吃得太多	1	2	3	4	5
61. 当别人看着您或谈论您时感到不自在	1	2	3	4	5
62. 有一些不属于您自己的想法	1	2	3	4	5
63. 有想打人或伤害他人的冲动	1	2	3	4	5

续表二

项　目	没有	很轻	中等	偏重	严重
64. 醒得太早	1	2	3	4	5
65. 必须反复洗手、点数目或触摸某些东西	1	2	3	4	5
66. 睡得不稳、不深	1	2	3	4	5
67. 有想摔坏或破坏东西的冲动	1	2	3	4	5
68. 有一些别人没有的想法或念头	1	2	3	4	5
69. 感到对别人神经过敏	1	2	3	4	5
70. 在商店或电影院等人多的地方感到不自在	1	2	3	4	5
71. 感到任何事情都很困难	1	2	3	4	5
72. 一阵阵恐惧或惊恐	1	2	3	4	5
73. 感到在公共场合吃东西很不舒服	1	2	3	4	5
74. 经常与人争论	1	2	3	4	5
75. 单独一个人时神经很紧张	1	2	3	4	5
76. 别人对您的成绩没有作出恰当的评价	1	2	3	4	5
77. 即使和别人在一起也感到孤单	1	2	3	4	5
78. 感到坐立不安、心神不定	1	2	3	4	5
79. 感到自己没有什么价值	1	2	3	4	5
80. 感到熟悉的东西变成陌生或不像是真的	1	2	3	4	5
81. 大叫或摔东西	1	2	3	4	5
82. 害怕会在公共场合昏倒	1	2	3	4	5
83. 感到别人想占您的便宜	1	2	3	4	5
84. 为一些有关性的想法而很苦恼	1	2	3	4	5
85. 您认为应该因为自己的过错而受到惩罚	1	2	3	4	5
86. 感到要很快把事情做完	1	2	3	4	5
87. 感到自己的身体有严重问题	1	2	3	4	5
88. 从未感到和其他人很亲近	1	2	3	4	5
89. 感到自己有罪	1	2	3	4	5
90. 感到自己的脑子有毛病	1	2	3	4	5

(二) SCL-90 症状自评量表测试结果分析

1. 结果解释

按全国常模结果，总分超过 160 分；或阳性项目数超过 43 项；或任一因子分超过 2 分，可考虑筛查阳性，需进一步检查。具体分数解释：1～2 提示心理健康；2～3 提示亚健康心理状态；3～4 提示有心理健康问题；4～5 提示有严重心理健康问题。

2. 具体因子、所包含的项目及简要解释

因子	所包含的项目	简 要 解 释	累计得分(S)	T分数(S/项目数)
躯体化	1、4、12、27、40、42、48、49、52、53、56、58	主要反映主观的身体不适感，包括心血管、肠胃道、呼吸道系统主诉不适和头痛、脊痛、肌肉酸痛、以及焦虑的其他躯体表现		/12
强迫症状	3、9、10、28、38、45、46、51、55、65	主要指那种明知没有必要，但又无法摆脱的无意义的思想、冲动、行为等表现，还有一些比较一般的感知障碍(如脑子变空了，“记忆力不行”等)		/10
人际关系敏感	6、21、34、36、37、41、61、69、73	主要反映某些个人的不自在感与自卑感，尤其是在与其他人相比较时更为突出。有自卑感、懊丧，以及在人事关系中明显相处不好的人，往往这一因子得高分		/9
抑郁	5、14、15、20、22、26、29、30、31、32、54、71、79	反映的是临床上忧郁症状群相联系的广泛的概念。忧郁苦闷的感情和心境是代表性症状，它还以对生活的兴趣减退，缺乏活动的愿望、丧失活动力等为特征，包括失望、悲叹、与忧郁相联系的其他感知及躯体方面的问题		/13
焦虑	2、17、23、33、39、57、72、78、80、86	包括一些临床上明显与焦虑症状相联系的症状与体验。一般指那些无法静息、神经过敏、紧张，以及由此产生躯体征象(如震颤)。游离不定的焦虑及惊恐发作是本因子的主要内容，它还包括有一个反映“解体”的项目		/10
敌对	11、24、63、67、74、81	主要以三方面来反映病人的敌对表现、思想、感情及行为，包括从厌烦、争论、摔物，直至争斗和不可抑制的冲动暴发等各个方面		/6
恐怖	13、25、47、50、70、75、82	与传统的恐怖状态所反映的内容基本一致，恐惧的对象包括出门旅行，空旷场地、人群，或公共场合及交通工具。此外还有反映社交恐怖的项目		/7
偏执	8、18、43、68、76、83	偏执是一个十分复杂的概念，本因子只是包括了它的一些基本内容，主要是指思维方面，如投射性思维，敌对、猜疑、关系妄想、忘想、被动体验和夸大等		/6
精神病性	7、16、35、62、77、84、85、87、88、90	其中有幻想、思维播散、被控制感、思维被插入等反映精神分裂症症状的项目		/10
其他	19、44、59、60、64、66、89	反映睡眠及饮食情况		/7
阳性项目总数＝90－选择“没有”的项目数		总累计得分：	总因子分数＝总分÷90	

【思考、澄清、分享、巩固：从幸福到更幸福】

你幸福吗？

一个人怎样才能判断自己是否幸福？在什么时候才能变得幸福？是否有关于“幸福”的统一标准？如果有，它是什么呢？如果说我们的幸福取决于与他人的比较的话，那么我们周围的人究竟有多幸福呢？其实，这些问题很难有确切的答案，即便有，这些答案本身对提升我们的幸福感也没有什么帮助。

“我是否幸福?”这个问题本身就暗示着对幸福的两极看法：我们要么幸福，要么不幸。在这种理解中，幸福成为一个终点，我们一旦达到，对幸福的追求就结束了，但实际上，这个终点并不存在，对这一误解的执着只能导致不满和挫败感。

我们永远都可以更幸福，没有人总是处于完美的生活状态而无欲无求。与其问自己是否幸福，不如去探求一个更有帮助的问题：“我怎样才能更幸福?”这个问题不但吻合了幸福的本义，还表明了幸福是一个长期追求、永不间断的过程中的某一段。比如，我现在要比五年前幸福；我也希望，五年后的今天我能比现在幸福。

与其因为还没有达到的幸福境界而垂头丧气，与其浪费力气去苦思冥想自己到底有多幸福，不如认真地去体会和挖掘幸福这一无穷无尽的宝藏，同时去争取得到更多。要记得，追求幸福应该是我们终生的目标。

任务2　区分正常心理与异常心理

【情境任务描述】

系部老师集体巡查宿舍时，一同学主动问站在其身旁的老师姓名。这位老师告诉其姓“粟”，该同学听到后就说：“啊！西米西米，东西南北，东风压倒西风，帝国主义和一切反动派都是纸老虎。”此时宿舍门口走进一名迟来的老师，该同学的注意力立即被这位迟来的老师吸引过去，并自言自语地说：“他来干什么？我熟悉这儿的情况，我能帮他忙。”该同学在离开众多老师，欲转而向这位陌生人走去以前，连声说“对不起，我得问问他有什么事。”

【情境任务分析】

(1) 你认为以上情境中的同学心理是否正常？原因是什么？

(2) 该同学有哪些具体的心理行为表现？

(3) 一般情况下，遇到这种生活情境，我们都会有哪些心理行为反应？

我们的内心世界比我们生活的这个外部世界还要丰富和复杂。世界之大，我们每个人穷尽一生所能看到、听到、感觉到、体验到的事物极其有限。且不说浩瀚无垠的洪荒宇宙，即使我们立足的这个渺小的星球，已经使我们认识到生命的有限和短暂。可即使是烦琐的小事，投射到我们心灵世界里时，也可能变得极其复杂和丰富。禅语说“一叶一世界，一花一菩提”就是这个意思。

【情境任务知识】

一、正常心理和异常心理的概念

世界上任何事物都有正、反两个方面，人的心理活动也是如此。

心理的正面，即正常的心理活动，具有三大功能：

(1) 能保障人作为生物体顺利地适应环境，健康地生存发展。

(2) 能保障人作为社会实体正常地进行人际交往，在家庭、社会团体、机构中正常地肩负责任，使人类赖以生存的社会组织正常运行。

(3) 能使人类正常地、正确地反映、认识客观世界的本质及其规律性，以便创造性地改造世界，创造出更适合人类生存的环境条件。

心理的反面，即异常心理活动，是丧失了正常功能的心理活动。由于丧失了正常心理活动的三大功能，所以无法保证人的正常生活，而且其异常心理的心理特点，会随时破坏人的身心健康。

以上所述，便是正常心理活动和异常心理活动这两个概念的内涵。

二、心理正常与心理异常的区分

在实际生活中，人们可以从不同角度、按照不同经验，在不同学科领域、使用不同的标准来看待心理正常和异常。在这里，我们主要从心理学的角度来区分。

中国心理学家郭念锋根据心理学对心理活动的定义，即“心理是客观现实的反映，是脑的机能”，确定以下三条原则，作为区分心理正常与异常的依据。

(一) 主观世界与客观世界的统一性原则

因为心理是客观现实的反映，所以任何正常的心理活动或行为，必须就形式和内容上与客观环境保持一致性。不管是谁，也不管是在怎样的社会历史条件和文化背景中，如果一个人说他看到或听到了什么，而客观世界中，当时并不存在引起他这种知觉的刺激物，那么，我们必须肯定，这个人的精神活动不正常了，他产生了幻觉。另外，一个人的思维内容脱离了现实，或思维逻辑背离客观事物的规律性，这时，我们说他产生了妄想。这些都是我们观察和评价人的精神与行为的关键，我们称它为统一性标准，人的精神或行为只要与外界环境失去统一性，必然不能被人理解。

(二) 心理活动的内在协调性原则

人类的精神活动虽然可以被分为认知、情绪情感、意志行为等部分，但它自身确实是一个完整的统一体，各种心理过程之间具有协调一致的关系，这种协调一致性保证人在反映客观世界过程中的高度准确和有效。比如一个人遇到一件令人愉快的事，会产生愉快的情绪，手舞足蹈，欢快地向别人诉说自己内心的体验。这样我们就可以说他有正常的精神和行为。如果不是这样，一边用低沉的语调向别人诉说愉快的事；或者对痛苦的事做出快乐的反应，我们就可以说他的心理过程失去了协调一致性，成为异常状态。

(三) 人格的相对稳定性原则

每个人在长期的生活道路上，都会形成自己独特的人格心理特征。这种人格特征一旦形成，便有相对的稳定性；在没有重大变革的情况下，一个人的相对稳定性出现问题，我们也要怀疑这个人的心理活动出现了异常。这就是说，我们可以把人格的相对稳定性作为区分心理活动正常与异常的标准之一。比如一个用钱很仔细的人，突然挥金如土，或者一个待人接物很热情的人，突然变得冷淡，如果我们在他的生活环境中找不到足以促使他发生改变的原因，那么，我们可以说，他的精神活动已经偏离了正常的轨道。

三、常见心理异常的症状

<table>
<tr><th colspan="5">名　称</th><th>特　征</th></tr>
<tr><td rowspan="18">认知障碍</td><td rowspan="18">感知障碍</td><td rowspan="3">感觉障碍</td><td colspan="2">感觉过敏</td><td>病理性、功能性感觉阈限降低而对外界低强度刺激的过敏反应</td></tr>
<tr><td colspan="2">感觉减退</td><td>病理性、功能性感觉阈限增高而对外界刺激的感受迟钝</td></tr>
<tr><td colspan="2">内感性不适</td><td>躯体内部性质不明确、部位不具体的不舒适感或难以忍受的异常感觉</td></tr>
<tr><td rowspan="15">知觉障碍</td><td colspan="2">错觉</td><td>对客观事物歪曲的知觉。不能接受现实检验，谵妄状态带有恐怖性质</td></tr>
<tr><td rowspan="14">幻觉</td><td rowspan="3">无对象性知觉</td><td>按感受器官不同分：幻视、幻嗅、幻味、幻触、内脏性幻觉</td></tr>
<tr><td>按幻觉体验来源：真性幻觉、假性幻觉</td></tr>
<tr><td>按产生的特殊条件：功能性幻觉、思维鸣响、心因性幻觉</td></tr>
<tr><td>幻听</td><td>言语性幻听比非言语性幻听常见，对精神疾病的诊断和鉴别有临床意义</td></tr>
<tr><td>幻视</td><td>缺乏具体形态和明确结构的幻视(原始性幻觉)</td></tr>
<tr><td>幻嗅</td><td>患者嗅到异味感</td></tr>
<tr><td>幻味</td><td>患者在食物或水中尝到某种特殊的怪味道</td></tr>
<tr><td>幻触</td><td>感到皮肤或黏膜上有虫爬、针刺、电灼等异常感觉</td></tr>
<tr><td>内脏性幻觉</td><td>患者躯体内部有性质很明确、部位很具体的异常知觉</td></tr>
<tr><td>真性幻觉</td><td>幻觉形象清晰、生动，位置精确，与客观事物一样，并引发相应的情感和行为反应</td></tr>
<tr><td>假性幻觉</td><td>幻觉形象模糊、不生动、位置不精确，与客观事物不一样。产生于主观空间(如脑内、牙齿内)，叙述幻觉无法通过相应感觉器官感知到</td></tr>
<tr><td>功能性幻觉</td><td>在某个感觉器官处于功能活动状态的同时出现的幻觉。与正常知觉同时出现、同时存在、同时消失</td></tr>
<tr><td>思维鸣响</td><td>特殊形式的幻觉</td></tr>
<tr><td>心因性幻觉</td><td>是强烈的精神刺激引发的幻觉。幻觉内容与精神刺激因素有密切联系</td></tr>
</table>

续表一

名称				特征
认知障碍	感知障碍	感知综合障碍	视物变形症	感知客观事物的个别属性大小、远近、长短时产生变形
			非真实感	周围事物像布景、“水中月”、“镜中花”，人物像是油画中的肖像没有生机
			窥镜症	认为自己面孔、体形发生变化，经常窥镜
	思维障碍	思维形式障碍	思维奔逸	兴奋性思维联想障碍，思维活动量增加，思维联想速度加快，语量多，语速快。脑子转得快，音联、意联、随境转移
			思维迟缓	抑制性思维联想障碍，思维活动缓慢，联想困难，思考问题吃力，反应迟钝。语量少，语速慢，语音低沉，反应迟缓。脑子不灵了
			思维贫乏	思想内容空虚，概念和词汇贫乏，回答问题简单，平时沉默寡言。语速并不减慢，漠然处之
			思维松弛	思维散漫。思维活动联想松弛、内容散漫，感觉答非所问，对问题的叙述不够中肯，不切题，与其交谈有一种十分困难的感觉
			破裂性思维	在意识清楚情况下，思维联想过程破裂，谈话内容缺乏内在意义上的连贯性和应有的逻辑性，但其单独语句在语法结构上是正确的
			思维不连贯	发生在意识障碍情况下的严重的破裂性思维。词语杂乱
			思维中断	患者无意识障碍，无明显外界干扰，思维突然中断。言语在不应该停顿的地方停顿，伴有明显不自主感
			思维插入和思维被夺	思考过程中突然出现与主题无关的意外联想，或自己思维(灵感或思想火花)被夺走了，对此有明显不自主感。部分受控
			思维云集	强制性思维。不受患者控制的思潮强制性大量涌入，杂乱而毫无意义。完全受控，没有属于自己的思维活动
			病理性赘述	交谈时夹杂很多不必要的细节，啰嗦
			病理性象征性思维	以普通的概念或词句、动作表示某些特殊、不经患者解释无法理解的含义
			语词新作	自创一些文字、图形或符号并赋予其特殊含义
			逻辑思维倒错	思维联想过程中逻辑性的明显障碍为主要特征。推理过程荒谬、缺乏逻辑根据、坚持己见、不可说服
		思维内容障碍	妄想	一种脱离现实的病理性思维。以毫无根据的设想为前提进行推理，得出不符合实际的结论；对荒唐的结论坚信不移，无法说服
			妄想分类	按内容分：关系、被害、特殊意义、物理影响、夸大、自罪、疑病、嫉妒、钟情、内心被揭露感(被洞悉感)
				按起源分：原发性妄想(精神分裂症的特征性症状)、继发性妄想
			关系妄想	实际与其无关的事情认为与其有关
			被害妄想	认为他人监视、打击、陷害他，甚至投毒，有拒食、控告、逃跑、伤人、自伤等行为

续表二

<table>
<tr><th colspan="5">名　称</th><th>特　征</th></tr>
<tr><td rowspan="23">认知障碍</td><td rowspan="12">思维障碍</td><td rowspan="12">思维内容障碍</td><td colspan="2">特殊意义妄想</td><td>认为周围人正常的言行与其有关，并有特殊含义针对他</td></tr>
<tr><td colspan="2">物理影响妄想</td><td>认为自身受到由某种先进仪器所发出的物理外力如激光、X 线、红外线、紫外线等的支配、控制和操纵</td></tr>
<tr><td colspan="2">夸大妄想</td><td>夸大自身的财富、地位、能力、权利等</td></tr>
<tr><td colspan="2">自罪妄想</td><td>罪恶妄想。认为自己罪大恶极、死有余辜、应受惩罚。拒食，要求赎罪</td></tr>
<tr><td colspan="2">疑病妄想</td><td>虚无妄想。毫无根据地坚信自己患有严重疾病，到处求医，但医学检验不出其有病</td></tr>
<tr><td colspan="2">嫉妒妄想</td><td>坚信配偶对其不忠，另有外遇，跟踪监视配偶日常活动</td></tr>
<tr><td colspan="2">钟情妄想</td><td>被钟情妄想。认为某个异性对自己产生了爱情</td></tr>
<tr><td colspan="2">洞悉感</td><td>内心被揭露感。认为内心的想法或隐私未经其表达他人就知道了</td></tr>
<tr><td colspan="2">原发性妄想</td><td>突然发生，不可理解，毫无根源。突发性妄想、妄想知觉、妄想心境</td></tr>
<tr><td colspan="2">继发性妄想</td><td>以错觉、幻觉、逻辑推理障碍、情感高涨或低落等精神异常为基础所产生的妄想，或在某些妄想基础上产生的另一种妄想</td></tr>
<tr><td colspan="2">强迫观念</td><td>强迫性思维。一种观念反复出现在患者脑海中，如强迫性回忆、强迫性计数、强迫性怀疑、强迫性对立观念、强迫性穷思竭虑。明知道不必要，但无法摆脱，造成苦恼</td></tr>
<tr><td colspan="2">超价观念</td><td>在意识中占主导地位的错误观念。发生有一定事实基础，患者的观念是片面的，与实际情况有出入。患者的观念带有强烈的感情色彩而不能自拔</td></tr>
<tr><td rowspan="11">注意记忆智能障碍</td><td rowspan="3">注意障碍</td><td colspan="3">注意是一切心理活动的共有属性。意识障碍总伴有注意障碍。注意对判断意识障碍、记忆障碍有重要意义</td></tr>
<tr><td colspan="2">注意减弱</td><td>主动和被动注意的兴奋性减弱，注意力不集中、记忆力不好</td></tr>
<tr><td colspan="2">注意狭窄</td><td>注意范围显著缩小，主动注意减弱，当注意力集中某物时不能再注意相关事物</td></tr>
<tr><td rowspan="8">记忆障碍</td><td colspan="2">记忆增强</td><td>病前不重要的事情都回忆起来</td></tr>
<tr><td colspan="2">记忆减退</td><td>近记忆力减退和远记忆力减退</td></tr>
<tr><td rowspan="3">遗忘</td><td>顺行性遗忘</td><td>不能回忆疾病发生以后一段时间内所经历的事情</td></tr>
<tr><td>逆行性遗忘</td><td>忘掉受伤前一段时间的经历</td></tr>
<tr><td>心因性遗忘</td><td>由心理因素引起的遗忘。对生活中某一特定阶段的不愉快经历完全遗忘</td></tr>
<tr><td colspan="2">错构</td><td>记忆的错误，坚信不移</td></tr>
<tr><td colspan="2">虚构</td><td>虚构内容代替回忆，易受暗示的影响</td></tr>
<tr><td colspan="2">遗忘综合症</td><td>柯萨可夫综合症：同时出现记忆减退、错构、虚构以及定向力发生障碍</td></tr>
</table>

续表三

<table>
<tr><th colspan="4">名　称</th><th>特　征</th></tr>
<tr><td rowspan="4">认知障碍</td><td rowspan="3">注意记忆智能障碍</td><td rowspan="3">智能障碍</td><td>智能</td><td>智能包括注意力、记忆力、综合分析能力、理解力、判断力、一般知识保持和计算力</td></tr>
<tr><td>精神发育迟滞</td><td>多种致病因素影响大脑发育，以至智能发育停滞，智能明显低于正常同龄人</td></tr>
<tr><td>痴呆</td><td>一种综合症(症候群)，意识清楚情况下后天获得的记忆、智能明显受损，本能的意向活动亢进，大多是脑器质性的(分辨假性痴呆)</td></tr>
<tr><td colspan="3">自知力障碍</td><td>自知力是患者对其自身精神病态的认识和批判能力。神经症患者通常自知力完整，但自知力完全丧失或无自知力</td></tr>
<tr><td rowspan="11">情感障碍</td><td colspan="2" rowspan="4">以程度变化为主的情感障碍</td><td>情感高涨</td><td>经常面带笑容，情绪高涨，精力旺盛，爱管闲事，自我评价过高</td></tr>
<tr><td>情感低落</td><td>经常面带愁容，表情痛苦悲伤。自我评价降低、自信心不足，自责自罪、有自杀企图和行为，思维迟缓，愉快感缺失，喜欢安静独处，失眠(或睡眠过多)</td></tr>
<tr><td>焦虑</td><td>在缺乏充分事实根据和客观因素的情况下，对自身健康或其他问题感到焦虑不安，紧张恐惧，顾虑重重，犹如大祸临头，惶惶不可终日，劝解无效。常伴有自主神经功能紊乱症状。严重的急性焦虑发作称惊恐发作，莫名恐惧</td></tr>
<tr><td>恐怖</td><td>患者遇到特定情境或特定事物就会产生紧张恐惧心情，无法摆脱恐怖的内心体验。伴有自主神经功能紊乱。特定情景下的过度情绪反应</td></tr>
<tr><td colspan="2" rowspan="3">以性质改变为主的情感障碍</td><td>情感迟钝</td><td>正常情感反应量减少，义务感、责任感、荣辱感受损。情感迟钝，不细腻。对能引起鲜明情感反应的事情反应平淡</td></tr>
<tr><td>情感淡漠</td><td>对事物缺乏相应的情感反应，表情比较呆板，对周围事物漠不关心，内心缺乏体验。对能引起正常情感波动和切身利益的事情缺乏情感反应</td></tr>
<tr><td>情感倒错</td><td>情感反应与现实刺激性质不相称，情感反应与思维内容不协调</td></tr>
<tr><td colspan="2" rowspan="4">脑器质性损害的情感障碍</td><td>情感脆弱</td><td>常为一些细小或无关重要的事情而伤心落泪或兴奋激动无法克制</td></tr>
<tr><td>易激惹</td><td>很容易为一些细小的事情引起强烈的情感反应</td></tr>
<tr><td>强制性哭笑</td><td>没有外界因素而突然出现不能控制、没有感染力的面部表情</td></tr>
<tr><td>欣快</td><td>痴呆基础上的“情绪高涨”，面带单调刻板的笑容，没有因由，给人以呆傻、愚蠢的感觉</td></tr>
<tr><td rowspan="5">意志行为障碍</td><td colspan="3">意志增强</td><td>意志活动增多，不同的精神障碍表现不尽相同</td></tr>
<tr><td colspan="3">意志缺乏</td><td>缺乏应有的主动性、积极性，行为被动，生活极端懒散，卫生极差。严重时连自卫、摄食、性的本能都丧失</td></tr>
<tr><td colspan="3">意志减退</td><td>意志活动减少(意志活动较正常时有明显减少)</td></tr>
<tr><td colspan="2" rowspan="2">精神运动性兴奋</td><td>协调性精神运动兴奋</td><td>患者动作和行为的增加与思维、情感活动、环境协调一致。有目的性，可理解</td></tr>
<tr><td>不协调性精神运动兴奋</td><td>患者动作、行为增多与思维及情感不相协调。动机不明确，难以理解</td></tr>
</table>

续表四

名称			特征
意志行为障碍	精神运动性抑制	木僵	不言不语、不吃不喝、不动，大小便潴留，大量唾液积存口腔内。有紧张性木僵、抑郁性木僵、心因性木僵、器质性木僵
		违拗	主动性(做相反动作)、被动性(不做任何动作)
		蜡样屈曲	木僵状态，肢体任人摆布。空气枕头
		缄默	缄默不语，不回答问题，可通过手势或点头摇头示意，或通过写字与人交流
		被动性服从	即使痛苦也绝对服从
		刻板动作	机械刻板地反复重复某一单调动作，刻板言语
		模仿动作	无目的地模仿别人的动作，常与模仿言语同时出现，以木僵为主要临床表现。紧张性木僵症候群由木僵、违拗、蜡样屈曲、被动性服从、刻板动作、模仿动作构成
		意向倒错	意向活动与一般常情相违背，其行为活动无法为他人理解
		作态	做出幼稚愚蠢、古怪做作的姿势、动作、步态与表情
		强迫动作	违反本人意愿反复出现的动作，患者内心很痛苦

【情境任务训练】

一、异常心理案例分析与讨论

小张是个内向的姑娘，中学的时候就知道埋头读书，很少参加班级的集体活动，也几乎没什么朋友，但是因为成绩好，还不时有同学向她请教。到外地上大学后，她觉得自己陷入了孤立无援的境地，尤其是同寝室的人，故意孤立她、挤兑她。下课了，寝室的另外几个同学结伴回去，但从来不叫她；周末她们几个出去玩，也从不邀请她。不仅如此，她觉得同学老在背后说她的坏话，连她穿漂亮衣服也遭到她们的非议。上课的时候，她在专心听讲，同学故意在旁边讲话，干扰她。到后来，甚至连睡觉也睡不好，因为同学老是在半夜三更发出很响的声音，干扰她睡觉。小张在电话中多次向家里哭诉，家长觉得事情严重，专程赶到了学校，找到了老师。可是，经过老师的调查，发现事实并非如此，同学们说小张有点沉默、内向，但是大家根本没有故意孤立她，相反还经常邀请她参加各种活动。后来，还是在老师的建议下，家长把小张送到了医院。

讨论：

(1) 根据以上相关知识，找出案例中小张出现了哪些症状?

(2) 根据理论部分提供的知识和自己的生活经验，你认为小张出现这种状况，都有哪些原因?

(3) 如果你发现身边同学出现类似情况，你认为应当怎么做?

二、整容

(一) 活动目的

认识心境的改善和提升才是最重要的。

(二) 活动时间

约 20 分钟。

(三) 活动地点

室内。

(四) 活动道具

整容部位卡片，笔。

(五) 活动程序

(1) 请从以下列出的 10 种部位中挑选一个你最需要整容的部位(额头、脸庞、眉毛、眼睛、鼻子、嘴巴、牙齿、下巴、耳朵、头部)。

(2) 选好后，写在本子上。

(3) 讨论：你是从哪些方面得知自己的这个部位需要整容的？除了容貌上的完善之外，我们还需要做什么才能够成为自己理想中的那个人？

总结：如果不通过镜子，人们是看不见自己的容貌的，而镜子代表着别人的眼光，因此，其实每个人所关心的是别人对自己的观感，心灵才是容貌的底片。心里想的是什么，都会在容貌上表现出来，过度地关心名利和容貌都是现代人心灵贫穷的表现。天生的丽质容颜会随岁月的流逝而枯老，人造美女的容貌也会随着爱你的人的平和认知而黯淡，只有心灵的容颜永远不会因为岁月的增加而减少。

【思考、澄清、分享、巩固：奥尔是否属于“精神不正常”？】

200 多年前，医生和一般民众在使用“精神病”、“精神障碍”、“精神失常”或“疯”等术语时很随意，他们对于何为“心理障碍”或“精神障碍”在概念上还不是很明确。在一般人的概念中，精神病人就是疯子。实际上，精神病人与我们这些正常人之间并没有不可逾越的鸿沟。

约瑟夫·海勒(Joseph Heller)的著名小说《第 22 条军规》(Catch-22)中说，看一个人的精神是否正常，要根据军规中的第 22 条进行判断，它规定当一个人面临真正的危险时，如果他知道需要顾及自己的生命安全，他就是一个精神正常的人。于是出现一个问题：奥尔只要接到战斗命令，总是不顾生死地去执行，那么，他是否属于精神不正常？医生说：根据第 22 条军规，奥尔确实不正常，必须接受治疗。如果奥尔能自己来看病，就说明他有理智，他就是正常者；而如果奥尔精神正常，那他就应该去执行命令。根据这军规似是而非的逻辑，无论你“正常”或“不正常”，最后都没有理由不去执行命令。

医生的诊断不同于第 22 条军规，我们不能随意说一个人的精神“正常”或“不正常”。今天，随着对心理障碍问题的深入了解，对正常行为和变态行为的界定方法也更为复杂了。

任务3 精神障碍揭秘

【情境任务描述】

2005 年 12 月，上海某著名高校数学系研究生张某在寝室里残忍地挖出猫眼，以此为发泄，引来了媒体、网友和社会舆论广泛且激烈的谴责。张某刚开始领养小猫的时候，是因为小猫的可爱，直到有一次他因为小猫调皮、吵得他无法休息，就用力打了这只猫。而这只小猫是他最喜欢也是养的时间最长的猫，它有一个可爱的名字叫皮皮。用他的话来说“皮皮是我唯一正常对待的小猫”，不过“皮皮被我打得也很厉害，我把它打得奄奄一息，然后再放到草丛里面，我不确定它能够活多久，但它那个时候已经大小便失禁了”。随后这种行为就成了他发泄的一种方式，更让他多了某种快感。张某在半年内以帮忙收养小猫为由，从学校同学手中骗取小猫数十只，施虐后丢弃。张在自白中解释“虐猫是自己愤恨时的一种发泄渠道”。母亲发现儿子的不良行为后，表示将带他去看心理医生。

【情境任务分析】

近几年，有关大学生的轰动性新闻迭出：继大学生“伤熊事件”之后，又有大学生杀死亲人、绑架人质、撞人杀人、微波炉中活烤小鹿犬以及虐猫事件，不少人在问：大学生怎么了？上面情境中的张某，为什么会产生如此的变态行为？

人的心理、精神也和人的躯体一样，可以保持正常状态，也可以出现异常、障碍和疾病。人们对于躯体疾病和生理障碍一般容易理解和接受，并主动求医求治，但是对于精神疾病和心理障碍却不甚了解。青年学生中一些人存在着不同类型、不同程度的心理障碍或精神疾病，在日常学习和生活中饱受痛苦，但不知怎么回事，也不懂去求得心理咨询机构的专业帮助。多数人从报刊、书籍或网络里看到一些心理异常的知识介绍，不作细致分析就简单对号入座，整日忧心忡忡、惶恐不安，严重影响了正常的学习和生活。

【情境任务知识】

一、神经症及其鉴别

神经症是一种心理疾病，但不是“神经病”，神经病是指神经系统的疾病，是由于感染、中毒、外伤、血管病变等原因引起的神经系统的疾病，如脑血管疾病、中风、癫痫等。神经症也不是精神病。神经症是一组由精神因素造成的非器质性的、大脑神经技能轻度失调的心理疾病，其主要临床表现为焦虑、抑郁、恐惧、强迫、疑病症状或神经衰弱症状。以 18 岁到 30 岁的青年患者最多。神经症一般没有任何可以查明的器质性病变，但又确实有心理异常表现，甚至可以表现得非常严重；通常病人对自己的病态有充分的自知力并能主动求医，而且生活自理能力、社会适应能力和工作能力基本没有缺损。

(一) 神经症及其特点

神经症是一种精神障碍，主要表现为持久的心理冲突，病人觉察到或体验到这种冲突并因之而深感痛苦且妨碍心理功能或社会功能，但没有任何可证实的器质性病理基础的神经症分类及症状。神经症具有以下特点：

(1) 意识的心理冲突。典型的体验是，感到不能控制自认为应该加以控制的心理活动，病人对症状的事实方面有自知力。

(2) 精神痛苦。神经症是一种痛苦的精神障碍，没有精神痛苦，根本就不是神经症。因此，病人往往主动求医，或求助于心理咨询者。喜欢诉苦是神经症病人普遍而突出的表现之一。

(3) 持久性。神经症是一种持久的精神障碍。

(4) 神经症妨碍着病人的心理功能或社会功能。

(5) 神经症没有任何器质性病变作为基础。

(二) 神经症的分类

1. 焦虑症

焦虑症是一种以焦虑情绪为主的神经症，主要特征是发作性或持续性的情绪焦虑、紧张，包括惊恐性障碍和广泛性焦虑障碍。惊恐性障碍的基本症状是反复的惊恐发作，表现为突发性的紧张性焦虑、害怕或恐惧，常伴有即将大祸临头的感觉。广泛性焦虑障碍则表现为持续的紧张不安，并趋向慢性过程。

2. 强迫症

强迫症是以强迫症状为特征的神经症。强迫症状是指患者主观上感到有某种不可抗拒的和被迫无奈的观念、情绪、意向或行为的存在，虽然患者同时能够清醒地认识到这些观念、情绪、意向或行为都是毫无意义和没有必要的。强迫症主要表现为强迫观念、强迫意向和强迫行为。

3. 恐怖症

恐怖症指对某些事物或特殊情境产生十分强烈的恐惧感。这种恐惧感与引起恐惧的情境通常极不相称，患者自己也明知自己的恐惧不切实际，但仍不能自我控制。常见的恐怖症有社交恐怖、旷野恐怖和动物恐怖等。

4. 疑病症

疑病症是指患者在没有任何证据的情况下确信自己有病，从而处于对疾病或失调的持续的、强烈的恐惧之中。患者通常极为焦虑，对自己想象出来的疾病经常表现出强迫性动作。当被医生检查证明没有病时，常常会断定医生的诊断是错误的，又去找其他医生。疑病症状常常是患者不自觉地希望从家庭或周围寻求对自己的注意、关心和同情，同时也作为满足某些欲望的手段，在疑病症的背后实质上往往是一种潜在的不安全感以及内心的矛盾、冲突和困扰。患者对健康过分关注是对现实生活的转移，如逃避矛盾、逃避实际或可能出现的挫折。他们常常把一切挫折、失败归结于“病”，从而减少个人心理上的压力、内疚和自责，避免对自己能力、才学等的怀疑和否认，避免自以为可能出现的名誉、地位的损失，以求心安理得。可见，疑病症实际上是一种自我心理防御机制作用的结果。

5. 神经衰弱

神经衰弱的症状可分为三组：

(1) 与精神易兴奋相联系的精神易疲劳。

(2) 情绪症状主要有三个方面：烦恼、易激惹、心情紧张。并且必须具备以下三个特点：病人感到痛苦，并常常向别人倾诉，寻求帮助或治疗；感到控制不了或摆脱不了；情绪的强烈程度和持续时间之久与生活事件和处境不相称。

(3) 常见的心理生理障碍：睡眠障碍；头部不适感；个别内脏功能轻度或重度障碍。

(三) 神经症的临床评定方法

鉴别神经症的关键在于深入了解病人的心理，弄清楚心理冲突的性质。引发神经症的心理冲突是变形的。心理冲突的变形有两个特点：一是它与现实处境没有什么关系，或者它涉及的是生活中鸡毛蒜皮的小事，一般人认为简直不值得为它操心，或者使不懂精神病学的人感到难以理解，很容易解决的问题为什么病人解决不了。二是它不带明显的道德色彩。

心理冲突的揭示和分析需要精神病学的知识和技巧。一般地，神经症可以用比较简单而容易的方法来进行评定，这包括如下三个方面：

(1) 病程。不到 3 个月为短程，评分为 1；3 个月到 1 年为中程，评分为 2；1 年以上为长程，评分为 3。

(2) 精神的痛苦程度。轻度病人自己可以主动设法摆脱，评分为 1；中度病人自己摆脱不了，需借助别人的帮助或处境的改变才能摆脱，评分为 2；重度病人几乎完全无法摆脱，即使别人安慰、开导他或陪他娱乐或易地休息也无济于事，评分为 3。

(3) 社会功能。能照常工作，学习以及人际交往只有轻微妨碍者，评分为 1；中度社会功能受损害者工作学习或人际交往效率显著下降，不得不减轻工作或改变工作，或只能部分工作，或某些社交场合不得不尽量避免，评分为 2；中度社会功能受损害者完全不能工作学习，不得不休病假或退学，或对某些必要的社会交往完全回避，评分为 3。

如果总分为 3，还不能诊断为神经症。如果总分不小于 6，神经症的诊断是可以成立的。4～5 分为可疑病例，需进一步观察确诊。需要补充说明的是，对精神痛苦和社会功能的评定，至少要考虑近三个月的情况才行，评定涉及的时间太短是不可靠的。

二、人格障碍

人格障碍是在个体发育成长过程中，因遗传、先天以及后天不良环境因素造成的个体心理与行为的持久性固定行为模式，这种行为模式偏离社会文化背景，并给个体自身带来痛苦，或贻害周围。它是一种不伴有精神症状的人格适应缺陷。

(一) 人格障碍的三个要素

ICD-10 (《疾病和有关健康问题的国际统计分类》第 10 次修订本)指出人格障碍有三个要素：

(1) 早年开始，于童年或少年起病；

(2) 人格的一些方面过于突出或显著增强，导致牢固和持久的适应不良；

(3) 给病人带来痛苦或贻害周围。

(二) 人格障碍类型

1. 反社会人格障碍

反社会人格障碍主要表现为：高度的攻击性，缺乏羞愧感，不能从经历中取得经验教训，行为受偶然动机驱使，社会适应不良等。以行为不符合社会规范，经常违法乱纪，对人冷酷无情为特点。

2. 偏执型人格障碍

偏执型人格障碍主要表现为：固执，敏感多疑，过分警觉，心胸狭窄，好嫉妒；自视甚高，有错常归咎于他人，不能做自我批评，更不能接受他人批评；对挫折和失败过分敏感；喜争论、诡辩甚至冲动攻击；常有某些超价观念；缺乏幽默感；常自感不安全而处于紧张戒备状态中，并千方百计寻找怀疑偏见的证据；无端揣测别人对其有不良动机；歪曲别人的善意提醒，不知好歹。以猜疑和固执己见为特点，以男性多见。

3. 分裂样人格障碍

分裂样人格障碍主要表现为：思维古怪，表现思维反常、固执，有时可见短暂的怪异思维发作。对社交的不利后果非常敏感，在抵制这种敏感的过程中可表现为焦虑、害羞和悲伤；他们不能容忍周围的人对自己的轻视和忽略，但又非常不自信，感到无法改变这一事实，故常采取与社会隔绝的方式以逃避，但内心还是渴望与周围接触的。以观念、行为、外貌装饰奇特，情绪冷漠、人际关系明显缺陷为特点。

4. 强迫型人格障碍

强迫型人格障碍的主要表现为：高标准，严要求，做事按部就班，一丝不苟，反复检验，苛求细节，如不完美就会焦虑、紧张和苦恼。自我克制，谨小慎微，过分的道德感。给人以刻板、迂腐之感。不一定会影响学习、工作和婚姻，但别人与其交往，往往感到困难，因而缺乏挚友。以过分要求严格与完美无缺为特征。

5. 表演型人格障碍

表演型人格障碍以人格不成熟和情绪不稳定为特征。暗示性、依赖性特别强。为了引起别人的注意而有过分做作和夸张的行为。高度自我为中心，不为他人考虑；情绪变化无常，易激动，对人情感肤浅，难以长久交往，常以别人不理解自己而感到受伤害；好幻想，把想象当成现实；追求新异刺激，难耐寂寞，喜欢热闹；打扮奇异，卖弄风情，有挑逗性，但性生活被动。

6. 冲动型人格障碍

冲动型人格障碍主要表现为：情绪不稳定，缺乏冲动控制。易激惹，常因微小刺激而发作，动辄就会以暴力威胁。在不发作期间是正常的，对发作时的所作所为感到后悔，但不能防止复发。少量饮酒可引起发作。以阵发性情绪爆发，伴明显冲动型行为为特征。

7. 依赖型人格障碍

依赖型人格障碍以女性多见，其特征是缺乏自信，不能独立活动，感到自己无助和笨拙，情愿把自己置于从属的地位。一切听从他人安排(父母或配偶)。

(三) 人格障碍的鉴别

人格障碍一般始于童年或青少年时期，而持续到成年或终生。一般认为是在不良先天素质的基础上遭受到环境的有害因素影响而形成的。尽管人格障碍的类型比较复杂，但也有一些共同的特点，可作为鉴别之参考。

(1) 一般意识是清醒的，认识能力也保持完整，是在没有意识障碍和记忆力、智力活动无明显缺陷的情况下出现的情感与行为活动的明显障碍。情感状态表现为情绪极不稳定，或对人感情淡薄甚至冷酷无情；行为活动障碍表现为极易受冲动、偶然动机和本能欲望支配，缺乏目的性、计划性，自制力差，常常与周围的人甚至亲人发生冲突，人际关系差。

(2) 一般能正常处理自己的日常生活和工作，能理解自己行为的后果。但由于对自己的人格缺陷缺乏自知力，很难从错误中或过去的生活经验中吸取教训，加以纠正。因此，不能适应周围的社会环境。

(3) 有相对的稳定性，一旦形成就不易改变，且矫治困难。

三、精神病的表现及类型

精神病是指人脑技能活动失调，丧失自知力，不能应付正常生活，且不能与现实保持恰当接触的严重的心理障碍。

(一) 精神病主要异常表现

(1) 病人的反映机能收到严重损害，对客观现实的反映是歪曲的，会出现精神失常现象，如幻觉、妄想、思维错乱，行为怪异、情感失常等，因而丧失正常的言行、理智与行为反应。

(2) 社会功能有严重损失，不能正常处理人际关系和参与社会活动，甚至会给公众社会生活造成危害。

(3) 不能理解和认识自身的现状，不承认自己有精神病，对自己的处境完全丧失自知力。

(二) 精神病常见类型

1. 精神分裂症

精神分裂症是一种病因未明的常见精神障碍，具有感知、思维、情绪、意志和行为等多方面的障碍，以精神活动的不协调和脱离现实为特征。通常能维持清晰的意识和基本智力，但某些认知功能会出现障碍。多起病于壮年，常缓慢起病，病程迁延，部分患者可发展为精神活动的衰退。发作期自知力基本丧失。具体类型与症状如下表：

<table>
<tr><th colspan="3">名　称</th><th>常 见 症 状</th></tr>
<tr><td rowspan="6">精神分裂症及妄想性障碍</td><td rowspan="4">精神分裂症</td><td>青春型</td><td>联想障碍，精神活动紊乱，思维松散破裂，行为愚蠢、恶作剧以及性轻浮</td></tr>
<tr><td>偏执型</td><td>妄想、幻觉为主</td></tr>
<tr><td>紧张型</td><td>精神运动性抑制障碍，紧张性木僵和紧张性兴奋交替出现</td></tr>
<tr><td>单纯型</td><td>起病缓慢，持续发展意向逐渐减退、退缩、懒散，治疗困难</td></tr>
<tr><td colspan="2">偏执性精神障碍</td><td>以系统妄想为突出临床表现的精神性障碍，病程进展缓慢，妄想常有系统化倾向，人格有时可以保持完整，有一定的工作及社会适应能力</td></tr>
<tr><td colspan="2">急性短暂性精神障碍</td><td>两周内急性起病，以精神病性症状为主，2～3 个月内痊愈，起病前有相应的心因</td></tr>
</table>

2. 心境障碍

心境障碍旧称情感性精神障碍，是以明显而持久的情绪高涨或情绪低落为主的一种精神障碍。在大学生群体中，某些心理刺激，如强烈的惊吓、尖锐的批评、失恋等引起的过度焦虑与紧张等都是致病的诱因。患有心境障碍的学生，性情极端失常，有强烈的激动、兴奋或忧伤、抑郁的情绪反应。具体类型与症状如下表：

名称		常见症状
心境障碍	躁狂发作	情绪高涨、思维奔逸、精神运动性兴奋
	抑郁发作	情绪低落、思维缓慢、语言动作减少或迟缓
	双相障碍	情绪高涨与情绪低落交错发作
	持续性心境障碍	持续性并常有欺负的心境障碍，每次发作极少严重到轻躁狂，不足以达到轻度抑郁

3. 应激相关障碍

应激相关障碍又称反应性精神障碍或心因性精神障碍，是指一组主要由心理、社会(环境)因素引起的异常心理反应而导致的精神障碍。它分为急性应激障碍、创伤后应激障碍和适应障碍。病人多是由于遭受急剧、严重的精神打击，或强烈的、灾难性精神创伤事件，或在重大生活改变、应激性生活事件的适应期发病，一旦病人能正确对待这些精神因素或精神因素消除后，症状即可消失，且愈后良好。具体类型与症状如下表：

名称		常见症状
应激相关障碍	急性应激障碍	急剧严重的心理打击，刺激数分钟或数小时后发作。 表现为：意识障碍、意识范围狭隘、定向障碍、感知迟钝、人格解体
	创伤后应激障碍	延迟性心因反应。遭受强烈或灾难性精神创伤事件后数月至半年内出现精神障碍
	适应障碍	在易感个性基础上，遭遇应激性生活事件后一个月起病，病程不超过6个月

4. 其他精神障碍的常见症状

其他精神障碍的常见症状如下表：

名称		常见症状
性心理障碍	性变态，性行为的心理和行为偏离正常，以性偏离作为性兴奋、性满足的主要或唯一方式，不包括单纯的性欲减退或亢进及性功能障碍	
	性身份障碍	易性症(简单地说：不知道男女身份)
	性偏好障碍	恋物症(癖)、异装症、性施虐或受虐症、摩擦症、窥阴或露阴症
	性指向障碍	同性恋
心理生理障碍	进食障碍	神经性厌食、神经性贪食、神经性呕吐
	睡眠障碍	失眠症、嗜睡症、发作性睡眠异常(夜惊、梦魇、睡行症)
	性功能障碍	性欲减退、阳痿、早泄、性乐高潮缺乏、阴道痉挛、性交疼痛
癔症	歇斯底里。一种没有器质性病变，以解离症状和转换症状为主的精神障碍，以人格倾向为基础，自知力基本完整，病程反复迁延	
	分离性障碍	癔症性精神障碍，包括癔症性意识障碍、情感爆发、癔症性假性痴呆、癔症性遗忘、癔症性身份障碍、癔症性漫游、癔症性精神病
	转换性障碍	癔症性躯体障碍，包括运动障碍、感觉障碍
	特殊表现形式	流行性癔症或癔症的集体发作

四、抑郁症

抑郁症是以情绪低落且持续两周以上为主要症状的情感性精神障碍，并伴有相应的思维与行为改变，但没有任何可证实的器质性病变。

(一) 抑郁症的主要表现

1. 情绪低落

患者通常情绪低落，常常无精打采，愁眉苦脸，对任何事都不感兴趣，做事也打不起精神，而且会感到无助，对自己的学习和工作失去了希望，觉得前途暗淡，因而忧郁、沮丧、一筹莫展，甚至认为生活毫无乐趣，人生充满痛苦。情绪低落也有不同程度的表现：轻者心情沉郁，无精打采自觉脑力迟钝、肢体乏力，不愿参加各种活动，对完成工作任务缺乏信心；较为严重的则忧愁伤感，终日饮泣，觉得生不逢时，前途渺茫，或者没有意思，不如死了好；更严重的则有罪恶感，常寻死或出现自我惩罚的行为。

2. 自卑感重

抑郁症患者有明显的自卑感，认为别人瞧不起、讨厌、鄙视自己，有时也会焦虑烦躁、激动不安，易被激惹而发脾气。他们常静坐一隅，独自伤心，回避亲友和同事，觉得别人的欢笑只是增加自己的痛苦。严重的抑郁情绪使他们总是自责自罪，认为自己成了社会的寄生虫，甚至把过去的一般缺点错误夸大成不可饶恕的罪行而惩罚自己。

3. 思维受到阻碍

抑郁症患者的思维活动也受到阻碍，有时甚至连一些简单的问题都很难解决，学习、工作效率降低，患者因此认为自己的脑子不再灵光，甚至认为大脑已经坏掉，成了废物，而自己就变成了没用的人。这样就更加深了他们的自卑感，使其更加厌世。

4. 睡眠障碍

抑郁症患者常常失眠，通常以早醒为主要特征。由于情绪低沉、睡眠状况不佳，因而常感浑身乏力、胸闷气短、食欲不振、消化不良。

5. 想自杀

抑郁症患者中很多人都有自杀的念头和倾向，甚至有自杀的行动，而且往往事先有周密的计划和安排。因此，人们应当对抑郁症患者的自杀行为予以足够的重视。

(二) 抑郁症的鉴别

可以运用抑郁自评量表(SDS)对抑郁症进行初步评定和鉴别。该量表采用 1～4 制计分，评定时间为过去的一周或一个月；将各题得分相加，得出粗分值，再乘以 1.25，换算为标准分(T 值)。按照中国常模结果，SDS 标准分的分界值是 53 分，其中 53～62 分为轻度抑郁；63～72 分为中度抑郁；72 分以上为重度抑郁。

抑郁自评量表(SDS)

填表注意事项：请仔细阅读每一条，把题目的意思看明白，然后按照自己最近一周以来的实际情况，在适当的方格里画一个勾，每题限选一个答案。

项　　目	偶尔	有时	经常	持续
1. 我觉得闷闷不乐，情绪低沉	1	2	3	4
*2. 我觉得一天之中早晨最好	4	3	2	1
3. 我一阵阵地哭出来或是想哭	1	2	3	4
4. 我晚上睡眠不好	1	2	3	4
*5. 我的胃口跟以前一样	4	3	2	1
*6. 我跟异性交往时像以前一样开心	4	3	2	1
7. 我发现自己体重下降	1	2	3	4
8. 我有便秘的烦恼	1	2	3	4
9. 我的心跳比平时快	1	2	3	4
10. 我无缘无故感到疲劳	1	2	3	4
*11. 我的头脑像往常一样清楚	4	3	2	1
*12. 我觉得经常做的事情并没有困难	4	3	2	1
13. 我感到不安，心情难以平静	1	2	3	4
*14. 我对未来抱有希望	4	3	2	1
15. 我比以前更容易生气激动	1	2	3	4
*16. 我觉得决定什么事很容易	4	3	2	1
*17. 我觉得自己是个有用的人，有人需要我	4	3	2	1
*18. 我的生活过得很有意思	4	3	2	1
19. 假如我死了别人会过得更好	1	2	3	4
*20. 平常感兴趣的事情我照样感兴趣	4	3	2	1
得分				

注：前注*者为反向计分。

抑郁症的终身患病率为 6%～10%，约 15% 的人一生中曾有过一次抑郁体验，它不但影响人的工作、生活以及造成经济损失，而且约有 15% 的患者因此自杀而结束生命，给家庭带来无尽的痛苦。如果你或者你周围的亲朋好友有上述症状的 4～5 项或以上，时间超过两周，就应该到医院去找医生了，最好是去精神专科医院或综合医院的神经内科、心理科。与其他疾病一样，早期诊断有利于抑郁症的治疗。经过正确的治疗，病人完全可以重新找回自信，回归社会。

【情境任务训练】

一、焦虑自评量表

焦虑是一种比较普遍的精神体验，长期存在焦虑反应的人易发展为焦虑症。焦虑自评量表包含 20 个项目，分为 4 级评分，请您仔细阅读以下内容，根据最近一星期的情况如实回答。

(一) 自评题目

填表注意事项：请仔细阅读每一条，把题目的意思看明白，然后按照自己最近一周以来的实际情况，在适当的方格里画一个勾，每题限选一个答案。

题　　目	偶尔	有时	经常	持续
1. 我觉得比平时容易紧张或着急	1	2	3	4
2. 我无缘无故感到害怕	1	2	3	4
3. 我容易心里烦乱或感到惊恐	1	2	3	4
4. 我觉得我可能将要发疯	1	2	3	4
*5. 我觉得一切都很好	4	3	2	1
6. 我手脚发抖打颤	1	2	3	4
7. 我因为头疼、颈痛和背痛而苦恼	1	2	3	4
8. 我觉得容易衰弱和疲乏	1	2	3	4
*9. 我觉得心平气和，并且容易安静坐着	4	3	2	1
10. 我觉得心跳得很快	1	2	3	4
11. 我因为一阵阵头晕而苦恼	1	2	3	4
12. 我有晕倒发作，或觉得要晕倒似的	1	2	3	4
*13. 我吸气、呼气都感到很容易	4	3	2	1
14. 我的手脚麻木和刺痛	1	2	3	4
15. 我因为胃痛和消化不良而苦恼	1	2	3	4
16. 我常常要小便	1	2	3	4
*17. 我的手脚常常是干燥、温暖的	4	3	2	1
18. 我脸红发热	1	2	3	4
*19. 我容易入睡并且一夜睡得很好	4	3	2	1
20. 我做恶梦	1	2	3	4
得分				

注：前注 * 者为反向计分。

(二) 计分方法

总分乘以 1.25 取整数，即得标准分。低于 50 分者为正常；50～60 分者为轻度焦虑；61～70 分者为中度焦虑，70 分以上者为重度焦虑。

二、神经症案例分析

(一) 案例描述

求助者，男性，22 岁，独子。

求助者父母都是领导干部，年轻时工作忙，又分居两地，属于晚婚晚育。对儿子格外疼爱，关注他的一举一动，唯恐他受到什么伤害，生怕他哪里有什么不正常没有及时被发现，造成不良后果。儿子运动后说心慌，马上就去医院查心电图，儿子说饿了胃里不舒服，就带他去查胃镜。为防止意外发生，或万一发生意外时家长不在场，鞭长莫及，为了保险起见，儿子从小学到大学都是在本地上的。两年前，儿子大学毕业，一家人出去旅游，想锻炼锻炼他。第一次买的是一般的火车票，人多拥挤，空气不好，结果一上火车，儿子就浑身发抖，喘不上气，大汗淋漓。赶紧下车，过了一会儿，恢复正常。住了几天，买到动车的票，条件好，没想到一上车又出现上次的症状，下车后又消失了。此后再要外出，坚决不坐火车，都是爸爸用自家的车往返接送，现在一提火车他就紧张，连火车站附近他都不愿去。

孩子聪明好学、善良，但内向、腼腆，业余爱好不多，就是愿意看书，中外名著看了不少，自己觉得应该到社会上闯荡闯荡，但现在出师不利，自己很痛苦，埋怨家长对自己太多保护，造成今天这样的结果。

(二) 案例分析

请根据许又新的简易评定方法来进行初步诊断，并说明诊断依据。

【思考、澄清、分享、巩固：精神障碍疾病的“困扰”】

【思考】 精神障碍疾病和身体疾病有什么异同？你如何看待患有精神障碍疾病的人？如果你的亲人患有精神障碍疾病，你的内心会有怎样的挣扎？

现实生活中，很多人对精神障碍疾病有误解，由于这些误解，人们要么不重视精神障碍疾病的治疗，要么讳莫如深，生怕别人用异样的眼光看待自己。

困惑一：精神障碍疾病只是一般的情绪和心理问题，自我调节一下就好。

精神障碍疾病是一组脑神经和生理生化指标改变的疾病！它和高血压、肾炎等一样，是一种普遍的疾病。全球超过 10% 的人在他生命的某个阶段会罹患精神障碍疾病。一旦确诊为精神障碍疾病，就应该及早到正规医院进行药物治疗和心理治疗，自我调节是根本不能解决问题的！

困惑二：得了精神障碍疾病的人都是“疯子”、“傻子”。

精神障碍疾病是每个人都可能罹患的疾病，它就像感冒，只是一种普通的疾病。村上春树、丘吉尔、玛丽莲·梦露、张国荣都曾是精神障碍疾病患者。我们没理由歧视精神障碍疾病患者，也不必为有精神障碍疾病而自感羞愧。患了精神障碍疾病并不能说明一个人心胸狭窄，也不能说明一个人意志薄弱。

困惑三：患了精神障碍疾病一生都得受此疾病的折磨。

精神障碍疾病完全可以治愈！在专科医生的指导下，以药物治疗为主，心理治疗为辅，精神障碍疾病可在半年到数年不等的时间内康复。关键在于选好正规医院和医生，并坚持治疗。

困惑四：患了精神障碍疾病真是一件倒霉透顶的事。

精神障碍疾病对你的发展很可能是件好事！它让你去经历心理的各种烦恼，它让你陷入反思和内省，它让你学会抗争和奋斗，治愈后你可能会达到比以前更高的层次。就像焦虑过后你会有泰山崩于前而不惊的镇定从容，抑郁过后你会有笑看人生云起云落的闲适洒脱。塞翁失马，焉知祸福。

困惑五：治疗精神障碍疾病的药物副作用很多，吃药是自找罪受。

很多患者害怕服药，怕药物的副作用给自己带来痛苦，怕药物依赖，从不肯吃药或一好转就停药，造成治疗不规范，病程迁延不愈。其实现在很多新型的药物副作用很少、很轻微，成瘾性低，只要在医生的指导下正规服用，不但不会影响患者的日常工作生活，还能显著提高患者的生活质量。另外，一旦确诊，就应该以药物治疗为主，心理治疗为辅，坚持正规治疗直到痊愈！

其实，精神障碍疾病和身体疾病一样，有病因、症状，同样也有治愈的方法，只是由于心理的功能器官是大脑——世界上最复杂、精细的器官，有很多人类没有探知的秘密，所以才使得精神障碍疾病有如此多的“困惑”。因此，在现实生活中，我们更要正视精神障碍疾病，正视精神障碍疾病给自身和他人带来的烦恼和痛苦，这是有效治愈精神障碍疾病的基础和保障。

任务4　我需要心理咨询吗

【情境任务描述】

太阳把温暖明媚的阳光撒在大地上，小鸟在我办公室的窗外欢快悦耳地唱着，这是一个多么美好的下午啊。谁能想到，此刻李莉却由于内心的恐惧在哭泣。

作为心理健康老师，我曾接待过许多有心理困惑或问题的学生，但李莉的到来仍使我很吃惊。李莉的学习成绩出众，看上去总是很健康、很轻松。我没想到，她见到我的第一句话便是“我的思想好像马上就要消失了！我能和您谈谈吗？”

在后来的一个小时里，李莉向我讲述了心中的痛苦，在她平静的外表之后，隐藏着一个充满恐惧、焦虑和抑郁的内心世界。在学校里，李莉觉得自己与同学“格格不入”，确信自己在别人眼中是个“怪物”。在过去的几次恋爱过程中，李莉都受到了灾难性的伤害，致使她害怕男生。近来，她常常无故感到恐惧，心跳得像要从嗓子里蹦出来，控制不住自己，抑郁加重，开始想到自杀。

【情境任务分析】

一首童谣中这样唱道：“矮胖子汉普帝坐在墙上，跌下来摔了个七零八落。国王派来他所有的兵马，也没法把碎片重新拼上。”

汉普帝是一个一经损坏便无法修复的蛋形矮人。我们生活在一个充满紧张、冲突和焦虑的时代中，你我也可能跌倒，摔得七零八落。那时，谁来修复我们？怎么修复？你的生活中也许不会遇到李莉的那种情绪问题，然而万一出现类似的问题该怎么办？

生活中，除了李莉的那种问题，实际上我们还有很多困惑。当我们对自己的生活、爱情、未来、职业等产生困惑，无法自己解答时，我们该怎么办？

【情境任务知识】

一、心理咨询的定义

关于心理咨询的操作性定义，中外不同学者各有各的说法。

罗杰斯将心里咨询解释为：通过与个体持续的、直接的接触，向其提供心理帮助并力图促使其行为、态度发生变化的过程。

威尔森等将心理咨询解释为：A、B 两个人在面对面的情况下，受过心理咨询专门训练的 A，向在心理适应方面出现难题并企求解决问题的 B 提供援助的过程。这里 A 就是咨询师，B 就是求助者。

陈仲庚(1989)认为，心理咨询就是帮助人们去探索和研究问题，使他们能决定自己应做什么。心理咨询应明确三个问题：

(1) 待解决问题的性质；

(2) 咨询师的技术；

(3) 所要达到的目标。

《心理学大词典》(朱智贤主编，1989)将心理咨询定义为："对心理失常的人，通过心理商谈的程序和方法，使其对自己与环境有一个正确的认识，以改变其态度与行为，并对社会生活有良好的适应。心理失常，有轻度的有重度的，有属于机能性的，有属于机体性的。心理咨询以轻度的、属于机能性的心理失常为范围。心理咨询的目的，就是要纠正心理上的不平衡，使个人对自己与环境重新有一个清楚的认识，改变态度和行为，以达到对社会生活有良好的适应。"

李维主编，1995 年出版的《心理学百科全书》中对心理咨询的定义做了如下说明："咨询者就访谈对象提出的心理障碍或要求加以矫正的行为问题，运用相应的心理学原理及其技术，借助一定的符号，与访谈者一起进行分析、研究和讨论，揭示引起心理障碍的原因，找出心理问题的症结，探索解决的可能条件和途径，共同协商出摆脱困境的对策，最后使来访者增强信心，克服障碍，维护心理健康。"

张人俊等(1987)对心理咨询下的定义是："心理咨询是通过语言、文字等媒介，给咨询对象以帮助、启发和教育的过程。通过心理咨询，可以使咨询对象的认识、情感和态度有所变化，解决其在学习、工作、生活、疾病和康复等方面出现的心理问题，从而更好地适应环境，保持身心健康。"

马建青(1992)在其《辅导人生——心理咨询学》一书中认为："心理咨询定义为运用有关心理科学的理论和方法，通过解决咨询对象(即来访者)的心理问题(包括发展性心理问题和障碍性心理问题)，来维护和增进身心健康，促进个性发展和潜能开发的过程。"

赵耕源(1987)在《综合医院心理咨询》一书中，提出我国的心理咨询概念是："向已经有了心理刺激而尚未发病的人，或已有某些心理疾病(变态心理)或躯体疾病的人，进行心理指导，通过耐心细致的交谈，帮助他避免或消除不利于身心健康的心理社会因素，或认识这些心理社会因素在已发生疾病中的作用，因此能增强对心理刺激与冲突导致疾病的防卫能力，减轻已经发生疾病者的心理负担，树立起对疾病的治疗信心，从而能预防某些精神病、神经症或身心疾病的发生，使工作、学习、生活更美满或促使病者向良好的痊愈方向发展。”

上述各位作者，费尽心力给心理咨询下的定义，使人颇有“同一事实，不同表述”的感觉。在科学领域，按规则给某类事物下定义，应当是用最概括的语言说出该事物的本质。所以，吸纳上述各位作者见解的合理内核，按照规则，只用一句话就能给出心理咨询的定义：心理咨询时心理咨询师协助求助者解决心理问题的过程。

二、心理咨询的对象

心理咨询的主要对象可分为三大类：

(1) 心理正常，但遇到与心理有关的现实问题并请求帮助的人群；

(2) 心理正常，但心理健康出现问题并请求帮助的人群；

(3) 特殊对象，即临床治愈的精神病患者。

心理正常人群，在现实生活中会面对许多问题，如婚姻家庭问题，择业求学问题，社会适应问题，等等。他们面对上述自我发展问题时，需要作出理想的选择，以便顺利地度过人生的各个阶段。在这时，心理咨询师可以从心理学的角度，向他们提供心理学帮助，这类咨询叫发展性咨询。

另外，长期处在困惑、内心冲突之中，或者遭到比较严重的心理创伤而失去心理平衡，心理健康遭到不同程度的破坏，尽管他们的精神仍然是正常的，但心理健康水平却下降很多，出现了严重程度不同的心理问题，甚至达到“可疑神经症”的状态。这时，心理咨询师所提供的帮助叫心理健康咨询。

心理咨询的对象包括心理不正常的人(精神病人)吗？不包括。可是，为什么精神病院里也有心理咨询与心理治疗科呢？因为精神病人，即心理不正常的人，经过临床治愈后，心理活动已经基本恢复了正常，他们已经基本转为心理正常的人，这时，我们不能再认定他们是精神病人，所以，在这时，心理咨询和治疗具备介入和干预的条件。心理咨询可以帮助他们康复社会功能、防止疾病的复发。

三、大学生心理咨询的目的

心理咨询的任务，从总体上来说，是帮助正常人群在生活中化解各类心理问题，克服种种心理障碍，矫治不良行为，理顺人格结构，纠正不合理的认知模式和非逻辑思维，学会调整人际关系，深化自我认知、端正处事态度，构建健康的生活方式，强化适应能力，等等。心理咨询完成上述任务，皆为达到一个目的，即提高个人心理素质，使人健康、愉快、有意义地生活下去。

大学生心理咨询的目的，其具体内涵有如下几个方面。

(一) 认识自己的内、外世界

人人都是生存在身外的客观世界中，但却有各自的内部世界。这两个世界，被人的认知与实践活动连接在一起。所以，两者总是处在既一致又矛盾的状态之中。我们的内部世界，基本是由以往积累的经验构成的；而我们的外部世界，却是由活生生的、不断变化的现实构成。我们的内部世界，可以按我们的意志来编排；而我们的外部世界，却不随我们的意志而改变。这两类世界，其本身就是矛盾。当我们对这种矛盾缺乏明确认识，采取了错误应对方式的时候，就会在我们心灵深处产生困惑不解、烦躁不安，甚至使我们对自己的生存价值产生怀疑，对自己固有的信仰发生动摇。这些，就是我们产生各类心理问题的前提。

在到处充满矛盾的现实世界中，五花八门、冲突横生的客观世界，既向我们提供无数信息资源，使我们充实自己的内部世界；又用压力、诱惑、假象以及变幻莫测的种种事态，不断袭击我们。在这种形势下，我们既吸纳着外部世界的“营养”，又不断吞噬着苦果。可以想见，在利、弊兼备的生存环境中，知己知彼，该是何等重要。当然，认识内、外世界时，对内部世界的认识与评估更为重要。

(二) 纠正不合理的欲望和错误观念

人们经常确信自己的动机和需要是正确的、合理的，认为自己十分清楚需要什么，但实际上并非如此。一些人的心理问题往往是由这种盲目自信造成的。所以，心理咨询的目的之一就是协助求助者纠正自己的错误思维和观念，帮助他们总结自己的经验教训，学会评估自己的思维、观念是否合理，这不仅能够解决当前的心理问题，而且能够使他们看清未来的方向，从而使他们加速自我成长。

(三) 学会面对现实和应对现实

1. 面对现实

生活必须永远面对现实，这是生活的真谛。

有的人，由于在现实中遭遇了失败或严重挫折，很可能走上逃避现实的道路。他们可能沉溺于过去的痛苦回忆，或者固执地坠入未来的想象。他们在回忆和想象中生存，久而久之，对想象和回忆形成依赖。越依赖回忆和想象，越脱离现实；越脱离现实，就越依赖回忆和想象，最后恶性循环。人们面对现实需要勇气，而逃避现实并不困难。他们只要用全部时间回味过去，计划未来，现实问题就可以被排挤出局。

可以肯定，对于我们生活的生存有真实意义的仅仅是我们的此时、此地。所以，通过心理咨询，让求助者认识到，过去的是历史，未来的是希望，只有现在，才是真正属于自己并且可以把握的时空！

2. 应对现实

有勇气面对现实，只是学会生存的第一步，更重要的是以什么方式、方法去正确地应对现实。

人对现实事件的反应，大致有三类：

(1) 感性反应；

(2) 理性反应；

(3) 悟性反应。

感性反应是对外部事物的情绪化应对，应当说是一种儿童式的应对行为。如果一个成人，每逢遇到事情，不管事情的性质和大小，也不管时间和场合，一律采取情感式的反应，我们只能认定他有心理问题。

理性反应是用概念和事物之间的客观逻辑去反应外部事物，这是一个人心理发展成熟的表现。

悟性反应是另一类超现实的反应形式。面对无常理可循的事件，面对超出个人能力的事件，面对烦乱无序、短期无法明朗化以及个人无法承受的事件，人们往往以一种超脱的态度，站在更高的位置上，用哲理把事物看穿。将外界事物，如与自己名、利相关的东西，从自身剥离出去，把它置于可有可无的地位，以此摆脱种种不必要的烦恼。

三种反应方式，各有各的用途，在现实的人生中，没有七情六欲，生活质量必然低下；没有理性，会变成无头苍蝇；没有悟性，必然婆婆妈妈，最后连自己都会讨厌自己。所以，三者必备，但各有轻重。可以这样说：人的一生应该屁股坐在理性上，左手握住些感性，右手握住些悟性。如此这般，大概可以获得平稳快乐。

(四) 学会理解他人

任何个体，都有发自人性的依附本能。彼此理解，是满足此类本能的必要条件。无奈，现实世界里的名、利冲突以及其他冲突，打破了人性的内在平衡，使依附本能被淹没在这些冲突之中，这种状况使人的心理产生扭曲，体验到孤独、嫉妒、怨恨，甚至产生严重心理问题。如果通过心理咨询唤起自己的依附本能，就能自觉地理解他人以及群体对自己的重要性。一个人一旦把自己溶解于群体之中，一旦理解到自己与他人的这层关系，那么，这种理解，就可以成为缓解、甚至平复人际道德冲突，恢复人性平静的关键。

(五) 增强自知之明

人的片面经验、扭曲的社会需求以及不合理的生理需求，都可以产生片面的自我认知。使自己自觉、不自觉地对自己做出错误评估。这时，一个人就会处于“无自知之明”的状态。

人的自我认知会受到种种局限。最大的局限是把“自我的需求”作为“自我认知”的参照系，而不是站在自我之外，使用客观标准衡量自己。通过心理咨询，可以认识到，应当使用客观的做人标准，进而全面地、正确地了解自己；如果按照“自我需要”的标准来衡量自己，思考的重点常常是“我的需要”而不是“客观需要”，在遇到心理问题时，多半归因于外界阻碍个人成长，而不是“我的需要”是否合理。所以，人贵有自知之明。

(六) 构建合理的行为模式

受不合理行为模式困扰者，若想改变自己的现状，必须在心理咨询师的协助下，建立一种新的、合理的行为模式。只有按这种合理的行为模式生活，他的行动才可以变成“新的有效行为”。所谓“新”，是过去从未尝试过的；所谓有“效”，是说这种行为可以满足他自身发展的需要，如建立友好人际关系的需要、获得知识的需要、成就感的满足，等等。合理的行为模式一旦形成，它的反馈信息就可以使你坚定地相信自己有能力自律，进而确立满意的自我评价、合理的自我接纳以及在道德水平上的自我肯定。与此同时，也满足了自己的社会需求，清除道德冲突，维持持久的心理平衡。

解除心理问题的要害，不在于求助者能否控制自己的思维和欲望，而在于求助者能否将合理的思想和欲望付诸行动。

四、大学生心理咨询的类型

按照不同的标准，大学生心理咨询的类型可划分为不同的类型。

(一) 按性质分类

1. 发展心理咨询

发展心理咨询适用于健康人群。咨询内容针对成长中不同阶段出现的心理困惑和心理问题进行辅导，如求学择业问题、职业适应和发展问题等。咨询的目的是为了引导求助者更好地认识自己，扬长避短，充分发挥潜能，提高学习和生活质量。

2. 健康心理咨询

当一个心理正常的人在现实生活中有各种烦恼和压力，有明显的心理矛盾和冲突，例如，在新生入学后因对环境适应不良而焦虑，因学习成绩上不去而苦恼，因单恋或失恋而不能自拔，过度自卑等。咨询的目的是为了排除心理困扰，减轻心理压力，提高适应能力。

(二) 按咨询的规模分类

1. 个体咨询

一对一的咨询模式。咨询活动与求助者所处的社会、集体和家庭无直接关系。在内容上，着重帮助求助者解决个人的心理问题。由于这种咨询没有他人在旁，咨询对象一般顾虑较少，可以毫无保留地表达自己内心的真实思想，倾吐内心的秘密，所以它是心理咨询中最常用的类型。

2. 团体咨询

团体咨询是在团体情境中向求助者提供心理帮助和指导。它是通过团体内人际交互作用，促使个体在交往中观察、学习、体验，认识自我、探讨自我、接纳自我、调整和改善与他人的交往，学习新的态度与行为模式，以促进发展个人良好的生活适应的助人过程。

五、大学生心理咨询的主要形式

(一) 门诊咨询

门诊咨询是来访者直接到专门的心理咨询机构咨询，它是个体咨询中最常见也是最主要的形式。来访者可以充分详尽地倾诉，使内心的负面情绪得到及时的宣泄和舒缓。咨询师可以对来访者进行直接观察，了解当事人的心理状态，有助于对来访者的个性、心理健康状况、心理问题的严重性进行了解和评估，并作出准确的判断。

(二) 电话咨询

电话咨询是利用电话给咨询对象以聆听、劝告和安慰的心理咨询方式。通过电话架起心理沟通的桥梁，当一个人由于一时的冲动而采取某种冒险行为的时候，当他苦恼甚至痛不欲生的时候，如果拨通了心理咨询的电话，就可以得到意想不到的关怀和温暖，在心理上得到舒展和慰藉，甚至能把一个人从死神手里拯救出来。

(三) 网络咨询

网络咨询是咨询对象通过网络与咨询者交谈的咨询形式。一般通过 QQ、电子邮件等快速的网络通信方式开展咨询，这样可以打破地域限制，避免当面咨询可能带来的尴尬局面。目前，随着网络多媒体技术的发展，语音与图像的应用，网络咨询有了重大的突破和发展。

此外，还有书信咨询、媒体咨询等多种形式，这些形式都有其优点和缺点。

【情境任务训练】

(1) 根据前面所学的知识，结合心理咨询的相关知识，讨论大学生中存在哪些发展性咨询的问题？遇到这些问题时，一般情况下，同学们会采用什么方式解决？

(2) 根据前面所学的知识，结合心理咨询的相关知识，讨论大学生中存在哪些心理健康咨询的问题？遇到这些问题时，一般情况下，同学们会采用什么方式解决？

(3) 正确合理的解决方式有哪些？如果这些方式都无法解决，我们应当怎么办？

【思考、澄清、分享、巩固：心理学的误解】

从某种意义上讲，我们每一个人都是业余心理学家(folk psychologist)。四岁的宝宝已经能揣度别人的心思了，他知道怎样把玩具藏起来让其他小朋友找不到，还会提供错误的线索去误导小朋友；孩子会从妈妈的神情和语气上判断她在生气，所以乖乖地不敢胡闹，等妈妈高兴时，就会乘机提出要求；父母知道怎样正确地运用奖励和处罚来帮助孩子纠正不良行为、养成良好的习惯……这些都是建立在对他人心理进行观察和推论的基础上的，也就是说每个人都能对他人在日常生活中的所感、所思和所为进行预测。这也正是心理学家想要努力说明的问题中的一部分。

尽管每个人都是业余心理学家，但“心理学”作为一门古老而又年轻的科学，常常被冠以“玄”、“神秘”、“不可信”甚至是“伪科学”的名头。如果问非专业的人士什么是心理学，可能会得到各种不同的答案，其中不乏一些偏见和误解，我们先来澄清一些。

误解一：心理学家知道你在想什么。

大多数心理学家都有过这样的经历：当周围人得知了你的专业时，他们会马上好奇地发问：“你是学心理学的？那么你说说我正在想什么？”人们总是以为心理学家应该能透视眼前人的所思所想。

纠正：心理活动并不只是人在某种情境下的所思所想，它具有广泛的含义，包括人的感觉、知觉、思维、情绪和意志等。心理学家的工作就是要探索这些心理活动的规律，即它们如何产生、发展，受哪些因素影响以及相互间有什么联系等。心理学家通常根据人的外显行为和情绪表现等来研究人的心理，也许他们可以根据你的外在特征或测验结果来推测你的内心世界，但再高明的心理学家也不可能具有所谓的“知心术”：一眼就能看穿你的内心，除非他有超感能力(ESP)。

误解二：心理学就是心理咨询。

目前，心理咨询作为一个新兴的行业日渐火热，各种所谓的心理咨询中心、心理门诊、心理咨询热线等不断涌现，通过不同的渠道冲击着人们的视听。很多人听到的第一个与心理学有关的名词就是心理咨询，并把它当作了心理学的代名词。此外，人们关注一门学科，更容易从实际应用的角度去认识它。心理学最为广泛的应用就是心理咨询或心理治疗，所以更为大家所熟知，因此很多人会把心理咨询与心理学等同起来。

纠正：心理咨询只是心理学的一个应用分支。咨询心理学家的工作对象可以是一个人、一对夫妇、一个家庭或一个团体。心理咨询的目的是为了帮助人们应对生活中的困扰，更好地发展，增加生活的幸福感受。一般来说，心理咨询是面向正常人的，来访者有心理困扰，但没有出现严重的心理偏差。如果是严重的精神疾病，就要由临床心理学家或精神病学家来处理。

误解三：心理学只研究变态的人。

很多人都说他们走进心理咨询室是需要很大勇气的，可能还有过思想斗争："去还是不去？人家会不会认为我是精神病？朋友知道了会怎么看我……"这在一定程度上反映了很多人对心理学的看法：去心理咨询的人都是"心理有问题"的人，心理有问题就是变态；心理学家只研究变态的人，所以与心理学有干系的非专业人士都不正常。

纠正：大多数心理学研究都是针对正常人的。有些人把心理学家和精神病学家混淆了。精神病学是医学的一个分支，精神病学家主要从事精神疾病和心理问题的治疗，他们的工作对象是所谓"变态"的人，即心理失常的人。精神科医生和其他医生一样，在治疗精神疾病时可以使用药物，他们还必须接受心理学的专业培训。与精神病学家不同，虽然临床心理学家也关注病人，但他们不能使用药物。除此之外，大多数研究都是探讨正常人的心理现象，如儿童情绪的发展、性别差异、智力、老年人心理、跨文化的比较、人工智能，等等。

误解四：心理学家会催眠。

在很多人眼中，催眠术是一种很玄妙的技术，让人很感兴趣。而知道催眠术的人，又往往把它和心理学家的工作联系起来。之所以有这样的看法，一是因为弗洛伊德的知名度，二是和几部深有影响的"心理电影"有关。

纠正：催眠术只是精神分析学家在心理治疗中使用的一种方法，并非心理学家的"招牌本领"，而且大多数心理学家的工作并不涉及催眠术，他们更喜欢严谨的科学研究方法，如实验和行为观察。

误解五：心理学就是梦的分析。

这种误会同样是弗洛伊德的影响所致。很多人认为，弗洛伊德的理论中，最吸引人的内容就是释梦。这也不足为怪，因为人总是对自己和别人的内心深处的秘密有一种顽固的挖掘欲望，而梦似乎是透视内心风景的一扇窗户。许多人因此把弗洛伊德的理论等同于梦的分析，又因为弗洛伊德的"代表性"而进一步使之成为心理学的代名词。

纠正：梦的分析只是精神分析流派所使用的治疗技术之一，是心理学工具里的一个棋子。

误解六：心理学是骗人的东西，是伪科学。

还有一种让心理学者感到伤心的看法，有些人认为心理学是"伪科学"，是骗人的东西。为什么会有这种评价呢？一是对心理学科学性的怀疑，二是有些人对心理咨询的"失望"。

纠正：1982年国际科学联合会(ICSU)接收国际心理科学联合会(IUPsyS)为其会员协会，肯定了心理学的学术地位。心理学中有很多领域向来就与自然科学研究相近，如实验心理学、心理物理学和生理心理学。现在，心理学的各个领域都采取了严格的科学设计，从实验控制，统计学分析，直到结论的提出，都服从于统一的科学标准。至于成功的心理咨询，既需要时间，又需要互动。

项目二 自我意识与自信培养

【项目导言】

在古希腊的特尔斐神庙前竖立着一块巨大的石碑，石碑上面镌刻着一句象征人类最高智慧的神谕："人啊，认识你自己！"这句象征着神的启示和古人智慧的格言，犹如一把千年不熄的火炬，表达了人类与生俱来的内在要求和至高无上的思考命题。当我们避开外界的喧嚣，静下心来，常常发现令我们困惑最多的不是别人而是自己。尤其是在青年期，也正是我们多数大学生所处的年龄。宁静的夜晚，仰望着深邃的天空，我们经常会扪心自问："我究竟是怎样的一个人？"、"在大社会里、小环境中我究竟处在什么样的位置？"、"我行不行呀？"、"别人怎样看待我呢？"、"我应当成为怎样一个人呢？"、"我怎样改变现状成为理想中的那种人呢？"通俗地说，这些就叫做自我意识。

【学习目标】

➢ 知识目标

(1) 理解自我意识的含义、结构、形成与发展。

(2) 了解大学生自我意识发展的特点。

(3) 掌握正确认识自我、悦纳自我和完善自我的方法。

➢ 能力目标

(1) 能用自我意识的发展规律分析和认识自我。

(2) 能通过科学方法调整对自我的不良认知。

(3) 能理智看待自己的长处和短处，积极悦纳自我。

任务 1 正确认识自我

【情境任务描述】

开学第一周，为了增进同学之间的认识和了解，班主任计划召开一次主题班会，班会的主要内容是要求每位同学以"我这个人"为题进行三分钟演讲。为了让其他同学能更全面、更深入地认识和了解你，你会从哪些方面介绍和描述你自己？请尝试以"我这个人"为题写一份 300～500 字的自我介绍材料，并在全班同学面前朗读。

【情境任务分析】

在大学生这个年龄阶段，一个人对自我的认识程度已经到了相当的程度。所以，一个在生活中善于表露自我的人，这样的情境会让他兴奋和紧张；相反，一个在生活中不愿意表露自我的人，这样的情境会让他出现各种抵触的情绪，比如：感觉无聊、随意描述和介绍、现场起哄……

【情境任务知识】

一、自我意识的含义

自我意识是个体对自己身心状态及对自己同客观世界的关系的认识，具体包括对自己的生理状况(如身高、体重、体态等)、心理特征(如兴趣、能力、气质、性格等)以及自己与他人的关系(如自己与周围人们相处的关系，自己在集体中的位置与作用等)的认识。

从广义上讲，自我意识是指人对自己的属性、状态、行为、意识活动的认识和体验，以及对自身的情感意志活动和行为进行调节、控制的过程。

从狭义上讲，自我意识是一个人对自己的认识和评价，包括对自己心理倾向、个性心理特征和心理过程的认识与评价。正是由于人具有自我意识，才能使人对自己的思想和行为进行自我控制和调节，使自己形成完整的个性。

自我意识在个体发展中有十分重要的意义。首先，自我意识是认识外界客观事物的条件。一个人如果不知道自己，也无法把自己与周围相区别时，他就不可能认识外界客观事物。其次，自我意识是人的自觉性、自控力的前提，对自我教育有推动作用。人只有意识到自己是谁，应该做什么的时候，才会自觉自律地去行动。一个人意识到自己的长处和不足，就有助于他发扬优点，克服缺点，取得积极的自我教育效果。再次，自我意识是改造自身主观因素的途径，它使人能不断地自我监督、自我修养、自我完善。可见，自我意识影响着人的道德判断和个性的形成，尤其对个性倾向性的形成更为重要。

二、自我意识的心理结构

自我意识是一种多维度、多层次的复杂的心理现象。根据不同维度的理解，自我意识可划分为不同心理成分。

(一) 知、情、意的自我意识

按自我意识的运行形式，可从知、情、意的角度把自我意识分为自我认识、自我体验和自我控制三部分。

1. 自我认识

自我认识是自我意识的认知成分。它是自我意识的首要成分，也是自我调节控制的心理基础，它又包括自我感觉、自我观察、自我分析和自我评价等。自我认知主要涉及“我是一个怎样的人？”、“我为什么是这样一个人？”等问题。比如，有人观察自己的形体，认为自己属于“健壮型”；分析自己的性格特点，认为自己是活泼开朗的；评价自己的为人处世，觉得自己是忍让宽容的，等等。

2. 自我体验

自我体验是自我意识的情绪成分，是个体在自我评价的基础上，对评价结果是否符合自己的需要所产生的一种情绪体验。自我意识主要涉及“对自己是否满意、是否悦纳自己”等问题，具体包括自爱、自尊、自信、自卑、自怜、义务感、责任感、优越感、荣辱感、羞耻感等情绪状态。自我体验是在自我认知的基础上产生的，自我认知决定自我体验，而自我体验又强化着自我认知。如果个体自我评价越积极、越肯定，它就越能接受自己、尊重自己，从而促使个体自我积极进取、不断更新。在自我体验中，自尊和自信是最重要的成分。自尊、自信的程度会影响个体自我调节的方向和力度。

3. 自我控制

自我控制是自我意识的抑制成分，是个体为达到自己某种目标而对自身的心理和行为进行主动的掌握、约束和控制。自我控制包括自我检查、自我监督、自我激励、自我奋斗、自我暗示、自我教育等形式。自我控制主要涉及“我该怎样控制自己”、“我怎样才能使自己成为理想的那种人”等问题。

综上所述，从知、情、意的角度可把自我意识分为自我认知、自我体验和自我控制三部分，这三者有机统一，构成了个性心理面貌的一个重要组成部分。通过自我认识，使人明确“我是一个怎样的人？”、“我为什么是这样一个人？”等问题；通过自我体验，可以解决“我对自己是否满意？”、“我是否接受自己？”等问题；通过自我控制，可以最终解决“我该怎样控制自己”、“我怎样才能使自己成为理想的那种人”等问题。

(二) 生理、心理、社会的自我意识

从自我意识的活动内容来看，自我意识又可分为生理自我、心理自我与社会自我。

1. 生理自我

生理自我是个体对自己身体、生理状态(如身高、体重、容貌、衣着、风度等)的认识和体验。它是一个人在与他人交往的过程中通过学习而逐渐形成的，它使一个人把自我和非自我区别开来，意识到自己的生存是依托于自己的躯体的。生理自我是与生俱来的，人们只能接受它而不能改变它。随着自我意识的成长，人逐渐对生理自我有一个明晰的看法与正确的认识，并正确地发挥自己的生理特点。

2. 心理自我

心理自我是个体对自己的心理活动、个性特征、心理品质的认识、体验和愿望，包括对自己的感知、记忆、思维、智力、能力、性格、气质、兴趣等的认识和体验。心理自我在情感体验上表现为自豪、自尊或自卑、自贱，在意向上表现为追求智慧、能力的发展和追求理想、信仰，注意行为符合社会规范等。随着自我意识的发展，个体开始自觉地按照一定行动目标和社会准则来评价自己的心理品质和能力。个体的自我评价越来越客观、公正和全面，并具有社会道德性，并在此基础上形成自我理想，追求最有意义和最有价值的目标。

3. 社会自我

社会自我是个体对自身与外界客观事物关系的认识、体验和愿望，包括个人对自己在客观环境及各种社会关系中的角色、地位、权利、义务、责任、力量等的认识。社会自我在情感体验上也表现为自豪或自卑，在意向上表现为追求名誉地位、与人交往、与人竞争、争取得到他人的好感等。

以上三个“我”之间是密切联系、相互影响的，它们包含着不同的自我认知、自我体验和自我控制，但由于比例和搭配的不同，构成了个体与个体自我意识之间的差异，也使得个人都有自己对人、对己、对社会的独特看法和体验。

(三) 现实自我、投射自我、理想自我

从自我认知中的自我观念来看，自我意识又可分为现实自我、投射自我和理想自我三个维度。

1. 现实自我

现实自我也称现实我，是个人从自己的立场出发对自己目前实际状况的看法。

2. 投射自我

投射自我又称“镜中自我”，是个人想象中他人对自己的看法，想象他人心目中自己的形象，想象他人对自己的评价，以及由此而产生的自我感，如“大家都说我长得很漂亮”就是投射自我的表现。投射自我和现实自我之间往往有距离。当距离加大时，个体便会感到自己不为别人所了解。

3. 理想自我

理想自我是指个人想要达到的完善的形象，如“我想成为一名优秀的律师”、“我想做一个正直善良的人”等。理想自我对个人的认识、情绪和行为有很大的影响，是个人行为的动力和参考系。如果理想自我与现实自我的差距过大，以至于根本无法达到，那么个体就会产生挫败感，并会累积成自卑感。

三、大学生自我意识发展的特点

在校大学生正处于自我意识发展的关键时期，其自我意识的发展出现了许多新的特点。评价大学生自我意识发展的水平，应以其自我意识结构中的自我认识、自我体验和自我控制等各种要素是否协调发展为重要指标。如果各要素协调发展一致，自我意识的发展水平就高；反之，如果各要素协调发展不一致、不统一，自我意识的发展水平就低，个体心理就会出现障碍。下面将从自我认识、自我体验和自我控制三个方面分析大学生自我意识发展的特点。

(一) 大学生自我认识的发展特点

1. 大学生自我感觉的意识明显增强，但矛盾突出

自我感觉是自我认识的起点。大学生的自我感觉意识较中学时代明显增强，他们不仅关注自己的外表、行为举止等外在因素，而且更关注自己的性格、智力、交际能力、组织能力等内在因素。原先表面的我、笼统的我逐渐分化成了实质的我、具体的我。大学生对自己的内心世界和行为、对自己的角色和责任有了新的认识。他们明显感觉到自己身上肩负的历史使命，自觉地赋予自我以重要地位的角色。

然而由于理想自我和现实自我的矛盾冲突，使得自我意识难以统一。

大学生自我意识的矛盾具体表现为：首先，对自我期望过高。由于社会对大学生的期望很高，家庭也以子女考上大学为荣，加之有利的学校教育环境，促使他们理想自我发展相对较快，大学生一般都有超过现实自我发展水平的倾向。其次，对独立的误解。进入大学以后，大学生的独立意识迅速发展。他们希望在思想、学习、生活甚至经济等诸多方面自立，希望摆脱家庭和学校的约束，自主地处理自己遇到的一切问题。但是他们毕竟还没有真正地独立于社会，无论是政治上还是经济上都还需要家长、老师的支持和帮助，在心理上仍依赖成人，这种独立意向与依附心理的矛盾一直困扰着他们。第三，对自我的否定。一部分大学生由于缺乏强有力的家庭、社会背景的支持，再加上自己某方面能力的不足，从而导致自我否定。一次次小小的失败都可能积累起沉甸甸的挫折感，挫折感的积累又是自卑感产生的前提和基础。一个人一旦缺乏自信，便会部分或完全地否定现实自我，从而导致对自我的认识和评价过低。

2. 大学生自我评价能力增强，但欠客观

自我评价是自我认识的核心。随着大学生自我评价的途径进一步多样和完善，他们能借助一定的社会评价来认识自己，但又不完全依赖别人的评价，这是大学生自我评价能力增强的表现。但是，由于大学生对客观事物的理解和判断上的肤浅性和片面性，常常使得他们对自我的理解和判断只看到一面而看不到另一方面，只看到表象而看不到本质，所以就有可能时而夸大自己的长处，缩小自己的短处，时而又相反。

(二) 大学生自我体验的发展特点

1. 大学生的自我情感体验丰富，但易波动

大学生的自我情感体验比较丰富，有肯定和否定的体验(喜欢还是讨厌自己，满意还是不满意自己等)，积极和消极的体验(喜悦还是忧愁，有趣还是乏味等)，以及紧张和轻松、敏感和迟钝等体验。在这些体验中，大学生自我体验的基调是健康、积极的。一般来说，在自我体验方面，男生比女生更具自信心，更富有活力，但容易急躁；女生则更热情，更迫切地要求取得成功，内心舒畅感更明显，但容易发愁。处于青年期的大学生，其自我体验带有强烈的情感色彩，高兴时容易产生积极、肯定的自我体验，甚至忘乎所以，目空一切；遇到挫折时往往产生消极、否定的自我体验，甚至自我否定、自卑，极不稳定。

2. 大学生的自尊心增强，但把握不稳

大学生刚考上大学时受到老师、家长和亲朋好友的赞誉以及同龄人的羡慕，因而优越感和自尊心都很强，对自己的能力、才华和未来充满信心，希望得到别人的重视和尊重。但大学生在自尊心增强的同时，常出现矛盾和不稳定。他们常常希望在正确认识自己的基础上肯定自己；他们希望别人尊重、理解自己，但自己常常不尊重、理解别人，甚至伤害别人；他们希望自己是一个了不起的人，但又不善于学习别人的长处；他们想成功，一旦受挫又极易灰心丧气；表面上不在乎别人对自己的看法，但内心却十分计较这些。

3. 大学生自我情感体验从封闭性向开放性过渡

大学生从内心讲是非常愿意与别人诚挚交往的，希望与别人交流思想、沟通情感。但是相当一部分大学生自跨入大学之日起，就产生了一种莫名的孤独感，现实生活中人际关系的复杂化使他们对正常的人际交往望而却步，所以，总是自觉不自觉地以一种闭锁的方式来处理自我体验的矛盾性。但是，人是社会的人，一个人要想完全封闭自己是不可能的，

生活中总有一些东西是别人可以体察到的。大学生的情感体验必然从封闭性走向开放性，其主要表现为：一是认同感的寻求，力求从自己对他人的态度来认知他人对自己的态度；二是在社会现实交往中，尽可能扩大自我开放的程度。

(三) 大学生自我控制的发展特点

1. 自我控制自觉性提高

大多数大学生在经历了大一时期的角色转变、学习生活交往和人际关系等方面的心理适应过程之后，便很快进入了一个角色定位的稳定时期。这时大学生的自我监督、批评和教育的认识水平提高了，他们不是在感知水平、表象水平上驾驭自我，而是能够在信念水平上驾驭自我。

2. 自我控制的主动性增强

大学生自我控制主动性的增强主要表现为独立性的发展。这种独立意识促使他们对自己的控制方式逐步从外部控制转变为内部控制，即主动掌握自己的心理变化，特别是在规划自己的职业理想、生活理想和人格理想时基本上克服了由家长、老师和长辈帮助规划的被动情况，而转变为主要依靠自己的想法来主动规划。

3. 自我控制的社会性明显

一方面大学生有自己的兴趣爱好，他们非常希望按照自己的主观需要广泛阅读自己感兴趣的书籍，从事自己感兴趣的工作；另一方面学校、家长和社会对大学生又提出了不同的要求，择业现实的严峻性迫使大学生的自我天平由主观自我向客观自我倾斜，按照社会标准、社会期望、社会条件来规划自己的未来。大学生自我控制水平明显提高的同时，也易陷入意志发展的种种误区，如逆反、盲从、懒惰等。

通过以上分析，我们可以看到大学生自我意识发展的主旋律虽然是积极的、健康的，但也存在着一些不平衡、不成熟的方面。在一些大学生中，自我意识有模糊性、不确定性和片面性，这就需要高校老师加以积极的引导，使其获得健康的发展，并进而促进其个性的完善。引导大学生自我意识健康发展的一切方法的出发点和归宿，全在于提高大学生的自我教育能力。自我教育是主体自我按照社会要求对客体自我自觉实施的教育，它是自我意识的高级表现，是青年大学生完善自我，实现自我价值的重要途径。

四、正确认识自我的方法

(一) 从别人对自己的态度来了解自己

我们看不见自己的面孔，常常借助于镜子，同样，我们不易评价自己的品质，就得依靠别人对我们的态度和反应。这正如心理学家库里所指出的，别人对自己的评价是自我评价的一面镜子。在与他人交往的社会生活中，我们借自己的外显行为将自己介绍给别人，反过来别人对我们的看法又影响着我们对自己的认识。因此，个体对自己的认识在很大程度上取决于周围的人对自己如何评价。当然，他人的评价并非都很准确，这正如镜子因凸凹不平会歪曲人的形象一样。倘若我们能和多数人交往，注意倾听多数人的意见或反应，善于从周围的人的一系列评价中概括出一些较稳定的评价作为自我评价基础，这将大大有助于自我了解。

(二) 通过和别人比较认识自己

社会心理学家费斯廷格的社会比较理论认为，人有一种评估自己的内驱力；在缺乏客观的、非社会标准的情况下，人们将通过与他人的比较来评估自己。社会实践证实了这个理论的这两个观点。每当我们怀疑自己的能力，反躬自问自己："我在某方面的能力到底如何"时，就会很自然地想到和别人进行比较，以判定自己在社会生活中的位置和形象。自己跑步的速度是通过与别人赛跑中比较出来的；个子的高矮也是通过"比个儿"而确定的；个人认识评价自己的品质、能力等都是如此。我们总是通过和自己地位、条件相类似的人的对比来估价自己以及自己和周围环境的关系。

(三) "约哈里窗"——利用回馈并客观认识自己

"约哈里窗"是社会学家约瑟夫·卢福特和哈里·伊阿那设计的一种交流模型。根据"约哈里窗"的原理，人自身储存的信息有四种形态，或称其为有四种区域：其一，开放区，即包括本人和其他人都知道的有关本人的信息；其二，盲目区，包含其他人了解，而本人却没有意识到(或不了解)的有关本人的信息；其三，隐蔽区，包含本人了解，而其他人也不了解的有关本人的信息；其四，未知区，包含本人不了解，其他人也不了解的有关本人的信息。运用"约哈里窗"认识和评价自我的方法，第一步，请5个或10个非常了解你的朋友，要他们列出你的优点和缺点。可以先从好朋友做起，看他们到底怎么样看你。如果想进一步客观地评价自己，再请那些你最不喜欢的人列出你的优缺点，也就是让别人做你的镜子，利用别人给你的回馈，帮助你认识自己，评价自己。第二步，你自己也拿出一张纸来，自己列出自己的优点和缺点。然后将自己列出的和别人列出的一一比较，便可能产生上述的四种情况。通过"约哈里窗"你也许会发现自己有许多优点，别人并不知道，也可能出现别人认为你的优点，你自己反而不觉得，这样你可进一步了解自己。同样，你的缺点也可能有类似的情形。通过"约哈里窗"了解和评价自己，要比从自我观察的材料中分析、评价自己更客观、准确、可靠。

(四) 通过和自己比较认识自己

这种与自己的比较包括两方面：一是将目前的"自我"与过去的或将来的"自我"作比较；二是将自己的期望与实际获得的成就相比较。这两方面都是客观、正确的自我认识所不可缺少的。个体的自尊、自信、自大、自卑等主要取决于个体内在状态与自我期望等主观因素。这些因素往往决定着个体对自己感情、态度的判断和评估。我们往往依据自己在一定活动中的成败，对自己的学识、素养和才能作出判断。生活中常有这样的事情：有的同学期望获得第一名，以屈居第二为奇耻大辱，而有的同学却为成绩及格而兴高采烈；有的年轻朋友因某种条件较差的工作而愁眉不展，自叹苦不堪言，而老工人在相同的条件下却"以苦为乐"，干劲十足，如此等等，都反映了人们的判断水平。每一个年轻朋友，都是将自己心目中形成的理想的"我"的形象与现在的"我"进行比较，这往往就是我们生活的动力。要追求、寻找这个理想的"我"，就需要坚定、忍耐，专心致志和顽强地自我进取，就得克服懒惰、懈怠、消极、怯弱等习性。

(五) 通过内省来观察和认识自己

孔子曰："吾日三省吾身。"这说明了古人也懂得内省的重要。我们不仅应该依据他人的态度来观察自己、认识自己，更主要的还应通过内省来认识自己。个体关于自己的情感、思维定势和信念的信息，主要来源于知觉自己的内心状态；观察自己的外显行为；观察与这些行为相关的环境。要处理好这些信息，就需要“内省”。当然，正确的内省必须遵循现行社会中通行的社会文化价值观念、普遍的社会文化准则和行为规范，否则，是不可能给自己作出公正客观的评价的。青少年在青春期常用的一个内省方式就是记日记。日记不仅是自我暴露、自我交流的手段，还是自我分析、自我认识、自我监督的手段。

【情境任务训练】

一、自我画像

(一) 活动目的

(1) 通过画“自画像”，帮助学生进一步认识自己，展示一个“内心的我”。

(2) 通过交流，使学生读懂你、我、他，促进彼此的了解。

(二) 活动时间

大约30分钟。

(三) 活动场地

室内。

(四) 活动道具

纸、笔。

(五) 活动程序

(1) 指导者发给每位成员一张白纸，成员自备一支笔。

(2) 在8～10分钟内，每个成员在白纸上画一幅自画像，指导者暗示大家，“自画像”可以是形象的肖像画，也可以是抽象的比喻画(例如动物，或者自己生活中的场景)，但是需强调、声明这个自画像要能代表自己。要求成员们画自画像像期间不要看他人的画像，提醒成员本活动不是绘画比赛，不用因为自己的画技不好而感到为难，只要求大家的画像从内容、形式上反应大家对自我的认识。

(3) 自画像画好之后，请成员在白纸的另一面写下自己心中的“我”，即用一些形容词描述自己，例如外向、内向，开朗乐观，安静，随性等等之类能表现个人个性或性格的一些形容词，描述中不能透露个人的姓名之类信息。然后请成员们把自己的名字写在描述的后面。

(4) 收取成员的画像作业，指导者选取几份有代表性的画像，与成员们一起讨论、交流。

(5) 猜猜这是谁？选取几份画像，先给全体成员们看画像，让他们猜测这画像可能是谁，让成员们进行交流和讨论，得出他们的答案，指导者不公布答案；然后指导者将画像者的自我描述一点一点读出，给以提示，这时再让成员们来猜测下这位自画像是代表了谁，最后公布答案，讨论。

请画像者谈谈自己画这幅画像的含义，为什么这么画，觉得这幅自画像在哪些方面能代表自己、表现自己是个怎么样的人。

(6) 指导者对活动进行总结，启发成员进行思考。

二、20 个我

（一）活动目的

了解自己，认识自己。

（二）活动时间

大约 30 分钟。

（三）活动场地

室内。

（四）活动道具

纸、笔。

（五）活动程序

(1) 在下面写出 20 句“我是一个怎样的人”，要求尽量选择一些能反映个人心理与行为特点的语句，避免出现类似“我是一个男生”，“我是一名中国人”这样的句子。

① 我是______________________________。

② 我是______________________________。

③ 我是______________________________。

④ 我是______________________________。

⑤ 我是______________________________。

⑥ 我是______________________________。

⑦ 我是______________________________。

⑧ 我是______________________________。

⑨ 我是______________________________。

⑩ 我是______________________________。

⑪ 我是______________________________。

⑫ 我是______________________________。

⑬ 我是______________________________。

⑭ 我是______________________________。

⑮ 我是______________________________。

⑯ 我是______________________________。

⑰ 我是______________________________。

⑱ 我是______________________________。

⑲ 我是______________________________。

⑳ 我是______________________________。

(2) 对自己的答案进行以下几个方面的分析。

① 答案的数量和质量。

② 回答内容的表现方式。

③ 回答的内容是否涉及自己的未来。

④ 你的完成速度如何？

⑤ 你写的内容的深度如何？

⑥ 正面的评价还是负面的评价多？

⑦ 20 个句子的内容如何？是否有集中的主题？

【思考、澄清、分享、巩固：人，为什么不容易了解自己？】

一个人可以了解他人，了解自己的学习，了解他人的工作，了解周围环境，了解家庭和自己的父母亲，了解周围的邻居，了解社会，甚至可以了解世界，但是，就是不会太了解自己。所以，古人就有“学莫先于自知”之说。

为什么这么说？

一个人为什么会犯错误？原因很多，其中之一就在于不能正确了解、把握住自己：或是太高估了自己——自傲，总认为自己什么都行，什么都能拿得下，太爱耍“小聪明”，总认为有空子可钻，总将他人看做是傻瓜一个，太小瞧了他人；或是太低瞧了自己——自卑，自己什么都不是，什么都不会，什么都不行。结果呢？前者使自己去做力所不能及的事，去做违反客观规律的事，去做有害于社会的事，因而受到惩罚。后者呢？自己能干的事也不去干，做起事来也是前怕狼、后怕虎，什么事都做不好。

一个人为什么会与周围的人搞不好关系？原因很多，其中之一就在于有的人傲气十足，认为自己什么都行，别人什么都不行；有的人将自己的利益看得太重，老是想侵占他人的利益；有的人处理与他人关系时不够宽容，发生矛盾时总将责任推给他人，总认为是他人的错误，结果呢？矛盾、冲突便不断地升级。

一个人为什么总控制不住自己的情绪？顺利时头脑热得不得了，像发了昏似的，失意时又冷得好像掉到冰窖里去了，什么都不想干，即便是能干的事也都不想去干，做事跟着感觉走，什么都凭冲动办事。这类人就在于对自己缺乏足够的把握。

一个人为什么总是改不了自己人格上的毛病。有的人修养太差，行为举止粗鲁，动不动就对人发脾气，还经常出言不逊，有时他们也经常后悔自己的行为，但就是不好改。什么原因？就是不能正确对待自己人格上的毛病，经常原谅自己。

以上这些现象说明什么？说明一个人要真正了解自己的确是很不容易的。

那么，是什么因素妨碍自己对自己的了解呢？

受一个人欲望性质的制约。在人的欲望之中，有合理的和不合理的，有能实现的和不能实现的，有合法的和不合法的。如果一个人的欲望太高、太不着边际了，那么它就会“利令智昏”，就会忘乎所以，就会战胜自我，什么合理不合理、合法不合法的，统统都被扔到一边。所以，要能真正了解自己就得从压制、去除自己不切实际的欲望开始，建立适合自己的抱负水准，当一个人学会不好高骛远时，就能了解自己了。

受一个人生活经验的影响。当一个人的生活圈子过于窄小的时候，他的认识水平就会比较低下，认识事物就比较简单，他所知道的、所评价的，只是他自己周围的东西，就会觉得世界不过如此大。这样一来，他的自我就会突然膨胀起来，产生种种的错觉，也就不能真正了解自己。所以，要能真正了解自己，就得扩大自己的生活圈，多交几个知心朋友，多摄取一些新鲜事物。生活经验丰富了，视野扩大了，知识增多了，才会知道人中有人，天外有天，才可能避免“一孔之见”。

受一个人思想方法的影响。真正了解自己实际上就是一个思想方法的问题，而它并非是短时期就能形成的，它需要大量挫折、失败的考验，需要对这些挫折、失败进行认真的反思。所以，要想真正了解自己就得从改变自己的思想方法着手。一般来说，人在遭遇失败或挫折时，对自己总会产生一种“偏好的原谅倾向”，总将责任归咎于他人，归之于客观，因而不能做到实事求是。为此，一定要做到冷静、客观，多从结果上检查自己，多从自己主观上去寻找原因。只有这样，失败才能真正做到是成功之母，才能真正做到了解自己。

受一个人修养水平的制约。一般而言，有修养的人心很正，行为举止比较高尚，对他人宽容厚道，对自己的要求也比较严格，能经常反思自己，决不会盲目与他人攀比，因为他们知道自己不是因为他们的存在而生活下去的，因而也就能正确地了解自己；此外，有修养的人与他人的关系也比较好，因而能从他人那里得到关于自己的评价，因而能及时地知道自己的缺点、弱点和不足，随时改进，从而能较好地了解自己。

总之，一个人为什么不容易了解自己的原因是很复杂的，总体来说，它与一个人的社会阅历、社会经验、社会性成熟、个人修养水平等有关。一般而言，社会阅历多、社会经验丰富、个人修养水平高的人，就能比较好地了解自己。

最后，有一点还需要指出，了解自己，这是一个人一生的课题。有时，在人生的某个阶段能比较好地了解自己，到了人生的另一个阶段，它反而会变得很突出，成为自己发展中的一个障碍。所以，对人来说，要做到真正了解自己是很不容易的，需要一辈子的努力。

任务2　客观评价自我

【情境任务描述】

情境一：军训结束后，团委学生会和各个社团组织都面向新生招收新干部，而且，每位参加竞聘的新同学都必须按要求撰写一份个人自荐表。自荐表的主要内容是对自己的思想品德、兴趣爱好、能力特长、成败经历进行客观的介绍和评价。如果你也有意参加干部竞聘，你将如何在自荐表中对自己进行全面客观的介绍和评价？

情境二：一年一度的学年鉴定工作又开始了，拿到《学年鉴定表》，回顾这一学年的学习和生活，同学们需要对自己做出评价与鉴定。这一年里，我在思想、学习、工作、生活、情感等方面有哪些成长，还有哪些不足？我如何在今后的学习生活中发挥优势，弥补不足？

【情境任务分析】

生活中，我们自觉或不自觉、主动或被动地都会对自我进行评价和总结。例如，在学校里要进行学年鉴定，求职择业中要提炼自己的优势，在工作中要做年度工作总结和考核，这些实际上都是在进行各种各样的自我评价，在评价中是刻意吹捧，还是实事求是？是主观判断，还是客观评价？这些评价对我们的意义何在？

【情境任务知识】

一、大学生自我意识发展中的缺陷

个体的自我意识是在外部环境的影响作用下，通过自我的主观努力形成的。自我发展的历程是一个主观与客观、内在与外在双向互动的过程，自我意识的发展水平就是个体主、客观力量共同作用的结果。大学生正处于心理迅速成熟又尚未完全成熟的时期，自我意识还在不断发展中，传统观念作用下的大学生在当前多元化的人生观和价值观的冲击下，在复杂多变的社会环境的影响下，如果缺乏正确的引导和自省，容易出现各种发展的偏差，从而导致以下几个方面的缺陷。

(一) 扭曲的自尊——虚荣

虚荣心是一种追求虚假荣誉以期获得尊重的心理行为。社会生活中，人人都要有被尊重的需要，都希望得到社会的承认。但好虚荣者不是通过实实在在的努力，而是利用吹牛、撒谎、作假、投机等非正常手段沽名钓誉。“空袋不能直立”，追求虚假的荣誉只是自欺欺人，不仅会使个体失去他人的尊重和友谊，失去诚信，而且会使之失去实在的追求，留下空虚、苍白的人生。

(二) 消极的自觉——自卑

自卑是个体由于自我认知偏差等原因所形成的自我轻视和自我否定的情绪体验。不少大学生身上不同程度地存在着自卑心理，或认为自己其貌不扬，担心被人歧视；或认为自己天资愚钝，将来不能成器，对未来缺乏自信；或认为自己出身贫寒，担心被人看不起等。

个体的自卑感形成的原因比较复杂，主要有以下几种原因。

1. 自我认知的偏差

(1) 消极的自我暗示。凡事总是从消极悲观的方面考虑，喜欢拿自己的短处与他人的长处比，总觉得“我可能不行”、“我天生不是那块料”等，使自己的自信心逐渐丧失。

(2) 过低的自我期望。不相信自己的能力，对自己缺乏激励，造成失败的结果反过来又验证了自我的认识和期望，进一步强化了自卑。

(3) 过强的自尊。个体过强的自尊心会导致自尊的需要经常得不到满足，产生心理失望，并逐渐丧失自信。

2. 生理缺陷

生理缺陷是自卑性格形成的又一个重要原因。主要表现在一些身材矮小、身患残疾的学生身上。他们常常体验着常人难以想象的失落和痛苦，易产生自轻自贱的情绪，并由此陷入孤独、沉默、神经过敏的自卑境地。

3. 幼年生活经历的影响

心理学家认为，自卑感受起源于人的幼年时期。心理学的研究证实，不少心理问题都可以在早期生活中找到症结，自卑作为一种消极心态也不例外。

（三）退缩的自主——从众

从众是一种普遍的心理现象，它是在群体舆论的压力下，放弃个人意见而采取与大多数人一致意见的自我保护行为。从众心理人皆有之，但有过强从众心理的学生，没有独立思考，缺乏主见，丧失自我，有碍于心理发展。造成从众心理过强的原因是多方面的：一是害怕孤立，为了寻求小团体的认同，避免孤立而放弃了主见，随大流，凑热闹，以求并无实际意义的“合群”；二是缺乏自信，有些学生对自己的能力缺乏自信，不敢自己下判断、做决定，只好随大流；三是当今不少家庭和学校那种一味要求“听话”、“服从”的教育，使学生形成了一种极富惰性的人格特质，窒息了他们的独立思考精神。

（四）变态的自立——逆反

青年大学生在成人眼里是孩子，在孩子眼里是成人，他们渴望在思想上、行为上乃至经济上尽快独立。这个时期，他们的智力发展虽已达到高峰，但阅历有限，感情经验不足，且情绪表现富于两极性，易于感情用事，主观片面，脱离实际，以至形成偏见。当这种偏见在现实生活中碰壁时，在青年期特有的强烈独立意识和批判精神的驱使下他们就很容易出现逆反心理。例如，对师长的教育和班干部的工作抵触，以“顶牛”、“对着干”来显示自己的“高明”、“非凡”。对正面教育和宣传表现出一种怀疑、不认同的态度，对社会、人生和个人前途表现出玩世不恭的态度，越是禁止的东西越感兴趣，越是不让做的事情越要做，常常表现出有意违拗的行为和放荡不羁的倾向。

应该看到，逆反心理的出现是青年学生批判精神、独立意识增强的标志，这是值得肯定的。但是，如果不加以正确引导，其消极作用很大，例如容易助长个人自由主义倾向、导致人际关系僵化，形成不健康的思维模式和行为方式以及情感反应固执等负面作用。

（五）极端的自信——自负

自负是个体自以为是、自命不凡的一种情感体验和情绪表现。随着社会的进步和发展，人们的思想观念发生了巨变。在谦虚、淡出的同时，自信成为当代大学生较为普遍的优秀品质，他们有独立思考的精神，不唯书、不唯上、不唯师，更不唯一些陈规陋习，对自己的才学信心十足，对自己的未来踌躇满志。但有些同学自信过了度，自我感觉太好就成了自负。他们听不进师长的教诲，听不进同龄人的意见，一意孤行。

（六）放纵的自我——任性

目前这一代的大学生，绝大多数是家中的独生子女，加上“大学生”这个头衔的光环，使得他们往往集家长的溺爱于一身，在顺境中长大，缺乏挫折的磨炼。相当一部分同学有任性、孤傲的毛病，例如在人际交往中，不顾及他人的想法和感受，而一味要求别人依着自己行事；没想过自我克制，而一味要求他人对自己忍让；在待人接物时，单从个人好恶出发，只凭一时意气用事，容易被本能的欲望和偶然的动机以及不良的情绪所左右。在社会上“跟着感觉走”，片面主张个性自由、张扬的思潮，也使他们对自己的弱点不以为然，进而发展到以我为中心、唯我独尊的境地。

二、健全的自我意识的标准

自我意识对人的心理健康起着很重要的作用，它制约着人格的形成和发展，在人格的优化中发挥着强大的动力功能。健全的自我意识是心理健康的重要标准，是人类自身内在的一种成功机制，在人才发展中发挥着重要作用。健全的自我意识有如下几个标准。

(一) 自我认识客观准确

自我意识健全的人是有自知之明的，他们能够准确、客观地认识和评价自己，既知道自己的优势，也知道自己的劣势；他们能根据自己的实际情况选择并确立合理的奋斗目标。

(二) 自我体验积极乐观

自我体验积极乐观是健全自我意识形成的重要内容。一个自我意识健全的人总是能够积极愉快地悦纳自我，他们能够坦然面对和接受自己的长短、成败和得失，时刻保持一种积极向上的心态。他们在遇到挫折时不沮丧消沉，在遇到困难时知难而上，积极进取，不悲观失望。

(三) 自我控制自觉有效

自我控制是自我心理结构中最重要的调节机制，也是心理成熟的最高标准。一个具有健全自我意识的人为了实现自己的人生目标和远大理想，能对自身的心理和行为进行自觉主动的掌握、约束和控制。他们有实现目标的恒心和毅力，有克服困难的信心和决心。他们善于自我规划、自我监督、自我激励、自我塑造和自我超越。

三、客观评价自我的方法

“人贵有自知之明”，那么，我们怎样才能达到“自知”呢?即自我认识和自我评价。自我评价作为人对自己的评价，既可表现为个体对自己的评价，也可表现为团队对自己的评价(集体性评价)。通过自我评价，发现自己的优势和不足、兴趣与潜能、职业适应性等关系重大的个人特征。自我评价是以自我认识为基础的。下面从知识结构和能力结构两个方面来介绍自我评价的方法。

(一) 知识结构

知识结构是指一个人所掌握的知识类别、各类知识相互影响而形成的知识框架以及各类知识的比重。知识结构可以从以下几个方面来进行分析。一是自然科学知识和社会科学知识的比重，二是普通知识和特殊知识的比重，三是基础知识和专业知识的比重，四是传统知识和现代知识的比重，等等。这里所讲的“比重”，不仅指数量关系，也指质量关系。你也许感到很难说清楚自己的知识结构，这没有多大关系。你并不需要得出一个精确的结论，但是你必须分析你的知识结构，特别是要找出你所特有的或占优势的知识和缺乏的或处于劣势的知识，这样你才能发挥优势，弥补不足。知识结构的分析至少对大学生有两方面的作用。一是根据自己的知识结构，选择适宜的职业。例如，如果你对计算机软件有渊博的知识，却对管理学一窍不通，你最好还是去做科研开发，而不要去竞争管理岗位；如果你的文字功底很差，就尽量避免去竞争文秘这个职位。二是针对职业所需的知识结构，尽快弥补不足，使自己现有的知识结构得到改变以适应职业的要求。例如，你决定去应聘劳动局工资科科员职位，但对工资管理知之甚少，就必须通过看书或向别人请教等方法尽快学些基础的、实用的工资管理知识，避免在面试过程中出现一问三不知的尴尬局面。

(二) 能力结构

一个人所具备的能力类型及各类能力的有机组合就是他的能力结构。能力的类型多种多样，至少包括记忆能力、理解能力、分析能力、综合能力、口头表达能力、文字表达能力、推理能力、机械工作能力、环境适应能力、反应能力与应变能力、人际关系能力、组织管理能力、想象能力、创新能力、判断能力，等等。从不同角度或不同层面，可以划分不同的能力类型，每个人所具备的能力结构是不同的，甲和乙可能会有不同的能力。而且即使共同具有一种能力，能力的大小也会有所差别。在工作、生活中，对自己的能力结构进行判断分析是必要的，不同的职业、不同的职位需要不同的能力结构。发挥自己能力方面的优势，避开能力方面的欠缺，是事业成功的一个十分有利的条件。那么，如何来分析评价自己的能力结构呢？一是凭自己的直觉来判断，二是凭经验来判断，三是通过与别人的比较来判断，四是从别人对自己的评价来判断，五是借助能力倾向测验来判断，等等。对于一个没有很多社会经验的人来说，评价自己的能力结构是件困难的事情，往往失之偏颇，自信心强的人往往过高评价自己，自信心差的人往往过低评价自己。能力倾向测验一般比较客观，是个很好的评价工具。标准化了的能力倾向测验具有两种功能：一是判断一个人具有什么样的能力优势，即所谓的诊断功能；二是测定在所从事的工作中，成功和适应的可能性，包括发展的潜能，即所谓的预测功能。在西方各工业发达国家中，能力倾向测验被广泛运用于职业决策和人员甄选录用中，经实践检验，其具有较强的科学性。所以，可以使用一些标准化了的能力倾向测验来进行自我评价和指导。

【情境任务训练】

一、价值观大拍卖

(一) 活动目的

促进成员了解自己的价值观。

(二) 活动时间

约 50 分钟。

(三) 活动场地

室内。

(四) 活动道具

价值观大拍卖表、拍卖锤。

(五) 活动程序

(1) 发给同学们每人一份《价值观大拍卖表》，假设每个同学都有一百万元，请在表上在自己想买的项目后面写下预估的金额，一定要将一百万用完(每位同学至少要选择三项以上，不可单独只选一至二项)。

(2) 说明拍卖规则：每一个项目先由同学们进行报价，以最高报价为底价，其他同学如果想拥有就必须将其他项目花费的金额抽出部分或全部来进行竞价，老师喊三声由最高者买得并成交，说明完后进行拍卖。

(3) 请每位同学分享自己拍卖中所购得的价值观，分享在拍卖过程中的对其他同学的新发现与澄清。

价值观拍卖表

如果你有一百万，你希望能将之分配购买下列项目(请将希望购买项目前的数字打圈，而后在其后的线上填入花费的金额)。

拍卖的项目	花费的金额
1. 成为有名的人(如电影名星、棒球英雄、太空人等)	
2. 拥有一种能使大家不再说谎的疫苗	
3. 成为世界上最富有的人	
4. 当总统	
5. 一次最完美的恋爱	
6. 成为世界最有吸引力的人	
7. 活到一百岁不曾生病	
8. 去除世界一切不公平的事	
9. 发现一座金矿，把它送给最好的慈善机构	
10. 精通你本行的事情(无论你是做什么行业)	
11. 除了享受以外，什么事都不必做，一切你所有的需要和欲望都会自动地得到满足	
12. 成为世界上最聪明的人	
13. 能轻轻松松地做想做的事情，一点儿也不需急忙	
14. 有无数多的车票、机票、戏票，使你能观赏各地音乐、舞蹈和戏剧的演出	
15. 拥有不会有心理困扰的药物	
16. 拥有一个万能电脑，要什么情报就有什么情报	
17. 和你所信仰的宗教中的圣人(过去或现在的都行)长久相处	
18. 拥有一个温暖的家庭	

二、背后留言

(一) 活动目的

(1) 通过体验，培养学生客观对待他人评价的积极心态。

(2) 通过背对背的评价，让学生意识到“别人眼中的我”是什么样子，通过他人的评价来整合和完善自我意识。

(二) 活动时间

大约 25 分钟。

(三) 活动场地

室内。

(四) 活动道具

16 开白纸每人一张，大头针若干，背景音乐。

(五) 活动程序

(1) 每个人一张白纸，在纸的最上面一行写下自己的姓名和对留言者说的一句话，大家相互帮助用大头针把纸固定在自己的后背上。

(2) 接下来大家在同学的后背上写留言。

(3) 十几分钟后，停止留言，同学们再次围坐在一起，拆开背后的纸条，看看同学们对自己背后的评价。

(4) 团体分享“背后的留言”。

① 人们因什么而欣赏你？因什么而不欣赏你？对别人的反应你认同吗？

② 哪些评价让你感到新颖、好笑而又确实符合自己？

③ 你有没有看到自己潜在的优势或特长，可能你从来未注意，而在别人眼中可能是那么的明显？

④ 这个游戏还带给你哪些其他的感受？

【思考、澄清、分享、巩固：怎样看待一个人的优缺点】

大家听说过第二次世界大战期间的英国前首相丘吉尔吗？在他出任英国首相期间，曾经暴露出很多缺点。身为首相的丘吉尔，对下属既不和善，又不体谅，还常常随口骂人，有时简直到了百般苛求和吹毛求疵的程度。

丘吉尔的一个下属就在背后抱怨说：那些令人愤恨和讨厌的上司所具备的特点，他(丘吉尔)全都具备。

尽管丘吉尔的缺点惹人恼火，使人讨厌，但他的下属却仍然对他忠心耿耿。

原来，丘吉尔在关键问题上总是见解精辟，说话扣人心弦；加之他经验丰富、学识渊博和幽默有趣，一个伟人所具备的特点，丘吉尔几乎都有。

丘吉尔身上的优点使他有着巨大的号召力和凝聚力，那些缺点就变得微不足道了。

其实在这个世界上，人总是会有一些缺点的，因为世界上从来没有十全十美的人，但是，千万别让缺点大于优点，这才是最重要的。在整个历史上，多数名人都会被抬得很高，而那些奸臣也会被贬得低低的，似乎他们就是一无是处，我觉得那也是不够客观的。好人坏人也不是绝对的，世界上任何事物都具备它的两面性。

每个人都有缺点和优点，一般有明显缺点的人，就有明显的优点，而没有明显缺点的人，通常也没有明显的优点。比如瞎子的听力比一般人敏感，而聋子的眼睛也比正常的人敏锐。所以说，很多时候缺点里孕育着优点，而优点里隐含着缺点。

现实中最常见的例子：长相有点丑的女孩子，通常脾气、性格特别好，而长得漂亮点的女孩子，通常脾气很大，当然这不是绝对，但是至少成反比。为什么会这样呢？因为一个女孩子，当她的长相被先天决定了，长得不太好看，如果她再脾气不好，性格不好，那从小到大，很多男同学、男性朋友都会对她避而远之，因为你一点优点都没有，别人为什么还和你做朋友啊。

而长相漂亮点的女孩子，因为这个原因很多男生、男士就会主动地和她交往，这样一来，她就觉得自己有了点资本，不知不觉中尾巴就翘起来，渐渐养成了骄横的脾气。当然美女有脾气，还是有人会迁就，所以美女再脾气不好，再清高傲慢，还是有男人会接近她。

所以缺点和优点是夹杂在一起的，甚至有的我们还说不清楚到底是缺点还是优点：譬如说，抽烟喝酒？有女人说这是男人的优点，觉得这样的男人有男人味，也有人说这是缺点，既花钱还对身体不好。还有就是，一个人沉稳，就没有冲劲，一个人太执著，就不懂得变通，一个人太本分，就不懂得投机，等等。

所以你说缺点也罢，说优点也罢，还是看每个人的想法和观念，也许在某些特定的时候，一个人的缺点实际就是优点，就看你怎么理解了。

任务3 积极悦纳自我

【情境任务描述】

案例一：吴某，男，大学二年级。自进入大学后，一直很自卑，父母都是农民，家境贫寒。高中时在乡镇学校，身边的同学大多数都是农村孩子，忽视了家庭的贫困和普通。为了他上大学，家里负债累累。进了大学后，他发现身边的同学有电脑有手机，穿着打扮都很讲究，为了掩饰自己的贫困和普通，借了不少钱。原以为到了城市读大学会有很多机会，可以通过打工来补贴自己，但实际上很难。曾想了许多办法来提升自己的素质，比如参加社团、看书、看展览会、考证书等，但实施之后，往往都是半途而废，从而感到自己脱离不了贫穷，走不出社会底层的地位，自己不会有好的前途，不可能光宗耀祖，甚至连找女朋友成家都很困难。

案例二：谢某，女，20岁，大学二年级学生，1.68米，是学校舞蹈队队员。参加活动积极、踊跃，喜欢卖弄自己，认为自己什么都行。担任班上文娱委员，什么工作都喜欢插一手，喜欢指使、支配别人做事。从不接受别人提的意见，认为自己做的都是对的、好的，别人没有资格评论。在组织一次班级晚会时，与其他班委在工作上产生很大冲突，最后按照谢某意愿组织晚会，晚会效果非常差。班主任找其谈话时，她认为晚会不成功的主要原因是同学们不配合她的工作。

【情境任务分析】

(1) 案例一中的吴某都因为哪些原因导致了自卑？如果让你去帮助他，你认为应该怎样做？

(2) 案例二中的谢某存在什么样的问题？如果你身边有案例二中谢某这样的人，你如何让她认识到自身存在的问题？

【情境任务知识】

一、自信的概念

自信(Self-Confidence)的定义有很多，不同研究者对自信的理解不同，对其所下的定义也各异。学者们从各种不同的取向和方位认识、研究自信，根据各自研究所需对自信概念加以界定。人本主义心理学家Maslow(1943)在其需要的层次理论中最早对自信进行了描述，他认为自信是自尊需要获得满足时产生的一种情感体验，指出尊重需要满足，缺乏满足就会导致沮丧和自卑感。并认为自尊包括对获得信心、能力、本领、成就、独立和自由等的愿望，一个具有足够自尊的人总是更有信心、更有能力，也更有效率。Coopersmith(1967)认为自信是个体作出并经常保持的对自己的评价，说明个体在何种程度上认为自己能干、重要和有价值，表达了一种对自己赞许或不赞许的态度，显现了对自己能力、身份、成就及价值的信心。

通俗来讲，自信心是一种反映个体对自己是否有能力成功完成某项活动的信任程度的心理特性，是一种积极、有效地表达自我价值、自我尊重、自我理解的意识特征和心理状态，也称为信心。自信心的个体差异不同程度地影响着学习、竞赛、就业、成就等多方面的个体心理和行为。

二、自信的特征

(一) 自信程度的差异性

每个个体都具有自信，没有完全自信的人，也没有完全没有自信的人，只是个体间的自信高低存在着差异，表现为程度或水平上的差别。缺乏自信的个体不能作出正确决定和系列行为以推动自己为取得成功而努力。有最佳自信的个体，能基于自身能力现实地确定目标，在达到自己能力的最高限度时，有一种成功体验，并力求达到未达到的目标。最佳自信以一定知识、技能或能力为基础，能符合实际地判断个体能力及努力，在面临新任务时，始终不怀疑自己的能力和价值，并能自觉地校正缺点、纠正错误，能不怕尝试地作出种努力。缺乏自信则会过多地注意自己的缺点，过多地害怕失败，容易焦虑，容易产生自我怀疑和消极期望，并形成一种恶性循环。过分自信是一种虚假的自信，是高于实际能力的自信，表现为傲慢、骄傲自大，自以为是或自负。

(二) 自信稳定性的波动性

自信的稳定性是指个体的自信是否随时间与情境而波动的量值。自信的变化依存于许多因素，且与情境相互作用，构成波动的具体模式。不同个体的水平与不同稳定性相结合，形成个体的不同类型，如稳定的高自信者、不稳定高自信者、稳定的低自信者与不稳定的低自信者。种种不同类型的人呈现出不同的心理品质，不同的反馈表现出不同的认知策略。即自信作为一种心理特质表现出相对稳定的水平，但每个个体又都不同程度地存在着不稳定性，表现为在擅长的领域内很自信，而在不擅长的情境中则易表现出自卑感。

(三) 自信内涵的社会文化性

个体自信的产生、形成及其发展都是一定社会制度的产物，其内涵体现了个体所处的社会文化特征。不同的社会文化、政治经济制度、风俗习惯、传统伦理道德及价值观体系、民族精神等都不同程度地影响着个体自信的水平、来源及其功能发挥，使自信内涵带有浓厚的社会文化色彩。如，西方文化鼓励自我表达，褒扬直抒己见，其自信是看重自己，即自夸；而我们从小受自谦、自制、克己等传统文化的熏陶，加之枪打出头鸟等警策，致使个体承受文化价值体系的种种压力，形成一种内隐的、不张扬的自信，即对自己是一种比较中肯、实事求是的满意，但绝非自夸。

(四) 自信过程的动力性

自信对人内心活动及外显行为表现、对个体与他人的相互作用及个体对生活的适应都具有动力性影响。自信对个体发展、生活过程、生存价值等都有深刻影响。提高自信能使人缓解焦虑、摆脱压力、减少抑郁，提高生存适应能力，促进心理健康；提高自信能增加人们实现目标的期望，使人正视挫折、失败和困难，坚持不懈。稳定的高自信个体，具有高度的安全感，即使面临危机和险境也能镇定自若、泰然处之。自信过程的动力性表现为激发、维持、协调等作用。

三、自信的发生机制

自信并非与生俱来，是个体在不断的社会实践中逐步形成的。同时，形成之后又不是一成不变的。个体的自我认知与评价源于主我、客我的分离，即将自己的动作看做自我存在的一个方面，把自我与他人加以分化的认知。新生儿处于一种主客体不分的混沌状态，就无所谓自信自卑。随着营养的不断摄取，婴儿体内发生着连续的生理成熟过程，其重要结果之一就是体能的获得，这为新生儿进行各种偶然的无意动作如伸手、抓握、叫喊等提供了力量基础。这些动作一旦进入对象世界，便构成对象世界运动变化的动力原因，如推移物体、踢动摇篮、引起成人的照顾反应等。在反复体验无意动作与它所引起的环境变化的基础上，婴儿逐步意识到动作与对象变化之间的内在关系。这种因果关系的认识，正是婴儿自信心的最初萌芽。

随着生理自我这种最原始的自我意识的出现，个体开始有了自我评价，有了自信与自卑感。但这时的自信往往是暂时、易变的，受制于他人的评价和外部因素。此时个体对自身的认识与评价很大程度上取决于周围人对他的评价(特别是集体或群体评价)，内化他人的积极评价成为这一时期自信形成的基本机制。随着个体的成长，价值观体系逐渐形成，逐步有了稳定内化的自我评价标准，逐渐累积内化起个体的自信，这时的自信较为稳定。个体以自我价值观体系为基准，筛选出与自身价值观一致的东西作为评价标准，对自我进行评价。个体将现在自我与过去自我加以比较，将自己的追求与成就加以比较，将自己与他人加以比较，并根据自身行为对自己作出客观判断，在现实生活体验中发现自身的长处和短处，从而选择对自己有利的自我实现方向。正是通过这种长期的生活体验意义整合，才逐渐形成了个体稳固的自信。可以说，自信是通过对人与环境互动过程中呈现的大量信息的认知加工逐步形成的。此外，有研究者根据柏恩的“相互作用分析”理论，将自信的获得与发展阐述为以下四个阶段，体现了自信的发生及作用机制。

(一) 我不行——你行

认为自己不行，显然是不自信的。据柏恩的研究和理论，幼小儿童在面对成人世界时，很容易产生这种“我不行”的感觉。若遇上粗心的父母或监护人，这种“我不行”的自卑感就会逐渐加重。日常生活中，父母总会大声对充满好奇的孩子叫喊：“喂，不行，你不要乱动。”孩子由此逐渐产生了“我不行——你行”的自卑和依赖心态。

(二) 我不行——你也不行

这是一种带有敌意的自卑感。在柏恩的分析中，儿童开始断乳、独立行走或家庭中又有了新成员，此时父母对孩子照顾的方式和时间发生了变化，给孩子一种“你不行，你不再关心我了，你也不能管我了”的印象和影响，就容易产生这种“我不行——你也不行”的感觉和心态。此外，家庭生活中的父母说谎现象也会使儿童产生同样的感觉。

(三) 我行——你不行

这种“我行”是以“你不行”为条件的，并非真正的自信。孩子的这种心态，主要是父母或监护人的失职所造成的。例如，父母脾气暴躁，不讲道理，常使孩子感到委屈、不被理解，于是就逐渐形成了“我行——你不行”的机制。这种机制在孩子长大后仍会持续发生作用，导致其不再相信他人，认为只有自己是正确的。

(四) 我行——你也行

只有“我行——你也行”才是真正自信的表现和反映。柏恩认为，“我行——你也行”包含着人类发展的希望，蕴含着自信的形成。要真正做到“我行——你也行”，首先就要避免以上“我不行”及“我行——你不行”的消极结果。由于“我行——你也行”的感觉和心态也是在生活中逐渐形成的，所以父母和监护人对此负有责无旁贷的重任。因此，应特别重视儿童的自信发展过程，重视父母或成人在儿童自信获得过程中所起的作用及所扮演的角色。

四、与自信有关的几个概念

(一) 自我意识

自我意识是一个人对自己及自己和他人关系的意识，是对自己的自觉的观念系统，是一个人的主体自我。它包括自我认知、自我体验和自我控制。从意识活动形式上来看，自信属于自我意识在认知、情绪和意志形式上的表现，因此，自信是自我意识的一个重要组成部分。

(二) 自我概念

自我概念是个体对自我的知觉，是个人对自己多方面知觉的总和，它把自我作为知觉对象和被觉察者，是一个人的客体自我。自我概念属于自我意识的认知形式，是在自我意识基础上形成的对个体自身的认识、看法和观念。自信不同于自我概念。自信是个体对其自我概念所包含的信息的肯定和相信程度。换言之，自我概念是有关自我的一些客观信息，而自信是对这些客观信息的态度和主观评价，是那些正确、肯定、客观的自我概念。

(三) 自尊

自尊是一个人在对待自己的态度中表现出的自我价值判断。自信与自尊相关度很高，是既有联系又有区别的两个概念。它们的共同之处是两者同属性格特征中对自己的态度范畴。主要区别在于：第一，自尊主要与自我价值有关；而自信既与自我价值有关，也与能力及其他因素有关，较自尊更少稳定性。第二，自信是个体对自身能力、价值等的肯定和相信程度，其核心是认知；而自尊的核心是情感体验。第三，自尊有积极、消极之分，而自信没有。两者的联系表现为自信是积极自尊的基础，自信水平高的个体其自尊程度必然也高；但自尊强的个体其自信水平不一定高，积极的自尊是自信的情感体验形式之一。

(四) 自我效能

自我效能是指个人对自己从事某项工作所具备的能力和可能做到的地步的一种主观评估。详言之，即个体在执行某一行为操作之前对自己能够在什么水平上完成该行为活动所具有的信念、判断或主体自我感受。自信与自我效能有着十分密切的联系。自我效能水平高的人，自信心也强，当人确信自己有能力进行某一活动时，即会产生高自我效能感。班杜拉等人的实验证明，自我效能水平高者敢于面对困难，富有自信心，相信通过坚持不懈的努力可以克服困难，而自我效能水平低者则在困难面前缺乏自信。两者的区别在于，自信是一种综合感觉，比自我效能感更抽象、概括，外延更广；自我效能只是自信的重要方面之一，反映自己是否具有达到某目标能力的信心，自信除对自身能力的肯定外，还包括对自身价值、气质、品德、性格等诸方面的确信与肯定。

五、影响因素

影响自信发展的因素可归结为个体自身因素和个体外部因素两大类。前者包括个体生理状况、自我认知与评价、成败经验与归因等；后者包括他人的替代经验、他人的态度与期望及教育训练等。

(一) 个体自身因素

1. 生理状况

个体本身的生物遗传是自信的生理基础。某些身体缺陷或生理疾病会阻碍自信的发展，而生理健康、身体状况良好者更倾向于心理健康和拥有自信。健全生理素质是自信发展的基石。

2. 自我认知与评价

客观、正确的自我认知与评价是至关重要的，是自信的核心，只有在此基础上，才能产生和发展自信。一个人对自己的品德、智慧、能力、价值等评价适当，就会增强自信；反之，则会导致对自己评价过高的自负和对自己评价过低的自卑两个极端，从根本上削弱自信。

3. 成败经验与归因

个体活动的结果(成与败)直接影响自信的建立和发展。一般来说，成功的经验能提高和增强自信，而失败的结果会使自信削弱或丧失。不断地成功，会使人建立起稳固的自信，这种自信不会因一时挫折而降低，而且还会泛化到类似情境中去；多次失败的经验则会降低人的自信，但不同的人受影响的程度也不一样。对活动成败的归因也影响自信的形成与变化。同样是成功或失败，由于归因不同，结果对自信的影响就大不一样。心理学家维纳通过大量研究发现，人们通常把行为的结果归因于努力、能力、运气和任务难度等四大因素。归因理论认为，把成功归于内在因素(努力、能力)，而把失败于外在因素(如运气、任务难度)，个体的自信水平不会降低；若将失败归于内在因素，成功归于外在因素，个体自信则会下降。

(二) 个体外在因素

1. 他人的替代性经验

个人能够通过观察他人行为获得关于自我可能性的知识。替代性经验即是学习者通过观察示范者行为而获得的间接经验。人们观察他人所得到的替代性经验对其自信影响很大。当个体看到与自己水平差不多的示范者获得了成功，就会增强自信，认为自己也能完成同样的任务；看到与自己能力不相上下的示范者遭到失败，尤其是付出很大努力后的失败，就会降低自信，觉得自己可能也不会有成功的希望，付出的努力也将不会太多。特别是当个体对自己某方面缺乏现实判断依据或知识时，他人的替代性经验对其自信影响更大。

2. 他人的态度与期望

他人的态度与期望主要是指他人对个体的期望水平与信任程度。一般地说，他人对个体期望大，信任程度高，则会加强自信；反之，他人对个体期望小，信任程度低，则会使自信削弱。周围人对个体的态度和期望，对儿童和青少年自信的影响更大。研究表明，男女智力不存在明显差别，但自信心差异却很大，一般是男性过于自信而女性缺乏自信。其中一个很重要的原因，就是社会和他人(如家长、教师)对女孩子的期望值与信任程度较男孩低得多。

3. 教育训练

精神分析理论特别强调早期环境对个体的影响，认为早期经验对日后人格发展具有重要的作用。阿德勒认为个人的自卑感起源于婴幼儿时期，是父母对孩子的不良态度所致；Homey 认为父母对待孩子的态度是决定人格健康与否的重要因素，强调社会文化因素对人格形成的决定作用，认为不良的人际环境如威迫、过严、漠不关心、过度保护等均易导致自卑；而良好的人际环境如温暖、信任、建设性惩罚等，则利于自信的发展。可见家庭环境和氛围及个体周围环境在自信形成和发展中起着重要作用。自信不是与生俱来的，是在社会实践中逐步形成的，与后天的培养训练密切相关。

六、建立自信心的步骤

自信的人更愿意接受挑战，更易取得成功。反之，如果在事情开始前就认为自己做不到，那么最终你只会被框架限制而不会成功。如何增进自信呢？下面列出的是一个十步计划，遵循该计划行事并不容易，但效果很不错，值得为之付出。

第一阶段：消除自我怀疑

第一步：了解根源

早在婴儿时代，自我怀疑就潜入了我们心中。作为幼童，家人在他们眼中威力无比，我们会想：“我也要变成他们那样”。这种愿望本身没什么错，但把父母推上神坛就是个问题了。这很复杂，不过，从我们开始渴望父母在我们想象中所拥有的那种权威之时起，我们就会不断拿自我意识去和自我理想(想象中完美的自我，来源于“全知全能的”父母在我们心中的印象)进行比较。由于没有人能达到自我理想所设定的高标准，我们的余生(或多或少)都饱受自我怀疑的折磨。这是不理性的，可也是真实存在的现象。

第二步：接受现实

这种心理治疗的方法称为“接受疗法”，其根据在于：承认自己受某个问题的困扰，能够缓解该问题所能造成的负面情绪。(相反，否认某个问题的存在，或者因为存在某种缺陷而不断自责，总是会加剧问题。)任何人，哪怕是超级明星，都会有觉得自己像个冒牌货或者非常失败的时候。没有人是完美的，认识到那些你所崇拜的人也存在这样那样的不完美之处，正是关键所在。

第三步：倾诉

可能你还没完成第二步，因为除非能向某个你信任的人倾诉让你焦虑之事，否则真正接受困扰是很困难的。觉得你会搞砸一次演讲？对着朋友试一次吧。觉得自己不受尊重？询问一位你景仰的人士的意见吧。最坏的结果是，这位接受你的倾诉的人给你负面的反馈，即使如此，你也可以据此改善自己。承认哪些问题困扰你(并得知其他人也有同样的想法)将会帮助你认识到：尽管自我怀疑令人恼怒，但也没什么大不了——死不了人的。

第四步：分析事实

如果一个幽闭恐怖症患者困在电梯里，他会很难把精力集中于这个现实：电梯随时可能会重新开始移动，因为恐惧与惊慌接管了他的心灵。自我怀疑也具有类似的倾向，不过，与幽闭恐怖症不同，我们可以寻求一些确凿事实的帮助。举例来说：如果你最近得到了升迁，那就可以提醒自己为何获得重用。编制一份清单，列出你的各种有价值的技巧及取得的成就，如果有必要的话，大声读出来。不过，同样重要的是，不要依赖于那种事先准备好的鼓舞士气的套话，把自己弄得像《周六夜现场》里的角色斯图尔特·斯莫利一样。虚伪的自我赞扬可能比自我怀疑更加有害。

第二阶段：增强自信

第五步：鼓足勇气，迎击挑战

如果说“现实占有，败一胜九”(法律谚语，指没有相反证据时，现实占有某物的人往往被推定为所有者)成立，那么“坚定信心，无往不胜”也就没错。哪怕是非常可怕的事件，只要你告诉自己，你有应对它所需的资源，那它或许也就真能得到控制。

第六步：挑战自己的恐惧

无论来源于何处，恐惧都是一个难以战胜的敌人。正因为如此，你应该主动挑战它。威廉·詹宁斯·布莱恩(美国政治家，三次竞选总统均失败，曾任国务卿)曾说过，“建立自信的方式就是做自己恐惧的事情”。挫折是在所难免的，忍受它们，坚忍不拔正是自信的钢筋骨骼。

第七步：选择挑战

具体来说，这意味着选择接受“自我协调”(指与你心中对自己的认识相符的行为和情感)的挑战，通过直面自己选择的挑战而提升自信，远比应对别人给你选的挑战更有效。如果你相信某些挑战具有重要意义，因而主动选择它们，那么你的胜率和可以获得的自信都将增加。

第八步：掌握某事后，逐步拓展

没有什么事比射击桶里的鱼(谚语，比喻非常简单、定能成功的事情)更挫伤自信了，给自己面对的每个任务都加上点挑战，你的自信心也会不断增长。如果长期毫无进展，你的自信迟早会消耗尽。

第九步：不要为增进自信而渴求正面回馈

政客与选民交流时，“我干得怎么样”或许是个不错的问题，但对于那些想要增进自信的人来说，这是个蠢问题——主要是因为它表明你充满不安全感，可能也不会得到诚挚的回应。

第十步：切忌傲慢自大

不管什么事，都存在过犹不及的问题，自信心同样不例外。相信你自己吧，但不要过了头。

【情境任务训练】

一、自信心测试

心理学中，有一个跟自信心非常相近的概念，即自我效能感。根据自我效能感的高低，我们可以判断一个人自信心的强弱。

(一) 自评题目

一般自我效能感量表

指导语：以下 10 个句子关于你平时对你自己的一般看法，请你根据你的实际情况(实际感受)，在右面合适的□上打“√”。答案没有对错之分，对每一个句子无须多考虑				
项　目	完全不正确	有点正确	多数正确	完全正确
1. 如果我尽力去做的话，我总是能够解决问题的	1	2	3	4
2. 即使别人反对我，我仍有办法取得我所要的	1	2	3	4
3. 对我来说，坚持理想和达成目标是轻而易举的	1	2	3	4
4. 我自信能有效地应付任何突如其来的事情	1	2	3	4
5. 以我的才智，我定能应付意料之外的情况	1	2	3	4
6. 如果我付出必要的努力，我一定能解决大多数的难题	1	2	3	4
7. 我能冷静地面对困难，因为我信赖自己处理问题的能力	1	2	3	4
8. 面对一个难题时，我通常能找到几个解决方法	1	2	3	4
9. 有麻烦的时候，我通常能想到一些应付的方法	1	2	3	4
10. 无论什么事情在我身上发生，我都能应付自如	1	2	3	4

(二) 统计指标及结果分析

GSES 为单维量表，没有分量表，因此只统计总量表分。10 个项目的得分加起来除以 10 即为总量表分。得分越高，代表自信心越强。调查结果显示，我国男女大学生在 GSES 上平均得分为 2.69 和 2.55。

二、欣赏自己

(一) 活动目的

让学生发掘自己的优点，并与人分享，形成积极的自我评价观。

(二) 活动时间

20 分钟。

(三) 活动场地

室内。

(四) 活动道具

纸、笔。

(五) 活动程序

(1) 发给同学们每人一张纸和一支笔，要求同学们写出自己认为最突出的五个优点或者长处，并对这五个优点依次排序，哪个是你认为最最突出的，哪个又是你认为第二突出的。这五个优点可以是生活方面的，比如勤劳、节俭等，也可以是学习方面的，比如刻苦等。写完的同学请把纸举过头顶。

(2) 请每位同学说一说有关于前三个优点的小故事或者为什么把它们排在前面的理

由。例如“我胆子很大”，举一个证明你胆子很大的具体例子。如果这位同学说完之后，其他同学觉得过关了，我们认可你的优点了，就给这位同学热烈的掌声。如果没有听到掌声，这位同学就要继续努力，直到听到鼓掌为止。

分享：一味地沉浸在自己的优点当中，而未被别人发现的时候，那是孤芳自赏，当优点的光芒绽放，我们因此而获得阵阵掌声的时候，你的内心是否有不一样的感受，对自己是否有了一个新的认识呢？让我们一起来互相分享一下吧。

三、被人欣赏

(一) 活动目的

激发学生的自豪感、自信心，学会欣赏他人。

(二) 活动时间

20 分钟。

(三) 活动场地

室内。

(四) 活动道具

一个橘子。

(五) 活动程序

(1) 以橘子作为接力棒，这个橘子代表着“YES”，表明你对某人的欣赏或认可。它散发着橙黄色的光芒，请你将它扔到另一位同学的手里，以此类推。每位同学在抛出之前都要先声明：“我某某某要将‘YES’抛给某某某同学”，并说明理由或者指出那位同学的优点。

(2) 分享：生活中，我们都渴望被人赞美。因为在接受赞美的那一刹那，我们发现自己是如此优秀。那在刚才的活动中，当你收到同学传递过来的“YES”时，你有什么样的感受呢？当你将“YES”送给其他同学，心里又有什么样的感受呢？

(六) 注意事项

(1) 每位同学抛给的对象都必须是不一样的，每位同学也只能接受一次“YES”。

(2) 若有同学忘记别人的姓名，或说不出优点，其他人可以提醒。

【思考、澄清、分享、巩固：永远的不完美】

【思考】 你本身最显著的特点是什么？你自己的哪个特点让你最觉得痛恨？

“金无足赤，人无完人”，世界上有很多事物看似完美，其实不然。比如坚实的钢材，平滑的玻璃，精致的石器等，表面上绝对无隙可乘，但是在仪器的检测下仍然可以发现它们存在着大大小小的裂缝。只不过这些裂缝的程度没有危及材料的使用性能而已。有没有可能完全消除这些裂缝呢？不可能，也没有这个必要。不完美的事物并不妨碍它们拥有足够好的性能，它们完全能够被人接受。可以说，不完美是存在于自然界和社会的一种必然法则，没有什么人或事物可以超越它们之外。人们可以设法接近，但不可能完全达到完美。

一定限度内的不完美是正常状态。如果世界上一切都完美无缺，生活将是多么平淡无味。

既然不完美是必然的，就没有必要苛求自己，更不应该轻率地否定自己。过分追求完美，苛求自己，无异于精神上的作茧自缚，非但不能变化出完美的蝴蝶，反而会窒息一个人的生命活力。倘若你原本有八九分的潜力，却只表现出三四分；而别人固然只有五六分的潜力，却能把它发挥到极致。结果就造成你越来越退缩，自信心日益低落，而别人却越来越进取，信心得到不断提高和巩固。

西方有句格言："我坚持我的不完美，它是我生命的本质。"接受你自己的一切，就像是在对你自己说："我也许不完美，但我就是我，这没有关系。"这样我们可以更安心地对待自己，更具同情心。当我们接受自己不够完美的那些部分，奇迹就会出现。当我们在心理对自己表现出兴趣时，或当我们难以置信地无私时，你自己身上那些极其出色的、你也许从未认为自己所具有的、或甚至从未意识到的方面，可能就会被注意。因此，重要的不是一个人是否完美，因为不完美是必然的，重要的是要正确认识自我，接受不完美的自己与不完美的生活，积极悦纳自我，有效调节自我，提升自我，从而在积极的心态中最大限度地将自身的潜能转化为现实。

项目三　人格发展与健全塑造

【项目导言】

大学生作为未来社会的主人，处于人格迅速发展的关键时期，他们的人格健康与否不仅关系到其个体的成长和成才，更关系到国家的发展和民族的未来。经济的发展、社会的变革等一系列因素既给大学生健康人格塑造提供了良好的社会文化氛围，也令他们产生了困惑和迷茫，进而在身体、心理、行为上呈现出一些不健康的发展态势。其中，不少大学生不同程度地存在偏激、自卑、孤僻、妒忌、依赖、自我中心等不良的人格倾向，还有少数大学生出现较为严重的偏执、焦虑、强迫、攻击等人格。因此，大学生必须学会客观理性地认识、了解自己的人格特征，同时要针对自己人格中的缺陷和不足，采取科学有效的方法努力塑造自己的健全人格。

【学习目标】

➢ **知识目标**

(1) 理解人格的内涵、特点和结构。

(2) 了解气质的类型特点。

(3) 了解人格异常的表现及人格完善的途径和方法。

➢ **能力目标**

(1) 能运用性格的相关知识分析和判断自己和他人的性格特点。

(2) 能运用气质的相关知识分析和判断自己和他人的气质特点。

(3) 能判断常见人格问题。

(4) 能根据自身人格特点塑造健全人格。

任务1　性格决定命运

【情境任务描述】

一位为爱苦恼的男生的自白：我很爱她，我也感到性格的不合。

我和女友“性格不合”，我性格开朗，朋友多，喜欢和同学朋友一起聚会吃饭唱K。但女友却很安静，不爱说话。每次和我一起参加同学朋友的活动，她都静静坐在一旁，而我没坐多久就被人拉着去玩了，我想带着她，可她死活也不愿参与，最后就剩她一个人坐在角落里百无聊赖地玩手机。后来她就找借口不去了，这让我很困扰，我很希望她能融进我的朋友圈。

我有问题就喜欢痛痛快快地说出来，倾诉一下很快就没事了，也喜欢和人交流，一起去应对。女友却和我相反，她喜欢把事情憋在心里，不愿意说出来，也不想麻烦我。她在工作上有很多压力，却不和我说，反而是我遇到一点问题就会立即汇报。她知道我的事情越来越多，我对她的了解却越来越少，信息不对等让我有点郁闷。

人家都说性格不合很难在一起，我很爱她，但我也感到这些“不合”，我越来越担心这些差异会成为影响我们感情的绊脚石！

【情境任务分析】

有人说“性格不合”是爱情的头号“杀手”，似乎从某种程度上印证着“性格决定命运”这句话……你认为性格能够决定一个人的命运吗？如果你是情境中的主角，你将怎样克服这个“头号杀手”。

【情境任务知识】

一、什么是性格

“性格”一词最初是由古希腊哲学家奥夫拉斯塔提出的。当时，性格是用来描述人的道德品质的。它的希腊文的意思是“标志”、“特征”、“模型”、“痕迹”等。在以后的演变中其涵义才逐渐丰富、拓宽、延伸，并成为个性中具有核心意义的成分。

在心理学中，一般把性格定义为：性格是个体对现实比较稳定的态度以及与此相适应的习惯化的行为方式，它是个性中最核心的心理特征。对性格的概念可从三个方面来理解：

首先，性格是表现人对现实的态度和行为方式的个性心理特征。“人的性格不仅表现在他做什么，而且表现在他怎样做”(恩格斯)，“做什么”涉及一个人活动的倾向——追求什么或拒绝什么，反映了他对现实的态度；“怎样做”说明一个人如何去追求或拒绝，表现了人的行为方式。这就是说，性格体现在人对现实的态度和行为方式之中。在行为方式中，它既包括行为的方式，也包括行为的动机和内容。行为的方式又包括实践活动的方式和思维、情感、意志等心理活动的方式。这些心理特征在类似的情境中不断地出现，有一定的稳定性，以至于习惯化，便形成了人们独特的性格。例如，有的人对工作总是任劳任怨、认真负责、富有创造精神，有的人则总是挑三拣四、敷衍马虎、因循守旧；这就表现了人对现实的不同态度与不同的行为方式，这就是性格的表现。

其次，性格是个性中具有核心意义的个性心理特征，对其他个性心理特征起支配作用。人的性格是后天获得的一定的思想意识及行为习惯的表现，是客观社会关系的反映。因此，性格是一个人本质特征的体现。在性格中占主导地位的是思想与道德品质，它最突出、最鲜明地表现了人与人之间的差异，最集中地体现了个人的精神面貌。它直接影响着气质、能力的表现特点与发展方向。

最后，性格是比较稳定而独特的个性心理特征。在某种情况下，人对事物的态度与做出的行为是一时的、情境性的、偶然的，不能构成人的性格特征，不是人性格特征的表现。只有那些经常性的、习惯性的表现才属于性格特征，才能称为性格。例如，一个人处理事情总是优柔寡断，偶尔一次他表现出非常果断的举动，不能说这个人具有果断的性格特征。性格具有一定的稳定性，这为我们根据人的性格特征去预测他的行为提供了可能性。

二、性格的结构

人的性格是由各种特征构成的。但这些特征并非杂乱堆积而成，而是有机组合成为一个完整而有序的结构，这个结构包括：

其一，性格的态度特征。即表现个人对现实的态度的倾向性特点。例如，对社会、集体、他人的态度，对劳动、工作、学习的态度以及对自己的态度等。

其二，性格的意志特征。即表现个人自觉控制自己的行为及行为努力程度方面的特征。例如，是否具有明确的行为目标，能否自觉调适和控制自身行为，在意志行动中表现出的是独立性还是依赖性，是主动性还是被动性，是否坚定、顽强、忍耐、持久等。

其三，性格的情绪特征。即表现个人受情绪影响或控制情绪程度状态的特点。例如，个人受情绪感染和支配的程度，情绪受意志控制的程度，情绪反应的强弱、快慢，情绪起伏波动的程度，主导心境的性质等。

其四，性格的理智特征。即表现心理活动过程方面的个体差异的特点。例如，在感知方面，是主动观察型还是被动感知型；在思维方面，是具体罗列型还是抽象概括型，是描绘型还是解释型；在记忆方面，是逻辑记忆还是形象记忆；在想象力方面，是丰富型还是贫乏型；等等。

三、性格的类型

性格的类型是指一类人身上所共同具有的性格特征的独特组合。由于性格表现的极端复杂性，在心理学中至今还没有一个公认的、有充分根据的性格分类原则。心理学家们曾以各自的标准和原则对性格类型进行了分类。现将几种有代表性的观点作简要介绍。

(一) 机能类型学说

机能类型学说是英国心理学家培因和法国心理学家李波提出来的。他们根据理智、情绪、意志在性格结构中占优势的情况把人的性格划分成理智型、情绪型、意志型。属理智型的人，依伦理思考而行事，以理智来衡量一切并支配行动；属情绪型的人，情绪体验深刻，不善于思考，言行举止受情绪左右；属意志型的人，活动目标明确，行为积极主动。除上述典型的类型外，还有一些中间的类型，如理智—意志型等。

(二) 向性说

向性说是由瑞士心理学家荣格提出的。这是按照人的心理活动倾向于外部或内部来划分的一种分类学说。凡是心理活动倾向于外部的叫做外倾型，心理活动倾向于内部的叫做内倾型。属外倾型的人对外部事物特别关心，思想开朗、活跃，情绪、情感丰富且外露，善于交际；属内倾型的人则较为沉静，善于思考，富于理智，反应缓慢，处事谨慎，应变能力较差，不善交际。大部分人具有外倾型与内倾型的特点而属于混合型。

(三) 独立—顺从学说

这是一种按一个人的独立性程度来划分类型的学说。独立性强的叫做独立型，独立性差的叫做顺从型。独立型的人有坚定的信念，善于独立思考，能独立地发现问题与解决问题，不易为次要的因素所干扰，在紧急困难的情况下表现为沉着冷静，易于发挥自己的力量，往往喜欢把自己的意志强加于别人。顺从型的人易受暗示，容易不加分析地接受别人的意见，依别人的意见行事，在紧急困难的情况下表现为张皇失措。

(四) 文化—社会类型学说

这是按社会生活方式来划分类型的一种学说。德国哲学家、教育家、心理学家斯普兰格根据人们生活方式的六种形式，相应地把性格划分为六种类型，分别是：

(1) 经济型。经济型的人以经济的观点看待一切事物，从实际的效果来判断事物的价值，追求实惠，以获得财产、追求利润为生活目的，企业家多属此类。

(2) 理论型。理论型的人能冷静客观地观察事物，力图把握事物的本质，根据自己的知识体系来判断事物的价值，但遇到实际问题时，常常又无能为力，此类人主要以追求真理为生活目的，哲学家、理论家多属此类。

(3) 审美型。审美型的人不大关心实际生活，而是从美的角度来判断事物的价值，珍视美的享受与创造，喜欢艺术活动，艺术家多属此类。

(4) 宗教型。宗教型的人把信仰宗教作为生活的最高价值，相信超自然力量，坚信永存生命，以爱人、爱物为行为标准。神学家是此类人的典型代表。

(5) 权力型。权力型的人以掌握权力为最高价值，以获得权力为生活的目的，有强烈的权力意识与权力支配欲，喜欢指挥别人或命令别人，又称为政治型。领袖人物多属于此类。

(6) 社会型。社会型的人重视社会价值，以爱社会和关心他人为自我实现的目标，并有志于从事社会公益事业。文教卫生、社会慈善等职业活动家多属此类型。斯普兰格认为，纯粹某种类型的人是没有的，多数人都属于混合型。

【情境任务训练】

一、用色彩了解你的性格

江苏电视台征婚节目《非诚勿扰》让乐嘉火遍了中国，他提出的“性格色彩”学说的核心理论为：一是人的性格可以大致分成“红黄蓝绿”四种。二是想通过说教来改造别人的性格绝无可能。三是人性格的后天改变一定是有一个先决条件——条件使你不得不或者你愿意付出代价。四是要人与人相处好就在于，你要享受这个人的好，同时就必须承受这个人的麻烦。

(一) 自测题目

乐嘉性格色彩测试

说明：所有问题都没有好坏或对错之分。请选择让你“最自然的”、“最真实的”反应，而不是“最好的”、“最应该的”。在最符合你的句子前打勾，每组只选一个答案，做完全部题目后，按提示计算。

1. 关于人生观，我的内心其实是：

A. 希望能有各种各样的人生体验，所以想法极其多样化。

B. 在合理的基础上，谨慎确定目标，一旦确定会坚定不移去做。

C. 更加在乎取得一切有可能的成就。

D. 毫不喜欢风险，喜欢享受稳定或现状。

2. 如果爬山旅游，大多数状况下，在下山回来的路线我最可能：

A. 好玩有趣，所以宁愿新路线回巢。　B. 安全稳妥，所以宁愿原路线返回。

C. 挑战困难，所以宁愿新路线回巢。　D. 方便省心，所以宁愿原路线返回。

3. 说话时，我更看重：

A. 感觉效果。有时可能会略显得夸张。

B. 描述精确。有时可能略过冗长。

C. 达成结果。有时可能过于直接让别人不高兴。

D. 人际感受。有时可能会不愿讲真话。

4. 在大多数时候，我的内心更想要：

A. 刺激。经常冒出新点子，想做就做，喜欢与众不同。

B. 安全。头脑冷静，不易冲动。

C. 挑战。生命中竞赛随处可见，有强烈的"赢"的欲望。

D. 稳定。满足自己所拥有的，很少羡慕别人。

5. 我认为自己在情感上的基本特点是：

A. 情绪多变，经常波动。

B. 外表自我抑制强，但内心感情起伏大，一旦挫伤难以平复。

C. 感情不拖泥带水，只是一旦不稳定，容易发怒。

D. 天性情绪四平八稳。

6. 我认为自己除了工作外，在控制欲上面，我：

A. 没有控制欲，只有感染带动他人的欲望，但自控能力不算强。

B. 用规则来保持我对自己的控制和对他人的要求。

C. 内心是有控制欲和希望别人服从我的。

D. 没兴趣影响别人，也不愿别人来控制我。

7. 当与情人交往时，我最希望对方：

A. 经常赞美我，让我享受开心、被关怀且又有一定自由。

B. 可随时默契到知道我内心所想，对我的需求极其敏感。

C. 得到对方的认可，我是正确的并且我对其是有价值的。

D. 尊重并且相处静谧的。

8. 在人际交往时，我：

A. 本质上还是认为与人交往比长时间独处是有乐趣的。

B. 非常审慎缓慢地进入，常会被人认为容易有距离感。

C. 希望在人际关系中占据主导地位。

D. 顺其自然，不温不火，相对被动。

9. 我做事情，经常：

A. 缺少长性，不喜欢长期做相同无变化的事情。

B. 缺少果断，期待最好的结果但总能先看到事情的不利面。

C. 缺少耐性，有时行事过于草率。

D. 缺少紧迫，行动迟缓，难下决心。

10. 通常我完成任务的方式是：

A. 常赶在最后期限前完成，是临时抱佛脚的高手。

B. 自己有严格规定的程序，精确地做，不要麻烦别人。

C. 先做，快速做。

D. 使用传统的方法按部就班，需要时从他人处得到帮忙。

11. 如果有人深深惹恼我时，我：

A. 内心感到受伤，认为没有原谅的可能，可最终很多时候还是会原谅对方。

B. 深深感到愤怒，如此之深怎可忘记？我会牢记，同时未来完全避开那个家伙。

C. 会火冒三丈，并且内心期望有机会狠狠地回应。

D. 避免摊牌，因为还不到那个地步或者自己再去找新朋友。

12. 在人际关系中，我最在意的是：

A. 得到他人的赞美和欢迎。 B. 得到他人的理解和欣赏。

C. 得到他人的感激和尊敬。 D. 得到他人的尊重和接纳。

13. 在工作上，我表现出来更多的是：

A. 充满热忱，有很多想法且很有灵性。 B. 心思细腻，完美精确，而且为人可靠。

C. 坚强而直截了当，而且有推动力。 D. 有耐心，适应性强而且善于协调。

14. 我过往的老师最有可能对我的评价是：

A. 情绪起伏大，善于表达和抒发情感。

B. 严格保护自己的私密，有时会显得孤独或是不合群。

C. 动作敏捷又独立，并且喜欢自己做事情。

D. 看起来安稳轻松，反应度偏低，比较温和。

15. 朋友对我的评价最有可能的是：

A. 喜欢对朋友述说，也有感染别人的力量。

B. 能够提出很多周全的问题，而且需要许多精细的解说。

C. 愿意直言想法，有时会直率而犀利地谈论不喜欢的人、事、物。

D. 通常与他人一起是倾听者。

16. 在帮助他人的问题上，我内心的想法是：

A. 别人来找我，不太会拒绝，会尽力帮他。 B. 值得帮助的人应该帮助。

C. 很少承诺要帮，但我若承诺必兑现。 D. 虽无英雄打虎胆，常有自告奋勇心。

17. 面对他人对自己的赞美，我内心：

A. 没有也无所谓，特别欣喜那也不至于。

B. 我不需无关痛痒的赞美，宁可对方欣赏我的能力。

C. 思考对方的真实性或立即回避众人的关注。

D. 赞美多多益善，总是令人愉悦的。

18. 面对生活，我更像：

A. 随和派—外面的世界与我无关，我觉得自己这样还不错。

B. 行动派—我不进步，别人就会进步，所以我必须不停地前进。

C. 分析派—在问题未发生之前，就该想好所有的可能。

D. 无忧派—每天的生活开心快乐最重要。

19. 对于规则，我内心的态度是：

A. 不愿违反规则，但可能因为松散而无法达到规则的要求。

B. 打破规则，希望由自己来制定规则而不是遵守规则。

C. 严格遵守规则，并且竭尽全力做到规则内的最好。

D. 不喜被规则束缚，不按规则出牌会觉得新鲜有趣。

20. 我认为自己在行为上的基本特点是：

A. 慢条斯理，办事按部就班，能与周围的人协调一致。

B. 目标明确，集中精力为实现目标而努力，善于抓住核心要点。

C. 慎重小心，为做好预防及善后，会不惜一切而尽心操劳。

D. 丰富跃动，不喜欢制度和约束，倾向于快速反应。

21. 当我做错事时，我倾向于：

A. 害怕但表面不露声色。　B. 不承认而且辩驳，但内心其实已经明白。

C. 愧疚和痛苦，容易停留在自我压抑中。D. 难为情，希望逃避别人的批评。

22. 当结束一段刻骨铭心的感情时，我会：

A. 很难受，可日子总要过，时间会冲淡一切的。

B. 虽然觉得受伤，但一旦下定决心，就会努力把过去的影子甩掉。

C. 深陷在悲伤的情绪中，在相当长的时期里难以自拔，也不愿再接受新的人。

D. 痛不欲生，需要找朋友倾诉或者找到渠道发泄，寻求化解之道。

23. 面对他人的倾诉，我回顾自己大多时候本能上倾向于：

A. 能够认同并理解对方当时的感受。

B. 快速做出一些定论或判断。

C. 给予一些分析或推理，帮助对方理顺思路。

D. 可能会随着他的情绪起伏而起伏，也会发表一些评论或意见。

24. 我在以下哪个群体中交流较感满足？

A. 舒服轻松的氛围中，心平气和地最终达成一致结论。

B. 彼此展开充分激烈的辩论并有收获。

C. 有意义地详细讨论事情的好坏和影响。

D. 很开心并且随意无拘束地闲谈。

25. 在内心的真实想法里，我觉得工作：

A. 不必有太大压力，可以让我做我熟悉的工作就很不错。

B. 应该以最快的速度完成，且争取去完成更多的任务。

C. 要么不做，要做就做到最好。

D. 如果能将好玩融合其中那就太棒了，不过如果不喜欢的工作实在没劲。

26. 如果我是领导，我内心更希望在部属心目中，我是：

A. 可以亲近的和善于为他们着想的。　B. 有很强的能力和富有领导力的。

C. 公平、公正且足以信赖的。　D. 被他们喜欢并且觉得富有感召力的。

27. 我对认同的需求是：

A. 无论别人是否认同，生活都是要继续的。 B. 精英群体的认同最重要。

C. 只要我在乎的那些人认同我就足够了。D. 所见之人无论贵贱都对我认同那有多好。

28. 当我还是个孩子的时候，我：

A. 不太会积极尝试新事物，通常比较喜欢旧有的和熟悉的。

B. 是孩子王，大家经常听我的决定。

C. 害羞见生人，有意识地回避。

D. 调皮可爱，乐观而又热心。

29. 如果我是父母，我也许是：

A. 容易说服或者宽容的。

B. 比较严厉、性急及说一不二的。

C. 坚持自己的想法和比较挑剔的。

D. 积极参与到子女中一起玩，被小朋友们热烈欢迎的。

30. 以下有四组格言，哪组整体上最符合我的感觉？

A. 最深刻的真理是最简单和最平凡的。要在人世间取得成功必须大智若愚。好脾气是一个人在社交中所能穿着的最佳服饰。知足是人生在世最大的幸福。

B. 走自己的路，让人家去说吧。虽然世界充满了苦难，但是苦难总是能战胜的。有所成就是人生唯一真正的乐趣。对我而言解决一个问题和享受一个假期一样好。

C. 一个不注意小事情的人，永远不会成功大事业。理性是灵魂中最高贵的因素。切忌浮夸铺张。与其说得过分，不如说得不全。谨慎比大胆要有力量得多。

D. 幸福在于对生命的喜悦和激情。任何时候都要最真实地对待你自己，这比什么都重要。使生活变成幻想，再把幻想化为现实。幸福不在于拥有金钱，而在于获得成就时的喜悦以及产生创造力的激情。

(二) 计算方法

1. 计算前 1～15 题分数总和。

A 的总数(　　)B 的总数(　　)C 的总数(　　)D 的总数(　　)，共计 15 分；

2. 计算后 16～30 题分数总和。

A 的总数(　　)B 的总数(　　)C 的总数(　　)D 的总数(　)，共计 15 分。

3. 把两部分的数目相加。

红色：前 A + 后 D 的总数(　　)；

蓝色：前 B + 后 C 的总数(　　)；

黄色：前 C + 后 B 的总数(　　)；

绿色：前 D + 后 A 的总数(　　)；　　　　总计 30 分。

4. 最终得出你的性格色彩结果，总分中数目最大的字母，是你的核心性格。其他字母代表你整个性格中的比例。如果某种颜色大于 15，说明你是典型的此类性格，如果有两种或三种数目非常接近，说明你是较复杂的组合性格。

基本性格有以下 12 种情况：

典型的红、蓝、黄、绿，红 + 黄，红 + 绿，蓝 + 黄，蓝 + 绿，黄 + 红，黄 + 蓝，绿 + 红，绿 + 蓝。

说明：在性格组合当中，没有列出“红蓝配”(红 + 蓝、蓝 + 红)和“黄绿配”(黄 + 绿、绿 + 黄)的四种组合，是因为红与蓝、黄与绿是两对完全相反的性格。两种完全相反的性格共同组合在一人身上，必有另一个是受到强大的后天影响。这种人将在很多时候呈现极大的内心困惑。挖掘出真正的自己对他们而言，是所有人中最迫切需要的！

(三) 四种典型色彩的优势和过当

1. 红色性格

(1) 红色性格优势。

作为个体：高度乐观的积极心态。喜欢自己，也容易接纳别人。把生命当作值得享受的经验。喜欢新鲜、变化和刺激。经常开心，追求快乐。情感丰富而外露。自由自在，不受拘束。喜欢开玩笑和调侃。别出心裁，与众不同。表现力强。容易受到人们的喜欢和欢迎。生动活泼，好奇心强。

沟通特点：才思敏捷，善于表达。喜欢通过肢体上的接触传达亲密情感。容易与人攀谈。发生冲突时，能直接表白。人越多越亢奋。演讲和舞台表演的高手。乐于表达自己的看法。

作为朋友：真诚主动，热情洋溢。喜欢交友，善于与陌生人互动。擅长搞笑，是带来乐趣的伙伴。容易原谅自己和别人，不记仇。富有个人魅力。乐于助人。有错就认，很快道歉。喜欢接受别人的肯定和不吝赞美。

对待工作和事业：工作主动，寻找新任务。富有感染力，能够吸引他人参与。激发团队的热情合作心和进取心，重视团队合作的感觉。令人愉悦的工作伙伴。完成短期目标时，极富爆发力。信任他人。善于赞美和鼓励，是天生的激励者。不喜欢太多的规定束缚，富有创意。工作以活泼化、丰富化的方式进行。反应快，闪电般开始。

(2) 红色性格过当。

作为个体：情绪波动大起大落。变化无常，随意性强。鲁莽冲动，轻信他人，容易上当受骗。虚荣心强，不肯吃苦，贪图享受。喜欢走捷径，虎头蛇尾，不能坚持。粗心大意，杂乱无章。不肯承担责任，期待有别人为自己的人生负责。缺乏自控，毫无纪律。容易原谅自己，不吸取教训。不稳定和散漫。拒绝长大。借放纵来麻痹自己的痛苦和烦恼，而不去认真思考生命的本质。

沟通特点：说话少经大脑思考，脱口而出。对于严肃和敏感的事情也会开玩笑。炫耀自己，夺人话题。注意力分散，不能专注倾听，插话。吹牛不打草稿，疏于兑现承诺。忘记别人说过什么，自己讲过的话也经常重复。口无遮拦，不保守秘密。不可靠，光说不练。夸大吹嘘自己的成功。

作为朋友：缺少分寸，过度的玩笑和热情。只想当主角。谈论自己感兴趣的话题，对和自己无关的话题心不在焉。插嘴打断别人谈话。健忘多变。经常会忘记老朋友。有极强的依赖性，脆弱而不能独立。好心办坏事。

对待工作事业：跳槽频率高，这山望着那山高。没有规划，随意性强。没有焦点，把精力分散在太多的不同方向。过高估计了自己的能力。觉得没有必要为未来做准备。不肯花更大的精力和幕后工作的勤奋代价来获取更高的殊荣。不切实际地希望所有的工作都要有趣味。很难全神贯注，经常性地走神。异想天开，难以预料。

2. 蓝色性格

(1) 蓝色性格优势。

作为个体：严肃的生活哲学。思想深邃，独立思考而不盲目从众。沉默寡言，老成持重。注重承诺，可靠安全。谨慎而深藏不露。坚守原则，责任心强。遵守规则，井井有条。

深沉有目标的理想主义。敏感细腻。高标准，追求完美。谦和稳健。善于分析，富有条理。待人忠诚，富有自我牺牲精神。深思熟虑，三思而后行。坚韧执着。

沟通特点：享受敏感而有深度的交流。设身处地地体会他人。能记住谈话时共鸣的感情和思想。喜欢小群体交流的思想碰撞。关注谈话的细节。

作为朋友：默默地为他人付出以表示关切和爱。对友谊忠诚不渝。真诚关怀朋友的境遇，善于体贴他人。能够记得特殊的日子。遭遇难关时，极力给予鼓舞安慰。很少向他人表达内心的看法。经常扮演解决分析问题的角色。

对待工作和事业：强调制度、程序、规范、细节和流程。做事之前首先计划且严格按照计划去执行。喜欢探究及根据事实行事。尽忠职守，追求卓越。高度自律。喜欢用表格、数字的管理来验证效果。注重承诺。一丝不苟地执行工作。

(2) 蓝色性格过当。

作为个体：高度负面的情绪化。猜忌心重，不信任他人。太在意别人的看法和评价，容易被负面评价中伤。容易沮丧，悲观消极。陷于低落的情绪无法自拔。情感脆弱抑郁，有自怜倾向。杞人忧天，庸人自扰。最容易的抑郁症患者。当别人轻易成功时，会因自己的努力付出却不如他人而心生嫉妒。过于阴沉的面孔，让人感觉压抑，不易接近。

沟通特点：不知不觉地说教和上纲上线。原则性强，不易妥协。强烈期待别人具有敏感度和深度能够理解自己。以为别人能够读懂自己的心思。不太主动与人沟通。不喜欢制造困扰麻烦给别人，也讨厌别人制造困扰麻烦给自己。要真诚开放心胸与人互动会比较难。习惯以防卫的状态面对别人。

作为朋友：过度敏感，有时很难相处。强烈的不安全感。远离人群。喜好批判和挑剔。吝于宽恕。经常怀疑别人的话，不容易相信他人。

对待工作和事业：对自己和他人常寄予过高而且不切实际的期望。过度计划和过度绸缪。患得患失，行动缓慢。较真，挑剔他人及自己的表现。专注于小细节，因小失大。吝啬表扬，强烈的形式主义。容易被不理想的成绩击垮斗志。墨守成规，死板教条不懂变通。为了维护原则缺乏妥协精神。

3. 黄色性格

(1) 黄色性格优势。

作为个体：不达目标，誓不罢休。不停地给自己设定目标以推动前进。把生命当成竞赛。行动迅速，活力充沛。意志坚强。自信、不情绪化，而且非常有活力。坦率，直截了当，一针见血。强烈的进取心，居安思危。独立性强。有强烈的求胜欲。不畏强权并敢于冒险。不易气馁，不在乎外界的评价，坚持自己所选择的道路和方向。危难时刻挺身而出。讲究速度和效率。敢于接受挑战并渴望成功。

沟通特点：以务实的方式主导会谈。喜欢主导整个事情进行的方式。能够直接抓住问题的本质。说话用字简明扼要，不喜欢拐弯抹角。不受情绪干扰和控制。

作为朋友：给予解决问题的方法，而非纠缠在过去。迅速提出忠告和方向。直言不讳地提出建议。

对待工作和事业：动作干净利落，讲求效率。能够承担长期高强度的压力。强烈的目标趋向，善于设定目标。高瞻远瞩，有全局观念。善于委派工作。坚持不懈，促成活动。掌握重点执行。行事作风明快。天生的领导者和富有组织能力。竞争越强，精力越旺，愈挫愈勇。寻求实际的解决方法。以结果和完成任务为导向，并且高效率。善于快速决策并处理所遇到的一切问题。富有责任感。

(2) 黄色性格过当。

作为个体：自己永远是对的，死不认错。趾高气扬，霸道。只关注自己的感受，不体贴别人的心情和想法。以自我为中心，自私倾向。霸道。脾气暴躁，容易发怒。缺少同情心。傲慢自大，目中无人。经常紧绷自己的情绪。在情绪不佳或有压力的时候，经常会不可理喻与独断专行。不喜欢受群体所规范约束，打破既定规则且自己不遵守规则。

沟通特点：喜欢争辩和冲突。铁石心肠，对情绪表现冷淡。粗线条，简单粗暴。毫无敏感，无力洞察他人内心和理解他人所想。抗拒批评，严酷且自以为是的审判者。缺乏亲密分享的能力。缺乏耐心，是非常糟糕的倾听者。态度尖锐严厉，批判性强。容易让他人的工作或生活步调紧张。不习惯赞美别人。说话有时咄咄逼人。控制欲强。不太能体谅他人，对行事模式不同的人缺少包容度。

作为朋友：大多时候仅保持理性的友谊。讨厌与犹豫不决、能力弱的人互动。试图控制和影响大家的活动，希望他人服从自己而非配合别人。除了工作内容，很少交谈其他话题。情感上习惯与人保持一定的距离。很少对人流露出直接诚挚的关怀。需要你的时候才找你。为别人做主。

对待工作和事业：生活在无尽的工作当中而不是人群中。数量远比质量重要。目标没有完成时，容易发怒且迁怒于人。寻求更多的权力，有极强的控制欲。拒绝为自己和他人放松。完成工作第一，人的事情第二。为了自己的面子，不妥协且毫不认错。对于竞争结果过分关注而忽略过程中的乐趣。武断，刚愎自用且一意孤行。很难慢下来，缺少生命乐趣的工作狂。未明察就急于改变，急于求成。

4. 绿色性格

(1) 绿色性格优势。

作为个体：爱静不爱动，有温柔祥和的吸引力和宁静愉悦的气质。和善的天性，做人厚道。追求人际关系的和谐。奉行中庸之道，为人稳定低调。遇事以不变应万变，镇定自若。知足常乐，心态轻松。追求平淡的幸福生活。有松弛感，能融入所有的环境和场合。从不发火，温和、谦和、平和三和一体。做人懂得“得饶人处且饶人”。追求简单随意的生活方式。

沟通特点：以柔克刚，不战而屈人之兵。避免冲突，注重双赢。心平气和且慢条斯理。善于接纳他人意见。最佳的倾听者，极具耐心。擅长让别人感觉舒适。有自然和不经意的冷幽默。松弛大度，不疾不徐。

作为朋友：从无攻击性。富有同情和关心。宽恕他人对自己的伤害。能接纳所有不同性格的人。和善的天性及圆滑的手腕。对友情的要求不严苛。处处为别人考虑，不吝付出。与之相处轻松自然又没有压力。最佳的垃圾宣泄处，鼓励他们的朋友多谈自己。从不尝试去改变他人。

对待工作和事业：高超的协调人际关系的能力。善于从容地面对压力。巧妙地化解冲突。能超脱游离政治斗争之外，没有敌人。缓步前进以取得思考空间。注重人本管理。推崇一种员工都积极参与的工作环境。尊重员工的独立性，从而博得人心和凝聚力。善于为别人着想。以团体为导向。创造稳定性。用自然低调的行事手法处理事务。

(2) 绿色性格过当。

作为个体：按照惯性来做事，拒绝改变，对于外界变化置若罔闻。懒洋洋的作风，原谅自己的不思进取。懦弱胆小，纵容别人欺压自己。期待事情会自动解决，完全守望被动。得过且过。无原则地妥协，而无法促使他们采取负责任的解决态度。逃避问题与冲突。太在意别人反应，不敢表达自己的立场和原则。

沟通特点：一拳打在棉花上，毫无反应。没有主见，把压力和负担通通转嫁到他人身上。不会拒绝他人，给自己和他人都带来无穷麻烦。行动迟钝，慢慢腾腾。避免承担责任。

作为朋友：不负责任地和稀泥。姑息养奸的态度。压抑自己的感受以迁就别人。期待让人人满意，对自己的内心不忠诚。没有自我，迷失人生的方向。缺乏激情。漠不关心，惰于参与任何活动。

对待工作和事业：安于现状，不思进取。乐于平庸，缺乏创意。害怕冒风险，缺乏自信。拖拖拉拉。缺少目标。缺乏自觉性。懒惰而不进取。宁愿做旁观者不肯做参与者。

二、塑造良好性格计划表

性格的改变和塑造是从正确认识自己性格特点开始的，只有全面客观地认识了解自己性格中的优点和缺陷，才能真正做到“择优”和“汰劣”，从而不断健全完善自己的个性。同时，由于性格的缺陷和不足都是由一些不良习惯长期积聚而成，所以要改变各种性格缺陷并非易事，它不但需要个体制定出具体详细、富有针对性的性格塑造计划，更需要个体以坚持不懈的努力把计划付之行动和实践。当然，在个体改造自己性格缺陷的过程中，他人的监督和约束也是非常重要的，特别是对那些自我监控能力较差的人来说更是如此。请你根据自己的性格特点制定一份塑造个人良好性格的计划表，并在日常的学习生活中加以实施。

塑造良好性格计划表

<table>
<tr><td colspan="5">本人性格的基本特征</td><td></td></tr>
<tr><td colspan="5">突出的优点</td><td></td></tr>
<tr><td colspan="5">主要的缺点</td><td></td></tr>
<tr><td colspan="2">优化性格的计划
（具体安排）</td><td colspan="4"></td></tr>
<tr><td rowspan="3">检查督促情况记录</td><td>检查人员</td><td>家长</td><td>老师</td><td>舍友</td><td>自己</td></tr>
<tr><td>检查时间</td><td></td><td></td><td></td><td></td></tr>
<tr><td>检查结果</td><td></td><td></td><td></td><td></td></tr>
</table>

【思考、澄清、分享、巩固：为什么说“性格决定命运”？】

一个人的进退和成败，虽然有主、客观条件等种种原因，但从个人来说，不仅同他的知识、智慧和能力有关，而且更同他的性格有直接关系。即便是他们的知识、智慧和能力也都同性格有关。所谓的“性格决定命运”，强调的就是性格对一个人的得失成败的影响作用。

有些人的知识渊博、智慧过人、能力高超，不失为一个“能人”。但却由于有着严重的性格缺陷，结果不仅没有获得预想的成功，反而遭到了失败；与此相对照，有些人的才能并不比别人高超，但因他具有有益的性格，反而获得了成功。古今中外，这样的事例举不胜举。

一个人的性格绝对的“好”或绝对的“坏”是极少见的。多数人都是既有其有利的一面，又有其不利的一面。不过有的是有利的一面起主导作用，有的是不利的一面起主导作用。这个起主导作用的一面往往决定着人的进退和成败。也有些人其有利的性格特征促使他获得了一定程度的成功，其不利的性格特征又促使他最后遭到了失败。

为什么人的性格会影响和决定一个人的成败得失呢？这可以从以下几个方面来分析。

1. 性格影响人对现实的态度

这里所说的“现实”是指一切现实存在的人和事物，包括社会、他人、工作和自己等。

由于性格是惯常采用的态度和行为方式，所以他在待人处事时会不自觉地采用同一种态度和行为方式，这就会影响他对这些问题的处理。比如对待他人的态度，包括自己的家人、同事、朋友、邻居以及其他人，是同情还是淡漠无情；是诚实还是虚伪；是亲切有礼还是粗暴生硬等。那些胸襟开阔、善于容人助人的人可能人际关系较好，较多地得到别人的支持和帮助；心胸狭窄、感情用事和高傲自大的人可能与人合不来，造成人际关系紧张。

再比如对待工作的态度，具有固执性格的人，只要是认准了的事情就会坚持不放，一直干下去；不会朝三暮四，轻易放弃。这对完成目标是有好处的。但是，有时候也会固执己见，听不进别人的意见，即便是错了，也不易改正。这就是那种“不撞南墙不回头”的人，甚至是“撞了南墙也不回头”的人，因此容易对工作造成损失。

具有协调型性格的人善于交际和沟通，对于迎来送往之事处理起来得心应手，在大庭广众之中毫不胆怯；待人比较随和，不喜欢责难别人，日常事务虽然忙碌，也不觉得厌倦辛苦；很少有紧张生硬的表情，很愿意帮别人的忙。但也有些人在思考问题时缺乏一贯性，对于学术性或过分精密的工作缺乏评鉴、洞察和整理的能力，行动上稍显轻率，看问题缺乏深度和尖锐性。

性格还能影响处事的态度，“火上房不着急”的慢性子，工作效率不会太高；说干就干的急性子，办事比较爽快，可能有较高的效率，但也可能有做事毛糙的缺陷。

2. 性格能影响人的意志

在意志方面具有自觉性、自制性、果断性和坚毅性者，能够找到和确定成功的目标，在追求成功的过程中能百折不挠、克服千难万阻，直到到达成功的彼岸。相反，那些缺乏自觉和自制、见硬就回的人，即便具有出众的才能，也可能造成失败。

安徽定远县有个“小能人”，曾带领8名弟子制作家具，做工考究、式样新颖、价格便宜，产品供不应求。正在他“春风得意”、“财源茂盛”的时候，却招来了冷嘲热讽，有关部门三天两头上门检查。他怕出事，便到县里一家木材加工厂当领薪的合同工去了。乡里办了一个综合性企业，亟需挑头人才，乡干部多次登门请他出山，都被谢绝。他辩解说：“俗话说出头的椽子先烂，宁可少赚钱，求个安稳，有失有得。”从此自甘寂寞，空有才能却未能得到发挥。

3. 性格能影响人的情绪

对待同样的事情，不同性格的人会有不同的反应。比如，杯子里有半杯酒，乐观性格的人会说："还有半杯酒可喝，好得很！"悲观性格的人会说："只剩半杯酒了，真糟糕！"

有句老话说："悲观主义者在每一个机会中看到的是困难；而乐观主义者在每一种困难中看到的是机会。"性格开朗、乐观的人，在遭到拒绝或挫折时，能积极接受经验教训，努力挽救败局、补救损失，开创新的局面；性格狭隘、悲观的人会灰心丧气、一蹶不振，只是哀叹，而无能为力改变自己的处境。

4. 性格能影响人的理智

具有理智性格特征的人不易受环境的干扰，能较充分地发挥自己的能动性，较真实地认识事物，提高想象和思维能力，创造性地进行工作，有利于事业的成功。相反，在认识方面主观、武断，想象和思维狭窄、脱离实际者，可能在工作中产生种种失误，甚至遭到失败。

在各种诱惑，如名誉、地位、金钱、色情面前，不仅能用意志控制自己，而且能从思想上辨明是非，不为之所动，这就是理智的表现。一个积极进取者随时都可能经受住这种考验。只有高度的理智者，才能不走向邪路，沿着正确方向前进，以至达到预想目标。

性格暴躁的人发起脾气来，往往会影响人的理智。三国时的张飞性格暴躁，在关羽被害以后，他迁怒于人，"如有犯者即鞭挞之，多有被鞭死者"。在伐吴之前，下令军中"限三日内制办白旗白甲，违限即斩"。结果在他酒醉时遭帐下二员末将谋害。《三国志》的作者陈寿评论说："关张二人乃可抵一万兵的勇猛果断之士……二人皆有国士之风。然羽过于刚毅而致目中无人，飞个性粗暴而寡恩。各因其性格的弱点而死于非命。"

5. 性格能影响人的能力

对事业的责任感、坚持性、自信心和自制性等性格特征，对人的能力的提高和发挥都能起着制约作用。能力的发展要求有创造性的进取精神，积极向上的求知欲望，勇于克服艰难险阻的毅力，勤奋努力的工作态度等一系列良好性格特征。

性格的优点有时能弥补能力的不足。俗话说："勤能补拙"，就是说具有勤勉性格的人可以弥补能力的某些不足。反之，性格上的弱点则可能成为能力提高和发挥的障碍。如意志薄弱、怯懦和自卑会消蚀人的决断能力；抱残守缺、拘谨多虑会消蚀人的创造能力；心胸狭窄、固执己见会消蚀识人用人的能力；松松垮垮、懒惰成性会消蚀人的办事能力；心绪不定、懈怠马虎会消蚀人的协调能力等。

诸葛亮忠心无私、鞠躬尽瘁、智慧超群，但有一个最大的缺点，就是性格过于谨慎。他不采纳魏延北伐之计，放弃了逐鹿中原唯一取胜的机会。以后虽然一再努力，也徒劳无益了。

诸葛亮由于谨小慎微，什么事都不放手，不能发挥部下的作用，事必躬亲，都由自己操劳。不仅对事业无益，还使自己劳累过度。司马懿说："孔明食少事烦，岂能久乎?"结果病逝于五丈原。造成"出师未捷身先死，长使英雄泪满襟"的遗恨。

6. 性格能影响人的身体

性格会影响人的身体健康。一个性格开朗的人，能吃能睡，无忧无虑，身体会较健康。据医学家考察，性格内向、遇事多愁善感，常受悲观失望情绪折磨的人，最容易患癌症；性格急躁，心浮好动，缺乏耐性，易激怒、好争吵，常感时间紧迫，办事慌慌张张的人，容易患冠心病；情绪不稳，思想感到压抑又不愿表露，过分关心自己，不好交往的人，易患胃和十二指肠溃疡病。

有人说："性格是一个人看不见的本质"，它反映在人的各个方面。既然性格影响着待人处事的态度，影响人的意志、情绪、理智、能力、身体等，这些都是人重要的主观因素。这些主观因素结合在一起，与人面对的客观世界发生着作用，而产生不同的效果。这就会决定一个人成功与失败、幸福与否的命运。

任务2　神秘的气质

【情境任务描述】

迟到者的故事

小丹、小多、小叶、小伊都非常喜欢看电影，有一次他们几个结伴一起去天河娱乐城看电影。大家都知道，那个地段经常塞车，由于路上塞车，等四个人兴冲冲地赶到电影院时，电影已经开始放映了。为了保证不干扰其他观众，电影院规定，开演十分钟后，停止检票，这就意味着他们只能等 2 个小时后看下一场。这时候，激动不已的小丹早就没有耐心向检票员求情了，他向检票员怒吼："我有票为什么不让我进去，规矩是人制定的，为什么偏偏是 10 分钟，而不是 11、12 分钟？再说我们是因为塞车才迟到的。你认为塞车是我们的错吗？那是市政交通问题，我们是受害者，你得让我们进去……"一边说一边推撞着检票员，越说越激动，越推越用力。这时候，一直在旁边寻找机会的小多乘小丹推检票员的瞬间，偷偷溜了进去，边走边做鬼脸。这期间，小叶干脆进去旁边的肯德基，一边欣赏美食，一边等候下一次演出的开始。而小伊呢？则一刻不停地抱怨自己，我怎么这么倒霉，昨天不小心打烂了一个珍贵的花瓶，今天看电影又迟到了，要是我早点来，现在已经在看了。唉，我这人怎么这么蠢！

【情境任务分析】

(1) 请根据描述分析小丹、小多、小叶、小伊四个人的特点。

(2) 请五位同学进行角色扮演(最好找和故事中的人物比较相似的同学)，根据对表演的观察再次归纳四个人的特点。

【情境任务知识】

一、气质的心理学涵义

气质是个人心理活动稳定的动力特征。心理活动的动力特征主要指心理过程的速度和稳定性(例如，知觉的速度、思维的灵活程度、注意力集中时间的长短)，心理过程的强度(例如，情绪的强弱、意志努力的程度)和心理活动的指向性(有人倾向外部事物，有人倾向内心世界)等方面的特点。气质主要是由遗传决定的，是先天的，如初生的婴儿有些好动而有些安静，气质与性格是不同的，性格是后天形成的，受环境和家庭教育影响较大，气质与性格会相互影响。

二、高级神经活动类型与气质类型及其心理特征

高级神经活动类型	气质类型	气质心理特性的组合	行为方式的典型表现
强而不平衡型(不可抑制型)	胆汁质	感受性低；有一定的耐受性；反应快而不灵活；情绪兴奋性高；抑制能力差；外倾性明显；行为有一定可塑性	直率，热情，精力充沛，情绪易冲动，心境变换剧烈，脾气急躁
强而平衡灵活型(活泼型)	多血质	感受性低；耐受性高；反应快而灵活；情绪兴奋性高；外部表露明显；外倾性明显；行为可塑性大	活泼，好动，敏感，反应讯速，喜欢与人交往，注意力、兴趣易转移变化，缺乏坚持性
强而平衡不灵活型(安静型)	粘液质	感受性低；耐受性高；反应缓慢，具有稳定性；情绪兴奋性低；内倾性明显；行为有一定可塑性	安静，稳定，反应缓慢，沉默寡言，情绪不易外露，注意力稳定难转移，善于忍耐
弱型(抑制型)	抑郁质	感受性高；耐受性低；反应慢，刻板而不灵活；情绪兴奋性高而体验深；内倾性特别明显；行为可塑性小	情绪体验深刻，行动迟缓，多愁善感，能觉察别人不易觉察的事物，富有幻想，胆小孤僻

三、四种气质类型的典型心理特征及其适合从事的职业

(一) 胆汁质的心理特征及典型代表

(1) 特征：胆汁质的人反应速度快，具有较高的反应性与主动性。这类人情感和行为动作产生得迅速而且强烈，有极明显的外部表现；性情开朗、热情，坦率，但脾气暴躁，好争论；情感易于冲动但不持久；精力旺盛，经常以极大的热情从事工作，但有时缺乏耐心；思维具有一定的灵活性，但对问题的理解具有粗枝大叶、不求甚解的倾向；意志坚强、果断勇敢，注意力稳定而集中但难于转移；行动利落而又敏捷，说话速度快且声音洪亮。

(2) 典型代表：李逵、张飞等。

(3) 职业倾向性：较适合做反应迅速、动作有力、应急性强、危险性较大、难度较高的工作。这类人可以成为出色的导游员、营销员、节目主持人、外事接待人员等。但不适宜从事稳重、细致的工作。

(二) 多血质的心理特征及典型代表

(1) 特征。多血质的人行动具有很高的反应性。这类人情感和行为动作发生得很快，变化得也快，但较为温和；易于产生情感，但体验不深，善于结交朋友，容易适应新的环境；语言具有表达力和感染力，姿态活泼，表情生动，有明显的外倾性特点；机智灵敏，思维灵活，但常表现出对问题不求甚解；注意力与兴趣易于转移，不稳定；在意志力方面缺乏忍耐性，毅力不强。

(2) 典型代表：王熙凤、孙悟空等。

(3) 职业倾向性：较适合做社交性、文艺性、多样化、要求反应敏捷且均衡的工作，

而不太适合做需要细心钻研的工作。他们可从事范围广泛的职业，如外交人员、管理者、律师、运动员、新闻记者、服务员、演员等。

(三) 粘液质的心理特征及典型代表

(1) 特征：粘液质的人反应性低。情感和行为动作进行得迟缓、稳定、缺乏灵活性；这类人情绪不易发生，也不易外露，很少产生激情，遇到不愉快的事也不动声色；注意力稳定、持久，但难于转移；思维灵活性较差，但比较细致，喜欢沉思；在意志力方面具有耐性，对自己的行为有较大的自制力；态度持重，好沉默寡言，办事谨慎细致，从不鲁莽，但对新的工作较难适应，行为和情绪都表现出内倾性，可塑性差。

(2) 典型代表：林冲、薛宝钗等。

(3) 职业倾向性：较适合做有条不紊、刻板平静、耐受性较高的工作，而不太适合从事激烈多变的工作。可从事的职业有外科医生、法官、管理人员、财务人员等。

(四) 抑郁质的心理特征及典型代表

(1) 特征：抑郁质的人有较高的感受性。这类人情感和行为动作进行得都相当缓慢，柔弱；情感容易产生，而且体验相当深刻，隐晦而不外露，易多愁善感；往往富于想象，聪明且观察力敏锐，善于观察他人观察不到的细微事物，敏感性高，思维深刻；在意志方面常表现出胆小怕事、优柔寡断，受到挫折后常心神不安，但对力所能及的工作表现出坚忍的精神；不善交往，较为孤僻，具有明显的内倾性。

(2) 典型代表：林黛玉、刘备。

(3) 职业倾向性：能够兢兢业业工作，适合从事持久细致的工作，如技术人员、化验员、机要秘书、保管员等。而不适合做要求反应灵敏、处事果断的工作。

在现实生活中，我们所遇到的每一个具体的人，其气质特征可能接近于以上四种典型气质类型的某一种，然而很难找到一个只具有某种气质特征的人。大多数人的气质特征介于某几种典型特征之间，虽然从总体上看近似或者像某种气质，但其中又有一些其他类型的成分。所以，在判断一个人的气质类型时，不能勉强地、简单地将其归入一种气质类型。另外，气质类型本身并无优劣之分，它只表明一个人心理活动的动力特征而不影响人的行动方向和内容。另外，气质不能决定一个人的智力高低和成就大小。历史上的伟人都分属于各种不同的气质类型。俄国著名的四大文豪普希金、赫尔岑、克雷洛夫、果戈理就分属于胆汁质、多血质、粘液质、抑郁质 4 种气质类型，但他们在文学上的造诣都可谓登峰造极。

四、气质和人的素质

(一) 气质不影响活动的性质，但可以影响活动的效率

如果在学习、工作、生活中考虑到这一点，就能够有效提高自己和他人的效率。

(二) 人的气质本身无好坏之分，气质类型也无好坏之分

在评定人的气质时不能认为一种气质类型是好的，另一种气质类型是坏的。每一种气质都有积极和消极两个方面，在这种情况下可能具有积极的意义，而在另一种情况下可能具有消极的意义。如胆汁质的人可成为积极、热情的人，也可发展成为任性、粗暴、易发脾气的人；多血质的人情感丰富，工作能力强，易适应新的环境，但注意力不够集中，兴趣容易转移，无恒心等。气质相同的人可有成就的高低和善恶的区别。抑郁质的人工作中耐受能力差，容易感到疲劳，但感情比较细腻，做事审慎小心，观察力敏锐，善于察觉到别人不易察觉的细小事物。气质不能决定人们的行为，是因为人们可以自觉地去调节和控制。

(三) 气质不能决定一个人活动的社会价值和成就的高低

据研究，俄国的四位著名作家就是四种气质的代表，普希金具有明显的胆汁质特征，赫尔岑具有多血质的特征，克雷洛夫属于粘液质，而果戈里属于抑郁质。类型各不相同，却并不影响他们同样在文学上取得杰出的成就。气质只是属于人的各种心理品质的动力方面，它使人的心理活动染上某些独特的色彩，却并不决定一个人性格的倾向性和能力的发展水平。所以气质相同的人可以成为对社会作出重大贡献、品德高尚的人，也可以成为一事无成、品德低劣的人；可以成为先进人物，也可以成为落后人物，甚至反动人物。反之，气质极不相同的人也都可以成为品德高尚的人，成为某一职业领域的能手或专家。气质虽然在人的实践活动中不起决定作用，但是有一定的影响。气质不仅影响活动进行的性质，而且可能影响活动的效率。例如，要求作出迅速灵活反应的工作对于多血质和胆汁质的人较为合适，而粘液质和抑郁质的人则较难适应。反之，要求持久、细致的工作对粘液质、抑郁质的人较为合适，而多血质、胆汁质的人又较难适应。在一般的学习和劳动活动中，气质的各种特性之间可以起互相补偿的作用，因此对活动效率的影响并不显著。对先进纺织工人所作的研究证明，一些看管多台机床的纺织女工属于粘液质，她们的注意力稳定，工作中很少分心，这在及时发现断头故障等方面是一种积极的特性。注意力的这种稳定性补偿了她们从一台机床到另一台机床转移注意力较为困难的缺陷。另一些纺织女工属于活泼型，她们的注意力比较容易从一台机床转向另一台机床，这样注意力易于转移就补偿了注意力易于分散的缺陷。

但是，一些特殊职业(例如飞机驾驶员、宇航员、大型动力系统调度员或运动员等)要经受高度的身心紧张要求人们有极其灵敏的反应，要求人敢于冒险和临危不惧，对人的气质特性提出特定的要求。在这种情况下，气质的特性影响着一个人是否适合于从事该种职业。因此在培训这类职业的工作人员时应当测定人的气质特性。这是职业选择和淘汰的根据之一。

总之，虽然人的行为不是取决于气质，而是取决于在社会环境和教育影响下形成的动机和态度，但是气质在人的实践活动中也具有一定的意义。虽然气质与态度相比只居于从属的地位，但它是构成人们各种个性品质的一个基础，因此它是一个必须加以分析和考虑的重要因素。

【情境任务训练】

一、气质类型测验量表

气质类型测验是心理测验的一个重要内容，同时它也是一个人了解自我、认识自我的有效途径。但需要指出的是，气质并非我们平时所讲的“某某很有气质”中的气质，而是心理学上的一个概念。心理学常把人的气质分为四种类型，即胆汁质、多血质、粘液质和抑郁质。一个人了解了自己的气质类型，对培养性格、提高学习工作效率以及处理好人际关系等都大有裨益。

（一）自测题目

指导语：下面60道题目，可以帮助你大致确定自己的气质类型。请认真阅读下列各题，对于每一题，如果你认为非常符合自己情况的，记2分；比较符合的，记作1分，介于符合与不符合之间的，记作0分；比较不符合的，记作 –1分；完全不符合的，记作 –2分。

项　目	完全符合	比较符合	介于之间	较不符合	完全不符合
1. 做事力求稳妥，一般不做无把握的事	2	1	0	–1	–2
2. 遇到可气的事就怒不可遏，想把心里话全说出来才痛快	2	1	0	–1	–2
3. 宁可一个人干事，也不愿很多人在一起	2	1	0	–1	–2
4. 到一个新环境很快就能适应	2	1	0	-1	–2
5. 厌恶那些强烈的刺激，如尖叫、噪音、危险镜头等	2	1	0	–1	–2
6. 和人争吵时，总是先发制人，喜欢挑剔别人	2	1	0	–1	–2
7. 喜欢安静的环境	2	1	0	–1	–2
8. 我善于和别人交往	2	1	0	–1	–2
9. 羡慕那种善于克制自己感情的人	2	1	0	–1	–2
10. 生活有规律，很少违反作息制度	2	1	0	–1	–2
11. 在多数情况下情绪是乐观的	2	1	0	–1	–2
12. 碰到陌生人觉得很拘束	2	1	0	–1	–2
13. 遇到令人气愤的事，能很好地自我克制	2	1	0	–1	–2
14. 做事总是有旺盛的精力	2	1	0	–1	–2
15. 遇到问题总是举棋不定，优柔寡断	2	1	0	–1	–2
16. 在人群中从不觉得过分拘束	2	1	0	–1	–2
17. 情绪高昂时，觉得干什么都有趣，情绪低落时，又觉得什么都没意思	2	1	0	–1	–2
18. 当注意力集中于一事物时，别的事很难使我分心	2	1	0	–1	–2
19. 理解问题总比别人快	2	1	0	–1	–2
20. 碰到危险情景，常有一种极度恐惧感	2	1	0	–1	–2
21. 对学习、工作怀有很高的热情	2	1	0	–1	–2
22. 能够长时间做枯燥、单调的工作	2	1	0	–1	–2
23. 符合兴趣的事情，干起来就劲头十足，否则就不想干	2	1	0	–1	–2
24. 一点小事情就能引起情绪波动	2	1	0	–1	–2
25. 讨厌做那种需要耐心、细致的工作	2	1	0	–1	–2
26. 与人交往不卑不亢	2	1	0	–1	–2
27. 喜欢参加热烈的活动	2	1	0	–1	–2
28. 爱看感情细腻、描写人物内心活动的文学作品	2	1	0	–1	–2
29. 工作学习时间长了，常常感到厌倦	2	1	0	–1	–2

续表

项　　目	完全符合	比较符合	介于之间	较不符合	完全不符合
30. 不喜欢长时间谈论一个问题，愿意实际动手干	2	1	0	−1	−2
31. 宁愿侃侃而谈，不愿窃窃私语	2	1	0	−1	−2
32. 别人总是说我闷闷不乐	2	1	0	−1	−2
33. 理解问题常常比别人慢些	2	1	0	−1	−2
34. 疲倦时只要短暂休息就能精神抖擞，重新投入工作	2	1	0	−1	−2
35. 心里有话宁愿自己想，不愿说出来	2	1	0	−1	−2
36. 认准一个目标就希望尽快实现，不达目的决不罢休	2	1	0	−1	−2
37. 学习、工作同样一段时间，常常比别人感到累	2	1	0	−1	−2
38. 做事有些莽撞，常常不考虑后果	2	1	0	−1	−2
39. 老师或他人讲授新知识、新技术时，总希望他讲得慢些，多重复几遍	2	1	0	−1	−2
40. 能够很快忘记那些不愉快的事	2	1	0	−1	−2
41. 做作业或完成一件工作总比别人花更多时间	2	1	0	−1	−2
42. 喜欢运动量大的剧烈体育运动，或者参加各种文艺活动	2	1	0	−1	−2
43. 不能很快地把注意力从一件事转移到另一件事上去	2	1	0	−1	−2
44. 接受一个任务后，就希望把它迅速解决	2	1	0	−1	−2
45. 认为墨守陈规比冒风险强些	2	1	0	−1	−2
46. 能够同时注意几件事物	2	1	0	−1	−2
47. 当我烦闷的时候，别人很难使我高兴起来	2	1	0	−1	−2
48. 爱看情节起伏跌宕、激动人心的小说	2	1	0	−1	−2
49. 对工作抱认真严谨、始终如一的态度	2	1	0	−1	−2
50. 和周围人的关系总是相处不好	2	1	0	−1	−2
51. 喜欢复习学习过的知识，重复做能熟练做的工作	2	1	0	−1	−2
52. 希望做变化大、花样多的工作	2	1	0	−1	−2
53. 小时候会背的诗歌，我似乎比别人记得清楚	2	1	0	−1	−2
54. 别人说我“出语伤人”，可我并不觉得这样	2	1	0	−1	−2
55. 在体育活动中，常常因反应慢而落后	2	1	0	−1	−2
56. 反应敏捷，头脑机灵	2	1	0	−1	−2
57. 喜欢有条理而不甚麻烦的工作	2	1	0	−1	−2
58. 兴奋的事常常使我失眠	2	1	0	−1	−2
59. 老师讲新概念，常常听不懂，但是弄懂了以后很难忘记	2	1	0	−1	−2
60. 假如工作枯燥无味，马上就会情绪低落	2	1	0	−1	−2

(二) 测验答卷

胆汁质	题号	2	6	9	14	17	21	27	31	36	38	42	48	50	54	58	总分
	得分																
多血质	题号	4	8	11	16	19	23	25	29	34	40	44	46	52	56	60	总分
	得分																
粘液质	题号	1	7	10	13	18	22	26	30	33	39	43	45	49	55	57	总分
	得分																
抑郁质	题号	3	5	12	15	20	24	28	32	35	37	41	47	51	53	59	总分
	得分																

(三) 评分方法

(1) 如果某一项或两项的得分都超过 20 分，则为典型的该气质。如，胆汁质得分超过 20 分，则为典型胆汁质；粘液质和抑郁质的得分都超过 20 分，则为典型的粘液—抑郁混合型。

(2) 如果某一项或两项的得分在 20 分以下，10 分以上，其他各项得分较低，则为该项一般气质。如一般多血质、一般胆汁—多血混合型。

(3) 若各项得分均在 10 分以下，但某项或几项得分较其余项要高(相差 5 分以上)，则为略倾向于该气质或几项的混合。如略偏粘液质型、多血质—胆汁质混合型。其余类推。一般来说，正分值越高，表明该项气质特征越明显，反之，分值越低或越负，表明越不具备该项气质特征。

二、投射练习

(一) 活动目的

帮助同学们认清自己想要成为什么样的人，想要做的事情。

(二) 活动时间

20 分钟。

(三) 活动场地

室内。

(四) 活动道具

投射练习表格。

(五) 活动程序

(1) 完成下列句子。

假如我是一朵花，我希望是__________，因为________________。

假如我是一棵树，我希望是__________，因为________________。

假如我是一种动物，我希望是________，因为________________。

假如我是一种昆虫，我希望是________，因为________________。

假如我是一种食物，我希望是________，因为________________。

假如我是一种家具，我希望是________，因为________________。

假如我是一种乐器，我希望是________，因为________________。

假如我是一种游戏，我希望是________，因为________________。

假如我是一项记录，我希望是________，因为________________。

(2) 大家分享。

【思考、澄清、分享、巩固：战胜害羞心理】

害羞是一种人格特质，表现为在社交场合感到不自在、紧张，避免与他人接触，以及情感上的社会性抑制。害羞的人不敢与他人对视，当别人对他讲话时总是退缩，自己讲话的声音非常小，显得不愿与人交谈。你觉得自己有害羞心理吗？下面，请回答四个问题：

与陌生人讲话对你是一件很困难的事吗？

你在与人交往时是否感到自己缺乏自信？

你在社交场合是否觉得不自在？

在与一些不是亲密朋友的人在一起时，你是否觉得紧张？

如果你经常有上述感觉，那么就说明你可能有一定的害羞倾向。在大学生中，有50%的人报告自己有害羞心理。有轻度的害羞是正常的，但是重度的害羞则可能使人感到压抑、孤独、恐惧、焦虑和缺乏自尊。

1. 害羞是哪些因素造成的

从心里因素看，可能主要有三方面的问题。首先，害羞的人通常缺少社交技能，因此缺乏与人交往的能力。许多人之所以见人就害羞，只是因为他们没有学会遇到人时应该如何打招呼，或不知道如何主动与他人交谈，如何才能将谈话继续下去。其次，害羞的另一个原因是社交焦虑，即在他人面前有一种不安的感觉。我们每个人都会在某些特定的社交场合产生这种紧张情绪，比如，当你遇到一位对你很有吸引力的陌生人时，你也许不知说什么才好。这些都是评价恐惧的典型反应，即害怕自己因为表现得不恰当而受到别人嘲笑或反对，使自己处于尴尬境地，有害羞倾向者比一般人的评价恐惧更为强烈。第三个方面的问题是，害羞者头脑中的自挫偏见，特别是在他们的社交活动不顺利时，他们总是过分地责备自己。

从情境因素看，害羞心理通常是由新的、不熟悉的社会情境引起的。一个人在与家人或亲近的朋友相处时可能显得无拘无束，但一遇到陌生人就变得害羞。此外，人的害羞强度往往还与交往对象的社会地位、自己与他人的差异程度以及自己在社交中的位置等因素有关。比如，如果一个人要当着许多比自己社会地位或才学都高的人发表演讲时，一般都会感到害羞。

2. 如何克服害羞心理

要克服害羞心理，首先需要改变一些错误的想法。心理咨询专家发现，害羞的人通常会有些不现实的或自我挫败的信念，下面是一些害羞者的主观想法。

(1) 在一个社交场合中，如果我多等一会儿，应该有人来主动找我说话。(评论：这明显是一种对自己不敢主动与他人交谈的借口。如果两个人要交谈，总要有一个人表现得更主动一些，为什么你不能当这个主动者呢?)

(2) 有些人之所以能够更多地被邀请参加社交活动，只是因为他们的运气好。(评论：这是一个错误观念。有时，一个人能否被正式介绍给一些重要人物，确实要看机遇，但是大部分人是通过自己的努力而在社交活动中得到更多的机会的。他们总是更为积极地结识新朋友，花更多的时间与人相处，积极参加各种活动，邀请别人或主动与人交谈，因此，他们能够有更多的机会并不是单靠运气。)

(3) 不管到什么地方，我该认识的人就会和我交往，不该认识的人还是不认识。(评论：这是自己不去主动与人接触的另一个借口。事实上，如果你多参与一些社会活动，比如参加各种社团或团体的活动，你会得到更多的与人交往的机会。)

(4) 一些人看上去对我没有好感，他们肯定不喜欢我，即便我努力接触他们，他们还是不会喜欢我。(评论：这种想法一定会使你感到害羞，但这是完全没有道理的。如果一个人没有立即表示出对你的好感，并不代表一定不喜欢你。对一个人是否产生好感有时需要一段时间，并需要一些机去会发展这种感情。)

不合理想法不止这四种，还有很多类似的可能导致害羞的错误信念。现在，我们需要用下面这些积极信念来取代它们。

(1) 通过社交活动，我会渐渐变得积极主动。

(2) 人不能等到对自己完全感到放松和有把握时才主动与人交往，有时需要冒一点险。

(3) 我是什么样就是什么样，假装绅士或淑女只能让我感到更焦虑。

(4) 只要自己别太在乎他人的评价，就不怕人们对自己评头论足。

(5) 我可以给自己设立合理的目标，逐步掌握社交经验，提高社交技巧。

(6) 即使极富社交经验的人也不会每次都成功。因此，如果我在社交中遇到不顺利的情景，也不必过于自责。

要使自己在社交中能够不害羞，还需要掌握一些必要的社交技巧。学习社交技巧，需要不断练习，没有人天生就知道应该如何与人打交道，或如何主动与人谈话。练习的方式可以有多种，比如，准备一个录音机，录下你与他人的谈话，事后反复听你录下的谈话过程。这是一种有效方法，因为听录音可以使你了解到自己打断了别人的话、停顿、忽略了谈话中的线索以及表现出不感兴趣等问题，便于今后改进。还有一种方法，就是看着镜子练习与人交谈，通过“夸大”自己表情的方法，了解自己在表现惊讶、愉快、感兴趣或不喜欢时的样子。通过这些练习，许多人都学会了如何在交往中变得更积极主动，并掌握了表达自己的有效方式。

任务3　塑造健全人格

【情境任务描述】

小张是某高职院校一年级学生。因为身材矮小，相貌平平，内心有自卑感，所以小张希望自己成为英俊的大个子。他不允许别人因为身材看不起自己，要为矮个子正名，因此，他搜集过许多世界上矮小身材的伟人事迹，说明矮个子聪明，而大个子四肢发达、头脑简单等特点。他自恃聪明，固执己见，难以接受他人的意见。

他原来很崇拜父亲，热爱母亲，相信母亲。一次老师来家访，反映他在学校打坏玻璃，要赔偿之事，其母将此事告诉其父，他为此受到惩罚。于是，小张对母亲产生了强烈的报复心理。一次他告诉父亲，自己亲眼看见母亲与一位乡政府干部的不轨行为，由此导致父母离婚，家庭破裂。

父母离婚给家庭带来悲哀，他由不信任母亲、父亲，到不信任老师和同学，认为世界上没有可以相信的人，只能相信自己。他嫉妒同寝室其他五人经常在一起说笑及相互帮助，怀疑他们专门孤立自己。一天，天气很冷，他回寝室吃药、喝水，他认为他们五人组成了小集团而故意孤立他。为了报复他们，他将五个暖壶都打碎了。

【情境任务分析】

情境中的小张具有哪些个性特点？这些个性特点导致他的各种行为与一般人有什么不同？

【情境任务知识】

一、什么是人格

人格(personality)一词最初来源于拉丁文 persona(面具)，意指戏剧舞台上演员所戴的特殊面具，代表剧中人物的角色和身分。后来经过一系列的演变，这个非常具体的名词变成了一个意义很多的名词。各个学科从不同的研究角度，赋予人格以不同的概念规定。例如，在日常生活中我们经常这样使用“人格”这个词:“他具有高尚的人格”、“他出卖了自己的人格”、“他具有健全的人格”……人格一词包含了法律、道德、心理、社会、哲学等方面的涵义。

那么，究竟在心理学中人格的准确含义是什么呢？心理学认为，所谓人格，就是人的个性，是个体在遗传的基础上，通过与后天环境的相互作用而形成的相对稳定和独特的心理行为模式，是人的心理倾向、心理特征、心理状态以及心理过程的特点等多层次有机结合所构成的整体。简单地说，人的心理特征犹如人的面貌一样，是千差万别、各不相同的。正如世界上找不到两片完全一样的树叶，世界上也没有完全相同的两个人。人的心理上的差异性称做个性或人格，它是一个人身上表现出来的本质的、经常的、稳定的心理特征总和。

二、人格的特性

(一) 人格的独特性

个体的人格是在遗传、环境、教育等先、后天因素的交互作用下形成的。不同的遗传、生存和教育环境，形成了个体独特的心理特点。人与人没有完全一样的人格特点，即使是双胞胎，他们的人格也不相同，因此我们每个人都是独一无二的，因此说人格无法克隆，这就是人格的独特性。

(二) 人格的稳定性

由各种心理特征构成的人格结构是比较稳定的，它对人的行为的影响是一生的，不受时间和地点的限制，这就是人格的稳定性。那些在个体行为中偶然表现出来的，属于一时性的心理特征不能称其为人格特征。例如，性格内向的人因为喝多了酒比较兴奋，一时话多了点，这并不说明这个人具有外向健谈的个性特点。所谓“江山易改，本性难移”就是说人格具有稳定性。但是，人格的稳定性并不是说它不会发生改变，实际上人格是一个不断成长变化的过程。随着社会生活条件的变化和人的发育成熟，特别是个人重大的生活经历，人格特点也会发生或多或少的改变。

(三) 人格的整体性

所谓人格的整体性，是指包含在人格中的各种心理特征不是孤立的，而是相互作用构成的一个有机整体。人在认识世界、适应世界和改造世界的过程中，是以人的整体行为活动为反应的，即人格的所有成分都在同时起作用，而且彼此之间是有机地联系在一起的。例如，一个人在完成某项工作任务时，不仅可以表现出思维的快慢、能力的强弱、处事果断或谨慎、性情急躁或冷静，同时也可以表现出他的成就动机、工作态度和整个精神面貌。由此可知，在一个具体的、活生生的人身上，任何孤立的人格成分都是不存在的。当一个人的人格结构在各方面彼此和谐一致时，他的人格就是健康的。否则，会出现适应的困难，甚至出现“人格分裂”。

(四) 人格的功能性

外界环境的刺激是通过人格的中介才起作用的，因而一个人的行为总会打上自己人格的烙印。同样面对挫折与失败，个性坚强的人会坚持不懈、发奋图强，而个性懦弱的人则变得消极沮丧、一厥不振。所以人格能够决定一个人的生活、工作和交往方式，甚至可以决定一个人一生的成败得失，即所谓的“性格决定命运。”当人格具有功能性时，表现为健康而有力，支配着一个人的生活与成败；而当人格功能失调时，就会表现出软弱、无力、失控，甚至变态。

三、大学生健全人格的培养与塑造

健全的人格是大学生心理健康的基础。虽然在人格形成和发展过程中，每个人都受到遗传和环境的制约，但不可忽视个体对人格自我塑造的积极作用。对大学生来说，了解什么是健全的人格，怎样才能拥有健全人格是非常重要的。

(一) 健全人格的标准

健全人格是指各种良好的人格特征在个体身上的集中体现。健全人格的理想标准就是人格的生理、心理、社会、道德和审美各要素完美的统一、平衡、协调。具体有以下几个方面的标准。

1. 和谐的人际关系

人际关系最能体现一个人人格健全的程度。人格健全的人乐于与他人交往，并与他人建立良好的关系，与人相处时尊敬、信任等正面态度多于嫉妒、怀疑等消极态度；常常以诚恳、公平、谦虚、宽容的态度尊重他人，同时也受到他人的尊重与接纳；具有良好的社会适应能力，能够和社会保持良好密切的接触，以一种开放的态度主动关心社会、了解社会，观察所接触的各种事物和现象，看到社会发展的积极面和主流，在认识社会的同时使自己的思想、行为跟上时代的发展，与社会的要求相符合，表现出能很快适应新的环境。

2. 正确的自我意识

具有健全人格的人对自己有恰如其分的评价，充满自信，扬长避短，在日常生活中能有效地调节自己的行为，使之与环境保持平衡。缺乏正确自我意识的人常常表现出自我冲突、自我矛盾，或者自视清高、妄自尊大，做力所不能及的工作，或者自轻自贱、妄自菲薄，甘愿放弃一切可以努力的机遇。拥有健全人格的人心胸往往比较开阔，善解人意，尊重自己也尊重别人，对不同的人际交往对象都表现出合适的态度，既不狂妄自大，也不妄自菲薄。其观点、行为、情绪反应与周围人协调一致，在人际交往中具有吸引力。

3. 乐观的生活态度

积极的人生态度是人类在社会实践中获得的本质力量的表现。乐观的人常常看到生活的光明面，对前途充满希望和信心，对自己所从事的工作或学习抱有浓厚的兴趣，能够发挥自身的智慧和能力，即使在遇到困难和挫折时，也能不畏艰险、勇于拼搏。大学生的主要任务是学习，因而对学习的兴趣可以反映出对生活的基本倾向。人格健全的大学生对学习怀有浓厚的兴趣，表现出观察敏锐、注意力集中、想象力丰富、充满信心、勇于克服困难，通过刻苦、严谨的学习过程，获得学习的满足感和成就感。人格健全的人对未来的成就充满希望，这种成就动机和能力相结合，就引发出巨大的创造力，而这种创造力会激发兴趣、维持动机，从而形成良性循环。

4. 良好的调控能力

人格健全的人有积极健康的人生态度和正确的价值观，需求合理，言行一致，自信并善于运用信心，能自我控制，调节好内心世界与外部世界的关系，保持内心世界和谐一致，这是人格内在统一性的表现。情绪标志着人格的成熟程度，人格健全的人情绪反应适当，具有调节和控制情绪的能力，经常保持愉快、满意开朗的心境，并富有幽默感，当消极情绪出现时能合情合理地宣泄、排解、转移和升华。

(二) 培养和塑造健全人格的途径和方法

人格是稳定的，也是可变的，大学生既可以积极自觉地培养良好的人格品质，也可以改变不良的人格品质，大学生要培养和塑造健全的人格，应从以下几个方面努力。

1. 正确认识自我，优化人格整合

改变自我和塑造自我是从正确认识自我开始的，大学生要有效地塑造和健全自己的人格，首先要深刻理解人格塑造的意义，充分了解自己的人格现状，明确规定人格塑造的目标、内容、途径和方法。人格塑造是为了人格优化，以达到人格的健全。人格优化包括人格品质的优化和人格结构的优化。人格塑造有两种基本方法，一是择优，二是淘汰。择优的方法就是选择某些良好的人格品质作为自己努力的目标，比如自信、开朗、勇敢、热情、勤奋、坚毅、善良、正直等人格特征常为人们所称颂，可作为人格塑造的依据。淘汰的方法就是针对自己人格上的缺点、弱点予以纠正，比如自卑、沉郁、胆小、冷漠、懒散、任性、粗心、急躁等。在多数情况下，择优与淘汰往往是一起进行的，择优的过程就是弥补不足的过程，而改正缺点亦是培养优点。

2. 培养良好性格，促进性格成熟

性格是人格的核心内容。性格的发展要先后经历童年的雏形阶段、青少年的成型阶段、成年的自我调节阶段才能逐步走向成熟。大学生应加强对自己性格的修养，加快性格的成熟，避免形成不良人格。

(1) 确立积极向上的人生观。人的性格归根到底还要受到世界观、人生观的制约与调节。青年人有了坚定的人生目标与生活信念，性格就会自然受到熏陶，表现出乐观、坦荡、自信等良好的性格特征。反之，如果失去了人生目标和生活的勇气，性格也会变得孤僻和古怪。

(2) 重视在实践中磨练性格。性格体现在行动中，也要通过实践、通过实际行动来塑造。实践应具有广泛性。学习实践、生产实践都可以磨练自己的性格。特别要注重在艰苦生活中培养一种乐观向上的精神，培养不怕困难、勇于斗争的生活品格，从而适应社会的需要。

(3) 重视环境对性格的影响。群体生活具有一种类化的作用，对人的性格会有深刻的影响，因此在正确的指导思想下，形成良好的群体风格，有助于人的良好性格的形成与发展，加速性格的强化与改造。所以说，群体是环境中最重要的载体，需要刻意加强群体建设。

3. 从小事做起，养成良好习惯

良好人格的形成和不良人格的改变是一个逐渐的过程，不能操之过急，应从大处着眼，小处着手，先养成习惯，再巩固成为稳定的人格。大学生培养良好习惯的过程，就是运用意志改正自己的缺点，把自己的理想、人生信念、信仰付之于行动的过程，同时也是自我磨砺的过程。良好的品质，是长期坚持和反复锻炼的结果。强调知行合一，从小事做起，是培养良好习惯、塑造健全人格的基本途径。为此，每一位大学生都要重视自己在日常生活中的行为细节，把各种健康积极的行为训练成为自己的良好习惯，再把各种良好的行为习惯巩固沉淀成为自己的健全人格。

【情境任务训练】

一、测测你的人格类型——MBTI 职业性格测试

MBTI 人格理论的基础是著名心理学家卡尔·荣格先生关于心理类型的划分，后经一对母女 Katharine Cook Briggs 与 Isabel Briggs Myers 研究并加以发展。这种理论可以帮助解释为什么不同的人对不同的事物感兴趣、擅长不同的工作，并且有时不能互相理解。这个工具已经在世界上运用了将近 30 年的时间，夫妻利用它增进融洽，老师学生利用它提高学习、授课效率，青年人利用它选择职业，组织利用它改善人际关系、团队沟通、组织建设、组织诊断等多个方面。在世界五百强企业中，有 80%的企业有 MBTI 的应用经验。

(一) MBTI 测试前须知

(1) 参加测试的人员请务必诚实、独立地回答问题，只有如此，才能得到有效的结果。

(2) 《性格分析报告》展示的是你的性格倾向，而不是你的知识、技能、经验。

(3) MBTI 提供的性格类型描述仅供测试者确定自己的性格类型之用，性格类型没有好坏，只有不同。每一种性格特征都有其价值和优点，也有缺点和需要注意的地方。清楚地了解自己性格的优、劣势，有利于更好地发挥自己的特长，而尽可能地在为人处事中避免自己性格中的劣势，更好地和他人相处，更好地作重要的决策。

(4) 本测试分为四部分，共 93 题；需时约 18 分钟。所有题目没有对错之分，请根据

自己的实际情况选择。将你选择的 A 或 B 所在的 ○涂黑，例如：●。

只要你是认真、真实地填写了测试问卷，那么通常情况下你都能得到一个确实和你的性格相匹配的类型。希望你能从中或多或少地获得一些有益的信息。

(二) 测试题目

1. 哪一个答案最能贴切地描绘你一般的感受或行为？

<table>
<tr><th>序号</th><th>问 题 描 述</th><th>选项</th><th>E</th><th>I</th><th>S</th><th>N</th><th>T</th><th>F</th><th>J</th><th>P</th></tr>
<tr><td rowspan="2">1</td><td rowspan="2">当你要外出一整天，你会
A. 计划你要做什么和在什么时候做
B. 说去就去</td><td>A</td><td></td><td></td><td></td><td></td><td></td><td></td><td>○</td><td></td></tr>
<tr><td>B</td><td></td><td></td><td></td><td></td><td></td><td></td><td></td><td>○</td></tr>
<tr><td rowspan="2">2</td><td rowspan="2">你认为自己是一个
A. 较为随兴所至的人　B. 较为有条理的人</td><td>A</td><td></td><td></td><td></td><td></td><td></td><td></td><td></td><td>○</td></tr>
<tr><td>B</td><td></td><td></td><td></td><td></td><td></td><td></td><td>○</td><td></td></tr>
<tr><td rowspan="2">3</td><td rowspan="2">假如你是一位老师，你会选教
A. 以事实为主的课程　B. 涉及理论的课程</td><td>A</td><td></td><td></td><td>○</td><td></td><td></td><td></td><td></td><td></td></tr>
<tr><td>B</td><td></td><td></td><td></td><td>○</td><td></td><td></td><td></td><td></td></tr>
<tr><td rowspan="2">4</td><td rowspan="2">你通常
A. 与人容易混熟　B. 比较沉静或矜持</td><td>A</td><td>○</td><td></td><td></td><td></td><td></td><td></td><td></td><td></td></tr>
<tr><td>B</td><td></td><td>○</td><td></td><td></td><td></td><td></td><td></td><td></td></tr>
<tr><td rowspan="2">5</td><td rowspan="2">一般来说，你和哪些人比较合得来?
A. 富于想象力的人　B. 现实的人</td><td>A</td><td></td><td></td><td></td><td>○</td><td></td><td></td><td></td><td></td></tr>
<tr><td>B</td><td></td><td></td><td>○</td><td></td><td></td><td></td><td></td><td></td></tr>
<tr><td rowspan="2">6</td><td rowspan="2">你是否经常让
A. 你的情感支配你的理智　B. 你的理智主宰你的情感</td><td>A</td><td></td><td></td><td></td><td></td><td></td><td>○</td><td></td><td></td></tr>
<tr><td>B</td><td></td><td></td><td></td><td></td><td>○</td><td></td><td></td><td></td></tr>
<tr><td rowspan="2">7</td><td rowspan="2">处理许多事情上，你会喜欢
A. 凭兴所至行事　B. 按照计划行事</td><td>A</td><td></td><td></td><td></td><td></td><td></td><td></td><td></td><td>○</td></tr>
<tr><td>B</td><td></td><td></td><td></td><td></td><td></td><td></td><td>○</td><td></td></tr>
<tr><td rowspan="2">8</td><td rowspan="2">你是否
A. 容易让人了解，或是　B. 难以让人了解</td><td>A</td><td>○</td><td></td><td></td><td></td><td></td><td></td><td></td><td></td></tr>
<tr><td>B</td><td></td><td>○</td><td></td><td></td><td></td><td></td><td></td><td></td></tr>
<tr><td rowspan="2">9</td><td rowspan="2">按照程序表做事
A. 合你心意　B. 令你感到束缚</td><td>A</td><td></td><td></td><td></td><td></td><td></td><td></td><td>○</td><td></td></tr>
<tr><td>B</td><td></td><td></td><td></td><td></td><td></td><td></td><td></td><td>○</td></tr>
<tr><td rowspan="2">10</td><td rowspan="2">当你有一份特别的任务，你会喜欢
A 开始前小心组织计划　B. 边做边找须做什么</td><td>A</td><td></td><td></td><td></td><td></td><td></td><td></td><td>○</td><td></td></tr>
<tr><td>B</td><td></td><td></td><td></td><td></td><td></td><td></td><td></td><td>○</td></tr>
<tr><td rowspan="2">11</td><td rowspan="2">在大多数情况下，你会选择
A. 顺其自然　B. 按程序表做事</td><td>A</td><td></td><td></td><td></td><td></td><td></td><td></td><td></td><td>○</td></tr>
<tr><td>B</td><td></td><td></td><td></td><td></td><td></td><td></td><td>○</td><td></td></tr>
<tr><td rowspan="2">12</td><td rowspan="2">大多数人会说你是一个
A. 重视自我隐私的人　B. 非常坦率开放的人</td><td>A</td><td></td><td>○</td><td></td><td></td><td></td><td></td><td></td><td></td></tr>
<tr><td>B</td><td>○</td><td></td><td></td><td></td><td></td><td></td><td></td><td></td></tr>
<tr><td rowspan="2">13</td><td rowspan="2">你宁愿被人认为是一个
A. 实事求是的人　B. 机灵的人</td><td>A</td><td></td><td></td><td>○</td><td></td><td></td><td></td><td></td><td></td></tr>
<tr><td>B</td><td></td><td></td><td></td><td>○</td><td></td><td></td><td></td><td></td></tr>
<tr><td rowspan="2">14</td><td rowspan="2">在一大群人当中，通常是
A. 你介绍大家认识　B. 别人介绍你</td><td>A</td><td>○</td><td></td><td></td><td></td><td></td><td></td><td></td><td></td></tr>
<tr><td>B</td><td></td><td>○</td><td></td><td></td><td></td><td></td><td></td><td></td></tr>
<tr><td rowspan="2">15</td><td rowspan="2">你会跟哪些人做朋友?
A. 常提出新注意的　B. 脚踏实地的</td><td>A</td><td></td><td></td><td></td><td>○</td><td></td><td></td><td></td><td></td></tr>
<tr><td>B</td><td></td><td></td><td>○</td><td></td><td></td><td></td><td></td><td></td></tr>
</table>

续表

序号	问 题 描 述	选项	E	I	S	N	T	F	J	P
16	你倾向 A. 重视感情多于逻辑　　B. 重视逻辑多于感情	A						○		
		B					○			
17	你比较喜欢 A. 坐观事情发展才作计划　　B. 很早就作计划	A								○
		B							○	
18	你喜欢花很多的时间 A. 一个人独处　　B. 和别人在一起	A		○						
		B	○							
19	与很多人一起会 A. 令你活力培增　　B. 常常令你心力憔悴	A	○							
		B		○						
20	你比较喜欢 A. 很早便把约会、社交聚集等事情安排妥当， B. 无拘无束，看当时有什么好玩就做什么	A							○	
		B								○
21	计划一个旅程时，你较喜欢 A. 大部分的时间都是跟当天的感觉行事 B. 事先知道大部分的日子会做什么	A								○
		B							○	
22	在社交聚会中，你 A. 有时感到郁闷　　B. 常常乐在其中	A		○						
		B	○							
23	你通常 A. 和别人容易混熟　　B. 趋向自处一隅	A	○							
		B		○						
24	哪些人会更吸引你？ A. 一个思想敏捷及非常聪颖的人 B. 实事求是，具丰富常识的人	A				○				
		B			○					
25	在日常工作中，你会 A. 颇为喜欢处理迫使你分秒必争的突发 B. 通常预先计划，以免要在压力下工作	A								○
		B							○	
26	你认为别人一般 A. 要花很长时间才认识你　　B. 用很短的时间便认识你	A		○						
		B	○							

2. 在下列每一对词语中，哪一个词语更合你心意？请仔细想想这些词语的意义，而不要理会它们的字形或读音。

序号	问 题 描 述	选项	E	I	S	N	T	F	J	P
27	A. 注重隐私　　B. 坦率开放	A		○						
		B	○							
28	A. 预先安排的　　B. 无计划的	A							○	
		B								○
29	A. 抽象　　B. 具体	A				○				
		B			○					
30	A. 温柔　　B. 坚定	A						○		
		B					○			

续表一

序号	问 题 描 述	选项	E	I	S	N	T	F	J	P
31	A. 思考　B. 感受	A					○			
		B						○		
32	A. 事实　B. 意念	A			○					
		B				○				
33	A. 冲动　B. 决定	A								○
		B							○	
34	A. 热衷　B. 文静	A	○							
		B		○						
35	A. 文静　B. 外向	A		○						
		B	○							
36	A. 有系统　B. 随意	A							○	
		B								○
37	A. 理论　B. 肯定	A				○				
		B			○					
38	A. 敏感　B. 公正	A						○		
		B					○			
39	A. 令人信服　B. 感人的	A					○			
		B						○		
40	A. 声明　B. 概念	A			○					
		B				○				
41	A. 不受约束　B. 预先安排	A								○
		B							○	
42	A. 矜持　B. 健谈	A		○						
		B	○							
43	A. 有条不紊　B. 不拘小节	A							○	
		B								○
44	A. 意念　B. 实况	A				○				
		B			○					
45	A. 同情怜悯　B. 远见	A						○		
		B					○			
46	A. 利益　B. 祝福	A					○			
		B						○		
47	A. 务实的　B. 理论的	A			○					
		B				○				
48	A. 朋友不多　B. 朋友众多	A		○						
		B	○							

续表二

序号	问 题 描 述	选项	E	I	S	N	T	F	J	P
49	A. 有系统　　B. 即兴	A							○	
		B								○
50	A. 富想象的　B. 以事论事	A				○				
		B			○					
51	A. 亲切的　　B. 客观的	A						○		
		B					○			
52	A. 客观的　　B. 热情的	A					○			
		B						○		
53	A. 建造　　　B. 发明	A			○					
		B				○				
54	A. 文静　　　B. 爱合群	A		○						
		B	○							
55	A. 理论　　　B. 事实	A				○				
		B			○					
56	A. 富同情　　B. 合逻辑	A						○		
		B					○			
57	A. 具分析力　B. 多愁善感	A					○			
		B						○		
58	A. 合情合理　B. 令人着迷	A			○					
		B				○				

3. 哪一个答案最能贴切地描绘你一般的感受或行为。

序号	问 题 描 述	选项	E	I	S	N	T	F	J	P
59	当你要在一个星期内完成一个大项目，你在开始的时候会 A. 把要做的不同工作依次列出 B. 马上动工	A							○	
		B								○
60	在社交场合中，你经常会感到 A. 与某些人很难打开话匣儿和保持对话 B. 与多数人都能从容地长谈	A		○						
		B	○							
61	要做许多人也做的事，你比较喜欢 A. 按照一般认可的方法去做 B. 构想一个自己的想法	A			○					
		B				○				
62	你刚认识的朋友能否说出你的兴趣? A. 马上可以 B. 要待他们真正了解你之后才可以	A	○							
		B		○						

续表一

序号	问 题 描 述	选项	E	I	S	N	T	F	J	P
63	你通常较喜欢的科目是 A. 讲授概念和原则的 B. 讲授事实和数据的	A				○				
		B			○					
64	哪个是较高的赞誉，或称许为? A. 一贯感性的人　B. 一贯理性的人	A						○		
		B					○			
65	你认为按照程序表做事 A. 有时是需要的，但一般来说你不大喜欢这样做 B. 大多数情况下是有帮助而且是你喜欢做的	A								○
		B							○	
66	和一群人在一起，你通常会选 A. 跟你很熟悉的个别人谈话 B. 参与大伙的谈话	A		○						
		B	○							
67	在社交聚会上，你会 A. 是说话很多的一个 B. 让别人多说话	A	○							
		B		○						
68	把周末期间要完成的事列成清单，这个主意会 A. 合你意　B. 使你提不起劲	A							○	
		B								○
69	哪个是较高的赞誉，或称许为 A. 能干的　B. 富有同情心	A					○			
		B						○		
70	你通常喜欢 A. 事先安排你的社交约会 B. 随兴之所至做事	A							○	
		B								○
71	总的说来，要做一个大型作业时，你会选 A. 边做边想该做什么 B. 首先把工作按步细分	A								○
		B							○	
72	你能否滔滔不绝地与人聊天 A. 只限于跟你有共同兴趣的人 B. 几乎跟任何人都可以	A		○						
		B	○							
73	你会 A. 跟随一些证明有效的方法 B. 分析还有什么毛病，及针对尚未解决的难题	A			○					
		B				○				
74	为乐趣而阅读时，你会 A. 喜欢奇特或创新的表达方式 B. 喜欢作者直话直说	A				○				
		B			○					

续表二

序号	问 题 描 述	选项	E	I	S	N	T	F	J	P
75	你宁愿替哪一类上司(或者老师)工作? A. 天性淳良，但常常前后不一的 B. 言词尖锐但永远合乎逻辑的	A					○			
		B				○				
76	你做事多数是 A. 按当天心情去做 B. 照拟好的程序表去做	A								○
		B							○	
77	你是否 A. 可以和任何人按需求从容地交谈 B. 只是对某些人或在某种情况下才可以畅所欲言	A	○							
		B		○						
78	要作决定时，你认为比较重要的是 A. 据事实衡量 B. 考虑他人的感受和意见	A					○			
		B						○		

4. 在下列每一对词语中，哪一个词语更合你心意?

序号	问 题 描 述	选项	E	I	S	N	T	F	J	P
79	A. 想象的　　B. 真实的	A				○				
		B			○					
80	A. 仁慈慷慨的　　B. 意志坚定的	A						○		
		B					○			
81	A. 公正的　　B. 有关怀心的	A					○			
		B						○		
82	A. 制作　　B. 设计	A			○					
		B				○				
83	A. 可能性　　B. 必然性	A				○				
		B			○					
84	A. 温柔　　B. 力量	A						○		
		B					○			
85	A. 实际　　B. 多愁善感	A					○			
		B						○		
86	A. 制造　　B. 创造	A			○					
		B				○				
87	A. 新颖的　　B. 已知的	A				○				
		B			○					
88	A. 同情　　B. 分析	A						○		
		B					○			
89	A. 坚持已见　　B. 温柔有爱心	A					○			
		B						○		

续表二

序号	问 题 描 述	选项	E	I	S	N	T	F	J	P
90	A. 具体的　　　B. 抽象的	A			○					
		B				○				
91	A. 全心投入　　　B. 有决心的	A						○		
		B					○			
92	A. 能干　　　B. 仁慈	A					○			
		B						○		
93	A. 实际　　　B. 创新	A			○					
		B				○				
	每项总分									

(三) 评分规则

(1) 当你将○涂好，把 8 项(E、I、S、N、T、F、J、P)分别加起来，并将总和填在每项最下方的方格内。

(2) 请复查你的计算是否准确，然后将各项总分填在下面对应的方格内。

每项总分：

外向	E				I	内向
实感	S				N	直觉
思考	T				F	情感
判断	J				P	认知

(四) 确定类型的规则

(1) MBTI 以四个组别来评估你的性格类型倾向。

“E-I”、“S-N”、“T-F”和“J-P”。请你比较四个组别的得分。每个子别中，获得较高分数的那个类型，就是你的性格类型倾向。例如：你的得分是：E(外向)12 分，I(内向)9 分，那你的类型倾向便是 E(外向)了。

(2) 将代表获得较高分数类型的英文字母填在下方的方格内。如果在一个组别中，两个类型获同分，则依据下边表格中的规则来决定你的类型倾向。

评估类型：

同分处理规则：假如 E = I，请填上 I；假如 S = N，请填上 N；假如 T = F，请填上 F；假如 J = P，请填上 P。

(五) MBTI 十六种人格类型

1. ISTJ

详尽、精确、系统、勤劳，关注细节。致力于改善组织程序与过程，无论组织处在发展的顺境还是逆境，都对组织保持忠诚。

对组织的贡献：平稳地、按计划完成组织任务；重视细节并慎重处理；做事力尽完美，重信用，并具有坚持性；在组织里工作倍感舒适。

领导模式：以事实和经验做决定；建立可靠、稳定、持续的工作绩效；尊重传统和等级制度；奖励遵循规则完成任务的员工；关注组织的即时性和实际性需要。

学习模式：具体、有序的学习方式；对目前有实际应用的学习模式。

倾向性顺序：① 感觉；② 思维；③ 情感；④ 直觉。

解决问题模式：喜欢完全依据事实在逻辑框架里进行分析；为获得理想结果，需考虑对人们的影响，然后寻找更多的可能性和其他含义。

工作环境倾向性：喜欢与现实、工作努力、关注事实和结果的人共事；能长期提供安全性的环境；奖励稳步发展和按期完成任务的环境；使用系统性工作方法的环境；任务型定向和鼓励坚定意志的环境；提供安静、整齐设施的环境；环境中允许有不被打扰工作的个人空间。

潜在的缺点：因受惠于日常工作而忽视具有长远意义的目标；可能忽视人际交往的细节；工作方法刻板、不灵活，对变革较少持开放态度；期望他人和自己一样，同样注意细节和服从管理程序。

发展建议：除了关注现实问题，需关注更深远的、定向于未来的问题；需考虑人的因素，向他人表达其应得的赞赏；为避免陈规，尝试寻找新的选择；需培养耐心，应付那些需要用不同方式沟通或忽视规则和程序的人。

2. ISTP

注重实用性，尊重事实，寻求有利方法，具有现实性，只信服被论证的结果。喜欢独立工作，依靠逻辑和足智多谋解决即时出现的组织问题。

对组织的贡献：在需要的场合，是解决麻烦问题的能手；在感兴趣的领域里，能发挥行走的信息库的作用；能计算出克服障碍、完成任务最实际的途径；在危机中保持镇定，发挥安抚他人情绪的作用；在规划中增加其专业领域里的知识和技能。

领导模式：以身作则；一视同仁，尊重每个人的价值；面临麻烦时，采用最有利的方法做出快速反应；宽松管理员工，喜欢最少监督自己；采用明晰、理性的管理原则。

学习模式：生动性、娱乐性的学习模式；对有用的内容和有实际应用的学习内容感兴趣。

倾向性顺序：① 思维；② 感觉；③ 直觉；④ 情感。

问题解决模式：喜欢依据具体事实以自身具有的内部逻辑构建问题和解决问题；为获得理想结果，需要考虑其他可能性和对人们的影响。

工作环境倾向性：喜欢与行为定向、关注即时情境的人共事；计划定向和任务定向的环境；重视理性分析的环境；奖励对问题做出快速反应的环境；允许间接经验的环境；提供合适的工作自由度的环境；培养独立性和自主性的环境。

潜在的缺点：只关注对自身重要的事而对其他事漠不关心；在先前的努力获得成果前，缺少坚持性；努力不足，过度注重有利性而走捷径；犹豫不决，欠缺兴趣、活力、坚持性。

发展建议：需要增强开放性，关心他人，与他人共享信息；需发展坚持性，改变沟通模式；加强计划性，付出更多努力以获取想要的成功；需发展设置和保持目标的方法。

3. ESTP

行为定向型，讲究实效、足智多谋、注重现实，以最有效的途径解决问题。喜欢事件即时发生，然后在复杂的情境中找到解决问题的方法。

对组织的贡献：采用协商的方式使任务顺利完成；保持组织运作的活跃状态，促使变化发生；运用直接和现实的工作方式；评估风险；注意和记忆事实信息。

领导模式：对危机中的管理有充分准备；说服他人接受自己的观点；直率、自信的领导方式；按最有利的路径进行组织工作；重视行动和即时结果。

学习模式：主动型、间接经验型、尝试错误型的学习方式；实际型，注意力集中在即刻能应用的学习内容。

倾向性顺序：① 感觉；② 思维；③ 情感；④ 直觉。

问题解决模式：喜欢现实、具体地评估环境，然后用逻辑分析以后采取的步骤；为获得理想结果，会考虑对人们的影响，寻找其他可选择的可能性。

工作环境倾向性：喜欢与活泼、结果定向型、重视直接经验的人共事；有规则，但承认差异性的环境；环境中允许有开玩笑的时间；能提供灵活性的工作环境；技术型定向的环境，有最新的设备；身体感到舒适的环境；对即刻的需求能做出反应的环境。

潜在的缺点：当快速行为时，显得苛求、强硬、感觉迟钝；过分集中于即时行为，从而失去行为的更广阔、深远的意义；转移到下一个待解决的问题而不能坚持到底解决目前的问题；会被工作以外的活动吸引，如体育运动和其他娱乐活动。

发展建议：需抑制自己的任务型定向，分析他人的情绪感受；需在快速决定之前事先计划，考虑更多的因素；需完成眼前的任务；需以适当的观点看待工作和娱乐。

4. ESTJ

理智、善分析、果断、意志坚定，以系统化的方式组织具体事实。喜欢事先组织细节和操作程序与他人一起完成任务。

对组织的贡献：事先察觉、指出、修正不足之处；以逻辑的、客观的方式评论规划；组织规划、生产、人力要素，实现组织目标；监督工作以确保任务正确完成；以逐步进行的方式坚持到底。

领导模式：直接领导，快速管理；运用过去经验解决问题；直接、明确地识别问题的核心；决策和执行决策非常迅速；传统型领导，尊重组织内部的等级和组织获得的成就。

学习模式：积极主动型，学习间接经验，采用结构化的学习方式；实际型，关注他们能运用的学习内容。

倾向性顺序：① 思维；② 感觉；③ 直觉；④ 情感。

问题解决模式：喜欢根据相关的事实和细节进行逻辑分析，从而控制情境；为达到理想结果，会考虑更广阔的前景以及对人们和自己的影响。

工作环境倾向性：喜欢与努力工作、有坚定决心把工作做好的人共事；任务型定向的环境；有组织和组织结构的环境；有团队计划的环境；提供稳定性和预测性的环境；致力于绩效和生产性的环境；奖励完成目标的环境。

潜在的缺点：决策太迅速，也给他人施以同样的压力；不能察觉变革的需要，因为相信一切都在正常运作；在完成任务过程中，忽视人际间的小细节；长期忽视自己的感受和准则，可能会被自己的情感击跨。

发展建议：决策之前需考虑各种因素，包括人的因素；需要促使自己看到他人要求变革而获得的利益；需做特别的努力，学会赞赏别人；需从工作中抽点时间考虑和识别自己的情感和价值观。

5. ISFJ

仁慈、忠诚、体谅他人、善良，不怕麻烦帮助需要帮助的人。喜欢充当后盾，提供支持和鼓励。

对组织的贡献：考虑组织中每个人的实际需要；采用坚持到底的工作方式实现组织的目标；对细节和日常惯例非常耐心，甚至不辞辛苦，责任感强；付出努力自愿为他人提供服务；做事力求完美。

领导模式：开始可能不愿担任领导，但当需要承担领导任务时，会接受；希望自己和他人服从组织的需要；以个人的影响力作为后盾；认真遵守传统程序和规则；观察细节以获得现实的结果。

学习模式：花费充足的时间以结构化的方式安静地记忆材料；注重实用性，关注做什么可以为人们提供帮助。

倾向性顺序：① 感觉；② 情感；③ 思维；④ 直觉。

解决问题模式：喜欢完全依据事实，尤其是当应用于人和准则方面时；为获得理想结果，需退一步思考问题的逻辑，然后寻找更多的可能性和其他含义。

工作环境倾向性：喜欢与认真、从事组织性任务的人共事；能提供安全性和预测性的工作环境；组织结构明晰的环境；能保持安静、有一些个人空间的环境；做事坚持到底的环境；充满个人化、友好、体谅氛围的环境；服务型定向的环境。

潜在的缺点：过于谨慎小心，尤其是对待未来发展；向他人表明自己观点时，显得意志不太坚定；因安静、忘却自我的特性而低估自己；过度依赖自己的经验，不能根据环境和其他需要灵活调整。

发展建议：工作中需要估计风险，以积极、全面的观点看待未来；需发展更多的自信和直率；学会宣扬自己的成就；对其他形式的做事方式需保持开放态度。

6. ISFP

温和、体贴、灵活、具有开放性。富有同情心，尤其对那些需要帮助的人。喜欢在合作和充满和谐气氛的环境中工作，但常常是在完成他们自己任务的时候。

对组织的贡献：对组织中每个人的需要都做出反应；以实际行动保证他人获得福利；对自己的工作投进特别的热情和愉悦；因具有合作的天性，把人与任务很好地匹配起来；关注怎样对待员工。

领导模式：不喜欢担任领导，喜欢在团队中担任协调者的角色；用自己个人的忠诚激发他人工作的积极性；常常更多地采用表扬和支持的方式，较少批评他人；随环境所需而做调适；通过了解他人良好的意图温和地说服他人。

学习模式：安静地学习直接经验；学习实际的、能帮助他人的内容。

倾向性顺序：① 情感；② 感觉；③ 直觉；④ 思维。

问题解决模式：喜欢从实用的角度考虑对自己和他人真正重要的事物；为获得理想结果，需考虑其他人际关系和其他可能性，然后更客观地决定事情。

工作环境倾向性：喜欢与合作的、安静地享受工作愉悦感的人共事；允许有个人空间的工作环境；与致力于和谐相处的人共事；能提供灵活性和安全感的环境；有艺术感染力的环境；讲究礼貌的同事；追求实际效果的环境。

潜在的缺点：可能太信任他人，不愿持怀疑态度；为避免冲突而不批评他人；只关注眼前的损失；过度自我批评，容易受伤害。

发展建议：需发展以怀疑的态度分析他人提供的信息；需学会给他人负面反馈，处理好冲突；需发展更广阔、更朝向未来定向的观念；需对他人更果断，对自己有更多赞赏。

7. ESFP

友好、开朗，爱开玩笑，活泼，天性喜欢与他人相处。喜欢与其他活泼、快节奏的人一起工作，同时也会根据判断做出不同选择。

对组织的贡献：为组织创造具有活力、热情、合作的氛围；为组织提供积极发展的规划；具有行动力，营造热情、轻松的气氛；协调人、信息、资源的关系；以接纳和尊重他人的方式与人相处，温和宽容地对待他人。

领导模式：促进善意和合作的领导方式；喜欢从开头管理某个工程；消除紧张气氛，把人们带入轻松的情境里；关注、解决即时出现的问题；促进人际间有效的交流。

学习模式：利用充裕的时间通过讨论获取新知识；学习事实性的知识，搞清楚这些知识如何发挥作用。

倾向性顺序：① 感觉；② 情感；③ 思维；④ 直觉。

解决问题模式：喜欢对情境进行现实和具体的评估，尤其是对于人更是如此；为获得最佳结果，需增强客观性，从长远的眼光看待不同事物。

工作环境倾向性：喜欢与有活力的、轻松愉快、关注现实的人共事；活跃、行为定向的工作环境；培养快节奏做事的环境；有适应性强、喜爱自由的人的工作环境；强调和谐、友好、赞赏别人的环境；乐观的、注重交往的工作环境；有吸引力、丰富多彩的环境。

潜在的缺陷：为保持和谐，过度强调主观性论据；行动前不太考虑眼前的事实；可能花太多的时间在社会关系上而忽视任务本身；常常有始无终。

发展建议：为减少非个体性冲突，做决策时需理智分析决策的意义；进行管理工作前应事先制定计划；需平衡花费在任务和社会性交往上的时间；需致力于完成计划，对时间进行管理。

8. ESFJ

乐于助人，机智，富有同情心，注重秩序，把与他人相处和谐看得很重要，喜欢组织人们和制定计划完成眼前的任务。

对组织的贡献：服务型定向；密切关注组织中每个人的需要，并使他们满意；以及时、精确的工作方式完成任务；尊重规则和权威；有效处理日常管理任务。

领导模式：关心他人的领导方式；以良好的人际关系赢得合作；让人们活跃起来；承担繁重的工作，坚持到底；发扬组织的传统精神。

学习模式：系统性、参与性、个体性的学习方式，用较多时间讨论新知识；学习早已有实践应用的应用性材料。

倾向性顺序：① 情感；② 感觉；③ 直觉；④ 思维。

解决问题模式：喜欢考虑准则以及对人们的影响，也关注相关的事实和有用的细节；为获取理想结果，需识别其他人际关系，然后理智、冷静地分析；工作环境倾向性；喜欢与诚恳、具有合作性、乐于帮助他人的人共事；目标定向型的工作环境，提供有益的、合适的工作程序；奖励组织行为和个体工作绩效的环境；鼓励人际间友谊的工作环境；赞赏他人和开朗的工作氛围；培养人际间关心和敏感察觉他人需要的工作环境；关注事实和价值观的环境。

潜在的缺点：避免和回避冲突；因致力于令他人满意而忽略自己；提供自己认为是对组织和对他人最好的建议；不经常有时间客观地反思过去、展想未来。

发展建议：需学会注意差异性和处理冲突；需学会分离出自己的需要；需学会更客观地听取真正需要什么；做决策时，需考虑决策的理性、全局性的意义。

9. INFJ

有同情心和洞察力，温和地运用影响力。喜欢独立工作或与那些热衷于关注人们成长与发展问题的小群体共同工作。

对组织的贡献：提供服务于人类需要的远见卓识；恪守职责；完善、始终如一地工作；在感到静谧的时间段以集中精力提出具有创造性的观点；在人与工作间建立复杂的相互作用关系。

领导模式：以使个体和组织获得最大利益的远见从事领导工作；从合作中获益而非需要合作的形式；采取平稳、认真、持续性的行为过程实现战略目标；通过工作实现自己的理想和抱负；意志坚定地激发他人实现他们的理想。

学习模式：极具个体化和思考的学习方式；强调复杂、结构性的概念和关系的学习。

倾向性顺序：① 直觉；② 情感；③ 思考；④ 感觉。

解决问题模式：喜欢识别自己内在观点的可能性，尤其是与人和社会准则有关的问题；为成功实现目标，对定向未来的远见卓识的客观性和现实的细枝末节的问题同样重视。

工作环境倾向性：工作中有致力于把为人类创造未来作为理想的人；有表现创造性和展示自我价值机会的环境；环境中鼓励营造和谐气氛和体谅他人；有尊重他人需要的顺畅的管理机制；奖励个体的远见卓识；提供进行安静思考的时间和空间的工作环境；有组织、有计划的工作环境。

潜在的缺点：自己的远见被忽视和低估；面对批评不太坦率；因不太愿强迫别人而过度保守；仅从单一维度考虑他们认为对将来最有益的事。

发展建议：在提出自己的观点时，需发展政治领悟力和自主性的技能；需学会及时给他人建设性的反馈；需要不断征求他人的建议和获得他人反馈；需要以更放松和开放的态度面对现状。

10. INFP

具有开放性，是理想主义者，具有洞察力，灵活。希望自己的工作被认为是重要的。喜欢独立工作或在能发挥创造性的小团体里工作。

对组织的贡献：以自己的理想与他人沟通和说服他人；用组织共同的目标把人们团结起来；致力于为组织中的人们寻求匹配的岗位；为组织提供新的理念和各种发展的可能性；平稳地推进组织发展，建立组织的价值观。

领导模式：采用便利的领导方式；倾向发挥独特的领导能力而不是担当传统性的领导角色；独立工作；更可能表扬而不是批评他人；鼓励员工以行动实现理想。

学习模式：安静地专注于自己的兴趣，展示出丰富的想象力；灵活，专注于自己和他人的发展。

倾向性顺序：① 情感；② 直觉；③ 感觉；④ 思考。

解决问题模式：思考真正对他人和自己重要的问题，找出具有创造性的可能性；为获得最佳结果，注意收集事实资料以客观地做出决策。

工作环境倾向性：喜欢处在有重要价值观、令人愉悦、效忠组织的人们中；喜欢合作、轻松氛围的环境；允许个体性，也提供共同参与的环境；环境中提供灵活、有弹性的工作程序，最少的常规；非官僚主义的环境；安静的环境；有时间和空间进行思考的工作环境。

潜在的缺点：因完美倾向而延误完成任务；一次行为想令太多人满意；没有调整理想适合客观现实；思考多于行动。

发展建议：需要学会怎样工作而不是只注意寻求理想的反应；需要发展更坚强的意志，并愿意说“不”；需要用自己的准则分清事实和逻辑；需要建立和执行行动计划。

11. ENFP

热情，富有洞察力和创新性，多才多艺，不知疲倦地寻求新的希望和前景。喜欢在团队中工作，致力于从事能给人们带来更好的改变的事情。

对组织的贡献：能察觉改革的需要并发起变革；关注前景的发展，尤其是人们的未来发展；以富有感染力的热情激励和说服他人；把创造性和想象性体现在制定的计划和贯彻的行为中；欣赏和认同他人。

领导模式：富有活力、热情的领导方式；喜欢进行首创性管理；经常是重要事件的发言人；工作中提倡和支持人们的自主性；关注如何激励他人，如何鼓励他人付诸于行动。

学习模式：积极主动型、经验型、想象型；对学习内容感兴趣，不管它们是否有实际应用性。

倾向性顺序：① 直觉；② 情感；③ 思维；④ 感觉。

解决问题模式：喜欢根据自己的价值观和准则探索创造性发展的各种可能性和前景；为获得最佳结果，冷静理智分析，考虑相关的事实资料和各种细节。

工作环境倾向性：喜欢与想象力丰富、致力于人们未来发展的人共事；允许表现交际能力和智力才能的环境；爱好参与的氛围，与不同的人分享不同的观点；提供变化和具有挑战性的环境；鼓励提出观点和想法的环境；有弹性、自由度大、少限制的环境；气氛愉悦和随意的环境。

潜在的缺点：在没完成已经提出的计划之前又转移到新的想法和计划上；忽视相关的细节和事实资料；过分扩展，尝试做的事情太多；因寻求可能的最佳结果而拖延工作。

发展建议：需要根据重要性事先做好安排，先做最重要的，然后坚持到底；需要关注重要的细节；需要学会筛选任务，不要试图去做所有具有吸引力的任务；为达成目标，需使用制定计划和管理时间的技巧。

12. ENFJ

关注人际关系，理解、宽容和赞赏他人，是良好沟通的促进者。喜欢与他人一起工作，致力于完成与人们发展有关的各种任务。

对组织的贡献：有强烈的关于组织该如何对待人们的观念；喜欢领导和促进团队的建立；鼓励合作；传播组织的价值观和准则；致力于获得丰硕的组织成果。

领导模式：富于热情和赞扬他人的领导方式；以参与的态度管理员工和工作；满足员工的需要，努力使每个员工满意；促使组织的行为与组织的价值观一致；鼓励施行给人们带来利益的变革。

学习模式：在相互交流和合作中学习重要的内容；有良好结构的学习材料，在学习中能获得更多鼓励。

倾向性顺序：① 情感；② 直觉；③ 感觉；④ 思维。

解决问题模式：先判断发展计划是否能取得绩效和对人们的影响；为获得最佳结果注意更多事实资料，然后进行理智、冷静地分析。

喜欢的工作环境：喜欢与那些关注变革并通过变革改变人们的人共事；喜欢人际定向型和社会型的环境；鼓励支持和称赞他人的环境；富有同情精神和和睦气氛的环境；鼓励自我表现的环境；稳定而注重果断性的环境；注重反馈和秩序的环境。

潜在的缺点：可能会理想化他人，因而遭受他人表面忠诚的蒙蔽；可能回避有冲突的问题；因重视人际关系而忽视任务；过度自我批评。

发展建议：需要认识人们的局限性，捍卫真正的忠诚；需要学会建设性地处理冲突；需要学会同时关注任务中的细节问题和完成任务的人；需要认真听取客观的评价，少一些自我批评。

13. INTJ

独立而极具个性化，具有专一性和果断性，相信自己的眼光，漠视众人的怀疑。喜欢独自完成复杂的工程。

对组织的贡献：为组织提供理论观点和设计技术；把想法变成行动计划；为达成目标排除障碍；有强烈的关于组织应该成为怎样的组织的理念；促使组织中的每个人明白组织是由许多复杂、相互作用的部分组成的整体系统。

领导模式：促使自己和他人完成组织目标；坚定有力地贯彻、执行组织的理念；要求自己和他人具有顽强意志；构思、创造新的模型；必要时，意志坚定地重建整个组织系统。

学习模式：个性化、思考式学习方式，深入其感兴趣的领域；智慧型、理论型学习方式。

倾向性顺序：① 直觉；② 思维；③ 情感；④ 感觉。

解决问题模式：喜欢以其内在的认识制定战略、系统和结构，然后客观地做出决定；为获得最佳结果，会接纳他人和那些使自己的认识更加接近现实的细节资料。

工作环境倾向性：喜欢工作中有果断、理智接受挑战、致力于完成远期理念的人；工作环境允许思考的独立性和个体性；强调效率的环境；环境里有具有竞争力和创造性的人；鼓励和支持自主性的环境；提供创造机会的环境；任务定向型和重视详尽思考的环境。

潜在的缺点：可能显得强硬，他人不敢接近；长时间不告诉他人自己的想法，认为他人也和自己一样认同自己的想法；可能很难实际操作理想化的想法；过度关注任务而忽视他人的贡献。

发展建议：自己的个性化方式和想法可以征求他人的反馈和建议；与参与任务的人早一些沟通和讨论自己的想法和战略计划；当事实资料不支持自己的想法时，应面对现实；明确他人的贡献应受到鼓励和承认。

14. INTP

讲究合理性，喜欢理论和抽象的事物，好奇心重，更喜欢构建思想，不太关注环境和人。喜欢单独工作，强调对自己的观点和方法拥有最大的自主权。

对组织的贡献：为组织设计理性、复杂的系统；在处理错综复杂的问题中显示出其专业性；同时拥有理智的短期和长期目标；提供理智的、分析的、批评的思维方式；关注核心问题。

领导模式：在概念上分析问题和目标；提供逻辑思维模式；追求自主性的同时，也关注他人独立的领导模式；依据他人的专业知识而非职位与其交往；追求与他人智慧上的交流而非情感交流。

学习模式：个体化学习方式，不设置开始与结束，只根据自己感兴趣的深度进行学习；广泛的、概念性的、能挑战智慧的学习方式。

倾向性顺序：① 思维；② 直觉；③ 感觉；④ 情感。

解决问题模式：在寻求各种可能的选择时，喜欢以自身内部的逻辑建构问题和解决问题；为获取最佳结果，需要同时关注现实状况和他人的需求。

工作环境倾向性：喜欢与独立的思考者、关注解决复杂问题的人共事；环境中允许个体有充足的时间和空间进行思考；能培养思维独立性和创造性的环境；能提供灵活的政策和程序的环境；安静、尽可能少开会的环境；非结构化和非官僚作风的环境；奖励自我决定的环境。

潜在的缺点：过于抽象，因而坚持下去不太符合现实需要；过于理性化，解释起来太理论化；过多注意团队中一些小的不一致的地方；可能以批评式分析的方式对待人们，行动不考虑个体感受。

发展建议：需要关注现实中的细节，确立完成任务的具体步骤；需要简单地陈述事实；为获得他人的合作，需要放弃细小的问题；需要更好地认识他人，更多地表达对他人的赞赏。

15. ENTP

富于创新，具有战略眼光，多才多艺，分析型思维，具有创业能力。喜欢与他人一起从事需要非凡智慧的创始性活动。

对组织的贡献：把限制看做是挑战加以排除；提供完成任务的新方法；把问题放在理论框架中进行考虑；提倡创新，激励他人创新；喜欢接受适应未来发展需要的复杂的挑战。

领导模式：制定理论体系满足组织的需要；鼓励他人的独立性；运用逻辑分析寻找变革的模式；对于自己想做的事使用强制性的理由；在人与组织之间扮演促进者的角色。

学习模式：主动、概念型的学习，喜欢由专家传授知识；接受挑战型，定向于未来的发展蓝图。

倾向性顺序：① 直觉；② 思维；③ 情感；④ 感觉。

解决问题模式：喜欢探索未来的前景和发展模式，理智地分析每一个正向和反向的结果；为获得最理想结果，关注人们的需要和相关的事实和细节。

工作环境倾向性：喜欢与独立的、按理论模型解决复杂问题的人共事；提供灵活性和挑战性的工作环境；变革型和非官僚作风的工作环境；拥有具有竞争力的个体的环境；奖励挑战风险行为的工作环境；鼓励行为自主性和自由性的环境；关注未来发展远景的工作环境。

潜在的缺点：过多依赖模型而忘记现实状况；因竞争心而不会赞赏他人的付出；因过分扩展自己而筋疲力尽；可能抵制正规的程序和准则。

发展建议：需要注意各个方面的因素和基本的事实；需要承认他人贡献的有效性；需要设立现实性的开始与结束的期限，知道何时该结束；需要学会怎样在组织里工作。

16. ENTJ

具有逻辑性、组织性、客观性、果断性。喜欢与他人一起工作，尤其是从事管理工作和制定战略计划时。

对组织的贡献：制定经过深思熟虑的组织计划；为组织建立组织结构；制定有远大目标的战略规划；快速管理，迅速解决需要解决的问题；即刻处理因混乱和效率低引起的问题。

领导模式：富有活力的行为定向型领导模式；为组织制定长远规划；必要时，采用直接的、强硬的管理方式；喜欢复杂问题并足智多谋地解决这些问题；尽可能多地参与组织管理。

学习模式：喜欢由专家传授知识；对挑战和问题抱开放态度。

倾向性顺序：① 思维；② 直觉；③ 感觉；④ 情感。

解决问题模式：根据内在理解进行逻辑分析从而控制局面；为获得理想结果，对事实资料进行现实性决策，同时考虑决策对人们和自己的影响。

工作环境倾向性；喜欢与结果定向型、独立的、有能力的、注重解决复杂问题的人共事；目标型定向的工作环境；有效率的组织系统和员工；工作环境中即刻奖励做出挑战努力的员工；奖励果断的人的环境；环境中有意志坚定的人；关注主要的组织计划。

潜在的缺点：关注任务而忽视人们的需要和对组织的贡献；忽略现实的考虑和对现实局限性的认识；决策太迅速，表现得缺乏耐心，盛气凌人；忽视和抑制自己和他人的情感。

发展建议：需要考虑人的因素，赞赏他人对组织的贡献；行动前先检查现实的、人力的、环境的资源是否可获得；决策前花些时间考虑和反思各个方面的因素；需要学会鉴别和重视自己和他人的情感。

二、案例讨论

张某，男，19 岁，某职业学院一年级学生。来到大学之后多次与周围的同学产生矛盾和冲突，最近甚至因一件小事而跟同学大打出手，并被学校处分。他自己为此深感烦恼，并来到心理咨询室向老师咨询求助。张某在与老师谈话中诉述：我这个人情绪控制能力比较差，脾气比较冲动，当有人顶撞我、冒犯我的时候，我就很容易生气，一生气我就无法控制自己的情绪和行为，从而犯下一些不该犯的错误。事后冷静下来，我也经常感到后悔、内疚和自责，并下决心一定要改掉自己的坏脾气，学会控制自己的情绪和行为。可是每当再次遇到事情，我又旧病复发，无法自控。我自己也不知道究竟是怎么回事！我现在感到非常苦恼，我担心再这样下去，以后再也没有人愿意跟我交往了。

讨论：案例中的张某出现什么问题？你认为问题的根源在哪里？要改变张某目前的这种状况，你有什么好的方法和建议？

【思考、澄清、分享、巩固：岁月沧桑所不能改变的是什么？】

也许你有过这样的体验：你和以前的老同学分开很长时间了，会有种冲动想去看看他们。久别重逢，你起初会对他们的某些变化感到惊讶，但不久你就发现，这些人真是“万变不离其宗”，一个个还都是当初那个样子。

美国心理学家丹尼斯·库恩这样描述：

我有一位老同学，名叫安妮，当初在班里，她是有名的“大嗓门”，也是个万事不愁的乐天派。但后来听说，她的生活很不顺利，先是与丈夫离婚，后来曾到一个富人家当佣人来维持生计。现在，她居然到了一个偏僻的林场当伐木工人。我去看她。在颠簸不平的乡间小路上，我一边开车，一边看着路边那些年久失修的房屋，心里想：安妮将如何在这种地方熬过即将到来的严冬呢？

我按地址找到了安妮的住处，那是一所古老破旧的农舍。车还未停稳，安妮就大叫着从房子里冲出来，我一下子感到，自己的担心是多余的，因为我看到的依旧是那个“大嗓门”，依旧是那个永远乐观的安妮！她曾是一个无忧无虑的学生，我本以为艰难困苦会使她发生某些变化，但安妮的本色没有改变。那些蹉跎岁月所未能使之改变的一些稳定的核心品质，心理学家称之为人格或个性。

有研究表明，人在 20 岁时人格的“模子”开始定型，到了 30 岁时便十分稳定。在 30 岁之后，一般不会再出现大的人格改变。有些人身上发生了人格变化，但那些大都是某种重大灾难或悲剧等特殊生活实践造成的。一般而言，人过了 30 岁以后，不论你迁居到一个新城市，还是改变了职业或找到新朋友，你的那些基本人格特点都不会改变，你在 30 岁时是什么样的人，到 60 岁时仍然会是什么样的人。

项目四　环境适应与挫折应对

【项目导言】

我们不可能改变世界，但是我们可以改变我们的观点，改变我们的生活习惯，去适应社会，在社会上得以生存。存在有个规律，那就是常说的“物竞天择，适者生存”。我们有什么理由不改变自己来适应社会的发展呢！这个道理很简单，就像自然天气的变化，下雨了，要打伞，天冷了，要添衣的道理一样，我们为了适应天气的变化而改变自己的生活习惯。所以，如果我们在生活中感到了不适应，不要抱怨或者试图改变世界，而是首先要改变自己，要努力地让自己适应环境，而不是让环境来适应自己，因为那是不可能的事情。

【学习目标】

➢ **知识目标**

(1) 理解社会适应的含义及心理过程和机制。

(2) 理解挫折的含义及其产生的过程、原因。

(3) 掌握应对挫折的防卫机制。

➢ **能力目标**

(1) 能良好应对在环境适应中出现的问题。

(2) 能合理地运用挫折防卫机制来应对挫折。

(3) 能战胜挫折，良好地适应各种环境的变化。

任务1　环境变化我不怕

【情境任务描述】

《孙子兵法》中说：“知己知彼，百战不殆。”为了更好地适应环境，必须对环境进行分析，通过外部分析弄清环境对自身发展的要求、影响及作用，对各种影响因素加以衡量、评估，并做出反应。请根据自己的职业目标对所处的家庭环境、社会环境和职业环境进行分析，并写出职业环境分析报告，以便步入社会后能够更好地适应环境。

【情境任务分析】

只有准确地对新环境进行分析，我们才能更好地适应社会环境的变化。职业环境的分析，旨在步入职场前，做好充足的准备，应对各种环境的变化，以期更好地适应社会。

【情境任务知识】

一、环境变化与人的应激反应

当人来到一个陌生的环境时，周围的一切对他来说都是不确定的。在这样的环境中，个体会感到不安，甚至恐惧。很多人都有这样的经验：初到一个新环境，总是不能很好地把注意力集中于当前应该做的事情上，而是要分很多心思去观察周围的环境，试图很快地了解环境、熟悉环境。个体为什么会有这种反应呢？我们知道，个体有很多种需要，其中包括安全需要。心理学家做过一个实验，他们把一个人头安放在一只猴子的身体上，然后把这个人头猴身的东西给猴子看，观察到猴子表现出强烈的退缩反应，并表现出强烈的不安。这说明，当动物遇到新异的、与自己以前见过的不一样的东西时，会感到不安。人也是如此，当一个很小的孩子来到一个陌生的环境，他(她)会不安、哭叫、退缩，甚至拒绝与他人交往。这说明，个体在幼小的时候对陌生的、新的环境会表现出不安与恐惧。那么，当个体长大后，是否就不再对新环境与怪异的刺激感到不安、紧张甚至恐惧了呢？不是。成年人也会对陌生环境表现出不安甚至恐惧，这是个体从种族发展继承下来的，是个体自我保护以及维持种族延续的本能。

对于环境适应来说，适应环境的学生对学习和生活充满快乐和幸福感；遇到困难时，能够泰然处之，发挥自己的能力解决它们；能把心理感受转化成动态行为，即主动地改变生存环境。正如外国心理学家拉萨拉斯认为，适应就是处理需要的过程，适应性强的人，能够随环境的变化而变化，从而改变旧的生活方式，根据新环境的要求调节需要，并且采取适当策略。

二、人们适应环境常见的方式

一个人到了一个新环境，就会想方设法去了解和熟悉那里的一切，从而尽快消除内心的不安全感、紧张感。常见的适应环境的方式有下面几种。

(一) 预先准备

如果人预先对某地方或某件事情进行了解，那么，当他来到这个地方，面对这件事情时，就不会感到太突然和太意外，也就不会产生过度的不安和焦虑。一个人、一个地方、一件事情对个体来说，愈熟悉就愈安全。个体之所以产生不安全感，甚至恐惧感，就在于对即将要去的地方、即将要见的人、即将面对的情景感到不了解、不熟悉。所以，当人们面对新环境时，可对它们预先作比较充分的了解。如果都了解得比较清楚的话，就感到心里有底，也就不会感到害怕了。常言道“有备无患”就是这个意思。

(二) 尽快了解新环境

个体到了一个新的地方，应当花费一定的时间和精力去尽快熟悉那里的一切情况，尤其要了解与自己密切相关的人和事。例如，当学生到一所新学校就读时，就应该了解那所学校的地址、历史、学校的领导机构、师资力量、学校的声望等各种情况。尤其要了解与自己关系密切的同学和教师的情况，还要了解学校教室的分布，图书馆的位置，就餐的地方，老师办公室的位置等。当学生对这些情况都有了较好的了解后，其心情就坦然了，就不会感到紧张不安了，也就不会感到害怕。

三、人际适应中的首因效应

首因效应是指一定条件下最先映入认知者视野中的信息在形成印象时占优势。人在认识事物时总是通过首因效应进行的，如两个互不相识的人初次接触，互相会根据对方在首次接触时的外貌、言行等形成某种印象，这种印象鲜明而强烈，对今后的交往影响重大，俗称“先入为主”。首因效应产生的根源在于人类知觉的恒常性，指人在认识事物时，当知觉的条件在一定范围内改变的时候，知觉的影像保持相对不变。如同一个挂钟，在不同的角度、距离、光线等条件下，我们会感受到不同的特点和形状，但是仍把它当作同一个挂钟。知觉的这种恒常性保证了人对事物相对稳定的认识，避免了对同一事物每次都把它看成是从未接触过的新鲜事物而每次都要去重新认识，它决定了人总是在已有知识及经验的基础上认识事物，总是按已有的印象解释事物当前的变化。对人与人之间的认识也是如此，人类知觉的恒常性使人们在已有的鲜明而强烈的首因效应基础上认识他人。

由于首因效应的客观存在，我们须遵循它的规律，在认识事物的过程中，能够意识到先入为主的作用，利用这一效应，在群体交往中营造良好的开端，促进人际的适应，为建设良好的集体打下基础。

四、环境适应能力与思维定势

我们以往的生活经验会形成固有的解决问题的模式，一般情况下，个体倾向于用原有的模式解决问题。当个体运用现成的方式能够解决当前的问题时，个体的内心就获得平衡，感到安宁。下一次个体就会再用这种方式。反之，当个体处于新的环境，面临新情况时，不能再用现成的方式解决当前的问题，其内心的平衡就被打破了，就会产生不安全的感觉，引起紧张焦虑，甚至恐惧。对新环境的适应，需要一个建立新的平衡调节过程。

五、适应能力的基本心理素质

适应能力一是对新情况或复杂情况能够迅速做出正确反应的能力，主要表现为分析问题和做出正确判断的能力，特别是运用辩证思维的方法去分析问题和做出判断的能力。二是对自己进行全面、客观评价的能力，以及在此基础上所形成的积极的自我观念。三是积极的生活态度和明确的生活目标，包括远大的理想和坚定的信念，同时还要有积极的自我体验，做到自尊、自爱，对自己始终充满自信。四是良好的性格特征，特别是意志品质方面的特征。比如坚韧、顽强、果断和较强的自制力，较强的竞争意识和好胜心，对人、对事宽容的态度与豁达的胸怀等。五是自我监控的意识和自我调节的能力，特别是自省、自察和自我审视的意识，以及自我调节与自我控制的能力。这是同全部适应过程都有关联的心理素质，也是决定一个人心理适应水平的关键。

六、大学生适应不良的表现及成因

（一）生活环境不适导致压力过大

陌生的生活环境如生活习惯、气候等方面的差异会给新同学的生活带来许多不便，容易造成部分学生的环境应激。如果他们不能在短期内顺利适应，便会影响其正常的学习、睡眠等活动，从而形成心理问题。另外，随着学生家庭经济情况的改善，大学女生攀比衣着打扮，大学男生抽烟饮酒，同学之间过生日以及郊游等消费逐渐上涨，已经成为当前高等学校值得重视的问题。这种情况对于部分家庭经济能力有限而又爱面子、讲虚荣的大学生也会造成心理问题，如严重的自卑、忧虑、紧张等精神压力，甚至还会引发违法行为。

(二) 理想与现实差异导致失望迷惘

中学阶段为了升入理想的高校而努力学习，虽身心疲惫但目标十分明确。进入大学后，原来的的理想实现了，而新的目标和动力尚未找到，所以，大学生活反倒显得失落和茫然。加上多数学生高考填的志愿多半不切实际，导致近半数的大一新生认为自己“缺乏生活目标，从而得过且过”，“学习上提不起兴趣，考试 pass(及格、过关)即可”。在高层次目标尚未建立之前常出现情绪低落、彷徨迷失的现象在大一新生中并不鲜见。

(三) 自我地位改变导致评价失调

经过高考拼杀的大学新生，带着良好的自我感觉进入大学校园之后，突然发现自己只不过是大学生中普通的一员。在强手如林的新的班集体里，面对新一轮的排列组合，昔日那种“鹤立鸡群”的优越感已荡然无存，无形中会在一些大学新生的心理上产生一种失落感。同时，高考过后，大家从埋头学习中抬起头来，第一次有机会能够看清彼此，才猛然发现自己和他人之间原来除了学习成绩外，还有其他许多方面的差距。在知识、才艺、人际关系、家庭背景乃至身体容貌等方面己不如人的地方很多。特别是来自农村、山区和贫困地区的学生，或因为家庭经济困难，或因为服饰落伍，或因为浓重的乡音，或因为孤陋寡闻，方方面面难免有使人相形见绌的感觉，总感到“见人矮三分”，于是沉默寡言、内向孤僻。在某些学生身上就容易产生自我认识和自我价值感方面的困惑。

(四) 学习方法不适导致困惑迷茫

对于大一新生来说，尤其突出的矛盾是由应试教育造成的不良学习习惯无法适应大学的教学。没有了中学老师那样的反复讲解与督促，许多大学新生面对知识的海洋，不知从何学起，难免会产生困惑、迷茫和无所适从的感觉。因此，及时解决学什么、怎么学和如何安排学习时间的问题，是大学生尽快适应大学学习生活的关键。也有一些大学新生在学习上有一种“船到码头车到站”的松劲心理，学习动机的强度发生落差，没有正确的学习目标，缺乏较强的学习动力与意志，于是不思进取，得过且过。

(五) 人际适应不良导致孤独压抑

不知如何与来自不同家庭、不同社会背景的人相处，是一些大学新生人际交往障碍的主要表现，由此而引发的人际矛盾和心理不适，往往给一些大学新生带来许多烦恼。这在大学生的心理问题中占很高的比例。如有的学生与同寝室的同学长期关系冷漠，稍有不和便恶语相加；有的学生不愿与人交往，也很少参加集体活动，缺少朋友，对外界很少关心，经常把自己封闭在狭小的天地中；还有的学生奉行“我行我素”的处世原则，过分关注自我，注重自我在人际交往中的地位，过多考虑自己的需要，而忽视他人的需要和存在，对别人缺乏关心和谅解，导致了人际交往中的自命不凡和过于敏感挑剔；还有不少新生不能适应新的师生关系；有些同学不知如何处理与异性的关系，有的新生受习惯心理影响，对男女交往过分敏感，从而使正常的异性交往不能自然进行，甚至相互隔离。也有的同学过快地将同学关系发展成恋爱关系，过早地沉溺于“两人世界”。也有的陷入单相思而不能自拔，由此而产生情感冲突。这些学生大都会出现因人际关系失调造成的焦虑不安、心慌意乱、孤单失落、寂寞失眠、注意力分散，甚至社交恐惧等症状。

上述种种心理问题常常使人的能力受到抑制，养成很多不良的行为和习惯。例如，注意力不集中，记忆力下降，交往能力受到限制等。除此而外，还会使人的生理功能发生障碍，如头痛、头昏、消化功能紊乱等，严重地妨碍个人身心健康发展。

七、大学生适应障碍的调适策略

每个人都希望自己的才能得到发展，每个人都希望生命的航船能勇敢地冲破自己内心世界和外部环境的种种风浪险阻，坚定地驶向胜利的彼岸。那么，谁是驾驶你生命之舟的智勇舵手?不是别人，正是你自己。学会调节和控制自己的心理和行为，学会积极主动地适应现实环境，你就能发展自己、获得成长。

(一) 正视现实，提高自立和自理能力

作为大学生，只有解放思想，实事求是，与时俱进，勇于实践，才能适应不断变化着的客观环境，才能在复杂多变的自然环境和社会环境中健康地生活和积极地发展。每一个人都不可能处处、时时、事事顺心如意。大学生同样处于这个客观规律的控制之中，同样需要正视现实，适应环境。

首先， 需要及时了解、认识大学这个新环境，正确认识和评价自己对大学的理想化倾向，主动摆正自己和环境之间的关系。其次，要尽快在心理上和行为上改变过去对父母过分依赖的倾向，在实践的一时一事中有意体验生活的充实和事业的成功，努力使自己变得自信、自立、自强。第三，要以积极的态度和行动克服生活习惯上的不适应等问题。解决这些问题的方法很多，最重要的是要用心理学的方法进行自我调节，使自己保持情绪的相对稳定，心平气和地与环境中各种相关因素打交道，有了不良情绪及时地加以消除，如此坚持不懈，任何困难都能被战胜。

(二) 合理规划目标

无论工作、学习、生活，要想有好的结果，必须规划好目标。很多适应困难都与目标确定不当有关。确立目标首先应当根据社会发展和自我发展的需要，为自己制定一个远期目标。还要制定一个为实现远期目标所设立的近期目标，即短期内立即要做的事，这样的事要一件一件地做，并以此一步步地接近并最终达到远期目标。目标的制定要依据自己的个性特点、能力以及客观所提供的条件，盲目地追随别人或社会时尚，不但不会获得成功，还会影响心理的平衡。其次，还应该随时根据已经变化了的情况及时做出调整，以免目标脱离实际而不能实现。只要我们能确立一个合适的目标，就会有行动的方向和动力，就会充满信心和活力，就能如愿地实现自己的目标和理想。这样，你才能体会大学生活和学习中的成就感和充实感。

(三) 学会与人沟通，建立良好的人际关系

人对环境的适应，主要是对人际关系的适应。有了良好的人际关系，人才有了支持力

量，有了归属感和安全感，心情才能愉快。人际间良好关系的建立离不开良好的人际沟通，良好的人际沟通是开启人与人之间心灵沟通的钥匙，是化解人们之间误解和冲突的宝剑，是增进人与人之间感情的润滑剂。尊重、理解和信任他人是建立良好人际关系的基石，只有建立在尊重、理解和信任他人的基础上，人际关系才能纯洁、长久和有活力。人际交往要心理相容。每个人的长处、短处各不相同，本着“求大同存小异”的原则，学习别人的优点，包容别人的缺点，你就会得到很多的朋友。尽管现在社会竞争激烈，利益冲突增多。然而，无论什么时候，那些不过分计较自己，多为别人着想的人，总会受到大家的尊重和喜爱。

作为学生，应学会多渠道主动与老师交流和合作。首先要理解老师的多种角色，有的老师不仅是老师，而且是领导，还是科研工作者。因此，他们的时间非常宝贵，所以如果你不能主动与大学老师沟通和交流，老师可能以为你没有这样的需求。当然，与老师的沟通和交流有多种方式，不仅可以面对面地交流，而且可以通过网络、电话、书信等来交流。

(四) 正确调控自我

首先，要建立理性的认知方式。正确的认知是人适应与发展的前提和基础。人们对生活的不适应，大部分来源于对现实不合理的认知方式。例如，对自己、对别人以偏概全，对自己行为“糟糕之极”的悲观预期等。因此，大学生要培养自己的辨证思维方式，改变对自我、对他人、对社会的不恰当的认知。

其次，要适应角色要求。大学新生面临着多方面的变化，因此要了解客观的自己，了解自己的长处和缺点，要了解现在的社会和环境对自己的要求。这样做，就能使他人的“角色期望”与自己的“角色选择”一致，以便有效地控制和改变自己的态度与行为，以达到改善人际关系及提高工作和学习效率的目的，使现实的自己不断向理想的自己靠近。

第三，要有效控制情绪。情绪和情感是否良好，对人的意志、行为和个性心理等起着积极或消极的作用，同时它还主宰人的健康，影响人际关系，影响学习和工作，决定个人的成功与发展。大学生们面临着社会的巨大变革及环境和角色的改变，相应的情绪、情感难免产生，若不及时疏导、控制和调适，轻者会陷入情绪低落或淡漠之中，重者会产生恐惧、焦虑、烦躁等情绪障碍，进而影响个人的适应与发展。因此，大学生必须使自己保持积极、乐观、稳定的情绪。

(五) 积极行动

有的大学生认为自己不快乐或生活质量不高，一个很重要的原因就是他缺乏积极主动的行动。一切的幸福、充实与美好都与积极的行动有关。戴尔·卡耐基说得好：如果想要快乐，就为自己立一个目标，让它支配自己的思想，释放出自己的活力，并激发自己的希望。去做具体而明确的事，把自己全部心思和活力都放在其中，这就叫做积极行动。

积极行动可以摆脱由于环境不适应带来的孤独、苦闷、烦躁、恐惧和空虚。当你对环境不满意、不熟悉时，只要你积极行动，为集体、为他人多做些事情，你就会逐渐熟悉环境，别人也会从你的行动中了解你，你就会逐渐融于新的环境之中。当你全身心地投入到学习中去的时候，你就不会像往日那样去琢磨自己的心境。其实，很多烦恼都来自于自己的“冥思”。那些专心于自己事业的人们，那些辛勤劳动着的人们，根本没有功夫去“空虚”、“烦恼”和“失落”，这样那样的不适和疾病往往与他们无缘。即使面对严重的生活事件或心理应激，只要不放弃积极行动，必能以积极的态度去处理和应对，把损失或伤害降到最低限度。有一位失去爱女的父亲，在极度悲痛时接受心理医生的劝告，尽快去投入工作，在充实的生活中缓解严重的不良情绪，最终保持了身心的健康。而他的妻子则在持续而极度的痛苦中患上了癌症。所以，那些为活得太累而经常烦恼的人，应赶快行动起来，行动会带给你价值，行动会带给你心理的健康与欢乐。

作为大学生，积极行动意味着能积极投入到学习和学校各项活动中去，积极投入到社会的各项实践活动中去，在这些活动中提高自我选择、自我决断、自我管理的能力，提高处理各种复杂事物的工作能力，同时也提升自己的自信心，完善自己的人格。

(六) 学会正确使用心理自卫机制

正确运用心理自卫机制，可以化解由适应不良引起的心理不适。比如，运用“合理宣泄”把个人忧虑、烦恼和不平向自己信任的老师、同学、朋友宣泄一番，可能减轻心理压力。恰当的“自我安慰”可以缓解心理冲突。“转移”能使你避开引起自己不良情绪的人、事和环境，把情绪转移到新鲜的事情上。“升华”与补偿，是让自己的原有冲动和欲望导向更加合理的方面，使你奋发图强，创造人生新的价值。只要你相信，你是自己心理的主人，你就会成为自己的心理医生。

【情境任务训练】

一、“校园十景”评选

(一) 活动目的

增进学生对学校的了解，推动学生以美的角度观察自己学习生活的环境，使学生以更积极的态度融入学校。

(二) 活动时间

大约 45 分钟。

(三) 活动场地

室内。

(四) 活动道具

校园景色照片(学生课前准备)、“校园十景”推荐表。

(五) 活动流程

(1) 由教师介绍学校历史、学校的特色、曾经培养的杰出人才等。

(2) 鼓励学生增加对学校的了解，以美的角度观察自己学习生活的环境，并推荐“校园十景”。

(3) 发放“校园十景”推荐表，并由学生自己填写“十景”内容。

(4) 分组讨论及统计“推荐表”。

(5) 按统计结果，确定“校园十景”的最终名单。

(6) 给每一景命名。

(7) 最后确定“校园十景”及其具体名称。

二、时光倒流

(一) 活动目的

增进班级成员之间的了解，活跃团队气氛。

(二) 活动时间

大约 30 分钟。

(三) 活动场地

室内、外均可。

(四) 活动道具

要求学生活动前向长辈了解自己出生时的地点、出生体重及其他一些趣闻，带一张小时候的相片，并通过资料查询、了解当年当月当日世界上发生过什么事情。

(五) 活动流程

(1) 每位学生围圈而坐。

(2) 轮流发言，展示自己的相片，讲述自己出生的地点、出生体重、出生时的一些趣闻或当年当月当日世界上发生的事情，或在以往的生日里，自己有哪些美好的回忆。

(3) 分组分享感受与收获。

【思考、澄清、分享、巩固：人的生命就是不断地适应与再适应】

如果按照我们各自的性格、生活方式、追求目标和欣赏水平，对生活中的许多人和事会不大习惯，这其实是很正常的事，我们不必为此而烦恼。随着时间的推移，我们会由不习惯而渐渐习惯起来。

刚到一个新环境，人生地不熟，仿佛一切都与我们格格不入。但过不了多久，我们便会对许多事习以为常。一个聪明的人，首先是一个适应性很强的人，而不是企图改变环境和他人的人。人的生命就是不断地适应与再适应。许多人去西藏旅游，刚下飞机，因为高原缺氧而头晕头疼、恶心呕吐，但过不了几天，一切就正常了，因为他已经适应了这里的环境。因此，时间是最好的教练，教会我们适应一切环境的能力和本领。

但是，有些生活你永远也不会习惯，只要你活着，这样的日子还得一天一天地过下去，所以，你得学会克制，学会忍耐。你不习惯黑夜，但黑夜每天适时而来，你忍耐着，天就亮了；你不习惯寒冷的冬季，但冬季的脚步渐渐逼近，你忍耐着，那春天还会远吗？你不习惯有些人的处事态度，只要对你不造成危害，就没有必要斤斤计较，或是力图改变他，你只要敬而远之就行了；你不习惯现实社会的某些怪异现象，但你对此也无能为力，就没有必要愤愤不平，或是力图批判，只要不融入其中就行了。面对这个千奇百怪、错综复杂的世界，你就犹如沧海一粟、碧空一星、大地一草、沙丘一粒、实在太渺小、太微不足道了，你不能企图改变这个世界，这是连许多大人物、社会精英都无能为力的事；你不能与这个世界格格不入，这样别人会把你看成怪物，你也会无法生存；但也不能同流合污，这样你会觉得有辱自己，于心不忍。关键是要心静，要有好的心态，要有好的心理素质，做到自己心中有数，曲直是非尽在心中。冷眼笑看花开花落，坦然面对云卷云舒。

在杂乱中保持一份清静，在黑夜里点燃一盏明灯。莫管他人如何，首先要安排好自己的生活，这是你唯一能做的，也是你唯一能做到的和做好的。

任务2　勇敢战胜挫折

【情境任务描述】

这是一名大二女生的网上咨询信件：考试刚刚结束，我的心情很沉重，很难过，不知为什么很想哭，似乎觉得一切都和想象中的相差甚远，我甚至都不知找什么样的借口来安慰自己。我只想要我想得到的，可为什么觉得什么都没有得到。我的感觉很不好，我准备了很久也自认为还可以，可不知为什么我做题的时候状态很不佳，我似乎开始对自己怀疑了，而且很怀疑。一生从未有过的感觉，似乎一点都不自信，从未有过的感觉！我感觉生活没有一丝的惊奇，没有一丝的期望。只感觉一切都像死灰一般，没有一丝的生机。追求确实是一个过程，必须要有回报，的确失败是成功之母，可成功也是成功之母。如果没有一丝的成功怎么再来期望成功呢？怎么再有奋斗的动力？我不知道成绩的结果，但感觉告诉我没有达到我的目标，每当我有一丝的放松的时候，我都会受到惩罚。我不明白为什么？想想我的大学，恋爱失败、考试失利、评优受挫，我变得自卑、退缩，不敢相信自己了，我到底该怎么办？

【情境任务分析】

在你的印象中，都遇到过什么挫折？你是如何应对的？是否和案例中的主人公一样束手无策？

一个人能够把挫折转变成契机，他就会迈向成功。这个转变是痛苦的，也是快乐的。如果把挫折转变成止不住的眼泪，或者不断地抱怨和失望，他就会走向低谷。

【情境任务知识】

一、挫折及其产生过程

(一) 什么是挫折

所谓挫折，就是指人们在某种动机的推动下，在实现目标的活动过程中，遇到了无法克服或自以为无法克服的障碍和干扰，使其动机不能实现、需要不能满足、目标不能达成时，所产生的失望、不满意、沮丧等负面感受。如女大学生张某在求爱被拒绝后就产生了失眠、注意力不集中等紧张状态和懊悔、焦虑等情绪反应。

(二) 挫折产生的过程

挫折的产生与以下五个方面有关。其一是需要和由此产生的动机；其二是在动机驱使下有目的的行为；其三是使需要不能获得满足或目标不能实现的内外障碍或干扰的情境状态或情境条件，称为挫折情境，挫折情境可以是实际存在的，也可能是当事人想象中的；其四是对挫折情境的知觉、认识和评价，称为挫折认知，挫折认知既可以是对实际遇到的挫折情境的认知，也可以是对想象中可能出现的挫折情境的认知；其五是因受到挫折而产生的情绪和行为反应，称为挫折反应。

在以上五个方面中，挫折认知是产生挫折最重要的因素。因为只有在挫折情境被知觉后人们才会产生挫折感，否则，即使挫折情境实际存在，只要不被知觉，人们也不会有挫折感。所以，挫折感的实质是当事人的一种主观感受。当事人是否有挫折感和挫折反应的强弱，主要取决于当事人对挫折情境以及对自己的动机、目标与结果之间关系的知觉、认识和评价。不同的人，需要和动机的强度、对实现目标的评价标准、对自我的预期以及对挫折的归因等都不尽相同，所以，即使面对同样的挫折情境，不同的人会产生不同的挫折反应。如同样是考试不及格，有的学生痛不欲生，有的学生懊悔不已，有的学生则不以为然，这就是因为他们对考试不及格这一挫折情境的认知不同所造成的。

通过图 4-1，可以进一步认识挫折产生的机制。

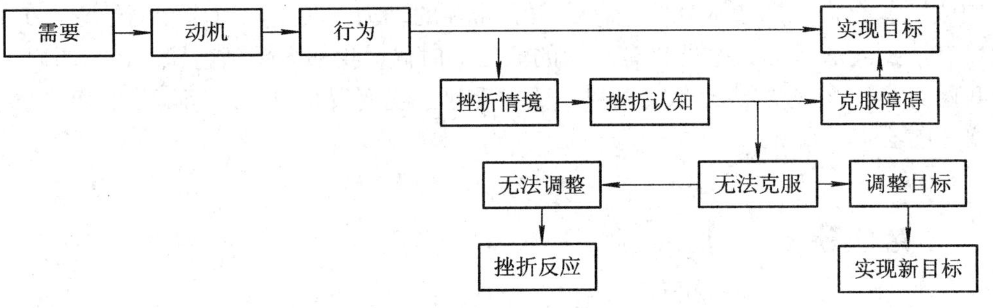

图 4-1　挫折产生机制

二、挫折产生的原因

造成挫折的原因是多方面的和复杂的，挫折的形成与自然环境、社会环境、自身条件以及个人的动机冲突等多种因素有关。

(一) 源自环境方面的原因

构成挫折的环境因素是指个人自身因素以外的自然因素和社会因素给人带来的限制与阻碍，使人的需要和目标不能满足和实现而产生挫折。

(1) 构成挫折的自然因素是指个人不能预料和控制的天灾人祸、时空限制、意外事件等，如地震、洪水、交通事故、疾病、死亡等。自然因素造成的挫折每个人随时都可能遇到，其后果可能很严重，对人的影响很大，如亲人去世、交通事故致残等；也可能不严重，对人只产生暂时的影响，如有些大学生刚入学时对当地的气候不适应、不习惯集体生活等。

(2) 构成挫折的社会因素是指个人在社会生活中受到的各种人为因素的限制与阻碍，包括政治、经济、法律、道德、宗教、风俗习惯等方面。任何人都生活在一定的社会历史条件下，社会生活及其变化对人的影响和限制无处不在，因而人们因社会因素而产生的挫折是普遍存在的。当前，随着科学技术飞速发展，社会生活节奏不断加快，生存竞争日益加剧，使人们的紧张感和心理压力大大增加，挫折感不断增强。

(二) 源自个人方面的原因

构成挫折的个人因素是指由于个人在生理、心理以及知识、能力等方面的阻碍和限制，使人的需要和目标不能满足和实现而产生挫折。如身高、体重、容貌、知识结构、健康状况、表达能力、自我期望、经济条件等都可能是挫折源。青年学生普遍自视甚高，有强烈的自尊心，争强好胜和追求完美的心理较强，所以，大学生的挫折很多都是来自个人自身因素。在构成挫折的个人因素中，自身条件和能力与自我期望之间的矛盾是造成挫折的重要因素。

三、挫折反应与防卫机制

当人遇到挫折时，就会引起心理上的感受和反应，对人的生理、心理与行为带来相应的影响。这种感受和反应在不同的人身上是不同的，因为人们对挫折的承受能力是不同的。作为挫折应对方式，人们有意无意地摆脱由挫折产生的心理压力，减轻精神痛苦，恢复正常情绪和心理平衡的自我调节和自我保护的方式，称为挫折防卫机制。

(一) 挫折反应

1. 挫折的生理反应

在挫折带来的强烈、持续的消极情绪作用下，人的神经、心血管、内分泌、消化等系统会出现反应，如心率加快、血压升高、呼吸加快、出汗等。如果紧张、焦虑情绪持续，会出现面色苍白、四肢发冷、心悸、气急、腹胀，危害人的身心健康。

2. 挫折的情绪反应

当遭受挫折时，常会表现为情绪的反应：有人反应过度，对鸡毛蒜皮的小事也作出很强烈的情绪反应，如发脾气、大哭大闹、怒不可遏；有人却反应过弱，一般人感到痛苦、惧怕或悲伤的事情，他却无动于衷、冷漠无情，或者在某些事情上，连正当的愤怒也不敢表示，过分压抑自己的情绪。压抑是指人们在受到挫折后，把意识所不能接受的、使人感到困扰或痛苦的思想、欲望或体验压抑到潜意识中，不再想起、不去回忆、主动遗忘，以保持内心的安宁，使自己避免痛苦。最常见的挫折情绪反应有愤怒、焦虑、沮丧、失望、压抑、抑郁。

3. 挫折的行为反应

挫折的外显行为反应因人而异，有积极的行为反应和消极的行为反应。消极反应中最常见的是攻击行为。攻击有两种形式。一种是直接攻击，将愤怒的情绪直接导向造成其挫折的人和物。另一种是转向攻击，不能将愤怒的情绪直接导向造成其挫折的人或物时，而只能转向自己或第三者，即向“替罪羊”发泄受挫情感。转向攻击通常在两种情境下发生：一是对自己缺乏信心、悲观失望，于是受挫后产生自责，把攻击转向自己；二是由于觉察到不可能或者不应该对引起挫折的对象直接攻击，而把挫折的情绪发泄到其他人、物上。

(二) 挫折防卫机制及其作用

挫折防卫机制是一种自发的心理调节机能，具有两面性：一方面可以起到使人适应挫折，减轻精神痛苦，促进发展的作用；另一方面又会使人逃避现实，降低对生活的适应能力，从而导致更大的挫折，甚至产生心理疾病。

1. 积极防卫机制

这种反应方式是正视挫折，承认挫折，正确分析挫折产生的主、客观原因，总结经验教训，争取积极的行为方式，最后战胜挫折。其主要表现为坚持、表同、补偿、升华。

坚持，指个体发现目标难以达到，要求自己做出加倍努力，并要求通过个体不断地努力，使目标最终实现。美国电影《阿甘正传》中的主人翁阿甘就是一位智商并不高的人，他面对挫折的方法就是忽视它并坚持不懈地努力，最后赢得了人们的尊重，赢得了自己的事业，也获得了自己的生活。正如有的学者所说：成功就在于最后的坚持之中。

表同，指个体在现实生活中无法获得成功时，将自己比拟为某一成功者，藉以在心理减弱挫折产生的痛苦；或者迎合能满足自己需要的人，按照他们的希望去支配自己的思想、行动，来冲淡自己的挫折感，并以此求得内心的满足。当一个人在没有获得成功与满足而遭遇挫折时，将自己想象为某一成功者，效仿其优良品质和其获得成功的经验和方法，能够使他的思想、信仰、目标和言行更适应环境和社会的要求，增强自信心，减少挫折感。例如，大学生常以一些历史名人、科学家，或小说中所欣赏的人物、老师甚至同学作为自己效仿的对象，建立自己心中的榜样，并依照榜样进行积极的自我激励与自我暗示，用成功代偿挫折。

补偿，即当个体行为受挫时，或因个人某方面的缺陷而使目标无法实现时，往往以新的目标代替原有目标，以其他方面的成功来补偿因失败而丧失的自尊与自信。这就是人们常说的“失之东隅，收之桑榆”。如某大学生没有当上班干部，无机会表现自己的能力，于是便努力使自己的成绩名列前茅。又如，某大学生恋爱失败了，便积极参加文体活动，用成功来补偿失恋的痛苦。

应该注意的是，补偿的行为反应并非都是积极的。由于个体要实现的目标有高尚与平庸之分，挫折后对补偿的选择也有进取与沉沦之别，因而决定了补偿有积极与消极之分。如果补偿选择的新的目标和活动符合社会规范和人的发展需要，这时的补偿反应行为是积极的、有益的。如果补偿选择的新的目标和活动不符合社会规范或有害于身心，虽然这种补偿的反应行为即使使自己暂时获得了心理平衡和心理满足，也无助于心理健康发展，有时还会自暴自弃，甚至堕落犯罪，危害他人与社会。

升华，即用一种比较崇高的具有创造性和建设性的目标代替原有目标，借以弥补因受挫而丧失的自尊与自信，减轻痛苦。升华是最积极的行为反应，从古至今演绎出绵绵佳话。如古之文王拘而演《周易》；仲尼厄而作《春秋》；屈原放逐赋《离骚》；左丘失明写《左传》；孙膑跛脚修《兵法》；司马迁受辱著《史记》。不仅如此，升华还是一种富有建设性的行为反应。它使人在遭受挫折后，将不为社会认可的动机和不良的情绪转移到有益的活动中去，使其转化为有利于社会并为他人认可的行为。如一些貌不惊人的大学生最初在社交活动中受到制约，于是他们在学问、个体思想道德修养上下功夫，学习成绩出类拔萃，品德优秀，为同学所瞩目。

2. 消极防卫机制

这种机制是指当大学生遭受挫折后所表现出来的带有强烈情绪色彩的非理性行为。常见的消极防卫机制有以下几种。

固执，当个体一而再、再而三地遭受同样的挫折，就会慢慢失去信心，失去随机应变的能力，而形成刻板的反应方式，固执、盲目地重复同样无效的行为。固执行为不同于意志力，在这种行为反应中，个体往往不能客观、正确分析失败的原因，反而采用刻板的方式盲目地重复着某种无效行为，是一种极不明智的对抗形式。如某一大学生多次违反校规校纪、晚归受到批评，却固执地认为自己没错，屡教不改。在大学生中，固执行为往往容易发生在一些性格内向、倔强、看问题片面的大学生身上，以及由情感为纽带形成的消极大学生非正式团体中。固执是非理智性的消极行为，它往往使人企图通过重复无效动作以对抗挫折压力，对大学生的成长极为不利。

退化，又称回归，是指当个体受到挫折时，往往表现出与自己的年龄、身份很不相称的幼稚行为，或盲目地轻信他人、跟从他人等。表现这种行为方式的大学生往往对自己缺乏信心，看不到自己的力量，像孩子一样依赖他人，多指大人小孩状。如某一女生刚入校，参加学生会干部竞选失败了，感到很"委屈"，无法进行理智分析和对待，不吃饭，也不上课，成天蒙头大睡。

逆反，用通俗的语言来说就是"你要我朝东我偏朝西"。一般来说，个人的行为方向和他的动机方向应当是一致的。但是，当个体遭到挫折后，如果不仅是一意孤行，而且对正确的方面盲目地持反抗、抵制与排斥态度，这种行为便是逆反。如某大学生因为上课时受到教师的批评，便采取逃课或不理睬教师的教学等方式来表示自己的不满。持逆反心理的人往往为了排除内心的不满，会采取一些不符合社会规范、不被允许的愿望和行为，产生一些反社会性行为。

攻击性行为，指大学生在遭受挫折后，在情绪与行动上会产生一种对有关人或物的攻击性的抵触反应，以消除来自挫折的痛苦。攻击是一种破坏性行为，这种行为可分为直接攻击和转向攻击。直接攻击是指一个人受到挫折以后，把愤怒的情绪直接发泄到使之受挫的人或物上，如大学里发生的打架斗殴、损害公物等现象。这主要发生在自控力较差、鲁莽的人身上。转向攻击是指一个人受到挫折以后，把愤怒的情绪指向其他的人或物身上去。如当受到老师批评时，把怒气发泄到别人或物品上。

轻生，轻生是指受挫者受挫以后表现出的一种极为消极的行为反应。在现实中，对那些挫折的打击来得突然的大学生，在得不到外力帮助的情况下，很可能自暴自弃，产生轻生厌世、自杀自残的行为，以此来获得内心痛苦的解脱。

3. 中性防卫机制

中性防卫机制是指当一个人受到挫折后，采取一些暂时减轻受挫感的行为方式，以解脱挫折对自己带来的心理烦恼，减轻内心的冲突与不安。它主要表现为以下几种。

求得注意，即想方设法引起别人对自己的注意，如以大声喧哗、寻衅生事、恶作剧来显示自己。

合理化作用，即自我安慰，指无法达到追求的目标时，给自己一个好的借口来解释，但用来解释的借口往往是不真实的、不合逻辑的，但防卫者本人却能借此说服自己，感到心安理得。

自我整饰，当个体遇到挫折之后，往往表面上不动声色，把心理上的烦恼、焦虑、苦闷统统埋藏在内心深处，尽显示自己的长处，提高别人对自己的评价，从而减轻心理压力，以弥补失败所带来的自尊心的挫折。这种行为反应往往起着自我欺骗和自我麻痹作用。如《伊索寓言》中的狐狸吃不到葡萄就说葡萄酸的行为反应就是此种。

责任推诿，当个体遭到挫折后，不是从本身的缺点、弱点方面加以分析，而是把责任推给他人，埋怨他人，以减轻自己的焦虑与不安，这是一种文过饰非的行为。

反向，行为相反于动机而行，如：自卑的同学往往表现出高傲自大；对异性充满向往，却装出不屑一顾的样子等。持反向心理的人，往往不敢正面表露自己的真实动机，于是便从相反的方向表示出来。虽然这种行为可以在一定程度上掩饰个体的真实动机，但是，掩饰包含着压抑，长期运用会从根本上扭曲自我意识，使动机与行为脱节，造成心理失常。

逃避，是指人受到挫折后，不敢面对自己所预感的挫折情境，而逃避到比较安全的环境中去的行为。逃避有三个表现：一是逃到另一种现实中，如学习不好就玩游戏，沉溺其中；二是逃向幻想世界；三逃向疾病。如某一大学生因为英语口语较差，每次上课从不开口说英语，甚至拒绝上英语听力课，不参加考试，以此来逃避失败。

冷漠，即表现出对于挫折情境漠不关心、无动于衷等情绪反应。如有些大学生的社会活动能力较差，多次失败，他们渐渐地对大学生活、同学关系、社会活动持冷漠的反应行为，表现出死气沉沉，缺乏集体感。

压抑，压抑是指把不愉快的经历和体验压抑到无意识中，不去回忆，主动遗忘。适度的压抑有利于情绪的调整，但长期的压抑会导致更强的挫折与心理不适。

总之，积极的行为反应有助于大学生适应挫折、化解困境，利于他们的成长；消极的行为反应只能起暂时平衡心理的作用，不能解决问题，有时会使当事人在一种自我欺骗中与现实环境脱节，降低适应能力，形成一些恶习，埋下心理病患的种子，影响其身心健康和全面发展。大学生应该树立积极的心理防卫机制，增强自己的耐挫力，以适应社会的发展。

四、提高挫折承受力

挫折承受力是指人们在遇到挫折时，能够忍受和排解挫折的程度，也就是人们适应挫折、抵抗和应对挫折的一种能力。挫折承受力包括挫折耐受力和挫折排解力两个方面。挫折耐受力是指人们受到挫折时经受得起挫折的打击和压力，保持心理和行为正常的能力。挫折排解力是指人们受到挫折后，对挫折进行直接的调整和转变，积极改善挫折情境、解脱挫折状态的能力。简单地说，耐受力就是接受现实，能够减轻挫折情绪反应的强度；排解力是改变现状，促使需要的满足和目标的实现。

(一) 树立正确的挫折观

提高挫折承受力，首先要对挫折有一个正确的认识。要正确地认识挫折并不是一件容易的事情。当自己处在旁观者的地位，看到别人遭遇挫折时，或许有时还能作出一些较为正确的分析，而当挫折降临到自己头上的时候，要作出正确而清醒的认识就难了。

挫折是普遍存在的，随时随地都可能发生。挫折是人们生活的组成部分，是客观存在的。挫折既是一种危机，也是一种挑战。因此，大学生应做好面对挫折的充分的心理准备，一旦遇到挫折，就不会惊慌失措、痛苦绝望，而能够正视现实，敢于面对挫折的挑战。同时，也应该看到，挫折也并不是总是发生的，整个生活中还有很多快乐、幸运和幸福的事情，所以，大学生在遇到挫折时，不应只看到挫折带来的损失和痛苦，还应看到自己的优点和已取得的成绩，不应始终停留在挫折产生的不良情绪之中，而应尽快从情感的痛苦中解脱出来，以理智面对挫折。

（二）订立恰当的个人目标

挫折是人们在实现自己所追求的目标过程中遇到困难而产生的感受。目标对个人越重要，受挫后的反应就越强烈。如果目的恰当、方向准确、持之以恒，产生挫折感的机会就少，即使遇到挫折也能积极应对。如果目标不当，过高或者过低，与自己的条件不相适合，就应该及时调整。要检查主观的智力、能力、体力是否适应目标的达成。若目标过高，就要适当降低或改换目标，不要把远期目标当作近期目标。而如果目标方向错误，就像一个人终其一生奋力想爬到梯子顶端，最后他达到了，只是发现梯子搭错了墙。这是多么可悲的事啊！也有的人没有明确的目标或者目标太多，昨天的目标是从军，今天的目标是从政，明天的目标是经商，后天的目标是著书……一天一个想法，一时一个主意。结果，虽然表面上忙忙碌碌，辛辛苦苦，但实际上却是碌碌无为、劳而无功。目标太多，但没有一个可以实现，没有一个被实现。原因在于，这些目标没有一个被坚韧不拔地追求过。

在现实生活中，不少大学生在学习等方面的挫折都与个人目标的确立不当有关。因此，大学生必须学会根据自己的实际能力正确设定生活的目标，并在前进中及时调整自己的目标。如果在目标实施过程中，发现自己设定的目标不切实际，前进受阻，就要及时调整目标，以便继续前进。对那些远大目标，要把它分解成中期、近期和当前目标。如对英语等级考试，就可以由易到难给自己设定目标，当受到挫折后，及时调整目标，改进方式或方法。这样，就可以在成功中体验到愉快和满足，逐步提高自信心，又能在失败、挫折后不断总结经验教训，最终战胜挫折，取得最后的成功。必须指出的是，大学生在订立个人目标时，应注意把自己的目标与社会的客观环境条件、社会利益等因素综合加以考虑，这样才能做出有助于自身、更有助于社会的成就。

（三）正确认识自我和评价自我

由于当代的大学生大多没有经历过艰苦生活的磨练，社会阅历不够丰富，他们往往对自我的认识与评价不到位，要么高估，要么低估。他们一般有着很高的成就动机，总想出人头地、大展宏图，因而对自己的目标定位过高。但是，社会环境总是非常复杂的，面对激烈的竞争压力，大学生却又缺乏迎接挫折与困难的心理准备，常常在挫折面前表现得信心不足而迷惘无措，情感表现得敏感、脆弱。因此，大学生必须正确认识自我和评价自我。

正确地认识自我和评价自我，是指大学生应根据自己的学习、成长要求，恰当地分析自身的长处和不足。对自己的不足要有充分的理解，这样才能扬长避短、取长补短，实现自我价值。例如，某师范生的表达能力不好，很容易给自己带来压力和挫折困扰，如扬长避短则是改变职业，如取长补短则是加强口才的锻炼。当然是后者即解决内在问题更为有效。其次，要根据自己外部条件和内在条件的变化及时调整自己的期望水平、抱负水平，避免一些无谓的“碰壁”、“撞墙”。例如，考试原本可以取得好成绩，可是由于自己身体不好或试题偏难而没有达到预期目标，这时就要作好两种心理准备：一是自己超常发挥，如期取得好成绩；二是无法克服困难，难以实现预期目标，这时要学会原谅自我。

（四）确立合理的自我归因

在生活中，人们对行为的成功与失败进行归因是一件很平常的事，然而在这一过程中形成的归因倾向则对人的心理承受力有很大的影响。心理学研究表明，在归因中，有些人倾向于情境归因，认为外部复杂且难以预料的力量是主宰行为的原因。例如一个学生认为自己成绩不好主要是由于教师教学水平或是考卷难度太大方面的原因。有些人倾向于本性归因，即认为自身的努力、能力是影响事情的发展与行为结果的主要原因。例如一个学生认为自己成绩不好是由于学习不够努力造成的。一般来说，进行本性归因的学生对自己的行为与学习有更多的自我责任定向与积极态度；但是从对失败的归因方面来看，由于他们倾向于把原因归于主观因素，就容易自我埋怨、自我责备。如果这种自责、悔恨过多，就会给他们带来挫折感和心理损伤。因此，学生首先要学会多方面收集关于事件的信息，了解困难的原因所在；其次要学会合理的归因，避免归因的片面性，学会实事求是地承担责任，克服过分承担或完全推诿责任的倾向，避免过多自责带来的挫折感；再次要积极采取措施主动改变挫折情境因素，从而有效应对挫折。例如，在学习过程中发现最近学习效率不高，通过原因分析之后，在解决内在问题的同时，可以尝试改变学习地点、学习时间，或改变学习科目的顺序、学习结构等，从而避免学习效率不高给自己带来的压力和困扰。

(五) 增强挫折认知水平

心理学研究表明：一个人越是能够获得与挫折事件相关的信息，就越能够有效地处理它，越是参加到他怕面对的挫折情境中去，就越能够有效地对付这种情境。可见，个体对挫折的反应和承受能力不仅取决于挫折情境本身，更重要的是取决于其对挫折的认知。既然挫折是社会生活的组成部分，是不可避免的人生经历，大学生就应该正确地认识挫折、战胜挫折，并把挫折作为成功的阶梯。

正确地认识挫折首先应该认识到挫折的两重性：即挫折一方面对人有消极的影响，如挫折会影响个体实现目标的积极性，降低个体的创造性思维水平，损害个体的身心健康；另一方面也有积极的作用，如挫折能增强个体情绪反应的力量，增强个体的容忍力，提高个体对挫折的认识水平。因此，辩证地看待挫折的两面性，就能够变不利因素为有利因素，化消极因素为积极因素，促使挫折向积极方面转化。其次，大学生还应学会对客观事物、挫折情境的正确认识。如有的学生因一次考试不及格就悲观失望，甚至自暴自弃。这种表现是由于他的错误认知导致的。人生的道路总是崎岖不平、丰富多彩的，一次的失败并不能够代表他的全部，人生成才的道路、成功的机会是很多的，只要自己努力，就会有一个崭新的未来。

(六) 合理运用挫折防卫机制

合理运用挫折防卫机制可以有效地缓解情绪上的痛苦，提高对挫折的承受能力，为人们最终战胜挫折提供条件，特别是积极的挫折防卫机制的运用，还可以促使人们面对现实，积极进取，战胜挫折，获得进一步的发展。挫折防卫机制虽然在一定程度上能够帮助人们提高和保持个人自尊，躲避或减轻焦虑情绪，缓解心理压力，但如果挫折防卫机制使用过度，或使用不当，不仅减轻不了紧张和焦虑的程度，反而可能破坏心理活动的平衡，妨碍个人的社会适应，甚至还可能造成心理异常和行为偏差。

(七) 建立和谐的人际关系

心理学研究表明，一个人与他人一起处在挫折压力中时，可以降低消极情绪体验。因此，大学生在面对挫折时，除了积极改变自我之外，还应学会交往，与他人建立良好的人际关系，这对其压力的缓解也是很有帮助的。交往是人们为了交流思想和感情而彼此间相互作用的过程，它使人们在关系互动过程中相互了解、相互依赖，形成稳定的心理联系，满足人们的情感需要。同时，由交往形成的人际关系又可以满足人的归属、情谊、认可等社会性需要。因此，学会交往，建立良好的人际关系是提高大学生应对挫折能力的有效手段。

大学生加强人际交往，融洽人际关系时，首先要掌握交往技能，使自己与别人的交往得以顺利进行。例如掌握基本的礼节礼貌、良好的口头表达等。其次要养成良好的交往品质，要自觉地择友而交，要相互理解、相互尊重，要对朋友真诚、宽容。第三要把握各种机会参与交往，并保持沟通畅通，以免误解，产生不愉快。

（八）积极投身实践活动，不断磨练自己和积累经验

挫折具有两面性，既具有给人打击、使人痛苦的消极的一面，也具有使人奋进、成熟，从中得到锻炼的积极的一面。生活中的挫折和磨难并不都是坏事。平静、安逸、舒适的生活，往往使人安于现状和享受；挫折和磨难，却使人受到磨练和考验，变得更加成熟和坚强。因此，大学生应积极投身实践活动，在实践中不断磨练自己，提高自己的意志力，培养坚强的意志品质。在实践过程中，不要惧怕失败，要善于从失败中总结经验教训，化消极因素为积极因素，使挫折向积极方向转化，不断提高自己解决困难、战胜挫折的能力。在总结经验教训时，应着重考虑确定的奋斗目标是否恰当、实施的途径和方法是否正确、造成挫折的原因来自何处、转败为胜的办法在哪里。

（九）主动寻求社会支持和心理咨询的帮助

当人遇到挫折时，一般都伴有强烈的情绪反应，处于焦虑和痛苦之中，这时，如果有几个好朋友或者亲友能够给以安慰、关心、支持、鼓励和信任，将有效地缓解心理压力和降低情绪反应，从而增强对挫折的承受力。所以，当一个人在遇到挫折时，不应将自己封闭起来，而应尽快找自己的好朋友和家人进行沟通，寻求他们的支持和帮助。

当一个人受到挫折陷入不良情绪中不能自拔时，还可以寻求心理咨询师系统专业的疏导帮助。通过心理咨询，受挫者在心理咨询师的引导下，校正主观认识，发挥内在潜力，消除心理障碍，明确前进方向，化解不良情绪和行为反应，最终获得心理上的成长，提高挫折承受力。

挫折是客观存在的，关键在于我们怎么认识它和对待它。如果对挫折没有正确的认识，缺乏应有的心理准备，遇到挫折就会惊慌失措、痛苦绝望；如果有了正确的挫折观，做好了充分的心理准备，认识到挫折是人生中不可避免的一部分，并且敢于正视面临的挫折，敢于向挫折挑战，就能把挫折当作进步的阶石、成功的起点，从而不断取得进步。人生路途漫漫，顺境时切莫得意忘形，不要被冲昏头脑；逆境时也莫逃莫避，而应奋起直追，一如既往地驶向彼岸，以自信的灿烂微笑去咀嚼挫折，最终，你将在咀嚼中汲取宝贵的营养，获得思维的升华，从而成功地跨越这道障碍。

【情境任务训练】

一、应对方式自测

（一）活动目的

让同学们认识自身常用的挫折应对方式。

(二) 活动时间

大约 20 分钟。

(三) 活动场地

室内。

(四) 活动道具

《应对方式问卷》。

(五) 活动流程

(1) 同学们认真填写《应对方式问卷》。

(2) 根据评分标准自我评分。

(3) 分数解释。

应付方式问卷

填表方法：此表每个条目有两个答案“是”、“否”。请您根据自己的情况在每一条目后选择一个答案，如果选择“是”，则请继续对后面的“有效”、“比较有效”、“无效”作出评估。在每一行的空格里打√，表示您的选择

题　目	是			否
	有效	比较有效	无效	
1. 能理智地应付困境				
2. 善于从失败中吸取经验				
3. 制定一些克服困难的计划并按计划去做				
4. 常希望自己已经解决了面临的困难				
5. 对自己取得成功的能力充满信心				
6. 认为“人生经历就是磨难”				
7. 常感叹生活的艰难				
8. 专心于工作或学习以忘却不快				
9. 常认为“生死有命，富贵在天”				
10. 常常喜欢找人聊天以减轻烦恼				
11. 请求别人帮助自己克服困难				
12. 常只按自己想的做，且不考虑后果				
13. 不愿过多思考影响自己情绪的问题				
14. 投身其他社会活动，寻找新寄托				
15. 常自暴自弃				
16. 常以无所谓的态度来掩饰内心的感受				
17. 常想“这不是真的就好了”				
18. 认为自己的失败多系外因所致				
19. 对困难采取等待观望、任其发展的态度				
20. 与人冲突，常是对方性格怪异引起的				

续表一

题目	是			否
	有效	比较有效	无效	
21．常向引起问题的人和事发脾气				
22．常幻想自己有克服困难的超人本领				
23．常自我责备				
24．常用睡觉的方式逃避痛苦				
25．常借娱乐活动来消除烦恼				
26．常爱想些高兴的事自我安慰				
27．避开困难以求心中宁静				
28．为不能回避困难而懊恼				
29．常用两种以上的办法解决困难				
30．常认为没有必要那么费力去争成败				
31．努力去改变现状，使情况向好的一面转化				
32．借烟或酒消愁				
33．常责怪他人				
34．对困难常采用回避的态度				
35．认为“退后一步自然宽”				
36．把不愉快的事埋在心里				
37．常自卑自怜				
38．常认为这是生活对自己不公平的表现				
39．常压抑内心的愤怒与不满				
40．吸取自己或他人的经验去应付困难				
41．常不相信那些对自己不利的事				
42．为了自尊，常不愿让人知道自己的遭遇				
43．常与同事、朋友一起讨论解决问题的办法				
44．常告诫自己“能忍者自安”				
45．常祈祷神灵保佑				
46．常用幽默或玩笑的方式缓解冲突或不快				
47．自己能力有限，只有忍耐				
48．常怪自己没出息				
49．常爱幻想一些不现实的事来消除烦恼				
50．常抱怨自己无能				
51．常能看到坏事中有好的一面				
52．自感挫折是对自己的考验				
53．向有经验的亲友、师长求教解决问题的方法				

续表二

题　目	是			否
	有效	比较有效	无效	
54. 平心静气，淡化烦恼				
55. 努力寻找解决问题的办法				
56. 选择职业不当，是自己常遇挫折的主要原因				
57. 总怪自己不好				
58. 经常是看破红尘，不在乎自己的不幸遭遇				
59. 常自感运气不好				
60. 向他人诉说心中的烦恼				
61. 常自感无所作为而任其自然				
62. 寻求别人的理解和同情				

《应付方式问卷》量表评分方法

评分方法：《应付方式问卷》有 6 个分量表，每个分量表由若干个条目组成。各分量表项目没有“-”者，“是”得 1 分；有“-”，选“否”得 1 分。

因子分计算方法如下：各分量表因子分 = 分量表总分/个分量表项目数

分量表	分量表项目	分量表总分	分量表因子分
解决问题(12)A	1，2，3，5，8，-19，29，31，40，46，51，55		
自　责 (10)B	15，23，25，37，39，48，50，56，57，59		
求　助(10)C	10，11，14，-36，-39，-42，43，53，60，62		
幻　想(10)D	4，12，17，21，22，26，28，41，45，49		
退　避(11)E	7，13，16，19，24，27，32，34，35，44，47		
合 理 化(11)F	6，9，18，20，30，33，38，52，54，58，61		

结果解释：

个体应付方式的使用一般都在一种以上，有些人甚至在同一应激事件中使用的应付方式也是多种多样的。但每个人的应付行为类型仍具有一定的倾向性，这种倾向性构成 6 种应付方式在个体身上不同的组合形式。这些不同形式的组合与解释为：

“解决问题——求助”，成熟型：这类应付方式在面对应激事件或环境时，常能采取“解决问题”和“求助”等成熟的应付方式，而较少使用“退避”、“自责”、“幻想”等不成熟的应付方式，在生活中表现出一种成熟稳定的人格特征和行为方式。

“退避——自责”，不成熟型：这类应付方式在生活中常以“退避”、“自责”、“幻想”等应付方式应付困难和挫折，而较少使用“解决问题”这类积极的应付方式，表现出一种神经症性的人格特点，其情绪和行为均缺乏稳定性。

“合理化”，混合型：“合理化”应付因子，既与“解决问题”、“求助”等成熟应付因子呈正相关，也与“退避”、“幻想”等不成熟的应付因子呈正相关，反映出这类受试的应付行为集成熟与不成熟的应付方式于一体，在应付行为上表现出一种矛盾的心态和两面性的人格特点。

二、突出重围

(一) 活动目的

培养学生在面临巨大危机的时候保持冷静的头脑，并具有克服困难的信心、勇气；培养学生智慧解决问题的能力和坚持到底不服输的精神。

(二) 活动时间

大约需要30分钟。

(三) 活动场地

室内室外均可。

(四) 活动准备

无。

(五) 活动流程

(1) 以15～20人为一组，所有同学手拉手围成一个圈，这个圈被称为“包围圈”。

(2) 主持人讲解游戏规则。假定你被敌人包围了，情况十分危急，包围圈是由许多人手拉手围圈而成。要求你尽快想办法冲出围圈。可采取钻、跳、推、拉、诱骗等任何方式(以不伤害人为原则)，力求突围挣脱，冲出包围圈；其他同学则站立，手拉手围成一个包围圈；外围的同学必须要尽全身气力、心计，绝不让被围者逃出；若圈内的同学从某两个同学手拉手的缝隙中逃出，则这两个相邻的同学双双要进入圈内作为被包围者。

(3) 游戏开始：主持人可通过随机抽学号的方式，让一名同学站在包围圈中央开始游戏。倘若被围的同学灰心失望，一时冲不出“包围圈”，则主持人可增加两名同学到圈内作为“突围者”，其他的同学可鼓励他继续努力。一段时间后，换其他成员。

(4) 分享其突围的感受。讨论：

① 闯关突围会令人想起什么?

② 突围者成功了几次，失败了几次，为什么会失败?

③ 突围者在游戏中感觉如何？单兵作战容易吗?

【思考、澄清、分享、巩固：在挫折中成长】

在现实生活中，我们常常觉得应对挫折是一件困难的事，其实困难在我们自己的心里。我们心里有一种拒绝挫折的本能，我们害怕它、拒绝接受它。这些心态比挫折本身更可怕。

挫折是我们的朋友，只不过它是一个丑陋的朋友。在开始的时候，它让我们害怕，让我们痛苦。但只要我们有胸怀接纳这个看起来并不讨人喜欢的朋友，它会给我们带来丰厚的回馈。生活的确是一把锋利的钢刀，它把弱者扼杀，把强者雕琢成伟杰，而弱者和强者的分水岭，就是如何看待困境中的生活。因为在这个世界上，真正的绝境不是生存的绝境，而是精神的绝境，只要你不在精神上垮下来，外界所有的一切都无法将你击倒。精神和信念才是生命的真正脊梁！

奥尔特·迪斯尼为实现“地球上最快乐之地”向银行借贷资金时，曾被拒绝了302次；

肯德基的创办人桑德斯上校当初推销他的炸鸡秘方时，被拒绝了1009次；电影巨星史泰龙想当演员，曾被拒绝了1855次。

每个人都不同程度地存有自卑情结，问题在于你的压弹能力与水平。总是看到困难和挫折，而且认死理，一遇到阻碍或不顺利就退缩，不会换个角度看事物，这些自卑情结就是你成长发展的巨大消极因素。

有一天公园里举办花卉展览，一些怒放的玫瑰吸引了众人的目光。突然间狂风大作，暴雨倾盆而下，人们纷纷跑去避雨。雨过天晴后，再出来看时，艳丽的玫瑰已被雨水打得凋零，旁边的小草却更加青翠，洋溢着旺盛的生命力。由此联想到人生。我们可能并不显赫一时，可能永远只是芸芸众生中渺小的一员，但我们仍然要用顽强的生命力奋力地唱自己的歌。拜伦说："我生来绝不是为世俗这沉闷的戏文扮演繁忙的配角。我们也许并不能在世间唱主角，但我们起码要做我们自己人生的主角。这是我们作为人的最基本的权利，是维护我们人格的最基本要素。"你若能够正确对待，客观分析，积极转化，劣势可能转为优势，自卑之处也就成为自信之点。这就是压弹的辩证关系。走过自卑，你往往会发现天空远比你想象得灿烂！

项目五　学习心理与潜能开发

【项目导言】

大学是人生的关键阶段。这是因为，进入大学是你终于放下高考的重担，第一次开始追逐自己的理想、兴趣。这是你离开家庭生活，第一次独立参与团体和社会生活。这是你不再单纯地学习或背诵书本上的理论知识，第一次有机会在学习理论的同时亲身实践。这是你第一次不再由父母安排生活和学习中的一切，而是有足够的自由处置生活和学习中遇到的各类问题，支配所有属于自己的时间。

大学是人生的关键阶段。这是因为，这是你一生中最后一次有机会系统性地接受教育。这是你最后一次能够全心建立你的知识基础。这可能是你最后一次可以将大段时间用于学习的人生阶段，也可能是最后一次可以拥有较高的可塑性、集中精力充实自我的成长历程。这也许是你最后一次能在相对宽容的，可以置身其中学习为人处世之道的理想环境。

大学是人生的关键阶段。在这个阶段里，所有大学生都应当认真把握每一个“第一次”，让它们成为未来人生道路的基石；在这个阶段里，所有大学生也要珍惜每一个“最后一次”，不要让自己在不远的将来追悔莫及。在大学时代，大家应该努力为自己编织生活梦想，明确奋斗方向，奠定事业基础。

大学时代每个人都只有一次，大学时代应这样度过……

【学习目标】

➢ **知识目标**

(1) 理解大学生学习特点与心理机制。

(2) 掌握大学生学习能力的培养方法。

(3) 掌握目标管理和时间管理的方法。

➢ **能力目标**

(1) 能分析自身存在的学习问题并自主学习。

(2) 能通过学习目标管理提高学习的质量。

(3) 能合理管理大学学习生活时间。

(4) 能充分发挥自身潜能，创造性学习和工作。

任务1　学会学习

【情境任务描述】

关于自主学习，有人打了一个生动的比方：学习如同一个人的吃饭与长大，“吃”是自身行为，“吃什么”、“吃多少”是自主选择。别人的活动诸如进食环境的创设、食物种类的提供等，充其量只是一个外部影响罢了，是不能代替这个人的吃饭、长大的。在这里，“吃”就是实践活动，没有“吃”永远长不大。这是一个十分简单、人人皆知的常识。假如你是一名老师，请你选择现在所学的一门课程，设计一堂课，倡导学生主动参与、乐于探究、勤于动手，培养学生收集和处理信息的能力、获取新知识的能力、分析和解决问题的能力以及交流与合作的能力。

【情境任务分析】

高中之前的“教学模式”将教师的“教”放在了主要位置，学生的“学”放在了次要位置，“学”从属于、依附于“教”，学生完全沦为“配合”教师完成教案的陪衬。大学的学习模式会发生巨大的转变，学习主要以自主学习为主，老师的作用多在于引导。步入大学的你，将如何适应这一变化，顺利转变为一个会学习、爱学习的大学生?

古人云：“授人以鱼，只供一饭之需；教人以渔，则终身受用无穷。”美国未来学家阿尔文·托夫勒认为：“未来的文盲不再是不识字的人，而是没有学会学习的人。”所以，学习的目的不再仅仅是掌握知识，更重要的是学会学习的方法，由“学会”变为“会学”。

【情境任务知识】

一、学习的含义

学生的主要任务就是学习。学习是一个认识活动、智力活动的复杂过程。从学习的内涵来看，有广义和狭义之分。广义的学习是人类和动物都共同具有的活动，其含义是：有机体获取经验并凭借经验以适应变化的环境的过程。狭义的学习是指人类的学习，即人们在社会实践中，通过语言，有目的、有计划、自觉主动地掌握个体经验的过程。学生的学习是狭义学习中的一种特殊形式，是在各类学校的特定环境中，按照特定的教育目标要求，在教师的指导之下，有目的、有计划、有组织地进行的认识活动。

二、大学生学习

(一) 大学生学习的特殊性

大学生学习是学习的一种特殊形式。学习是大学生的主要任务，大学生正处于智力发展的高峰期，记忆力、观察力、思考力、逻辑思维能力与创造性都有很大的发展。大学生学习既不同于儿童的学习，也不同于成人的学习。大学生学习既有一定的专业性、目的性和探索性，又有深刻的社会意义，表现出广泛的兴趣和各种各样的学习方法。大学生学习有其特殊性：其一，大学生的学习是一种特殊的认识活动，是掌握前人积累的文化、科学知识，即间接的知识，在学习中会有发现与创造，但其主要内容还是学习前人积累的知识与经验；二是学生的学习是在教师的指导下，有目的、有计划、有组织地进行的，是以掌握系统的科学知识为前提的；三是学生的学习是在较短时间内接受前人的知识与经验，重要的是间接经验的学习与掌握，学生的实践活动是服从于学习目的的；四是学生的学习不但要掌握知识经验与技能，还要发展智能，培养品德及促进健康个性的发展，形成科学的世界观。

（二）大学生学习的特点

1. 学习主体的变化

中、小学时期的学习以教师为主，以教师组织教学为主，大学生学习是以教师为主导、学生为主体进行的，这就决定了大学的学习带有一定的创造性，即学生不仅能举一反三，还能提出自己的独到见解，活化所学知识。

2. 学习的自主性

无论从学习内容、学习时间及学习方式都更加强调个体在学习活动中承担的角色，主要强调学习的自觉性与能动性。大学生学习的能动性表现在两个主要方面：第一，大学生对学习内容具有较大的选择性，特别是随着高等教育改革的深化，大学的课程安排更加科学合理，既有公共必修课、专业基础课，又有辅修课程及大量选修课，学生可以根据自己的专长、爱好、兴趣自由选择。大学生选择课程学习内容主要考虑以下几方面：学科内容与职业的契合性、学科的实用性、自己兴趣及将来的职业生涯选择以及对自身素质的拓展等。如计算机、外语始终是学生学习的重要与热点，就是因为科技发展日益显示出其重要性。再者，大学生可以控制自己的学习时间、学习方法与学习内容。自学能力已经成为衡量大学生学业拓展能力的重要指标。第二，高校更加重视学习知识活化能力，即知识应用能力，课程设计、学年论文、毕业设计与毕业论文都体现着知识的运用能力，也充分体现学生的主观能动性。

3. 学习的专业性

大学生的学习是在确定了基本的专业方向后进行的，因此其学习的职业定向性较为明确，即为将来走上工作岗位，适应社会需要所进行的学习；专业与学科群的划分也将大学学习与未来职业生涯紧密联系在一起，而专业学习要求大学生既要了解本专业的前沿知识与经典理论，又要掌握与专业相关的基础知识与专业基础。

4. 学习方式的多样化

信息时代，教师不再是知识的中心，学习获取知识的多元化带动了学习方式的变迁，网络又开辟了一条学习的新途径。大学开放式的教学为学生提供了多种多样的成功之路，除课堂教学外，课外实习、课程设计、科研训练计划、学年论文、专家讲授、学术报告及走向社会的社会实践、咨询服务等都为大学生的学习提供了广阔的道路。

5. 知识的学习与能力、素质的培养并重

无知必然无能。目前正在进行的高等教育改革一再强调知识技能的学习与实践能力的培养同样重要。受长期应试教育的影响，那种只重视学生学习具有实用价值的知识，忽视学生创造能力的培养，必须摒弃。

6. 大学生学习的研究探索与创新性

大学生学习已具有一定的探索性，即对书本之外的新观点、新理论进行深入的钻研与探索。大学学习不仅在于掌握知识，更在于探究知识的形成过程与科学的研究方法，了解学科发展前沿、存在的问题及解决的思路。目前，高等学校普遍加强大学生创新能力的培养，在课程设置、课程安排、课程衔接上突出学生的主体地位，体现创新，加大了学生实践环节的培养，旨在提高大学生的创新能力。

三、学习中常见的心理问题

大学生的学习繁重而紧张，学习内容高深广博，学习形式复杂多样，这是对学生的思想、能力、心理和体能各方面的综合考验。大多数学生能经得起考验顺利毕业，但同时也有一部分学生在学习的过程中出现这样或那样的问题。某省在 2007 年初就大学生的学习状况、专业问题和日常生活等情况，对省内几大高校进行调查，结果显示很多大学生对专业的现实状况和理想状态有很大的差距，想过更换专业的学生有 57.4%，而爱好和就业是他们想更换专业的普遍出发点。被调查学生中 79.5% 感觉存在压力，其中有 67.3% 的大学生觉得家庭对自己的期望过高，有 55.9% 的大学生觉得压力主要来自就业，有 36.8% 的大学生认为压力来自学习和考试，此外，有 34.5% 的人认为现实和理想的矛盾给自己带来了压力。

归结起来，大学生在学习过程中的心理问题有以下几方面。

（一）专业思想的不稳定

大学生的专业思想不稳定主要表现为两个方面：第一，对所在学校不满意；第二，对所学专业缺乏兴趣。这两个原因都会造成学生对学习的消极情绪。

1. 大学生对学校不满意

大学生尤其是职业院校的大学生对学校不满意率较高。在我国，早已形成了普通高等教育热、职业高等教育冷的现状。在职业教育发展的二十余年中，受传统思想的影响，社会对二者认识存在着严重偏差，加上职业学校的教育质量普遍不尽人意，职校教学质量偏低等原因，使得很多人认为职业院校是差生去的地方，上职业院校出来就是当工人，是没出息的表现。职业教育这种先天的“营养不足”和后天的“发育不良”在一定程度上加剧了社会认同感的偏移，以致学生在进校后情绪波动大，思想不稳定，极易掉进“职高无用论”的怪圈。这势必影响到学习，使其态度不积极、不主动，容易出现消极情绪。因此及时进行专业思想教育尤为重要。

2. 大学生对所学专业不满意

如前所述，进入大学阶段的专业学习，面临着学习兴趣的再确认。从对专业的不了解到了解，再拓展到喜爱专业。从实际情况看，许多学生在填报志愿时对自己的学习兴趣并不确定，对所选专业又不甚了解，有的是在父母的要求下无奈地选择了某专业。进入大学后，随着自我意识的增长，对自我的兴趣日渐清晰，加之对所学专业的逐步认识，有的学生发现所选专业并非自己所喜欢的。这就造成了这些学生对专业的不满意，专业思想不稳定。有的学生不能及时地调整自己，带有消极情绪，从而造成学习上的种种问题。曾有一位大学生在自己的博客上这样写到："开学这么久了，而我真的没有喜欢过上课。作为一个学生，不想上课是一件很不好的事情，但是我就是没有办法使自己集中精力来学习。也许是因为我对专业不感兴趣，也许我真的很堕落。

(二) 学习方法的不适应

1. 学习方法的定义

学习方法是指学习者为达到学习目的所采取的措施、手段及其运作程序的通称。学习方法总是为一定的学习目的服务的，无论采用何种学习方法，都是为了学习效率，达到学习目的。学习方法既可表现为经验，又可表现为理论，两者都来自于人们的学习实践。进入大学后，以教师为主导的教学模式变成了以学生为主导的自学模式。教师在课堂讲授知识后，学生不仅要消化理解课堂上学习的内容，而且还要大量阅读相关领域的书籍和文献资料，学习方法对大学生来说显得尤为重要。

2. 大学生学习方法不适应的表现

相当一部分学生在大学学习时难以适应，学习上出现困惑，有明显的偏科现象，喜欢的就多用精力学，不喜欢的就消极应付，容易学懂的认真学，难学的就不愿意多用功；教师教什么，自己就学什么，主要靠死记硬背，不能用学过的知识正确分析、解决现实问题；易钻牛角尖，认死理，思维不活跃；平时不抓紧时间学习，临近考试时，熬通宵、补笔记、背原理、搞突击；只会演绎，不会归纳，对已学过的知识缺乏概括、抽象和提炼，遇到新问题束手无策。

在高校心理咨询中心，一些大学生心情沮丧、神态忧郁，主诉的内容多与学习上的挫折有关。例如，某理科女大学生在高校心理咨询中心主诉时，觉得自己上课听不懂，作业不会做，学习成绩总上不去，尤其是高等数学和英语最感头疼。过去在读高中时，自己能控制、掌握自己，通过努力，学习成绩总能赶上去，可是自从上了大学，这一套却不管用了。

3. 大学生学习方法不适应的原因

(1) 思维方式简单、机械、死读书，承袭过去在高中阶段的学习方法，即使勤奋用功可能也难以获得能力的全面提高。

(2) 对影响学习效果的非智力因素，如情感、意志、动机和性格等开发、提升不够，从而影响了学习能力的提高。

(3) 学习上缺乏计划性。有些大学生对自己的学习毫无计划，整天忙于被动地应付作业和考试，缺乏主动自觉地学习。看什么，做什么，学什么都心中无数，他们总是在考虑"老师要我做什么"而不是"我要做什么"。

(4) 学习知识面狭窄，不能有效地利用图书馆。据调查，熟悉并充分了解图书馆藏书和书刊的编排与类别，快速查索图书资料，习惯于去图书馆阅览、查阅和选借图书的同学仅占 5%；而会查找但不熟练，不经常去图书馆，或者查找很吃力，很少去图书馆的学生占 79%；根本就没有想过要去图书馆的占 15%。

(三) 学习动机的不强劲

1. 学习动机的定义

学习动机是激发个体进行学习活动，维持已引起的学习活动，并促使个体的学习活动朝向一定的学习目标的一种内部驱动机制。学习动机一旦形成，就可以自始至终，贯穿于某个学习活动的全过程。

2. 学习动机不强劲的表现

一些学生在考进大学以后，整个人就松懈了，躺在“60 分万岁” 的旗帜下无所事事。有的人也想把学习搞好，但又总是提不起劲，拿起书就想睡觉，这都是因为缺乏学习动力，其主要表现有以下几点。

(1) 懒惰行为：主要表现为不愿上课，不肯做作业，贪玩，经常性迟到早退，学习上拖拉、自由散漫，经常为自己的懒惰行为找借口。

(2) 容易分心：动机不足的同学注意力差，不能专心听课，学习的兴趣容易转移，常满足于一知半解，行动忽冷忽热。

(3) 厌倦情绪：对学习冷漠，对学校和班级生活感到无聊，学习过程中无精打采，很少能享受到学习进步带来的愉快。

(4) 缺乏方法：动机不足的同学把学习看成是奉命行事、是被迫的，因此很多时候仅仅是为了应付考试，所以常常不能适应新的学习环境。

(5) 独立性差：在学习上没有明确的目标，学习的行为表现出从众性和依附性，很少有独立性和创造性。

3. 影响学习动机不强劲的因素

(1) 上大学前后的“动机落差”。在高中阶段，学生以考上大学为唯一的学习目标，一旦目标实现，容易产生松懈心理，希望在大学里好好享受一番，没有及时树立起进一步的学习目标，造成了考上大学前、后的“动机落差”。此外，高中阶段很多学生没有时间培养自己的兴趣、爱好，一门心思考大学。一旦进入大学，就迫不急待地想发展自己的爱好、特长，把主要精力放在活动上，而对学习逐渐失去了兴趣。

(2) 自我控制能力较差，容易受他人的影响。低年级的大学生一般自我控制能力较差，容易受他人影响，模仿高年级学生的做法，诸如“他们玩我也玩”，“他们谈恋爱我也谈恋爱”，久而久之失去了自控能力；有的学生受到社会不良风气的影响，看到“搞导弹的不如卖鸡蛋的”、“学得好不如嫁得好”、“知识贬值”等现象，便觉得读书无用，滋生厌学情绪，导致学习动机不强。

(3) 家庭和社会的影响。马卡连柯说“家庭是最重要的地方，在这里人初次向社会生活迈进，具有高尚品德、心理素质良好、教育方法得当的父母是学生学习的良师、顺利成长的引路人。”可见，良好的家庭环境是学生成才的保证，就短期而言是学生产生学习动机的催化剂。相对于中、小学生，大学生受家长的影响逐渐减弱，社会的影响则增强。大学生入学后，随着年龄的增长，知识水平的提高，独立意识的增强，其学习动机受社会的影响逐步增强。

例如，大学生在学习过程中，必须面对高校中所谓的“学生贵族”。他们有着优越的家庭条件，从小过着衣食无忧的生活，认为父母已经给自己设计好未来，因此学校里的学习对自己的人生改观没有什么意义，所以学习欲望会下降。同时，这些“学生贵族”不用努力学习就已经有很好的生活，使得其他一些学生产生“知识无用”的思想，而对学习失去兴趣，学习的动机严重缺乏。

(4) 学校的影响。学校是影响学生学习和成长最直接的环境。学校中的教师、同学、班风、校风等对学生学习动机的形成具有重大作用。在一项问卷调查中，41% 的学生认为教师教学使用的教具太落后，32% 的学生反感教师拖堂、抢占其他学科时间，19% 的学生认为学校学习生活不够丰富，18% 的学生认为教师要求太高，排在后面的是学科知识太难、作业太多等。可见，教师的教学方法、治学态度、授课内容是影响学生学习动机的直接因素。如果高校教师教学内容肤浅、教学方法单调乏味，会抑制甚至破坏大学生的学习兴趣，削弱他们的学习动机，降低他们的学习积极性。

(5) 成功和失败的影响。学生在学习过程中获得成功，取得好成绩，会带来愉快的、兴奋的积极情绪体验，有益于培养和提高其对学习的兴趣，增强学习动机。如果这种成功又得到老师和同学的鼓励，则更会增强其自信心和学习兴趣，从而提高学习积极性和学习效率，形成学习的良性循环。反之，如果学生在学习中成绩差，总是被失败围绕，学习兴趣必然下降，学习动机减弱。如果再遭受别人的批评和冷遇，则更会使其兴趣降低，信心不足，学习积极性和学习效率更低，进而导致学习成绩更差，形成学习的恶性循环。

(四) 考试压力与心理问题

1. 考试压力

能进入大学学习的学生在中学时代都出类拔萃，是学习上的尖子，备受老师的重视。但进入大学后，他们突然发现周围同学都很优秀，自己只是其中普通的一员，不再像中学时代那样备受关注。为了能继续保持中学的好成绩，就要付出艰辛的努力，除了要面对众多专业课程考试外，还有各类等级考试，诸如英语四、六级考试，计算机等级考试，专业的技能考试，职业资格考试，普通话测试等，因此，大学生面临多种考试压力。

2. 考试压力所产生的消极行为

压力过大给大学生带来了一些消极行为。在校园内，逃课、作弊等是这些消极行为常见的表现形式。据调查，大学生中，有过逃课经历的学生占 82.9%，其中经常逃课的有 63%。而考试作弊已成为大学校园里一种屡见不鲜的现象。这种现象的存在和蔓延，污染了校风、学风，毒害了青年学生的心灵，严重影响教学质量的提高和人才培养目标的实现，危及到“四有”新人的造就，而且妨碍了“诚信建设工程”，并最终影响社会的发展。

3. 考试作弊心理

考试作弊，侥幸者或能过关，但更多的是担惊受怕于前，羞于同学之间在后。作弊者存在一些错误心理。

(1) 投机心理。蹭十天半月的阅览室，背十页八页的书本，抵不上考试时有的放矢的一弊。现买现卖经济实惠，没有丝毫浪费，省却了许多无效劳动，免却了许多无用功。

(2) 攀比心理。许多学生确实想学一点新东西，并想通过考试来掂量一下自己桶里到底有多少水。但是当看到有些学生为“大把大把捞分”而得不到遏止和惩处，成绩反比平时踏实学习者考得好，而且还能评上“三好”、“优秀”，获得奖学金，心理就有一种吃亏上当的感觉，最终名利诱惑战胜了道德操守。

(3) 冒险心理。有些人为了寻求刺激，追求快感，明知不可为而为之，觉得与监考老师斗智斗勇其乐无穷。

(4) 负疚心理。学习不认真，学习成绩太差，回家无脸见父母、兄弟，这是作弊者的负疚心理。

(5) 虚荣心理。分数的高低，不仅关系到奖学金，而且关系到集体的荣誉，不能让老师同学失望，不能拖班级的后腿。

四、学习心理的自我调适

大学生在学习方面存在着一些不适应心理，对此，可以从以下方面进行自我调适。

(一) 稳定专业思想

古人云：既来之则安之。大学生在对学校或专业不满意，但又无力改变现状的情况下，应该从实际出发，保持平和的心态，适应社会需要，积极投身到已选专业的学习中。从以下几方面去认识在职业院校的学习，会获得心理上的释然。

(1) 主动了解我国教育结构的调整，了解有关职业教育的政策与发展动态，懂得高职与普通高校是同一层次的两种不同类型的学校。

(2) 明确职业教育在科教兴国、振兴经济、提高全民素质中的重要性，走出认识上的误区，懂得读高职一样有前途的道理。

(3) 结合市场人才需求现状和专业发展的前景、优势，学生要尽快地了解并熟悉本专业概况及人才需求规格，以便调整自己认识和行动上的偏差。结合专业特点，积极参与外出参观和社会实践，听取已经就业的优秀毕业生作专题报告会，唤起自信并激发专业兴趣。听取专题知识讲座，把思维面和认识面拓宽到课堂之外。

(二) 强化学习动机

1. 设置具体的学习目标及达到目标的方法

学生在制定学习目标的过程中应该避免定下一些如“努力学习” 等抽象的目标，而是要给自己提供明确而具体的目标及达到目标的方法。主动去探索学习的意义，学会分析如何达到该目标，从学习中收获成功(达到预期的学习目标)。

2. 激发学习成功感

在大学生动机形成过程中，最重要的是对自己能力的信念，诊断自己有能力获得成功，这种能力的信念将直接影响他们的学习行为。因此，培养学生的学习成功感，对于学习动机的激发有重要的意义。在学习过程中通过创造成功的机会来培养学习成功感，使大学生在进步中体验成功的喜悦，并从自身的变化中认识自己的能力。

3. 培养学习兴趣

在学习活动中应注意培养广泛的认识兴趣，当广泛的认识兴趣成为人格特征时，学生就具有了很强的自学能力，在离开学校以后，仍能做到坚持学习。在培养学生的学习兴趣上，可以参与力所能及的学习活动和各种课外活动小组、兴趣小组。在参与的活动中培养学习兴趣、增强学习动机。

(三) 提高自主学习能力

要实现大学生卓有成效的自主学习，一方面要求我们的教育制度、教学管理、教学方法的改革要有利于大学生的自主学习，同时，也要求大学生自身要认识自主学习，学会自主学习。

1. 什么是自主学习

自主学习是学习者自身产生的一种对学习的要求，是学习者发自内心的一种强烈的求知欲望，是“我要学”而不是“要我学”。在此精神状态下，学习者表现出积极主动的态度，表现出良好的注意力和克服困难的意志。自主学习是学生自主意识的外化，是学生的内在要求，也是人的本质力量的一种展现；自主学习者把自己视为“主”，把外物视为“客”，把自己视为“主动者”，把外物视为“被动者”，进而把自己视为学习的主人、时间的主人。学习归根结底是由学生自己主导完成的。

2. 大学生如何自主学习

首先，大学生要在学习理念上实现从中学到大学的转变。

(1) 第一个转变，学习观念要由依赖性转变为自主性。大学新生入校后，刚刚从高中紧张得透不过气来的竞争中松绑，一下子被表面上轻松的大学气氛所包围，时间长了如若不能适应看似轻松自由实际上充满了紧张与竞争的大学学习气氛，不久就会在许多方面落伍。从以往毕业生的情况看，进入大学的“适应期”一般需要半年或一年，有的则需要一年半或两年。大学期间，如果前一到两年的基础课没有学好，后面学好专业课就很吃力，以至于影响大学生今后的发展。

这就要求大学生积极主动地适应大学的学习生活，独立地面对学业，主动规划自己的学习过程，包括制学习目标、学习计划、学习时间、学习内容。总之，要非常有主见地对自己的学习、生活进行科学的安排，避免盲目性。

(2) 第二个转变，学习内容由被动接受转变为自主选择。就课程学习来说，目前我国大学实行的是各种学分制，大学生不仅要完成必修课，还要参与选修课的学习。大学生特别是大学低年级学生如何对待选修课？大学生对待选修课的学习一般说来兴致较高，认为选修课可以开眼界，长见识，扩大自己的知识面。而且选修课的学习要求不严，大学生较少产生逆反心理。但选修课在大学生心目中的地位和分量毕竟不如专业课和公共课，大学生真正投入学习的不多。大学生学习选修课的目的比较模糊，学习动机不强，学习既不消极也不太积极，上课时注意力的集中程度不高，认识能力也较少充分发挥。因此，大学生对选修课的学习，应注意不要仅仅停留在浅层的了解和认知上，更要杜绝为了捞取学分才选修某些课程和“选而不修”的不正常现象。

(3) 第三个转变，学习方式由单一性转变为多样性。中学学习比较单一，主要是通过课堂学习获取知识；大学学习要学会利用多种途径获取知识、锻炼能力。① 利用课堂进行有效的学习。大学老师讲课风格与中学老师截然不同，要使自己进行有效的学习，则要主动探索大学教学规律，力求找到教法和学法之间的交点。② 利用学校的实验室和电教设备培养自己的实际操作能力和理论联系实际的能力。现在的大学教学内容所包含的信息量越来越大，仅凭坐在教室里苦读书是难以适应的。大学生必须通过多种渠道获取大量的信息，并充分利用现代多种高科技教学手段来掌握、运用自己所学的知识来提高自己的能力。③ 利用图书馆培养自主学习能力和提高自己的综合素质。很多学有所成的人都感到图书馆对他们的帮助是非常大的。但有些大学生由于没有这种意识，念了几年大学还不知道如何在图书馆、资料室查找自己所需的文献材料。这无疑是在浪费宝贵的教育资源。④ 参加社团活动培养、锻炼自己各种能力。⑤ 参加社会实践，加强对社会的认识：认识个人与社会的关系，认清学习与职业的关系。⑥ 选听讲座和报告。“大学者，非有大楼也，乃有大师也”。在大学校园里，经常会有各种内容的讲座和报告，大学生要根据自己的需要，有选择性地听一些讲座和报告，拓宽自己的知识面和信息渠道。

(4) 第四个转变，注重培养学习能力和创新能力。教育家 Skinner 曾说：“如果我们将学过的东西忘得一干二净时，最后剩下来的东西就是教育的本质了。”所谓“剩下来的东西”，其实就是自学的能力，也就是举一反三或无师自通的能力。在大学期间，学习专业知识固然重要，但更为重要的还是学习思考的方法，培养举一反三的能力。只有这样，毕业后才能适应这瞬息万变的世界。在大学期间，最好的学习方法是在老师讲课之前就把课本中的相关问题琢磨清楚，然后在课堂上对照老师的讲解弥补在理解和认识上的不足。中学学习更多的是追求“记住”知识，而大学生则要“理解”知识，并善于提出问题；对于每一个知识点，要多问几个“为什么”。事实上，很多问题都有不同的思路和观察角度。在学习知识或解决问题时，不要死守一种思维模式，不要让自己成为课本或经验的奴隶。只有这样，大学生潜在的思考能力、创新能力和学习能力才能被真正激发出来。

其次，大学生要掌握自主学习的方法。

(1) 制定学习计划。自主学习的第一步就是要制定学习计划。计划有许多种，可按时间、学科、目标等分，也得有随想、预计、应变等备选方案。计划并非必须写在纸上，有时只需要心中有数即可。比如，每个小组要有明确的学习目标，每个小组成员也要有个性的目标，每节课、每个时间段也要任务明确、目标清楚。每个同学要知道自己在干什么、该干什么，每个小组要对成员的计划落实情况进行督查激励。让学生在小组活动中感到这是一件很有趣味的事情，而且是很容易做到的事情。

(2) 加强时间管理。没有学习主体对自己学习过程所进行的自我观察、自我审视和自我评价，没有学习主体根据这种自我监控所做出的反馈、调整及强化，就谈不到“自主学习”。自主学习的关键就是时间的合理分配与精心安排。那种眉毛胡子一把抓、分不清轻重缓急的“自主”，是懒汉放羊式的漫无边际，有可能造成捡芝麻丢西瓜的得不偿失。加强时间管理，需要有计划做先导、自律为后盾、充实为宗旨，达到劳逸结合、寓学于乐的理想状态。

(3) 整合利用资源。网络时代，学习的制高点则是整合利用资源。这里的资源不仅包括自身的知识积淀，还暗含着学习的工具、途径与方法策略。整合则要求学生在自主学习时以知识的重点为“圆心”，以自己的学习能力为“半径”画圆，能较为系统地梳理整合所学的知识。比如，请六年级的学生说说简便运算有几种方法？有心的学生就把小学从一年级到六年级的简便运算全部归类弄清楚了。这就是找到了一个知识点，以自己学习的实际情况为半径，将知识系统化。

(4) 重视反馈信息。自主学习不是漫无目标地自由学习，它需要重视学习过程的优化与方向的修正，及时查漏补缺，针对出现的问题交流研讨，能够自评学习效果，学会反思并调整方式策略。信息反馈的方式多种多样，可同学之间互相监控，也可依据导学案做好自我测评，还可对照学习目标检查任务完成情况。教师不能一味地牵着学生的鼻子走，要让学生有选择的权利，让学生在学习过程中能把自己的特长展示给同伴以得到赞赏，尝到成功的喜悦。自主学习要让学生有选择参与评价的权利，让学生对自己、对同学的学习，对老师的教学作出评价，再用这种评价完善自己。

(5) 养成良好习惯。播下一个行为，收获一种习惯；播下一种习惯，收获一种性格；播下一种性格，收获一种命运。这充分说明了习惯的重要。自主学习的好习惯有：做事有主见，学习讲方法；珍惜时间，擅长统筹安排；主动参与，乐于探究，勤于动手；会搜集和处理信息，善于交流与合作；能自觉地制订学习计划，确定学习目标，组织学习活动，自我监控学习过程；能主动选择学习策略，自我评价学习结果，积极创设最优化的学习内部环境与外部环境，等等。

(6) 坚持学以致用。课堂上教师讲得越多、越细、越深，学生就学得越苦、越累、越烦。长时间地灌输，学生不能“学以致用、用以促学、学用相长”，就会“被动接受、难以消化、无动于衷”。自主学习推崇“学以致用”，而不是“学以备用”，如果“学”与“用”之间隔着一段时空，甚至挡着一堵高墙或横着一条鸿沟，让学生看不到应用的前景，体会不到应用的乐趣，更无法在应用过程中探索学习，因此，真知就无法从实践中产生。“要求儿童在今天就过着丰富的精神生活，而不只是为明天掌握知识做准备”，教育家苏霍姆林斯基的这句教育名言，其实就是强调学以致用。

【情境任务训练】

一、比比谁高

(一) 活动目的

训练同学思维，发挥集体智慧，激发个人想象力、创造力。

(二) 活动时间

大约需要 30 分钟。

(三) 活动道具

扑克牌、吸管、回形针。

(四) 活动场地

以室内为宜。

(五) 活动程序

(1) 6～8 人一组，领取材料：一副扑克牌、100 根吸管(其中 20 根带弯头的)、20 只回形针。

(2) 要求在 15 分钟内利用现有材料搭建有高度的作品，并且命名。

(3) 各组派一个代表讲解搭建原理，根据最后的高度及综合结果(外形的美观、结构的稳固、用材的科学、创意的新奇等)，评选出如“最高”、“最美观”、“最省材”、“最稳固”、“最新奇”等最佳作品。

(六) 注意事项

(1) 三种材料均要用上，不可以只使用其中的部分材料。

(2) 比最高是指直立高度，不可以依靠墙面、钉在地面、人手扶立等。

(3) 各组派出一个学生组成“评委组”，分别到各组征求意见并评定最佳作品。

二、高空飞蛋

(一) 活动目的

帮助同学们克服思维定式，在探究中寻找快乐，在创造中体验成就感。

(二) 活动时间

大约需要 30 分钟。

(三) 活动道具

每组准备鲜鸡蛋 2 只、报纸 2 张、塑料袋、胶带纸、细绳子。

(四) 活动场地

在室外而且有三层楼以上高处的活动场地。

(五) 活动程序

(1) 发材料，让同学们在 15 分钟之内用所给材料设计完成保护装置，每组留一位学生在 3 层楼高的地方放鸡蛋，其他学生可以在楼下空地观赏并检查落下的鸡蛋是否完好。

(2) 鸡蛋完好的小组是优胜组，可以进入决赛，决赛可以提高难度，如从 4 楼或 5 楼落下鸡蛋。

(3) 集体交流成功与失败的经验、教训。

(六) 注意事项

(1) 两只鸡蛋，一只用于试验，一只用于比赛。强调用材的统一性，以示竞争的公平性。

(2) 强调探索的过程，在实践中不断改进、创新和突破。

(3) 鼓励学生总结成功的经验与失败的教训。

【思考、澄清、分享、巩固：为什么要自主学习？】

学到终极看自主，自主学习可谓学习的最高境界。马斯洛的“自我实现”理论告诉我们，人都有“自我实现”的需要。越是在自主状态下独立地发挥出潜能，获得自我价值的实现，越有成就感，越能成为自由、健康、无畏的人。自我实现是人生追求的最高目标，教育的真正意义就在于帮助人满足这种追求，表现出自己的才能，体验最大的快乐。

有了这种自我实现的需要，学习应该是人的一种本能。人在获得生理需要、安全需要、社交需要、尊重需要的同时，自然会接受外在信息，在先前认知结构的基础上，积极主动地建构个人的知识大厦。通过活动和自主建构，使个体的创造力、潜能、个性等得以丰富、发展、完善。

按理说，学习是不需要督促的。为什么今天有那么多孩子厌学呢？原因很简单，学习的诱因是自我需要，本应该让学生充分自主，主动求索，自发进取，而学校教育将学习变成了高压灌输——思想、方法、知识，乃至一切行为都要用灌输的方式来处理。其结果是教育中的所有行为都变成了外在努力，而不是发自学生内心的追求。打个比方，学生就像小毛驴，学习就是赶路。理想的境界是在能看得见的前方摆着青草，让学生信“驴”由缰，自由奔驰；中等方略是苦口婆心地告诉“毛驴”，远方有吃不完的青草，再用根绳子拴着笼头，生拉硬扯；最次的做法是，要到哪里去毛驴不清楚，“主人”扯不动绳子就掉过头抽驴屁股……厌学由此产生。

精神的成长需要自主。爱因斯坦说：“发展独立思考和独立判断能力，应始终放在首位，不应当把获得知识放在首位。”学生独立精神的缺失是当前教育的弊病之源。杜郎口中学崔其升校长说：“学生学习的敌人在于依赖，教师教学的最大悲哀在于包办。”当今的独生子女依赖心理严重，在学习上被动接受，不求甚解，即使能够完成学习任务，也体会不到学习的乐趣。教师教学又习惯于包办，唯恐学生不会这不会那，不敢放手，不去培养学生的独立精神，反而以“驯服”、“压制”为能事，以学生“听话”、“顺从”为管理目标，无形中剥夺了学生自主成长的机会。

要想唤醒沉睡的潜能，激活封存的记忆，开启幽闭的心智，放飞囚禁的欲望，前提就是学生要有自主学习权。只有自主，才能解放学习力。就像当年的生产队吃大锅饭一样，社员没有种田自主权，于是出工不出力，造成生产效率低下。包田到户后，拥有了自主权，农民的积极性高涨，生产力大增，与此前形成鲜明对比。

任务2　确立学习目标

【情境任务描述】

毕业后的我

大学三年转瞬即逝，请每位同学闭眼冥想：

(1) 虽然我才进入大学，但是，逝者如斯夫，大学毕业后的我，将会在哪里？将会在干什么？

(2) 为什么我想在那里？干这样的事情？

(3) 如果我想实现心中的“毕业后的我”，可能遇到的困难是什么？

(4) 如果我想实现心中的“毕业后的我”，我需要什么人、什么样的帮助？

(5) 如果我想实现心中的“毕业后的我”，需要具备的知识、能力有哪些？

(6) 如果我想实现心中的“毕业后的我”，你的行动计划是什么？实现的日期呢？

每组选派2到3名目标最明确或目标最特别的同学进行介绍，让全班同学分享。

【情境任务分析】

学习生涯的规划是职业生涯规划的重要组成部分。大学学习目标的确定和实施可以使同学们减少迷茫、彷徨、孤寂和颓废……大学毕业后，你回首，是否会庆幸：“我至少还做成了一两件事？”

面对人生，有人整天都是精神振奋，干劲十足，仿佛有用不完的精力。而有些人却是怨声载道，灰心沮丧，一天到晚永远生活在烦恼与忧愁之中。因为他们没有目标，他们茫然失措，他们不知道自己的方向在哪里！目标就如同人生的灯塔，而人生就如同航行在茫茫大海中的船只，如果没有目标，就像船只没有灯塔，永远无法达到人生的彼岸！

【情境任务知识】

一、什么是目标

目标是个人或组织在未来一段时间内所要期望的成果。目标是欲望的具体表现形式，是一切行动的源动力。目的是应达到的效果(结果)，目标是要达到效果的量化指标，目的与目标有共同的结果，但是目标更侧重于可量化。

学习目标是学习活动的出发点和归宿。明确学习目标是大学生学习的战略前提，是提高学习积极性、自觉性和效率的关键。一个大学生有无明确的学习目标，决定着他在大学期间是否有明确的追求，是否能够积极向上，以及他的学习效率的高低。学习目标为我们衡量学习成效提供了最好的标尺。明确的学习目标是做好大学学习规划的基础。

二、为什么需要确立目标

确立目标就是确定自己人生的方向，确定自己经过努力争取所希望达到的未来状况，目标明确才可能全力以赴。

譬如射标，一定要有一个靶，才会射中标。同样，人生若没有目标，只能任由环境影响，而不是自己影响环境。据耶鲁大学研究，只有3%的学生为自己定下目标并坚持到底，其成就远远超过其余97%学生的总和。人生有无目标完全两样。一个人如果没有目标，就没有人生的方向，缺乏生活的动力，个人潜力就得不到充分发挥，当然就不可能实现其人生价值。对时间管理者来说，如果没有目标，就弄不清自己到底需要什么，不能确定哪些任务重要和完成这些任务的先后顺序，不能控制事情发展的进程，不能用结果来评价时间的利用，这样，白白地把生命消耗掉了，自己却一事无成。相反，只有明确目标，才能更大限度地节约时间，成就成功人生。

一般人不愿为自己设定目标的原因无外乎：第一，恐惧，万一达不到，会有失败感；第二，无此意愿，为何要设定目标，每天过得好就可以了；第三，误将行动当成就，每天忙来忙去，好像很有成就感。其实行动不等于成就，有结果才算有成就。人生的道路上，存在着时间与价值的对应关系。有目标，一分一秒都是成功的记录；没有目标，一分一秒都是生命的耗费。

三、确立目标的原则——SMART原则

SMART原则由管理学大师Peter Drucker提出。根据Drucker的说法，人一定要避免“活动陷阱”(Activity Trap)，不能只顾低头拉车，而不抬头看路，最终忘了自己的主要目标。

制定目标看似一件简单的事情，每个人都有过制定目标的经历，但是如果上升到技术的层面，必须学习并掌握SMART原则：S(Specific)，具体、明确，例如，我想要成为护士、程序设计员、导游等；M(Measurable)，可衡量，即这个目标是量化的，易于我们看到进展

和实现；A(Achievable)，可实现，即具备达到目标的条件；R(Realistic)，相关性，即这个目标要与你的长远目标相联系，是你实现长远目标的基石；T(Time-based)，时限性，使自己具有行动的紧迫感，时间管理尤为重要。

(一) 具体、明确

所谓明确就是要用具体的语言清楚地说明要达成的行为标准。明确的目标几乎是所有成功人士和团队的一致特点。很多人或团队不成功的重要原因之一就因为目标定的模棱两可，或没有将目标有效地传达给相关成员。

例如：目标——“增强自主学习能力”。这种对目标的描述就很不明确，因为增强自主学习能力有许多种具体做法，如：制定具体的学期学习计划，并有效实施；对自己进行客观、全面的评价；对照自己的目标，对自己的学习行为和效果做出价值判断等。

有很多增强自主学习能力的做法，我们所说的“增强自主学习能力”到底指哪一块？不明确就没有办法评判、衡量。所以建议这样修改，例如：我将在这个星期内做出本学期的学习计划，这个计划要详细到月计划、周计划。

(二) 可衡量

衡量性就是指目标应该是明确的，而不是模糊的。应该有一组明确的数据，作为衡量是否达成目标的依据。

如果制定的目标没有办法衡量，就无法判断这个目标是否能实现。比如领导有一天问“这个目标离实现大概有多远？”团队成员的回答是“我们早实现了”。这就是领导和下属对团队目标所产生的一种分歧。原因就在于没有给他一个定量的可以衡量的分析数据。但并不是所有的目标都可以衡量，有时也会有例外，比如说大方向性质的目标就难以衡量。

示例：“让我自己参加进一步的管理培训”。进一步是一个既不明确也不容易衡量的概念，到底指什么？是不是只要参加了这个培训，不管谁讲，也不管效果好坏都叫“进一步”？

改进一下：准确地说，在什么时间完成对关于某个主题的培训，并且在这个课程结束后，自己的结业成绩要在 85 分以上，低于 85 分就认为效果不理想，高于 85 分就是所期待的结果。这样目标就变得可以衡量。

实施要求：目标的衡量标准遵循“能量化的量化，不能量化的质化”。使大家有一个统一的、标准的、清晰的、可度量的标尺，杜绝在目标设置中使用形容词等概念模糊、无法衡量的描述。对于目标的可衡量性应该首先从数量、质量、成本、时间等方面来进行，如果仍不能进行衡量，其次可考虑将目标细化，细化成分目标后再从以上几个方面衡量。

(三) 可实现

目标是可以让执行人实现、达到的。

不畏难。既然要通过实现目标而成长，就先不要想达成的困难，不然热情还没点燃就先被畏惧给浇灭了。

实施要求：目标设置要符合自身实际，既要内容饱满，也要具有可达性。可以制定跳起来“摘桃”的目标，不能制定跳起来“摘星星”的目标。

(四) 相关性

目标的相关性是指实现此目标与其他目标的关联情况。如果实现了这个目标，但对其他的目标完全不相关，或者相关度很低，那这个目标即使达到了，意义也不是很大。

学习目标的设定要和自身实际情况和职业发展相关联，不能跑题。比如你是一个前台，你让自己学点英语以便接电话的时候用得上，这时候提升英语水平和前台接电话的服务质量有关联，即学英语这一目标与提高前台工作水准这一目标直接相关。若你要自己去考 6 级，就比较跑题了。

(五) 时限性

目标的时限性是指目标是有时间限制的。例如，我将在 2014 年 10 月 31 日之前完成某事。10 月 31 日就是一个确定的时间限制。根据目标的轻重缓急，给自己的目标设定一个时限。

实施要求：目标设置要具有时间限制，根据各项学习目标的权重、事情的轻重缓急，拟定出完成目标项目的时间要求，定期检查学习的完成进度，及时掌握学习进展的变化情况，以及根据实际情况变化及时地调整学习计划。

总之，无论是制定个人的学习，还是团队的工作目标，都必须符合上述原则，五个原则缺一不可。制定目标的过程也是自身能力不断增长的过程，通过不断制定高绩效的目标来提高自身的绩效能力。

四、设立目标的步骤

对一个人来说，目标是多层次的，有总体目标，有为达到总体目标而设立的一个个子目标；目标又是分阶段的，有长远目标，又有为实现长远目标而设立的一个个阶段目标，如中期目标、近期目标。这样对目标分解，有利于最终的总体、长远目标的实现。而且，一个个近期目标的实现，会给人以最终必定达到总体大目标的信心和力量。

耶鲁大学提出的目标确立步骤如下：

第一，先列出你期望达到的目标；

第二，列出好处，达到这些目标有什么好处；

第三，列出可能的障碍点，你要达到此目标的障碍，可能是知识不够、能力不够等，一一列举出来；

第四，列出所需要资源和信息，思考需要哪些知识、训练等；

第五，列出可提供支持的对象，一般而言，很难靠自己一个人即达到目标，所以应把可提供支持的对象一并列出；

第六，制定行动计划；

第七，制定达成目标的期限。

在此基础上制定出确立目标的步骤：

(1) 消除恐惧，不要担心失败，立定目标是必须的；

(2) 认同每个人一定要“有目标”这个想法；

(3) 完成耶鲁大学确立目标的七个步骤；

(4) 坚持目标，若不坚持，任由挫折、打击所摆步而放弃，则永远达不到预定的目标；

(5) 排定时间表；

(6) 确立做、马上做。

【情境任务训练】

一、大学最重要的目标

(一) 活动目的

让同学们明确大学三年要完成的最重要目标。

(二) 活动时间

大约 25 分钟。

(三) 活动场地

室内、外均可。

(四) 活动道具

纸、笔。

(五) 活动程序

(1) 请每人在纸上写出大学三年要完成的五件大事。

(2) 如果现在有特殊事件发生，必须在五件大事中抹掉两项，体验一下你现在的心情如何?

(3) 现在又有特殊的事件发生了，请你再抹掉一件，心情如何?

(4) 还要抹掉一件，心情又如何?

(5) 现在只剩下一件，这就是你几年内最想干的，对你来说也是最重要的一件大事，这就是你当前为之奋斗的目标。

(六) 注意事项

提醒同学们目标的多样性，可以从各个方面提出大学三年中对自己最重要的事。

二、SMART 目标制定

(一) 活动目的

让同学们运用 SMART 原则制定大学三年的学习计划。

(二) 活动时间

大约 25 分钟。

(三) 活动场地

室内、外均可。

(四) 活动道具

纸、笔。

(五) 活动程序

(1) 根据 “毕业后的我”、“大学最重要的目标” 和耶鲁大学确立目标的七个步骤，制定出实现该目标的具体学习计划(大学三年)。

(2) 运用 SMART 原则对计划进行修改，确定最终学习计划。

(3) 小组交流和讨论，给小组成员提出计划修改的意见和建议。

(4) 每组推选出一个最符合 SMART 原则的学习计划进行展示。

(六) 注意事项

让同学们深刻理解 SMART 原则，注意学习计划的明确性、可操作性、可衡量性、相关性和时限性。

【思考、澄清、分享、巩固：7 个故事让你明白目标管理的重要性】

第一个故事：爱丽丝的故事

“请你告诉我，我该走哪条路?”爱丽丝说。

“那要看你想去哪里?”猫说。

“去哪儿无所谓。”爱丽丝说。

“那么走哪条路也就无所谓了。”猫说。

——摘自刘易斯·卡罗尔的《爱丽丝漫游奇境记》

赵日磊点评：这个故事讲的是人要有明确的目标，当一个人没有明确目标的时候，自己不知道该怎么做，别人也无法帮到你！天助先要自助，当自己没有清晰的目标方向的时候，别人说的再好也是别人的观点，不能转化为自己的有效行动。

第二个故事：游泳的故事

1952 年 7 月 4 日清晨，加利福尼亚海岸起了浓雾。在海岸以西 21 英里的卡塔林纳岛上，一个 43 岁的女人准备从太平洋游向加州海岸。她叫费罗伦丝·查德威克。

那天早晨，雾很大，海水冻得她身体发麻，她几乎看不到护送她的船。时间一个小时一个小时的过去，千千万万人在电视上看着。有几次，鲨鱼靠近她了，被人开枪吓跑了。

15 小时之后，她又累，又冻得发麻。她知道自己不能再游了，就叫人拉她上船。她的母亲和教练在另一条船上。他们都告诉她海岸很近了，叫她不要放弃。但她朝加州海岸望去，除了浓雾什么也看不到……

人们拉她上船的地点，离加州海岸只有半英里！后来她说，令她半途而废的不是疲劳，也不是寒冷，而是因为她在浓雾中看不到目标。查德威克小姐一生中就只有这一次没有坚持到底。

赵日磊点评：这个故事讲的是目标要看得见、够得着才能成为一个有效的目标，才会形成动力，帮助人们获得自己想要的结果。

管理者在和下属制定目标的时候，经常会犯一个错误，就是认为目标定得越高越好，认为目标定得高了，即便员工只完成了 80% 也能超出自己的预期。实际上，这种思想是有问题的，持有这种思想的管理者过分依赖目标，认为只要目标制定了，员工就会去达成。

实际上，制定目标是一回事，完成目标又是另外一回事，制定目标是明确做什么，完成目标是明确如何做。与其用一个高目标给员工压力，不如制定一个合适的目标，并帮助员工制定行动计划，共同探讨障碍并排除，帮助员工形成动力。

另外，目标不是唯一的激励手段，目标只有与激励机制相匹配，才会形成更有效的动力机制。所以，除了关注目标之外，管理者还要关注配套的激励措施。

最后，合适的目标是员工可以跳一跳就能够得着的目标，当员工经过努力之后可以达成目标，目标才会对员工有吸引力，否则，员工宁可不做，也不愿意费了很大力气却没有完成！

第三个故事：石匠的故事

有个人经过一个建筑工地，问那里的石匠们在干什么？三个石匠有三个不同的回答：第一个石匠回答，“我在做养家糊口的事，混口饭吃。”第二个石匠回答，“我在做整个国家最出色的石匠工作。”第三个石匠回答：“我正在建造一座大教堂。”

赵日磊点评：三个石匠的回答给出了三种不同的目标，第一个石匠说自己做石匠是为了养家糊口，这是短期目标导向的人，只考虑自己的生理需求，没有大的抱负；第二个石匠说自己做石匠是为了成为全国最出色的匠人，这是职能思维导向的人，做工作时只考虑本职工作，只考虑自己要成为什么样的人，很少考虑组织的要求；而第三个石匠的回答说出了目标的真谛，这是经营思维导向的人，这些人思考目标的时候会把自己的工作和组织的目标关联，从组织价值的角度看待自己的发展，这样的员工才会获得更大的发展。

德鲁克说，第三个石匠才是一个管理者，因为他用自己的工作影响着组织的绩效，它在做石匠工作的时候看到了自己的工作与建设大楼的关系，这种人的想法难能可贵！

中松义郎的目标一致理论讲的就是这一点，当一个人的目标与组织的目标越一致，这个人潜能发挥得就越大，就越有发展！

第四个故事：保险销售员的故事

有个同学举手问老师：“老师，我的目标是想在一年内赚100万！请问我应该如何计划我的目标呢？”老师便问他：“你相不相信你能达成？”他说：“我相信！”老师又问：“那你知不知到要通过哪个行业来达成？”他说：“我现在从事保险行业。”老师接着又问他：“你认为保险业能不能帮你达成这个目标？”他说：“只要我努力，就一定能达成。”

“我们来看看，你要为自己的目标做出多大的努力，根据我们的提成比例，100万的佣金大概要做300万的业绩。一年300万业绩，一个月25万业绩，每一天8300元业绩。”老师说。“每一天8300元业绩。大概要拜访多少客户？”老师接着问他，“大概要50个人。”“那么一天要50人，一个月要1500人，一年呢？就需要拜访18000个客户。”

这时老师又问他：“请问你现在有没有18000个A类客户？”他说没有。“如果没有的话，就要靠陌生拜访。你平均一个人要谈上多长时间呢？”他说：“至少20分钟。”老师说：“每个人要谈20分钟，一天要谈50个人，也就是说你每天要花16个多小时在与客户的交谈上，还不算路途时间。请问你能不能做到？”他说：“不能。老师，我懂了。这个目标不是凭空想象的，是需要凭着一个能达成的计划而定的。”

赵日磊点评：目标不是孤立存在的，目标是与计划相辅相成的，目标指导计划，计划的有效性影响着目标的达成。所以在执行目标的时候，要考虑清楚自己的行动计划，怎么做才能更有效地完成目标，是每个人都要想清楚的问题，否则，目标定得越高，达成的效果越差！

第五个故事：马拉松运动员的故事

山田本一是日本著名的马拉松运动员。他曾在 1984 年和 1987 年的国际马拉松比赛中，两次夺得世界冠军。记者问他凭什么取得如此惊人的成绩，山田本一总是回答："凭智慧战胜对手！"

大家都知道，马拉松比赛主要是运动员体力和耐力的较量，爆发力、速度和技巧都还在其次。因此对山田本一的回答，许多人觉得他是在故弄玄虚。10 年之后，这个谜底被揭开了。山田本一在自传中这样写到："每次比赛之前，我都要乘车把比赛的路线仔细地看一遍，并把沿途比较醒目的标志画下来，比如第一标志是银行；第二标志是一个古怪的大树；第三标志是一座高楼……这样一直画到赛程的结束。比赛开始后，我就以百米的速度奋力地向第一个目标冲去，到达第一个目标后，我又以同样的速度向第二个目标冲去。40 多公里的赛程，被我分解成几个小目标，跑起来就轻松多了。开始我把我的目标定在终点线的旗帜上，结果当我跑到十几公里的时候就疲惫不堪了，因为我被前面那段遥远的路吓到了。"

赵日磊点评：目标是需要分解的，一个人制定目标的时候，要有最终目标，比如成为世界冠军，更要有明确的绩效目标，比如在某个时间内成绩提高多少。

最终目标是宏大的，是引领方向的目标，而绩效目标就是一个具体的、有明确衡量标准的目标，比如在四个月把跑步成绩提高 1 秒，这就是目标分解，绩效目标可以进一步分解，比如在第一个月内提高 0.03 秒等。当目标被清晰地分解了，目标的激励作用就显现了，当我们实现了一个目标的时候，就及时地得到了一个正面激励，这对于培养我们挑战目标的信心的作用是非常巨大的!

第六个故事：幸岛短尾猴的故事

位于日本南部宫崎县的幸岛是短尾猴的故乡。日本科学家对幸岛短尾猴的研究已有半个世纪之久，研究过程中最著名的发现是猴子也会清洗红薯。科学家将这种行为看做是非人类种群表现出的一种文化现象。1952 年，日本京都大学的一位教授带着几名学生对短尾猴进行了观察研究，在研究的过程中，他们在沙土里种植了一些红薯，走的时候就把这些红薯留下了。后来，猴子发现了红薯，就开始作为食物来吃。由于是在沙土里生长的，红薯上经常粘着一些沙子，比较磕牙。后来，有一个聪明的猴子发现，把红薯放到水里洗一下，然后再吃，就不会磕牙了，于是他高兴地把这个发现告诉了身边的小猴子，这些猴子也开始用水洗红薯吃，再后来，这些猴子又把这个秘密告诉了其他的猴子，甚至告诉了其他岛上的猴子。于是，一天，一个令人震撼的场景出现了，在皎洁的月光下，100 多只猴子排着队在水里洗红薯，这就像预示着一个新纪元的出现。

赵日磊点评：这个故事说明了一个道理，一个人在小范围内做正确的事情的时候，他的行为可以影响到身边的人，而这种影响可以产生一种聚合效应。在目标管理里，领导带头谈目标、定目标、回顾目标就是在做正确的事情，而领导的这种行为可以影响到经理层和员工，使大家逐渐培养一种目标管理行为，最终形成自我控制！

目标管理如果没有高层领导的支持和推动，没有高层领导的以身作则和示范作用很难推行，因为它是一种思想和组织行为，领导必须起到带头作用！

第七个故事：吴起不败

吴起，战国初期著名的政治家，卓越的军事家、统帅、军事理论家、军事改革家。后世把他和孙子连称“孙吴”，著有《吴子》，《吴子》与《孙子》又合称《孙吴兵法》，在中国古代军事典籍中占有重要地位。吴起是一位军事和政治上的鬼才，他的一生中毫无败绩，可以说是不败的军神，在政治上提出的改革方案令魏国和楚国成为当时战国的霸主。吴起在作战上号令严明，在寻常的出征途中愿意和普通士卒同甘共苦，赢得了士卒的爱戴，以至于士卒为其战死亦在所不惜。吴起在军制的改革抛弃了当时军事上士卒作战不积极的弊病，使所在国家的军事强于其他国家，正因为如此才能抵御强国的入侵，侵占小国的领土。

赵日磊：这个故事讲的是领导在目标管理中要拉下架子，平等对待部门或团队中的每个成员，并提供顾问、教练、保姆服务，就会创造出惊人的团队整体业绩。

七个故事很好地诠释了目标管理理论，首先，一个人要有明确清晰的目标；其次，目标要切合实际，看得见，摸得着；第三，目标不是孤立存在的，一个人的目标要和组织相关联；第四，目标与计划密不可分；第五，目标要进行分解落实；第六，领导要在目标管理中起到率先垂范作用；第七，领导要关注目标的执行情况，为员工提供支持！

任务3 做时间的主人

【情境任务描述】

你是否在苦恼如何分配学习、工作的时间，做到两不耽误呢？你是否是自己时间的主人呢？请回答《时间运用调查》：

(1) 你一天最有效的时间是什么时候？

(2) 你一周最有效的时间是星期几？

(3) 你每天学习花费多少时间？

(4) 你每天浪费多少时间？是做哪些事情？

(5) 如果每天有额外的两小时，你喜欢做哪些事？

(6) 在过去一年中，你曾用至少一星期的时间来记录你的时间使用状况吗？

(7) 你是否会将时间的紧迫性与重要性分类？

(8) 你是否总有时间做最重要的事情？

(9) 你总能够按计划在预订的时间内完成工作吗？

【情境任务分析】

人与人的区别大多在于对时间的利用，如果每天能省出一些时间花在学习上，你的学习进步将是惊人的。请认真回答《时间运用调查》，看看你的时间浪费在哪里？

时间是一个固定的东西，每个人拥有的时间是一样的，但使用的方法却不同。根据杰克·弗纳的观点，时间管理是“有效的应用资源，以便我们有效地取得个人重要的目标。”已有研究证明，使用一些很简单的时间管理技术可以提高个人的工作效率，其结果是可以使我们有更多的时间参加社会活动，进行锻炼、休闲以及做一切自己想做的事情。

【情境任务知识】

一、时间及其特性

(一) 时间的一维性

一维性是时间最基本的特征。时间之所以珍贵是因为它是一种不可再生的资源，过去了就不可能再挽回。我们只能从昨日到今日，今日一过就不可能再来，因此我们只能前进，而不可能回头。

时间总是沿着从过去到现在到未来这样一个方向前进，对它的度量只能在单线上进行。它不可替代，不可购买，不可储存，不可增减，并且一去不复返。一小时 60 分钟，一分钟 60 秒，无论你多么有钱，多么有地位，时间对每个人都是很公平的，也是毫无弹性的。

(二) 时间的有限性和无限性

时间的另一个重要特征是其有限性和无限性。

对每一个具体事物来说，时间是有限的，人生有限，青春有限，事物产生的历史有限，一天 24 小时有限，一年 365 天有限……

对于整个宇宙来说，时间又是无限的，它无始无终。理论上，一个有限的时间段也可无限分割，如同一个有限的线段包含着无限个点，即有限的时间中仍包含着无限更小单位的时间。而且，人们对有限时间的利用也是无限的。自然界中的万物都是无限时间中的有限存在物，但唯有人能自觉意识到自身的这种有限性。人正是在这种无限与有限的矛盾中，不愿自己在无限的时间长河中随波逐流，而把注意力放到对有限时间的利用上，探索提高时间效益的正确途径，充分地利用有限的生存时间使自己获得尽可能大的发展。正如鲁迅先生所说，时间就像海绵里的水，只要愿意挤，总还是有的。

二、时间管理的意义

(一) 时间管理的内涵

所谓“时间管理”，就是在充分认识时间的性质和价值的基础上，科学、合理、有效地利用时间资源，以产生最大效益。时间管理不是去管理时间，而是管理与时间息息相关的我们本身，是对我们选择怎样使用时间的管理，是我们在使用时间时选择的行为。

任何人任何时候都在与时间打交道，时间虽然看不见、摸不着，但却是最实在、最实际的。因此，开发、利用时间有巨大的价值。马克思说：“任何节约归根到底是时间的节约。”“时间是能力等等发展的地盘。”又说：“一切经济最后都归结为时间经济”。罗斯福总统也极为重视时间，曾专门制定“保护总统时间法”，采取法律措施保护总统的时间。美国钢铁大王卡耐基曾悬赏，谁能教他“节约时间”的方法，他就给予 2.5 万美元的奖金。美国早就有专门负责整理办公桌的公司。这种公司专门把乱七八糟的办公桌清理得井井有条，清理一个办公桌收费高达 1000 美元，而公司老板们因为这样能节约时间，都认为值得。可见时间之重要。从此意义上可以说，一切节约归根到底就是时间的节约。每个人每天都有 24 小时，但是时间在每个人手里的价值却不相同，效益也大相径庭，这就是人们在时间管理上的差异了。

(二) 时间管理的功能

一个好的时间管理者不仅能根据自己的时间来满足所有的合理需要，而且还能够消耗最少的身体和心理的资源。他们认识到，仅仅完成工作任务是不够的，还需要做到经济地完成任务。因此，科学的时间管理具有两个功能：高效率的生活；不过多地消耗生理或心理能量，即经济、有效地完成任务，实现预定目标。

(三) 时间管理的益处

具体而言，一个人如果善于管理时间，他将获得以下益处：

(1) 有效的时间管理能提高效用和效率，使人在工作、家庭生活及个人爱好方面获得更多的成果；能增加业余时间，因为更有效地工作意味着你会有更多自己的时间，更好地全面发展自己；有利于拥有协调的生活状态。

(2) 有效的时间管理能增加工作的愉快感。假如能够熟练地操纵工作，而不是让工作操纵我们，我们都会对工作感到愉快，在工作中容易抓住重点，更好地应付各种干扰，避免办事拖拉，有利于举行有效率的会议，发展优秀的团队精神。

(3) 有效的时间管理能减轻压力，使人得到更多的休息机会，拥有更多的精力；可以为将来的短期和长期计划的实现赢得更大的可能性，为此个体也会变得更加自律。

(4) 有效的时间管理可以使工作变得更系统化、条理化，工作更有效、更有成果、更有创造力。显然，如果你能腾出时间坐下来思考和做一点白日梦的话，创造力就会得到更好的发挥。它还能使个体拥有更多的努力方向，拥有更多的动力去实现自己的目标，获得更多的成功，增强自尊和自信感，从而获得更大的动力——认为自己“能做”而不是“不能做”。

(5) 有效的时间管理还可以给他人带来好处。例如，可以推动他人优化时间管理，利于他人有效完成工作，进而推动整个社会效益的提高。

(四) 不善于管理时间的后果

相反，哪些不善于时间管理的人往往容易出现以下这些不良现象：

(1) 极端的 A 型行为。这可不是血型系统中的“A 型”，而是特指无休止地、迫不及待地把自己和他人逼到极限的一种行为。他们不会休息，不懂得一张一弛乃是成功之道，不懂得正确地管理时间应当是合理地为自己定下速度，并安排空暇时间去消遣。

(2) 一种毫不顾及别人时间的自私的生活方式。

(3) 狂热地追求效率，牺牲了健康，牺牲了生活中其他的乐趣，迷失了方向。

(4) 过于呆板而缺乏创造性。

如上所述，能否有效地进行时间管理将出现的正反两方面的现象清楚地展示在你面前，你希望自己的生活如何安排？是做科学使用、支配时间的“管理者”，还是仅仅做时光的跟随者呢？

三、时间管理中常见的问题

在探讨如何管理时间之前，先来看看时间是如何被错误管理的。最常见的问题是迷惑、犹豫不决、精力分散、拖拉、逃避、中断和完美主义。

(一) 迷惑

迷惑指不清楚自己的目标在哪里，不知该去向何方，不知该干些什么。这样的时间管理就没有什么意义。帕汀把这种情形比喻为飞机驾驶员在空中报告说他们“飞得不错，但迷失了方向”。

(二) 犹豫不决

犹豫不决让我们无法集中精力、无法放松、无法创造，它使我们的惶惑和紧张更加严重，从而拖延完成任务的时间。犹豫不决不仅是时间管理还可能是其他问题的根源。

(三) 精力分散

精力分散指企图做超出需要甚至超出可能的过多的事情，会引发无效的问题解决，导致无法集中精力，对最简单的工作也缺乏动机。竭力面面俱到会使身体产生疲劳，同时也给人的精神带来更大的压力。人的精力有限，精力分散的结果是什么也干不好。

(四) 拖拉

拖拉是指把“今天”应做的事情留到“明天”，典型的语言是“等等再说”、“需要商量商量”等。正如明代文嘉所言：“明日复明日，明日何其多。我生待明日，万事成蹉跎。”莫瑞和当娜·道格拉斯确认了三种类型的拖延：拖延不愉快的事情，拖延困难的事情，拖延难以作决定的事情。

(五) 逃避

人们可以找到许多逃避学习或工作的办法，他们延长休息时间、在楼道中溜达、与人聊天、阅读并不需要读的书籍和报纸、做一些琐碎的事情、泡网吧乃至做白日梦。

(六) 中断

不在计划中的中断是令人烦恼且耗时的事情。那种随时有人干扰，而使学习或工作不得不中断的情景人人都遇到过，太频繁的中断必然会影响效率。

(七) 完美主义

你可能经常听见人说：“我是个完美主义者。”李保尔夫指出高尔夫球的好分是 18 分，而出色的分数是 72 分。很少会有人真的要求自己得到这么高的高尔夫分数，但人们在生活的其他方面却往往为自己确定很不现实的目标。

四、有效管理时间的技巧

在认识到时间的宝贵、时间管理对人生成功的重要性之后，在明确了学习实践管理的任务之后，我们便要学习管理时间所需要的能力，培养时间管理所需的正确心态，即与时间管理相适应的良好的心理品质，以及掌握时间管理的方法和技巧。

(一) 培养时间管理所需的能力

这种时间管理能力是在人的一般能力(智力、操作能力)基础上形成的特殊能力。具体表现在：

(1) 能高度集中注意力并能正确分配注意力；

(2) 能正确安排属于自己支配的时间；

(3) 能了解自己经历变化的大致趋势，了解自己的“生理节奏”，按照“优时优用”原则，以最佳时间完成最重要的任务，事半功倍；

(4) 能根据自己注意力分配的广度尽可能把有关的任务安排在同一时间完成；

(5) 能根据大脑的功能定位把不同性质的活动作交错安排，防止大脑疲劳；

(6) 能根据情况变化及时调整计划以防止时间空耗；

(7) 能在各种可能的方法中选择最简便的方法完成任务；

(8) 能定期总结自己的用时情况并制定改进措施，对自己在时间管理上的每一个微小进步给予赞美和鼓励；

(9) 养成整洁和条理的习惯。

(二) 培养时间管理所需的积极心态

在以往的许多事例中，有的人在时间管理上失败，其主要原因并不在于是否熟悉时间管理的技巧，而恰恰在于他们缺乏良好的心理品质，不能言行一致地去付诸实施。

那么，究竟需要什么样的心理品质才能有效地管理时间呢？人们列出了许多，诸如：思维清晰，有决策判断力，注意力集中，良好的记忆力，决心大，持久稳定，一丝不苟，准确无误，沉着、冷静、客观、言行合理……但是，最关键的是自信心，有一种积极的思维、积极的心态。因为，我们的思维方式深深地影响着我们的行为方式，积极的思维能给人以信心、动力，而消极的思维则会变成一种毁灭性的习惯。在时间管理方面，消极的思维会使人无休止地谈论自己的不足，认为良好的时间管理者的品质主要是先天气质的原因，而自己“恰好没有那种气质”，把对自己不能很好地时间管理的谴责移到遗传基因这种自己无法控制的事情上，进而认为自己无论怎么做都是徒劳的，要改进是根本不可能的。这当然不是在增强而是在削弱自己的力量。消极的思维就是这样，越是告诉自己不具备时间管理所必须的那些品质，就越是相信自己根本就不具备那种心态、品质，结果造成了“我没有这种气质—我不行—我什么也完成不了—所以我不行”的恶性循环。因而也永远无法成为良好的时间管理者。相反，积极的思维给自己的是一种积极的信息，它告诉自己，虽然我目前还不完全具备良好的时间管理者的这些心理品质，但我肯定已具备其中一种或几种，完全可以利用并发展它们，因而完全有能力有效地、有把握地支配好时间，成为良好的时间管理者。积极的思维实际上是彻底挖掘个人潜力的根本要素。

(三) 掌握时间管理的方法

1. 制定合理的时间计划表

写出你的渴望、目标及梦想，每天至少大声念出两次，将有助于将这些目标融入你的潜意识中。

确立了目标后，依此制定计划。有人认为制定计划是“多此一举”，是“浪费时间”，其实“磨刀不误砍柴工”，合理的计划不但不会浪费时间，反而有助于节省大量的时间。

切记制定计划应具体、细致，太粗的计划等于没有制定计划；计划要有完成某项任务的最后期限(这样可使人集中精力去做某事)；制定计划要留有余地，留出机动时间以应变突发事件；公开自己制定的计划以展示自己的决心，不留后路，也可以争取更多的帮助；对制定的计划要有适时的检查和评估，以保证计划按时按质完成，保证各阶段目标、整体目标的最终实现。

制定一份可行的待办计划表并且身体力行。每晚在熄灯前制定好第二天的工作计划表，计划表应简单明了，并且要定期检查，最好是早上起床后第一件事就是查看计划表，这样就不会“忘记”要做的事了。要注意的是，应当在计划项目旁注上日期和时间。同时不要忘记制定长期计划表。

2. 先做最重要的事

要把自己有限的时间集中在处理最重要的事情上，切忌每样工作都抓，切忌平均分配时间。请你每天花20分钟将一天中要做的事情分轻重缓急记录下来，就可以节省至少一个小时用于记住这些事情的时间。一般来说，每天刚开始工作的时段是精力最充沛的时候。每晚临睡前都在纸上写下明天要做的6件最重要的事，并标明这些事情的重要次序，第二天一开始工作就将它拿出来，不看其他的，只看第一项。着手做第一项，直至完成为止。然后用同样的方法对待第二项、第三项……直到一天的工作结束为止。即使只做完第一件事也不要紧，因为你总是做着最重要的事情。每一天都要这样做。

3. 勿轻言放弃

最浪费时间的事就是太早放弃。人们经常在做了90%的工作后，放弃了最后可以让他们成功的10%。这不但输掉了开始的投资，更丧失了经由最后努力而发现宝藏的喜悦。如果爱迪生在发明电灯的过程中，过早地因一次次的失败而放弃了，那我们不知还要等多久才能享受到电带给人间的光明和快乐；如果科学家不具有如此坚韧不拔的毅力，坚持数百次的试验，那“六六六”也不会及早问世了……

4. 学会拒绝

生活中常常会有各式各样的人和事出乎预料地出现，以致干扰到你的计划。因此，珍爱时间者应当学会适时说“不”，懂得拒绝的艺术，以保证自己人生规划的实现。

5. 巧用生物钟

如果你能找出自己一天之中何时效率最高，那么用这段时间处理最重要、最繁难的工作，将会大大节约时间，提高时效。专家发现，对于一般人而言，上午的后段和晚上的中段是人精神状态最佳的时刻。中午之后，人开始有睡意；晚上2～3时，人的工作效率达到了“谷底”。专家建议，要利用一天中的高效时段去处理棘手的工作和从事创造性的思考，而低效时段则用来读报纸或整理信件等。巧用生物钟，就可以用较少的时间做更多的事情。

6. 找出隐藏的时间

时间效率专家阿列斯·伯雷说：“一天的时间就像大旅行箱一样，只要知道装东西的方法，就可以装两箱之多的物品。开始不要把东西扔到箱子的正中间，而是不留缝隙地往四个角和箱子的边缘填充，最后再向旅行箱的中间填。如果毫不浪费地使用了4个犄角旮旯的时间，你就可以把一天当做两天用了。”这是一个非常好的建议，因为如果你一天能利用30分钟的零散时间，那么一年下来累计就可达22天，还是相当可观的。

7. 注意休息

充分利用时间并不意味着马不停蹄，适时的休息可以使你的学习和工作更有成效。在长时间的学习或工作的中间打一会儿瞌睡能使人恢复精力，活动一下能使人头脑清醒、身体放松，甚至深呼吸都能起到休息的作用。如果高压力的时间过长，你可以考虑放自己几天假。

(四) 学会时间管理的具体技巧

1. 改变你的想法

美国心理学之父威廉·詹姆士对时间行为学的研究发现两种对待时间的态度：“这件工

作必须完成，但它实在讨厌，所以我能拖尽量拖”和“这不是件令人愉快的工作，但它必须完成，所以我得马上动手，好让自己能早些摆脱它。”

当你有了动机，迅速踏出第一步是很重要的。不要想立刻推翻自己的整个习惯，只需强迫自己现在就去做你所拖延的某件事。

2. 学会列清单

把自己要做的每一件事情都写下来，这样做首先能让你随时都明确自己手头上的任务。不要轻信自己可以用脑子把每件事情都记住。当你看到自己长长的 list 时，也会产生紧迫感。

3. 遵循 20:80 定律

生活中肯定会有一些突发困扰和迫不及待要解决的问题，如果你发现自己天天都在处理这些事情，那表示你的时间管理并不理想。成功者花最多时间在做最重要但不是最紧急的事情上，而一般人都是在做紧急但不重要的事上。

4. 安排“不被干扰”时间

每天至少要有半小时到一小时的“不被打扰”时间。假如你能有一个小时完全不受任何人干扰，关在自己的空间里面思考或者工作，这一个小时可以抵过一天的工作效率。

5. 严格规定完成期限

巴金森在其所著的《巴金森法则》中写下这段话：“你有多少时间完成工作，工作就会自动变成需要的那么多时间。”如果你有一整天的时间可以做某项工作，你就会花一天的时间去做它。而如果你只有一小时的时间可以做这项工作，你就会更迅速有效地在一小时内做完它。

6. 做好时间日志

你花了多少时间在做哪些事情，把它详细地记录下来，早上出门(包括洗漱、换衣、早餐等)花了多少时间，搭车花了多少时间，出去拜访客户花了多少时间……把每天花的时间一一记录下来，你会清晰地发现浪费了哪些时间。这和记账是一个道理。当你找到浪费时间的根源，才有办法改善。

【情境任务训练】

一、时间馅饼

(一) 活动目的

让学生清楚意识到自身时间管理的缺陷，并重新进行时间安排。

(二) 活动时间

大约 40 分钟。

(三) 活动地点

室内为宜。

(四) 活动道具

时间流水账、时间馅饼图、笔。

(五) 活动流程

(1) 给每位同学发《时间流水账》和《时间馅饼图》各一份。

(2) 认真填写《时间流水账》。

(3) 以大圆代表一天 24 小时，根据你在时间流水账中一天生活的平均活动状况，在时间馅饼图的“目前时间馅饼”中将各类活动所花费的时间按比例在圆内画出。圆内每格表示 1 小时。

(4) 想一想你个人期望的时间安排图是什么样的，画在“理想的时间馅饼”上。两张图比较一下，看看可以做哪些改变，使自己对时间的利用更加满意，更加有效。

时 间 流 水 账

事　　情	每天花费时间	每周花费时间	备注
睡眠(包括午睡)			
吃饭(每日三餐)			
个人卫生(洗漱、洗衣、洗澡等)			
上课时间			
自习和作业			
上网时间			
阅读报刊杂志			
运动锻炼			
娱乐(看电影、电视等)			
社团和社会活动			
朋友聚会(聊天等)			
打电话发短信			
微信、微博或博客			
其他			
总计	24 小时	168 小时	

做完流水账后，你的发现是：____

____

你的时间饼图

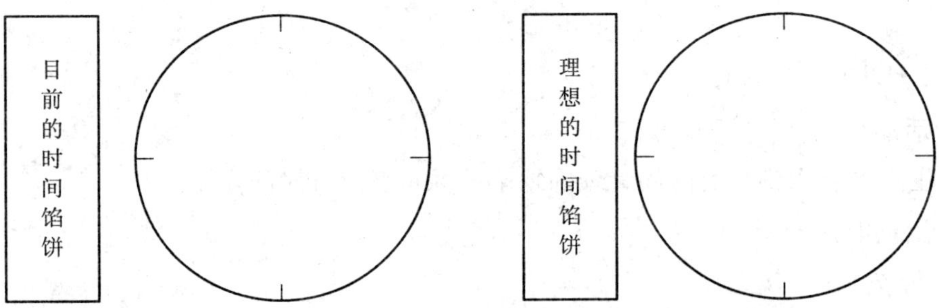

二、大学绘本

(一) 活动目的

让同学们更加明确学习目标，学会珍惜时间。

(二) 活动时间

大约 40 分钟。

(三) 活动地点

室内为宜。

(四) 活动道具

纸、笔。

(五) 活动流程

(1) 给每位同学发三张卡片，分别代表大学三年的生活。

(2) 让每位同学分别在卡片上画出大学每年的自我生活状态。

(3) 全班展示。

(六) 注意事项

自我生活状态可以用很多形式表现出来，例如图画、文字，或者相结合，皆可。

【思考、澄清、分享、巩固：你是否善用时间】

赖亚伦(Alal Lahain)是“善用时间”的专家。他建议我们认真面对三个问题：

1. 我们的生活目标是什么

我们应当将所想的尽快写下——赚钱、升职、环游世界、使家人生活更好……然后在认为最重要的三个目标前置一颗星。在另外一张纸上，将有星做记号的目标各用两分钟的时间去思索：“怎样才可使这些目标实现？”当已经想到可行步骤去实现这些目标时，再问一问自己：在以下的一个星期内，我应该怎样朝这个方向走?

2. 我希望怎样度过以下的五年

当思考这个问题时，应当考虑我们真正想做并且能够实现的事情。没有生活目标，没有指望，时间最容易白白地溜走。

3. 假如我只有 6 个月的寿命，我希望怎样度过

很少有人对这一问题认真地思考过。若能把它的答案写下，将会有很大帮助。

以上三个问题，若能仔细地回答，可以帮助我们重新思量我们现在及将来要做的事情，也可以让我们清楚地知道我们生活的目的，什么是重要的并且要优先完成，这样可使我们的生活更均衡，也有更多的时间去休息和松弛。

任务 4　我的潜能我开发

【情境任务描述】

《宝贝，进了没?》

江苏台的《最强大脑》以一句“让科学流行起来”风靡千家万户。假如你现在站在《最

强大脑》的节目现场，挑战章子怡挑战的项目“宝贝，进了没?”，其游戏规则是：

(1) 选取五位同学，发给每人一个“号码布”，上面写着名字和号码，需要注意的是“号码布”上的名字并不与学生本人姓名一致；

(2) 五位同学每人向球门射门三次。

(3) 在这期间，你要记住五位同学号码牌上的号码、姓名以及进球结果。

【情境任务分析】

《最强大脑》将挖掘普通人身上存在超乎常人的科学潜能作为主要表现内容，使节目具有了独特的魅力。无论是郑才千、心算神童，还是周玮、盲女等，观众看到了与自己一样的普通人是如何将不可能变成可能的，如何将潜能很好地发挥出来，这极大地满足了观众对自己和他人潜能的探索和好奇心。

任何人都不会否认一个事实：成功者所获得的一切成就，无论用什么方式和采用什么手段，都是依靠自己的“力量”得来的，也就是说，宝藏其实就在自己心中。

【情境任务知识】

一、潜能的定义

每个人都具有很大的潜能。潜能代表一个人潜在的、尚未完全表现出来的能力管理倾向，它是个人发展的一种内在特质。人的潜能主要指心理潜能，大脑潜力。在我们一般意识底下潜藏着一股神秘力量，也就是我们的潜意识。心理学家弗洛伊德用“海上冰山”来比喻它们。意识犹如浮在海平面之上的冰山一角，是可以看得见的极小部分，潜意识则像潜藏在海平面以下看不见的神秘瑰丽的冰山主体。

人们早就发现，人在潜意识状态中能被运用的能力远远超过意识状态中被运用的能力。普通人只发展了其蕴藏能力的十分之一，与应当取得的成就相比较，我们只利用了我们身心资源很小的一部分。个人的潜能既包括一些天赋，又包括一些后天学习的经验，是由智能、个性、兴趣、动机或价值观等多种因素构成的一个有机整体。一个人的潜能能否充分发挥出来，能否得到充分发展，很大程度上取决于这些因素之间有机地组合、协调。如果某件事情是你感兴趣的(兴趣因素)，并且认为是有价值的(价值观因素)，值得去做的(动机因素)，而且又有能力去做(能力因素)，同时又适合去做(个性因素)，那么你就会做得更好，这时，你的潜能就能被充分发挥出来。因此学习开发和利用潜能，使自己的能力得到充分的发挥，改变、超越自我，从而获得更大的成功。

二、潜能的分类

人的潜能有生理潜能与心理潜能之分。人在绝境或遇险的时候，往往会发挥出不寻常的能力。人没有退路，就会产生一股“爆发强力”，能使自己的体力和耐力达到正常情况下决不能达到的程度。这是由人的身体潜能的存在所决定的。但人的生理潜能毕竟是有极限的，而人的心理潜力却是巨大的不可想象，甚至可以用“无限”来形容也不为过。

一天，一位妇女上街购物，把 4 岁的孩子单独留在家中。在她返回住宅附近时，突然发现自家 12 楼的窗户开着，孩子爬在窗台上，正向她招手。她还来不及惊叫，孩子失足掉了下来。她丢下手中的东西，没命似得向孩子奔去，就在孩子快落地的一瞬间，她接住了自己的孩子；孩子获救了。事后，人们做了一个模拟试验：从 12 楼的窗口扔下一个枕头，让最优秀的消防队员从相同的距离飞身去接，可试了很多次，始终还差很远的距离。别忘了，当时那位母亲穿的还是高跟鞋。几乎每个人都曾遇过类似的事情，都曾意识到自身具有很大的潜能。但是，我们往往对此视而不见，更不知道如何开发利用。直到出现重大危机或遇到严重挫折时，才无意识地获得这一力量，做出令人惊叹的事情。

江苏台的《最强大脑》节目中也展现了很多惊为天人的脑力，特别是表现了很多令人惊叹的记忆力。其实，每一个人身上都隐藏着无限的潜能，但大部分都没有被开发出来。通过不断的训练，整合大脑的优势，达到完善的“全脑运作”状态，每个人肯定都会使自己的“学习力”倍增，并身心快乐。正是经过左右脑密切的合作，例如郑才千、李玉娟等人才拥有如此神奇的记忆力。心理是脑的机能，在一般情况下，任何心理活动都存在着潜能，人们由于没有进行各种积极的训练，不能使其得以淋漓尽致的发挥。根据维也纳大学康士坦丁·梵·艾克诺莫博士估算，人类的大脑中约有 1500 亿个神经细胞，脑神经细胞受到外部的刺激会长出芽，再长成枝(神经元)，与其他脑细胞结合并相互联络，开启资讯电路。然而人类有 95% 以上的神经元处于未使用状态，这些沉睡的神经元如果能够被唤醒，几乎人人都可以成为“超人”。

当然，生理潜能的发挥离不开心理因素，要想达到人体所蕴藏潜能的极限，必须具备良好的心理素质。稳定的人格，没有偏激、猜疑，拥有积极向上的生活态度和心态，都是开发人体潜在力量的前提。人通过提高认识、学习技巧、培养感受力和领悟力、坚强意志等方法，在积极开发心理潜能的同时，才能带动生理潜能的共同开发。因此，从广义的角度，任何潜能都属于心理潜能。

人的潜能犹如一个待开发的金矿，蕴藏无穷，价值无比。但是，如果我们没有采取行动的话，所有的潜能再多都是徒然。任何成功者都不是天生的，成功的根本原因是开发了人的无穷无尽的潜能。只要你抱着积极的心态去挖掘你的潜能，你就会有用不完的能量，能力也会越用越强。相反，如果你抱着消极的心态，不去开发自己的潜能，那么只有叹息命运的不公，并且越来越无能。

三、潜能开发的方法

(一) 正确评估自己，找到潜能发挥匹配点

既然人人都有潜能，为什么实际生活中人与人之间却有着千差万别呢？这当然是由于心理态度与努力程度不同所决定的，也和所受的教育和所处的环境不同有关系。但除此之外还有一个重要原因阻碍人们认识和开发自身的潜能，那就是人总是各有所长，各有所短，但许多人却习惯用一个统一的标准去看待别人和衡量自己，这显然不实事求是，必然会否

认大多数人的潜能，埋没许多人才。在某些方面欠缺或较弱的人，可能在别的不为人们注意的方面具有惊人的潜力。人的成功就是要发挥自身所长，而不是用其所短。

(二) 自我放松，释放潜能

有人认为人的潜能就是在有压力的情况下激发出来的，其实不然。在生活中，许多失败者的种种表现都限制了其个性的发挥，因而潜力未被激发或受到压抑。我们奋斗的同时也要学会放松自己，这样做首先是为了健康，其次是为了获得智慧。脑科学研究中发现，人在放松状态下，大脑能诱发出α脑波，在这种状态下，人的身心能量耗费最少，相对的脑部所获得的能量较高，运作就会更加快速、顺畅、灵敏及知觉敏锐。现代科学积极倡导 α 脑波为人们学习与思考的最佳脑波状态，道理就在于此。如何放松自己，心理学上有很多种方法，常用的有循序肌肉放松法和想象放松训练等，以求释放被压抑的个性潜能。

(三) 正面暗示，思想是一种能量

人类的潜意识具有超越一般常识，几乎可称之为全然未知的超意识能力。人类的直觉、灵感、梦境、催眠、预知力等都是潜在能力的具体体现。而这种能力一直就密藏在我们的脑中，是一种超越时间、空间，与无限境界相连接的能力。有人常以“奇迹”或“超能力”来解释某种神奇的力量，其实指的就是潜意识的力量，任何人只要懂得开发这股与生俱来的能力，那么几乎没有达不到的愿望。

思想是一种能量，它具有无限发挥的潜在力量。许多成功的人物之所以能够实现他们的梦想，主要是因为他们将渴望和思想具体化、形象化，有按照成功来思考问题的习惯。他们心里所想、行为所做的都朝向成功，因而最后都成为事实。英国小说家毛姆曾说：“人生实在奇妙，如果你坚持只要最好的，往往都能如愿。”每一种思想，只要持之以恒，百折不挠地加以贯彻，迟早都会梦想成真。

(四) 用目标为潜能指明方向

制定目标可以帮助我们获得成功，并且由于成功是通过我们的努力获得的，它便具有了真正的价值和意义。我们会积极保护自己的劳动成果并使其增长，把它建立在更加坚实的基础上。有目标会让人们比较快乐，因为想到自己的目标就充满信心和希望，由心里的一股热忱来获得精力，而这股热忱来自于目标，对事物有所企求，有所期待。

(五) 尝试未知，挑战自我

一位学者说：“人类的一切不会使我感到陌生。”要积极尝试新事物，就必须用新的眼光重新看待自己，打开心灵的窗户，进行那些自己一直认为力所不能及的活动；否则，就只能以同样的方式重复进行同样的活动，直到生命终结。而伟人之所以伟大，往往体现在其探索的品质以及探索的勇气上。

有的人往往抱有这样一种心理意识：自己没有能力、或是没有理由、或是没有兴趣做这件事，还是躲远点好。长期克制和压抑会使潜能无法得以发挥。因此，在一定程度上，如果你相信自己有能力进行任何活动，那么，你实际上就能做什么。这种思维方式将为你拓展生活的新天地，并将有助于你消除已养成的心理习惯——惧怕未知。从而激发潜能，超越自我。

【情境任务训练】

一、时装设计展

(一) 活动目的

发挥创造力，感受个人在团队中的作用。

(二) 活动时间

40 分钟。

(三) 活动场地

室内、外皆可。

(四) 活动道具

大量报纸、8 把剪刀、8 卷透明胶。

(五) 活动程序

(1) 5 人一组，进行工作分工：3 名设计师、1 名模特、1 名裁判。

(2) 设计师在规定的时间内以报纸为材料制作服装。

(3) 模特现场展示，裁判对各组完成情况进行评判。评判标准：新颖性(4 分)、认可度(3 分)、观赏性(2 分)、可行性(1 分)。

二、代号接龙

(一) 活动目的

训练个人的反应能力和记忆力。

(二) 活动时间

30 分钟。

(三) 活动场地

室内、外皆可。

(四) 活动道具

无。

(五) 活动程序

(1) 参加者围成一个圆圈坐着，先选出一个人做“鬼”。

(2) 参加者以“鬼”的位置为基准，从“鬼”开始数到自己的数字就是代号。每个当“鬼”的人都是 1 号，“鬼”的右边第一位是 2 号，依次为 3 号、4 号……

(3) 游戏从“鬼”这里开始进行。如果鬼开始说“1-2”，其意思就是由第一个人传到第二个人的意思。

(4) 2 号接到口令后，就要马上传给任何一个参加者，例如“2-5”的话，2 当时就是自己的代号，5 则是自己想传达给参加者的代号，此数字可以自由选择。

(5) 如此一直进行比赛。

(6) 如果自己的代号被叫到却没有及时作出反应的人，就要做“鬼”。

(7) “鬼”的代号是从 1 号开始，所以当“鬼”换人的时候，则所有人的代号都要重新修改。

(六) 注意事项

该训练要求参加者一定要集中注意力。

【思考、澄清、分享、巩固：有限的资源，无限的创意】

【思考】 你最希望拥有哪种才华？你的座右铭是什么？

仰望天空，我们总是羡慕那些能够自由翱翔于蓝天的鸟儿，感叹自己怎么没长出翅膀。其实你有翅膀，你原本就能够到达你想去的每一个地方，你能从现在开始，瞬间就到远古，又从远古回到现在，再飞向未来。这是一对看不见的翅膀，思想的翅膀，想象力的翅膀。应试教育之所以受到强烈的批评，一个重要的原因是限制想象，抹杀个性，最终扼杀人最可贵的自由创造精神。

有一个大家都熟悉的脑筋急转弯问题：树上停着 10 只鸟，猎人举枪“嘭”的一声，打死一只，还剩几只鸟？小时候，大人们问我们这样的问题，我们会用刚刚学过的数学原理，10 减 1 等于 9，脱口而出，还有 9 只。于是人们就笑，说树上没有鸟了，都飞走了。你对这种超越简单数学原理而又切合实际、符合想象力的答案心服口服。可是有一天，有个人被问同样的问题，他却答道：树上还有两只鸟，并解释说：听到突如其来的枪声，除一只被打落外，其余 7 只应声而逃，还有两只不知所措吓得在树上发抖。

要发挥自己的创造潜能，首先需要解除心灵的困扰和局限的束缚，还自己的精神心理以自由，敢于想象，敢于超越。创造潜能的发挥要打破常规，挑战成见，让想象力无边无际地驰骋。资源是有限的，创意是无限的。

项目六　职业规划与能力发展

【项目导言】

曾经有这样一则趣闻：项羽被打败了，说道："天亡我也！"孟子先生找到了工作，说道："天将降大任于斯人也！"他们在遇到这些问题的时候都会认为，一切是上天决定的，而非自己决定的。其实，一个人的生涯，不论"失败"与"成功"，都是靠自己决定的，跟天有什么关系呢？天顶多只能帮忙做个证人而已。有许多人在面临职业规划的时候，往往会不知所措或者一筹莫展。然而那些早作准备、提前规划的人，人生价值得到了充分发挥，例如姜太公，对自己职业生涯早已了然于胸，最终辅佐周王一统天下。知道了这些，对我们是否应有所启示呢？

【学习目标】

➢ 知识目标

(1) 理解职业规划的意义和进行职业规划的方式方法。
(2) 了解能力的概念和个体发展的差异。
(3) 了解人格异常的表现及人格完善的途径和方法。

➢ 能力目标

(1) 能根据能力的相关知识分析自己的能力特点和发展目标。
(2) 能运用能力的相关知识判断他人的能力特点。
(3) 能利用职业规划的相关知识合理规划和管理自己的职业生涯。

任务1　比 拼 能 力

【情境任务描述】

为了提高同学们的综合素质和能力，学校即将举行一次关于"能力比学历重要"为题的辩论赛，要求以班级为单位组队在系部进行初赛，而后参加学校的决赛。

某某班为了挑选出拔尖人才，同时更加丰富同学们的日常生活，在班级内开展了一场别开生面的辩论赛……

【情境任务分析】

(1) 班级以小组为单位举行"能力比学历重要"的小型辩论赛。

(2) 在辩论的过程中，同学们认真观察“辩论”需要具备哪些方面的能力？并进行小组讨论，派代表总结发言。

从我们出生嗷嗷待哺、步履蹒跚，到上幼儿园、小学、初中、高中、大学、工作，到结婚、生子……要在这个社会生存并尽可能地让自己过得更好，就需要各种各样的能力。比如观察能力、学习能力、沟通表达能力、组织能力、领导能力、计划能力、执行能力、自控能力……其实，能力和知识一样，都需要我们不断地去学习，有意识地去培养，需要时间去沉淀，需要不断地积累。

【情境任务知识】

一、能力的定义

能力是顺利、有效完成某种活动所必须具备的心理条件，是人格的一种心理特征。例如，音乐能力需要具备灵敏的听觉分辨能力、音乐的想象力、记忆力和感染力等心理条件，否则就难于从事音乐活动，也就是不具备音乐能力。一个人可能不具备顺利有效地完成音乐活动的心理条件，但他具备从事美术活动的心理条件，有敏锐的视觉辨别能力和观察力，有良好的形象记忆和形象思维能力，他能够顺利有效地完成美术活动，因而具有美术能力。所以，能力是和完成某种活动相联系的人格心理特征，离开了具体的活动或任务的抽象能力是没有的。

有一些心理条件是从事某一活动所必须的，如敏锐的听觉是音乐能力所必须的；敏锐的视觉又是美术能力所必须的。但是，也有一些心理条件是从事任何一种活动都必须具备的，如观察力、记忆力、思维力、想象力等。缺乏这些心理条件从事任何活动都有困难。我们把从事任何活动都必须具备的最基本的心理条件，即认识事物并运用知识解决实际问题的能力叫做智力。在促成智力的各种因素中，思维力是支柱和核心，它代表着智力的发展水平。正常发展的智力是人从事任何一种时间活动的基本条件。

二、能力与知识、技能的关系

知识是人类社会历史经验的总结和概括，技能是通过练习而获得和巩固下来的完成活动的动作方式和动作系统。

能力不是知识和技能，但和知识、技能有着密不可分的联系。能力是掌握知识技能的前提，没有某种能力则难于掌握相关的知识和技能；能力决定着掌握知识技能的方向、速度、巩固的程度和所能达到的水平。例如，没有音乐能力就不能顺利掌握音乐的知识技能，音乐能力就比较低，想在音乐上取得优异成绩是比较困难的。如果两个人掌握了同等水平的知识和技能，也不能说他们的能力是相同的。因为两个人可能年龄不同，从事这种知识技能学习的时间不同，或者两个人知识经验的基础不同，达到同样的知识技能水平所需付出的努力也不同，所以，不能简单地将知识技能当做标准来衡量人们的能力高低。从另一方面来说，在掌握知识技能的过程中，也会促进相应能力的发展，所以，能力和知识技能又有着密切的联系。

三、能力的分类

（一）能力、才能和天才

按照能力发展的高低程度，可把能力分为能力、才能和天才。顺利完成某种活动所需要的心理条件是能力；具备了能力所需要的各种心理条件叫才能；一个人不仅具有才能，而且能力所需要的各种心理条件达到了完美的结合，且给人类做出了杰出贡献的叫天才。

（二）一般能力和特殊能力

按能力的结构可把能力分为一般能力和特殊能力。一般能力即平常所说的智力，是指完成各种活动都必须具有的最基本的心理条件；特殊能力是指从事某种专业活动或某种特殊领域的活动所表现出来的能力，如音乐能力、美术能力、数学能力、写作能力等。

（三）认知能力、操作能力和社会交往能力

按能力所涉及的领域来划分，可把能力分为认知能力、操作能力和社会交往能力。认知能力是获取知识的能力，也就是平常所说的智力；操作能力是支配肢体完成某种活动的能力，如体育运动、艺术表演、手工操作等能力；社交能力是从事社会交往的能力，如与人沟通的言语交往和言语感染能力、组织管理能力、协调人际关系的能力等。

（四）模仿能力、再造能力和创造能力

按创造程度划分可把能力分为模仿能力、再造能力和创造能力。模仿能力是指仿效他人的言谈举止而做出与之相似的行为的能力；再造能力是指遵循现成的模式或程序掌握知识技能的能力；创造能力是指不依据现成的模式或程序，独立地掌握知识和技能、发现新的规律、创造新的方法的能力。

四、能力发展的个体差异

（一）能力发展水平的差异

能力发展水平有高低的差异，但就全人类来说，能力的个体差异呈正态分布。如果用斯坦福-比奈智力量表来测量一个地区全部人口的智商，那么，智商在 100 ± 16 范围内的人占全部人口的 68.2%；智商在 100 ± 32 范围内的人口占全部人口的 95.4%；智商高于 132 或低于 68 的人只占极少数。也就是说智商的分布是两头小、中间大。

智力的高度发展叫智力超常，一般把智商高于 140 的儿童叫超常儿童，这类儿童大约占全部人口的 1%；智力远低于中等水平叫智力落后，一般把智商低于 70 的儿童叫弱智儿童，这类儿童大约占全部人口的 3%。

智力水平的高低并不是一个人成就大小的唯一决定因素。智商高成就低或智商较低成就较高的例子并不少见，智力水平是一个人创造成就的基本条件，但是，除智力水平这一条件外，机遇和一个人的人格品质也是极为重要的条件。很难设想一个懦弱的人会有克服重重困难争取胜利的毅力。

(二) 能力类型的差异

不同的人在能力的不同方面所表现出来的差异也是很大的，这包括感知能力、想象力，以及特殊能力方面的明显差异。例如，有的人听觉灵敏，有的人视觉发达；有的人记忆力强，有的人想象力强；有的人善于分析，有的人善于综合；有的人音乐能力强，有的人精于绘画等。

(三) 能力发展早晚的差异

有的人很小就表现得非常聪明，能作曲，能写诗，有极高的运算能力，人们常把这种儿童叫"神童"；有的人则大器晚成，到了中年甚至老年才创造出成果。大器晚成的人可能是因为早期没有得到良好的受教育和发展的机会，也可能是因为早期的生活道路比较坎坷，还可能是因为成果的创造需要长期的准备和积累等。

五、影响能力发展的因素

(一) 遗传的因素

遗传因素主要指的是一个人的素质或叫天赋，即一个人与生俱来的解剖生理特点，包括他的感觉器官、运动器官及神经系统构造和机能的特点。素质是能力发展的自然基础和前提，例如，先天盲的人是没法成为画家的；先天聋的人是没法成为音乐家的。

关于遗传因素对能力发展影响的研究，早期最有影响的是英国学者高尔顿进行的研究。高尔顿用的是谱系调查的方法，他选了 977 位名人，考察了他们的谱系，再与普通人家来比较。结果发现，名人组中，父辈是名人的子辈中的名人也多；普通人组中，父辈没名人，子辈中只有一个名人。他根据一系列这样的研究得出结论说，遗传是能力发展的决定因素。这种研究的漏洞就在于谱系只说明了遗传因素对能力发展的影响，但无法排除环境因素的影响。

(二) 环境和教育的因素

利用养子、养女与亲生父母和养父母能力发展的关系来研究环境因素对能力发展的影响是一种较好的方法。因为养子进入收养家庭就等于换了一个环境，长大后的养子与生父母、养父母，及其在原来家庭长大的兄弟姐妹之间能力发展上的相关与差别，说明了环境因素对能力发展的作用。

遗传决定了能力发展可能的范围或限度，环境则决定了在遗传决定的范围内能力发展的具体程度。研究表明，遗传潜势不同的人，在不同的环境中，其能力发展会有不同的情况。遗传潜势较好的人，能力发展可塑的范围大，环境的影响也大。例如，在环境差的条件下，他们的智商发展可能只有 150～160；而在良好的环境条件下，他们的智商可能发展到 180 左右。遗传潜势差的人，他的遗传条件限制了他智力发展的可能，环境能够起到的作用也比较小。

环境包括儿童正常发育的条件、儿童的家庭、儿童所在的学校以及儿童所处的社会环境。

儿童正常发育的基本条件是营养。儿童身体的各个器官和神经系统都处在不断成长的过程中，出生前后如果缺乏营养，必将影响身体器官和脑的发育，也必将影响智力的正常发展。疾病和药物也是影响儿童发育的重要条件。不仅儿童本身的疾病会影响其身体的正常发育，而且母亲怀孕期间患病和服用药物，也会对胎儿造成严重的损害。

环境因素还包括环境的刺激。如母亲对孩子科学的哺育和爱抚，家人和其他人，特别是母亲与孩子的交往，适宜的玩具和丰富变化的环境都对儿童的智力发展有重要影响。早期的环境影响更为重要，脱离人类社会在动物哺养下长大的孩子，即使回到人类社会，其智力发展也难以达到正常人的水平。

学校教育是对儿童进行的有计划、有组织的影响，这种影响不仅使儿童掌握知识和技能，而且还要发展儿童的能力，培养其健全的人格。外界的条件是通过儿童自身的活动才发生作用的，因此儿童的人格、意志品质、对知识的兴趣以及儿童的主观努力都会影响到他能力的发展。

发达的社会经济条件、丰富的社会文化生活是能力发展的肥沃土壤，和谐的家庭氛围是能力发展的基石，而教育则是能力发展的关键。

【情境任务训练】

一、能力倾向测试

一般能力倾向性测验(GATB)是根据各个职业领域特点，在完成工作的前提下，测量个体对九种必要的、有代表性的能力倾向拥有的程度，以探索个人职业的适应范围，进而为选择所希望的职业提供一份资料。

(一) 一般能力倾向性测验(GATB)

本测验把人的职业能力倾向分为九种。每种能力由五个题目反映。测验时，请仔细阅读题目，采用“五等评分法”进行自我评定，然后分别计算出自评等级。

1. 一般学习能力倾向(G)

序号	内　　容	强 1	较强 2	一般 3	较弱 4	弱 5
1	快而容易地学习新内容					
2	快而正确地解答数学题					
3	你的学习成绩处于					
4	对课文的字、词、段落、篇章的理解、分析和综合能力					
5	对学过的知识的记忆能力					
总计次数 = ∑(每项次数之和 × 等级分数　　)						
自评等级 = 总计次数/5						

2. 言语能力倾向(V)

序号	内　　容	强 1	较强 2	一般 3	较弱 4	弱 5
1	善于表达自己的观点					
2	阅读速度和理解能力					
3	掌握词汇量的程度					
4	你的语文成绩					
5	你的文学创作能力					
总计次数＝∑(每项次数之和×等级分数)						
自评等级＝总计次数/5						

3. 算术能力倾向(N)

序号	内　　容	强 1	较强 2	一般 3	较弱 4	弱 5
1	做出精确的测量					
2	笔算能力					
3	口算能力					
4	打算盘					
5	你的数学成绩					
总计次数＝∑(每项次数之和×等级分数)						
自评等级＝总计次数/5						

4. 空间判断能力倾向(S)

序号	内　　容	强 1	较强 2	一般 3	较弱 4	弱 5
1	解决立体几何方面的习题					
2	画三维的立体图形					
3	看几何图形的立体感					
4	想象盒子展开后的平面图					
5	想象三维的物体					
总计次数＝∑(每项次数之和×等级分数)						
自评等级＝总计次数/5						

5. 形态知觉能力倾向(P)

序号	内　　容	强 1	较强 2	一般 3	较弱 4	弱 5
1	发现相似图形中的细微差别					
2	识别物体的细节部分					
3	注意物体的细节部分					
4	观察物体的图象是否正确					
5	对物体的细微描述					
总计次数 = ∑(每项次数之和 × 等级分数)						
自评等级 = 总计次数/5						

6. 书写知觉能力倾向(Q)

序号	内　　容	强 1	较强 2	一般 3	较弱 4	弱 5
1	快而准确地抄写资料(如姓名、日期、电话号码等)					
2	发现错别字					
3	发现计算错误					
4	能很快查找编码卡片					
5	自我控制能力(如较长时间抄写资料)					
总计次数 = ∑(每项次数之和 × 等级分数)						
自评等级 = 总计次数/5						

7. 眼手运动协调能力倾向(K)

序号	内　　容	强 1	较强 2	一般 3	较弱 4	弱 5
1	玩电子游戏					
2	打篮球、排球和踢足球等一类活动					
3	打乒乓球、羽毛球					
4	打算盘能力					
5	打字能力					
总计次数 = ∑(每项次数之和 × 等级分数)						
自评等级 = 总计次数/5						

8. 手指灵巧度(F)

序号	内　容	强 1	较强 2	一般 3	较弱 4	弱 5
1	灵巧地使用很小的工具					
2	穿针眼、编织等使用手指的活动					
3	用手指做一件小工艺品					
4	使用计数器的灵巧程度					
5	弹琴					
总计次数 = ∑(每项次数之和 × 等级分数)						
自评等级 = 总计次数/5						

9. 手腕灵巧度(M)

序号	内　容	强 1	较强 2	一般 3	较弱 4	弱 5
1	用手把东西分类					
2	在推拉东西时手的灵活度					
3	很快地削苹果皮					
4	灵活地使用手工工具					
5	在绘画、雕刻等手工活动中的灵活性					
总计次数 = ∑(每项次数之和 × 等级分数)						
自评等级 = 总计次数/5						

(二) 职业能力倾向自评等级

职业能力倾向	自评等级	职业能力倾向	自评等级
G		Q	
V		K	
N		F	
S		M	
P			

(三) 职业能力与职业对照表

根据能力倾向性测试结果对照下表，可找到你适合的职业(等级数为能力倾向等级，表示此职业必须达到的职业能力的最低水平)。下面节选其中部分职业所需的能力倾向及其等级，供大家在求职、应聘时参考。

职业对人的职业能力倾向的要求

职 业 类 型	职业能力倾向								
	G	V	N	S	P	Q	K	F	M
生物学家	1	1	1	2	2	3	3	2	3
建筑师	1	1	1	1	2	3	3	3	3
测量员	2	2	2	2	2	3	3	3	3
测量辅导员	4	4	4	4	4	4	3	4	3
制图员	2	3	2	2	2	3	2	2	3
建筑和工程技术专家	2	2	2	2	2	3	3	3	3
建筑和工程技术员	2	3	3	3	3	3	3	3	3
物理科学技术家	2	2	2	2	3	3	3	3	3
物理科学技术员	2	3	3	3	2	3	3	3	3
农业、生物、动物、植物学的技术专家	2	2	2	4	2	3	3	2	3
农业、生物、动物、植物学的技术员	2	3	3	4	2	3	3	3	3
数学家和统计学家	1	1	1	3	3	2	4	4	4
系统分析家和计算机程序编制者	2	2	2	2	3	3	4	4	4
经济学家	1	1	1	4	4	2	4	4	4
社会学家、人类学者	1	1	3	2	2	3	4	4	4
心理学家	1	1	2	2	2	3	4	4	4
历史学家	1	1	3	4	4	3	4	4	4
哲学家	1	1	4	3	3	3	4	3	4
政治学家	1	1	3	4	4	3	4	4	4
政治经济学家	2	2	2	3	3	3	3	3	5
社会工作者	2	2	3	4	4	3	4	4	4
社会服务助理人员	3	3	3	4	4	3	4	4	4
法官	1	1	3	4	3	3	4	4	4
律师	1	1	3	4	4	3	4	4	4
公证人	2	2	3	4	4	3	4	4	4
图书馆管理学专家	2	2	3	3	4	2	3	4	4
图书馆、博物馆和档案管理员	3	3	3	2	2	4	3	2	3
职业指导者	2	2	3	4	4	3	4	4	4
大学教师	1	1	3	3	2	3	4	4	4
中学教师	2	2	3	4	3	3	4	4	4
小学和幼儿园教师	2	2	3	3	3	3	3	3	3
职业学校教师(职业课)	2	2	2	3	3	3	3	3	3
职业学校教师(普通课)	2	2	3	4	3	3	4	4	4
内科、外科、牙科医生	1	1	2	1	2	3	2	2	2
兽医学家	1	1	2	1	2	3	2	2	3

续表一

职业类型	职业能力倾向								
	G	V	N	S	P	Q	K	F	M
护士	2	2	3	3	3	3	3	3	3
护士助手	2	4	4	4	2	2	2	3	2
工业药剂师	2	1	2	3	2	2	3	2	3
医院药剂师	2	2	2	4	2	3	3	3	3
营养学家	2	2	2	3	3	3	4	4	4
配镜师(医)	2	2	2	2	2	3	3	3	3
配眼镜商	3	3	3	3	3	4	3	2	3
放射科技术人员	3	3	3	3	3	3	3	3	3
药物实验室技术专家	2	2	2	3	2	3	3	2	3
药物实验室技术员	2	3	3	3	3	3	3	3	3
画家、雕刻家	2	3	4	2	2	5	2	1	2
产品设计者和内部装饰者	2	2	3	2	2	4	2	2	3
舞蹈家	2	3	3	2	3	4	2	2	3
演员	2	2	4	3	4	4	4	4	4
电台播音员	2	2	3	4	4	3	4	4	4
作家和编辑	2	1	3	3	3	3	4	4	4
翻译人员	2	1	4	4	4	3	4	4	4
体育教练	2	2	2	4	4	3	4	4	4
运动员	3	3	4	2	3	4	2	2	2
秘书	3	3	3	4	3	2	3	3	3
打字员	3	3	4	4	4	3	3	3	3
记账员	3	3	3	4	4	2	3	3	4
出纳员	3	3	3	4	4	2	3	3	4
统计员	3	3	2	4	3	2	3	3	4
电话接线员	3	3	4	4	4	3	3	3	3
一般办公室职员	3	4	3	4	4	3	3	4	4
商业经营管理者	2	2	3	4	4	3	4	4	4
售货员	3	3	3	4	4	3	4	4	4
警察	3	3	3	4	3	3	3	4	3
门卫	4	4	5	4	4	4	4	4	4
厨师	4	4	4	4	3	4	3	3	3
招待员	3	3	4	4	4	4	3	4	3
理发员	3	3	4	4	2	4	3	3	3
导游	3	3	4	3	3	5	3	3	3
驾驶员	3	3	3	3	3	3	3	4	3
农民	3	4	4	4	4	4	4	4	4

续表二

职业类型	职业能力倾向								
	G	V	N	S	P	Q	K	F	M
动物饲养员	3	4	4	4	4	4	4	4	4
渔民	4	4	4	4	4	5	3	4	3
矿工	3	4	4	3	4	5	3	4	3
纺织工人	4	4	4	4	3	5	3	3	3
机床操作工	3	4	4	3	3	4	3	4	3
锻工	3	4	4	4	3	4	3	4	3
无线电修理工	3	3	3	3	2	4	3	3	3
细木工	3	3	3	3	3	4	3	4	3
家具木工	3	3	3	3	3	4	3	4	3
一般木工	3	4	4	3	4	4	3	4	3
电工	3	3	3	3	3	4	3	3	3
裁缝	3	3	4	3	3	4	3	2	3

二、卖梳子

(一) 活动目的

(1) 培养同学们敢于挑战“不可能”的勇气和解决问题的能力。

(2) 培养同学们的发散性思维，学会创新。

(二) 活动时间

大约 20 分钟。

(三) 活动道具

无。

(四) 活动场地

室内、外皆可。

(五) 活动程序

(1) 老师讲述游戏情境：

有一家效益相当好的大公司，为扩大经营规模，决定高薪聘请营销主管。广告一打出来，报名者如云。

面对众多应聘者，招聘工作负责人说：“相马不如赛马，为了选拔出高素质的人才，我们出一道实践性的试题，就是想办法把木梳尽量多地卖给和尚。”

绝大多数应聘者感到困惑不解，甚至愤怒：出家人要木梳何用？不明摆着拿人开涮吗？于是纷纷拂袖而去，最后只剩下三个应聘者：甲、乙、丙。

负责人交代：“以 10 日为限，届时向我汇报销售成果。”

(2) 在规定的时间里，每个小组的同学讨论“如何把梳子卖给和尚”。看哪个小组提出的方案中能卖给和尚的梳子最多，并在实际生活中具有一定的可操作性。

(3) 评选出在实际生活中可操作性比较强的方案。

【思考、澄清、分享、巩固：学历和能力孰轻孰重】

1. 没学历不代表没学问

学历与学问之间不成正比，有学历不一定有学问，学历高不一定学问高；无学历不一定无学问，学历低也不一定学问低。也就是说，学历与学问是不能简单地加以类比。学历的高低只能反映出人接受教育的程度，而在同一层次学历的人群中，也同样存在着学问的差异。同理，人的学问也是要在社会实践中加以积累和提高的，人只有在社会实践中才能积累工作经验，提高自身学问。真正的能力就是学问。学问包含专业素养与实践领悟，缺一不可。

陈寅恪先生曾游历欧洲各国名校，他学了知识就走，但没拿下一个学位。梁启超当年曾向清华校长曹云祥推荐陈寅恪。曹校长觉得，对方一没有什么名著，二无博士学位，怎么能信任呢？梁先生怒道："没有学衔，没有著作，就不能当国学院的教授啊？我梁启超虽然是著作等身，但是我的著作加到一起，也没有陈先生三百字有价值。"清华国学研究院"四大导师"中才有了一个陈寅恪。

著名的思想家梁漱溟是什么学历？按现在的标准衡量，他只是相当于高中毕业而已，但是，这并不妨碍他 24 岁时成为北大的哲学教授；国学大师与书法大家启功先生什么学历？按他自己的话讲："中学生，副教授，学不专，艺不透"，但这并不妨碍他成为一代国学泰斗与宗师让人仰望；著名数学家华罗庚什么学历？初中毕业的他，创造了骄人的成就。

高尔基没有读过大学，刻苦自学文化知识，并积极投身革命活动，登上了文坛，他写出了《我的大学》等许多不朽的著作，成为社会主义现实主义文学的奠基人。高玉宝没进过学校门，他写的自传体小说《高玉宝》却家喻户晓，成了倍受人们欢迎的传世之作，成为著名的军队作家；青岛港桥吊司机许振超只有初中文凭，他刻苦钻研技术，一年内两次刷新世界集装箱装卸纪录等，人称"许大拿"。没有经过正规学历教育而通过社会实践自学成才，拥有真才实学和不俗能力的人大有人在。

学历真的无用吗？这无疑是一个争论颇大的话题。自索尼公司创办人盛田昭夫的《学历无用论》出版后，质疑之声不绝于耳。这些质疑，其实更多地是因为大家对学历所代表的能力有不同的观点。盛田昭夫的观点是，学历并不意味着你实际的工作能力能够达到企业的要求，如果完全按照一个人的学历来评价其工作能力，则难免会本末倒置。著名经济学家、清华大学经管学院教授魏杰认为："盛田昭夫揭示了一个重要原理：不能无限度扩大教育的功能，天赋对人的影响是极大的，因而企业更应注重实践能力，而并非学历。"

2. 能力比学历更重要

如果你受过良好的教育，那就结合实践、脚踏实地充分利用它。如果你没有大学文凭，也别泄气，虽说高学历有助你的事业成功，但人生很多成功与高学历之间并不能完全划等号。不要以为有了丰富的书本知识，便拥有了成功。更别把"没受过正规教育"当借口，绝不要在高学历者面前感觉低人一等。有太多事例可证明，即使没读过大学，甚至中学，只要你针对目标，勤奋努力，任何工作一样可以干得很出色。

真正的能力来自于社会，真正的水平靠实践来证明。在学校学习成绩好，并不代表走上社会后工作能力和创造能力强。在职场上主要看的不是学历，而是实际能力。问题：用最简洁的话，回答这四位著名人物到底在说什么？

(1) 爱因斯坦在母校100周年校庆演讲中有一段话“我学习成绩中等，按学校的标准，我算不上好学生。不过后来我发现，忘掉在学校的东西，剩下的才是教育。”

(2) 丁肇中回清华大学演讲，回答提问时有一句话“据我所知，在获得诺贝尔奖的90多位物理学家中，没有谁在学校经常考第一，常考倒数第一的，倒有几位。”

(3) 比尔·盖茨回母校哈佛大学参加募捐活动。有人问他是否愿意继续学习，拿到哈佛的毕业证书时，他摇摇头笑了笑，没回答。

(4) 美国总统布什回耶鲁大学接受荣誉法学博士学位。因他当年成绩平平，有人问他有何感想。他说，对那些成绩优异的学生，我说“干得好”，对那些成绩较差的学生，我说“你可以去当总统”。

不久，所有答案寄回。2003年3月10日，一位学生被通知去北京参加公司开业庆典。他的答案是：学校里有高低优劣之分，校门外没有。社会总是把校门里的一切打乱重排。

在学校学习成绩好，并不代表走上社会后工作能力和创造能力强。在职场上主要看的不是学历，而是实际能力。

3. 学历与能力相辅相成

学历是一个人接受教育程度高低的一个标志，反映出一个人的学习能力和知识结构，反映了个人的自身素质和潜力高度。学历上的欠缺在求职的过程中可能会影响机会的获得，而能力的展现是需要通过时间和机会来证明的；能力的欠缺只能表明职场竞争力相对较弱，但只要具备正确的就业观念和良好的求职心态，同样可以在劳动力市场中先行就业，然后在专业领域里多下功夫来弥补，通过自身的努力不断提高自己的学历和能力，进一步提高自己的职场竞争力。

学历是能力的充分条件，而能力则是学历的充分必要条件。没有一个恰当、合适的学历，你的能力也不容易被他人所发现。而没有足够的能力和相应的工作经历，有再高的学历最终仍逃脱不掉被社会淘汰的命运。学历高度往往决定了你的择业高度，工作经历及在工作中培养的职业能力又决定了你的下一份工作的内容和高度。如果学历和能力二者兼备，那么你在职场中，就会更加游刃有余。

据2011年4月13日新华网报道，同济大学本科毕业、清华大学硕士毕业的周森锋，2009年6月出任湖北省宜城市委副书记、市长，时年29岁。这个“最年轻市长”一上任，即引起公众质疑，人们普遍怀疑周森锋“有背景”。事实上，其父母都在农村，没有什么特殊的家庭背景。当然，周森锋之所以能够脱颖而出，并非偶然，是其年轻、高学历、基层锻炼和机遇等综合因素的结果。

当然，我们强调选人用人不能唯学历，并不是否定学历教育的作用，更不是贬低知识的力量。社会需要各种不同类型的人才，其中有知识型、研究型的，也有创业型、技能型的。而人才成长的途径是多种多样的，并非学历教育一条路可走。寒窗苦读、高校深造，可以成才；发奋自学、博览群书，可以成才；立足岗位、钻研业务，也可以成才。人才的类型不同，成才的途径不同，衡量人才的标准自然也不能是单一的。

胡锦涛总书记强调：“要不拘一格，广纳群贤，破除论资排辈、求全责备观念，在实践中发现人才、培育人才、锻炼人才、使用人才、成就人才。”

学历是敲门砖，可以让你“脱颖而出”；能力是试金石，可以使你“一枝独秀”。两者都很重要。若未遇伯乐，学历很重要；否则，能力更重要。伯乐相马，主要是看马能否跑千里而不是看马的出身。令人欣慰的是，有些用人单位招聘人才的取向已更加务实，选才标准正在由“学历型”向“能力型”转变。毕竟，千里马是跑出来的，人才是干出来的。创造业绩主要不是靠求职前的学历，而是靠任职后的实践经历和创造性努力。

任务 2　我的职业生涯规划

【情境任务描述】

为了指导学生掌握职业规划方法，帮助学生认清自我，完善自我，科学规划，提高大学生的创新能力、实践能力和就业能力，提高就业创业综合素质，学校举行大学生职业规划大赛，要求每位大一学生完成一份职业规划书。规划书具体内容包括：

内容要点	具 体 描 述
自我认知	1. 自我分析清晰、全面、深入、客观，能清楚地认识到自己的优势和劣势
	2. 将人才测评量化分析与自我深入分析综合，客观地评价自我，职业兴趣、职业能力、行为风格、职业价值观分析全面、到位
	3. 从个人兴趣爱好、成长经历社会实践中分析自我
	4. 自我评估理论、模型应用正确、合理
职业认知	1. 了解社会的整体就业趋势，并了解大学生就业状况
	2. 对目标行业发展前景及现状了解清晰，并且了解行业中的就业需求
	3. 对行业内标杆组织的人力资源管理战略、企业文化等进行分析，做到“人企匹配”
	4. 对目标职位的工作职责、任职者所需技能等的分析，做到“人岗匹配”
	5. 通过对外部环境的分析，能清楚认识到自己面临的机会、挑战以及对职业发展产生的影响
	6. 环境评估理论、模型的应用
职业目标路径设计	1. 职业目标确定和发展路径设计要符合外部环境和个人特质(兴趣、技能、特质、价值观)，要符合实际、可执行、可实现
	2. 职业发展路径符合逻辑和现实，对实习目标而言具有可操作性和竞争力
	3. 要用长远的眼光设定职业目标，并将总目标划分成几个阶段性目标来实现
规划与实施计划	1. 行动计划清晰，可操作性强
	2. 行动计划对保持个人优势、加强个人不足、全面提升个人竞争力有针对性、可操作性
	3. 近期计划详尽，中期计划清晰并具有灵活性，长期计划具有方向性
评估与备选方案	1. 对行动计划和职业目标设定评估方案，如要达到什么标准，评估的要素是什么
	2. 对职业路径进行可行的、与时俱进的灵活调整，备选方案也要充分根据个人与环境的评估进行分析确定，备选路径设计与主路径要有相关联系性

【情境任务分析】

在今天这个人才竞争的时代，职业生涯规划开始成为在人才争夺战中的另一重要利器。对于每个人而言，职业生命是有限的，如果不进行有效的规划，势必会造成生命和时间的浪费。因此，根据自身特点，做一份可操作性强的职业规划书，来有效指导自己的学习生活和发展方向，是非常必要的。

【情境任务知识】

从大学校园的一名学生到作为独立的成年个体加入社会之中，这一人生巨大的变化是每个大学生都必须面对的。埃里克森将这一变化称之为“危机”，即发生必要变化的时间。他认为成年期的许多任务在很大程度上取决于这一危机的结果。在大学阶段职业选择在学校经历中占据越来越重要地位，因此危机更大程度上反映在青年个体未来去向的问题，大学生采取何种方式应付这个不可避免的危机实际上就取决于大学生如何理性地对自己未来的职业进行规划，如何一步一步去完成自己的规划。

一、大学生职业生涯规划的含义

大学生职业生涯规划是指大学生在进行自我剖析，在全面客观地认识主、客观因素与环境的基础上，进行自我定位，设定自己的职业生涯发展目标，选择实现既定目标的职业，制定相应的教育、培训、工作开发计划，并按照一定的时间安排，采取各种积极的行动去达成职业生涯目标的过程。要准确理解这一概念，我们要明白以下几点：

(1) 大学生职业生涯规划的前提是全面客观地认识自身和外在环境，大学生职业生涯规划的首要任务是确定个人的职业生涯发展目标。

(2) 大学生职业生涯规划是一个连续系统的动态过程，包括理想职业目标的确定、自我评估和环境分析、选择职业生涯路线、制定行动计划以及反馈调整等五个步骤。

(3) 大学生职业生涯规划的实现是渐进的，必须遵循一定的时间安排，大学生职业生涯规划的最终目的是要实现最初的职业目标。

二、大学生职业生涯规划的特点

(一) 个性化

个性化是职业生涯最重要的特点。大学生的职业生涯规划针对的是个人，不同的学生有不同的特点与个性，自然应当有不同的规划方案，个人是职业生涯规划的主要角色，在规划过程中注意充分发挥自己的个性特长，做到因人而异。

(二) 指向性

大学生职业生涯规划是通过设计目标，确定实现路经，指引学生个体有计划地、分阶段地实现个体目标。

(三) 动态性

大学生职业生涯规划是一个不断反馈、不断调整、不断修订的过程，随着环境的变化和个体的自省，职业发展方向需不断重新定位，实现路径需不断重新调整。

(四) 操作性

大学生职业生涯规划是一套解决学生个体能力与职业发展需求之间矛盾的操作方案，确定行动方向、行动时间、操作方法时必须结合学生个体特点，具有可行性和易操作性。

(五) 长期性

大学生职业生涯规划不同于就业指导，它关系到一个人一生的发展，具有很强的相关性与连续性，这就要求学生进行生涯规划时必须考虑长远，规划时间维度长一些，这样才能巩固职业生涯规划的成果。

三、大学生职业规划的方法

(一) 大学生职业生涯规划的原则

1. 结合社会需求规划职业生涯

大学生学习的现实目标就是就业。就业作为一种社会活动必定受到一定的社会需求制约，如果自身的知识与个人的观念、能力脱离社会需要，他将很难被社会接纳。我们强调大学生求职时实现社会需求与个人能力的统一以及社会需要与个人愿望有机结合。因此，大学生在职业生涯规划时，要看清现实社会与未来的发展趋势，同时关注人才需求的动向以及用人单位对人才的能力素质要求。

2. 结合所学专业规划职业生涯

专业匹配是我们进行职业生涯规划的目标之一。每个在校大学生都有自己的专业，每个专业都有一定的培养目标和就业方向与就业领域，这就是大学生职业生涯规划的基本依据。专业的区别有多大，往往职业的区别就有多大。求职过程中如果不能实现专业与职业的匹配，势必付出转换成本。因此，在进行职业生涯规划时一定要结合自己的专业，了解专业，分析专业，强化专业知识与技能的掌握，以专业特色和能力要求为导向规划自己的学习与生活，力争实现专业与职业的匹配。

3. 结合个人特点规划职业生涯

大学生的职业生涯规划要与自己的个性倾向、个性心理特征及个人能力特长等方面相结合。个性倾向包括需求、兴趣、动机、理想、信念和世界观。个性心理特征包括气质与性格。通过职业生涯规划相关的测评，认清自己，明确自身特点，准确定位，充分发挥自己的优势，结合自身特点才能体现人尽其才、才尽其用的要求。

4. 结合学生大学特定阶段

大学生的职业生涯规划不同于企业的员工职业生涯规划，企业员工的职业生涯规划具有相对的稳定性，而大学生的职业生涯规划更具动态性。大学生进行职业生涯规划会根据自身所处的年级的不同，大一更多的是模糊的、多样的职业理想和预期，自身可塑性最大；大二、大三具有比较明确的职业理想与实现路径；大四主要集中在具体职业目标和具体实现技能方面，自身可塑性最低，但未来职业的轮廓最明晰。有人将大学四年分为：试探期(一年级)、定向期(二年级)、冲刺期(三年级)、分化期(四年级)。大学生进行职业生涯规划时一定要结合特定阶段，在每个阶段进行合理适度的规划，不断调整、改进、完善。

(二) 大学生职业生涯规划的步骤

从某种意义上讲，大学生的职业生涯规划是从高考结束后、选择专业开始的。选择某一专业是学生进行职业生涯规划的源头与开端，为大学的职业生涯规划设定了界限与区域，专业的选择对于大学生职业生涯规划的开展具有重要意义。据相关调查发现：学生选择专业具有普遍的盲目性，专业选择对大学生职业生涯规划具有很强的约束性，有高达41%左右的同学不了解报考的专业，报考志愿时只有8%左右的同学进行了职业倾向测试。理论上讲，研究大学生职业生涯规划应当从学生填报志愿开始。

1. 理解职业生涯规划内涵

目前学生对于职业生涯规划的认知程度不高，大多数在校大学生没有听说过职业生涯规划。因此，学生应加强这一基本概念的了解。职业生涯规划是一个概念，也是人力资源管理中的一个先进理念，大学生想用它，就必须认识它，了解它，在认识概念的同时，积极主动地思考，结合自己的学习生活实践，领悟其中的道理，并积极与职业规划专家进行沟通，将职业生涯规划理论固化为自己的观念，积极应用到自己的学习中，成为指导学习、生活的规范。学生可以通过各种渠道获得关于职业生涯规划的知识，如网络、书籍、报刊，还可以从学校就业指导部门以及各种职业讲座中获得。

2. 树立职业理想

职业思想是指人们对未来职业表现出来的一种强烈的追求和向往，是人们对未来职业生活的构想和规划。任何人的职业理想必然要受到社会环境、社会现实的制约。社会发展的需要是职业理想的客观依据，凡是符合社会发展需要和人民利益的职业理想都是高尚的、正确的，并具有现实的可行性。大学生的职业理想更应把个人志向与国家利益和社会需要有机地结合起来。职业理想在人们职业生涯规划过程中起着调节和指南作用。一个人选择什么样的职业，以及为什么选择某种职业，通常都是以其职业理想为出发点的。大学生树立职业理想的过程，便是心目中进行职业生涯规划的过程，一旦心目中有了自己认为理想的职业，就会依据职业理想的目标去规划自己的学习和实践，并为获得自己认为理想的职业而去做各种准备。

3. 自我评估与环境分析

帕森斯职业——人匹配理论认为形成职业选择和职业指导过程的三个步骤为：① 进行人员分析，评价个体的生理与心理特征；② 分析职业对人的要求，并向求职者提供有关的信息；③ 人职匹配，个人在了解自己的特点和职业要求的基础上，借助职业指导者的帮助，选择一项既适合自己特点又有可能获得的职业。

自我评估是学生运用相应的测评体系对自己的兴趣、特长、性格、学识、技能、智商、情商以及管理、协调、活动能力等的测评。它的实质就是通过自我分析，认识自己、了解自己，诊断出个人问题所在。每一学期，通过这样的评估，不断解决自己的问题，提高学生的综合能力。

4. 确定职业发展目标

在对个人进行全面的分析以及对环境有了较为深入的了解后，应结合个人职业理想确定自己的职业发展目标。所谓目标，就是一个人行动的方向、目的。职业生涯目标是指一个人渴望获得的与职业相关的结果。职业生涯目标可以通过很多方式影响个人的行为和表现:首先，它可以刺激高水平的努力；第二，它可以给高水平的努力固定方向；第三，它可以提高朝目标努力的坚持性；第四，具体的目标有助于形成实现目标的战略；最后，目标可以衡量行为结果的有效性，向个体提供积极的反馈。

确定职业发展目标可以按以下步骤进行:

(1) 分析论证：对自身和社会环境进行全面充分的论证，亦即认识自我和了解社会，主要包括自我人格测试、分析自己的优势和劣势、澄清自己的价值观、了解自己的潜质和不足等。

(2) 合理定位：结合前一步的分析论证，认识自我与环境，寻找自己适合的位置和能力范围的目标。

(3) 目标的制定：将目标分为人生目标、长期目标、中期目标、短期目标等。围绕着长远目标，制定阶段性目标。

(4) 目标实施：采取措施完成阶段性目标。

(5) 检测修订目标：阶段性目标完成的过程中会不断出现新情况与新问题，通过对现实的把握，对自己的所有目标进行调整。

5. 设定特定学期的职业生涯目标

学生通过学期自我评估、认识自己、分析环境，在准确定位的基础上进行目标设定。心理学家洛克教授提出了著名的目标设置理论。洛克认为，只要人们将目标上升为自觉目标，目标就会对人产生强烈的激励作用，它是完成工作的最直接的动机。目标导学通过目标激励，能使学生科学地计划大学阶段，实现自我的价值理念。职业生涯目标就是有关职业生涯发展的、可以预见的、具有一定实现可能性的最长远的目标。

个人条件与职业目标间存在重合，这部分的个人条件在职业生涯过程中要保持，个人条件与职业目标的分离部分，是我们的重点关注点。职业目标为远期目标，它的实现基于小目标的逐一实现。在大学生职业生涯规划过程中，将个人能力与职业目标相分离的部分进行目标分解，细化为有时间规定的学年、学期、月、周、日等目标，直接将目标分解为某确定日期可以采取的具体步骤。学生围绕着具体任务，一步步实现自己的短期目标，增进自己的个人条件，减少职业目标与个人条件间的分离，逐渐实现个人的职业目标。

特定学期生涯目标的设定，是将学生的职业目标进行有效的分解(最佳才能、最优性格、最大兴趣、最有利的环境等条件为依据)，制定阶段性的努力目标即学生的学期目标或事件目标，目标分解的过程也是职业能力要求分解的过程。有利于学生充分挖掘个人的潜力，有序从容地提高自己的能力，推进个人条件与职业要求的吻合。

6. 制定、实践学期行动计划

特定的学期计划就是生涯规划中的短期目标。围绕特定学期的职业生涯目标与自身条件，寻找其中的差距，制定行动计划并严格执行。主要行动路线在于提高与理想职业相匹配的能力方面。计划可包括：如何提高综合能力、改进不良习惯、培养特长、完善人格、改正缺点、提高成绩、弥补差距等。学期的行动计划在学生的理想与现实间构建了通路，使得学生的职业生涯目标的实现有了可能。制定学期行动计划必须围绕特定学期的职业目标，认真分析职业目标要素，实现行动的针对性。制定学期行动计划要具有可操作性和针对性，应当听取多方意见，尤其是学长和辅导员的建议。制定的计划应和自己的目标罗列在一起，经常对照落实情况，促进行动的执行。

7. 自我评估与调整

影响生涯规划的因素有很多。有的变化因素是可以预测的，而有的变化因素难以预测。在此状况下，制定职业生涯规划时，由于对自身及外界的环境都不十分了解，最初确定的职业生涯目标往往都是模糊或抽象的，有时甚至是错误的。经过一段时间的学习生活，有意识地回顾自己的行为，检验自己的目标，在实施过程中自觉地总结经验教训，评估自己的职业生涯规划。要使生涯规划行之有效，就须不断对生涯规划进行评估与修订，及时纠正最终职业目标与分阶段目标的偏差。其修订的内容包括:职业的重新选择，生涯路线的选择，人生目标的修正，实施措施与计划的变更等。大学生在职业生涯过程中必须阶段性地将预期目标与现实状况进行比较，筛选出有效、可行的执行措施和合理适度的目标，对自己的职业生涯规划进行调整。大学职业生涯规划是在不断的循环中确定、完成的。

【情境任务训练】

一、霍兰德(Holland)自我职业选择指导问卷(Self-Directed Search，SDS)

本测验量表将帮助你发现和确定自己的职业兴趣和能力特长，从而更好地做出求职择业的决策。如果你已经考虑好或选择好了自己的职业，本测验将使你的这种考虑或选择具有理论基础，或向你展示其他合适的职业；如果你至今尚未确定职业方向，本测验将帮助你根据自己的情况选择一个恰当的职业目标。

本测验共有七个部分，每部分测验都没有时间限制，但请你尽快按要求完成。

第一部分　你心目中的理想职业(专业)	
对于未来的职业(或升学进修的专业)，你也得早有考虑，它可能很抽象、很朦胧，也可能很具体、很清晰。不论是哪种情况，现在都请你把自己最想干的3种工作或最想读的3种专业，按顺序写下来	
1	
2	
3	

第二部分　你所感兴趣的活动			
下面列举了若干种活动，请根据你自己的感觉，对这些活动进行好恶判断。若是喜欢的，请在“是”栏里打“√”；若是不喜欢的，请在“否”栏里打“×”。请按顺序回答全部问题			
R：实际型活动		是	否
1	装配、修理电器或玩具	□	□
2	修理自行车	□	□
3	用木头做东西	□	□
4	开汽车或摩托车	□	□

续表一

R：实际型活动		是	否
5	用机器做东西	☐	☐
6	参加木工技术学习班	☐	☐
7	参加制图、描图学习班	☐	☐
8	驾驶卡车或拖拉机	☐	☐
9	参加机械和电器学习班	☐	☐
10	装配、修理机器	☐	☐
统计“是”一栏得分合计＿＿＿＿＿			
I：研究型活动		是	否
1	读科技图书和杂志	☐	☐
2	在实验室工作	☐	☐
3	改良水果品种，培育新的水果	☐	☐
4	调查、了解土和金属等物质的成分	☐	☐
5	研究自己选择的特殊问题	☐	☐
6	解算术或玩数学游戏	☐	☐
7	物理课	☐	☐
8	化学课	☐	☐
9	几何课	☐	☐
10	生物课	☐	☐
统计“是”一栏得分合计＿＿＿＿			
A：艺术型活动		是	否
1	参加素描、制图或绘画	☐	☐
2	参加话剧/戏剧	☐	☐
3	设计家具/布置室内	☐	☐
4	练习乐器/参加乐队	☐	☐
5	欣赏音乐或戏剧	☐	☐
6	看小说/读剧本	☐	☐
7	从事摄影创作	☐	☐
8	写诗或吟诗	☐	☐
9	参加艺术(美术/音乐)培训班	☐	☐
10	练习书法	☐	
统计“是”一栏得分合计＿＿＿＿			

续表二

S：社会型活动		是	否
1	参加学校或单位组织的正式活动	□	□
2	参加某个社会团体或俱乐部活动	□	□
3	帮助别人解决困难	□	□
4	照顾儿童	□	□
5	出席晚会、联欢会、茶话会	□	□
6	和大家一起出去郊游	□	□
7	想获得关于心理方面的知识	□	□
8	参加讲座或辩论会	□	□
9	观看或参加体育比赛和运动会	□	□
10	结交新朋友	□	□
统计“是”一栏得分合计_________			
E：企业型能力		是	否
1	说服鼓动他人	□	□
2	卖东西	□	□
3	谈论政治	□	□
4	制定计划、参加会议	□	□
5	以自己的意志影响别人的行为	□	□
6	在社会团体中担任职务	□	□
7	检查与评价别人的工作	□	□
8	结交名流	□	□
9	指导有某种目标的团体	□	□
10	参与政治活动	□	□
统计“是”一栏得分合计_________			
C：常规型活动		是	否
1	整理桌面和房间	□	□
2	抄写文件和信件	□	□
3	为领导写报告或公务信函	□	□
4	检查个人收支情况	□	□
5	参加打字培训班	□	□
6	参加算盘、文秘等实务培训	□	□
7	参加商业会计培训班	□	□
8	参加情报处理培训班	□	□
9	整理信件、报告、记录等	□	□
10	写商业贸易信	□	□
统计“是”一栏得分合计_________			

续表三

第三部分 你所擅长或胜任的活动			
下面列举了若干种活动，其中凡是你能做或大概能做的事，请在“是”栏里打“√”；反之，则在“否”栏里打“×”。请回答全部问题			
R：实际型能力		是	否
1	能使用电锯、电钻和锉刀等木工工具	□	□
2	知道万用表的使用方法	□	□
3	能够修理自行车或其他机械	□	□
4	能够使用电钻床、磨床或缝纫机	□	□
5	能给家具和木制品刷漆	□	□
6	能看建筑设计图	□	□
7	能够修理简单的电器用品	□	□
8	能修理家具	□	□
9	能修理收录机	□	□
10	能简单地修理水管	□	□
统计“是”一栏得分合计________			
I：研究型能力		是	否
1	懂得真空管或晶体管的作用	□	□
2	能够列举三种蛋白质多的食品	□	□
3	理解铀的裂变	□	□
4	能使用计算尺、计算器、对数表	□	□
5	会使用显微镜	□	□
6	能找到三个星座	□	□
7	能独立进行调查研究	□	□
8	能解释简单的化学现象	□	□
9	理解人造卫星为什么不落地	□	□
10	经常参加学术会议	□	□
统计“是”一栏得分合计________			
A：艺术型能力		是	否
1	能演奏乐器	□	□
2	能参加二部或四部合唱	□	□
3	独唱或独奏	□	□
4	扮演剧中角色	□	□
5	能创作简单的乐曲	□	□
6	会跳舞	□	□
7	能绘画、素描或书法	□	□
8	能雕刻、剪纸或泥塑	□	□
9	能设计板报、服装或家具	□	□
10	写得一手好文章	□	□
统计“是”一栏得分合计________			

续表四

S：社会型能力		是	否
1	有向各种人说明、解释的能力	□	□
2	经常参加社会福利活动	□	□
3	能和大家一起友好相处地工作	□	□
4	善于与年长者相处	□	□
5	会邀请人、招待人	□	□
6	能简单易懂地教育儿童	□	□
7	能安排会议等活动顺序	□	□
8	善于体察人心和帮助他人	□	□
9	帮助护理病人和伤员	□	□
10	安排社团组织的各种事务	□	□
统计“是”一栏得分合计_________			
E：企业型能力		是	否
1	担任过学生干部并且干得不错	□	□
2	工作上能指导和监督他人	□	□
3	做事充满活力和热情	□	□
4	有效利用自身的做法调动他人	□	□
5	销售能力强	□	□
6	曾作为俱乐部或社团的负责人	□	□
7	向领导提出建议或反映意见	□	□
8	有开创事业的能力	□	□
9	知道怎样做能成为一个优秀的领导者	□	□
10	健谈善辩	□	□
统计“是”一栏得分合计_________			
C：常规型能力		是	否
1	会熟练地打印中文	□	□
2	会使用外文打字机或复印机	□	□
3	能快速记笔记和抄写文章	□	□
4	善于整理保管文件和资料	□	□
5	善于从事事务性的工作	□	□
6	会用算盘	□	□
7	能在短时间内分类和处理大量文件	□	□
8	能使用计算机	□	□
9	能搜集数据	□	□
10	善于为自己或集体做财务预算表	□	□
统计“是”一栏得分合计_________			

续表五

第四部分　你所喜欢的职业			
下面列举了多种职业，请逐一认真考虑。如果是你有兴趣的工作，请在“是”栏里打“√”；如果是你不太喜欢、不关心的工作，请在“否”栏里打“×”。请回答全部问题			
R：实际型职业		是	否
1	飞机机械师	□	□
2	野生动物专家	□	□
3	汽车维修工	□	□
4	木匠	□	□
5	测量工程师	□	□
6	无线电报务员	□	□
7	园艺师	□	□
8	长途公共汽车司机	□	□
9	火车司机	□	□
10	电工	□	□
统计“是”一栏得分合计________			
I：研究型职业		是	否
1	气象学或天文学家	□	□
2	生物学者	□	□
3	医学实验室的技术人员	□	□
4	人类学者	□	□
5	动物学者	□	□
6	化学家	□	□
7	数学家	□	□
8	科学杂志的编辑或作家	□	□
9	地质学家	□	□
10	物理学家	□	□
统计“是”一栏得分合计________			
A：艺术型职业		是	否
1	乐队指挥	□	□
2	演奏家	□	□
3	作家	□	□
4	摄影家	□	□
5	记者	□	□
6	画家、书法家	□	□
7	歌唱家	□	□
8	作曲家	□	□
9	电影、电视演员	□	□
10	节目主持人	□	□
统计“是”一栏得分合计________			

续表六

S：社会型职业		是	否
1	街道、工会或妇联干部	□	□
2	小学、中学教师	□	□
3	精神病医生	□	□
4	婚姻介绍所工作人员	□	□
5	体育教练	□	□
6	福利机构负责人	□	□
7	心理咨询员	□	□
8	共青团干部	□	□
9	导游	□	□
10	国家机关工作人员	□	□
统计“是”一栏得分合计________			
E：企业型职业		是	否
1	厂长	□	□
2	电视片编制人	□	□
3	公司经理	□	□
4	销售员	□	□
5	不动产推销员	□	□
6	广告部长	□	□
7	体育活动主办者	□	□
8	销售部长	□	□
9	个体工商业者	□	□
10	企业管理咨询人员	□	□
统计“是”一栏得分合计________			
C：常规型职业		是	否
1	会计师	□	□
2	银行出纳员	□	□
3	税收管理员	□	□
4	计算机操作员	□	□
5	簿记人员	□	□
6	成本核算员	□	□
7	文书档案管理员	□	□
8	打字员	□	□
9	法庭书记员	□	□
10	人口普查登记员	□	□
统计“是”一栏得分合计________			

续表七

第五部分　你的能力自我评价						
下面两张表是你在 6 个职业能力方面的自我评定表。你可以先与同龄者比较出自己在每一方面的能力，然后经过斟酌后对自己的能力作出自我评估。请在表中适当的数字上画圈。数字越大，表示你的能力越强(注意，请勿全部画同样的数字，因为人的每项能力不可能完全一样。)						
(A)	R 型	I 型	A 型	S 型	E 型	C 型
	机械操作能力	科学研究能力	艺术创作能力	解释表达能力	商业洽谈能力	事务执行能力
	7 6 5 4 3 2 1	7 6 5 4 3 2 1	7 6 5 4 3 2 1	7 6 5 4 3 2 1	7 6 5 4 3 2 1	7 6 5 4 3 2 1
(B)	R 型	I 型	A 型	S 型	E 型	C 型
	体育技能	数学技能	音乐技能	交际技能	领导技能	办公技能
	7 6 5 4 3 2 1	7 6 5 4 3 2 1	7 6 5 4 3 2 1	7 6 5 4 3 2 1	7 6 5 4 3 2 1	7 6 5 4 3 2 1
第六部分　统计和确定你的职业(兴趣)倾向						
请将第二部分至第五部分的全部测验分数按前面已统计好的 6 种职业倾向(R 型、I 型、A 型、S 型、E 型和 C 型)得分填入下表，并作纵向累加						
测　试	R 型	I 型	A 型	S 型	E 型	C 型
第二部分						
第三部分						
第四部分						
第五部分 A						
第五部分 B						
各类型得分合计						
6						
	______型	______型	______型	______型	______型	______型
你的职业倾向性得分：　最高分 ______　次高分 ______　最低分______						

第七部分　你所看重的—职业价值观			
这一部分测验列出了人们在选择工作时通常会考虑的 9 种因素(见所附工作价值标准表)。现在请你从中选出最重要的两项因素，并将序号填入下边相应空格上			
最重要		次重要	
最不重要		次不重要	

附：工作价值标准	
1	工资高、福利好
2	工作环境(物质方面)舒适
3	人际关系良好
4	工作稳定有保障

续表八

5	能提供较好的受教育机会
6	有较高的社会地位
7	工作不太紧张、外部压力少
8	能充分发挥自己的能力特长
9	社会需要与社会贡献大
到此，测验全部结束。 现在，将你测验得分居第一位的职业类型找出来，对照下表，判断一下自己适合的职业类型，然后与第一部分所填的3个最感兴趣的职业相比较	
职业索引——职业兴趣代号与其相应的职业对照表	
R (实际型)	木匠、农民、操作X光的技师、工程师、飞机机械师、鱼类和野生动物专家、自动化技师、机械工(车工、钳工等)、电工、无线电报务员、火车司机、长途公共汽车司机、机械制图员、修理机器、电器师
I (研究型)	气象学者、生物学者、天文学家、药剂师、动物学者、化学家、科学报刊编辑、地质学者、植物学者、物理学者、数学家、实验员、科研人员、科技作者
A (艺术型)	室内装饰专家、图书管理专家、摄影师、音乐教师、作家、演员、记者、诗人、作曲家、编剧、雕刻家、漫画家
S (社会型)	社会学者、导游、福利机构工作者、咨询人员、社会工作者、社会科学教师、学校领导、精神病工作者、公共保健护士
E (企业型)	推销员、进货员、商品批发员、旅馆经理、饭店经理、广告宣传员、调度员、律师、政治家、零售商
C (常规型)	记账员、会计、银行出纳、法庭速记员、成本估算员、税务员、核算员、打字员、办公室职员、统计员、计算机操作员、秘书

二、职业规划书

(1) 根据“情境任务描述”的要求和相关知识，做出职业规划书并进行展示。

(2) 评选出优秀规划书。

【思考、澄清、分享、巩固：每个人都是自己命运的设计师】

【思考】月你一生中最爱的人或东西是什么？在世人中最钦佩的是谁？

人生往往取决于做决定的那一刻。你决定怎么看，你决定怎么想，你决定怎么做。决定仿佛一股无形的力量在引导你的思想、行动和感受，从而主宰你的人生。当我们决定了目标所在，决定了意义所在，决定了要怎么做，那么这个决定就注定了我们的现在和未来。决定其实就是选择。你现在的生活是你几年前的选择决定的，你现在的选择决定你大学毕业后的生活。

有人算过一笔账，如果你每年存 1.4 万元，并且将存下来的钱都投资到股票、债券或房地产上，因而获得平均每年 20% 的投资回报率，那么 10 年后就有 36 万元。如果坚持存 40 年那该是多少？答案是 1.0281 亿元。所以，成功的关键是目标明确后的坚持不懈。坚持 10 年已经不容易了，而要坚持 40 年真是难上加难，奇迹就是这样创造的。

职业生涯规划不仅是对事业、职业的追求，更重要的是对生活形态的选择，通过对职业生涯的探索，根据自己内在的特质、背景、需求等产生适合个人的职业生涯规划。因为是你的决定，而不是遭遇主宰你的人生；是你的选择，而不是运气决定你的命运。

我不知道来自何处，但我知道去向何方！你无法控制生命的长度，但你可以增加它的宽度和高度来扩大它的容积，成为自己想要成为的人，创造生机勃勃、充满活力和富有意义的生活，从何时开始都为时不晚。用最少的悔恨面对过去，用最少的犹豫面对现在，用最多的自信面对未来，这才是最智慧的人生。

项目七　情绪调节和压力管理

【项目导言】

在日常生活中，你是否有过情绪难以控制、压力无法承受的情况？如果有，你是放任放纵，还是控制和疏导？“人生不如意十之八九”，生活在竞争激烈的现代社会，每个人都要面对来自工作、生活、学习和情感等多方面的压力。沉重的压力导致人们情绪不良，学习效率下降，生活质量降低，甚至引发疾病等不良后果。那么，该如何面对压力、管理情绪呢？其实，人人都能管理好情绪，都能从容面对压力，需要做的只是改变一下看问题的角度，学会一些放松自己的方法。掌握了正确的方法，人们就能平稳度过压力和情绪纷扰的难关，让疲惫的心灵从此充满激情与活力！

【学习目标】

➢ **知识目标**

(1) 理解情绪的概念，掌握情绪控制与管理的方法。

(2) 掌握 ABC 理论。

(3) 理解压力，掌握压力管理的方法。

➢ **能力目标**

(1) 能察觉和识别自己和他人的情绪。

(2) 能控制和管理自己和他人的情绪。

(3) 能有效应对压力。

任务 1　觉察和识别情绪

【情境任务描述】

我们应该如何觉察自己的情绪呢？请将你的注意力放在你的身体感受上，它的体验就是你所寻找的情绪。

请扫描你能量系统的各个地方，注意你的身体在什么地方、有什么体验，用你对自己能量系统的了解来指导自己。比如说，你可以放松下来，然后一点一点寻找自己身体的感受，比如去体会：

我的胸部紧张吗？

我太阳神经丛区域的感觉如何?

我的声音是饱满而洪亮或者是羞涩而微弱的?

我的脖子和肩膀是紧绷的吗?

如果你感觉到自己的胸口好像有一块石头，感觉有些堵。有这样的感觉很好。再仔细去感受自己，那是一块多大的石头？什么形状？什么颜色？什么位置？然后试着把石头搬起来，从胸口慢慢移开。也许你的感觉会有明显的改善。

以这样的方式来引导你的注意力就是察觉情绪的第一步。当你将自己的注意力放到别的地方时，你就错过了你的情绪。

【情境任务分析】

什么是情绪的觉察？通俗一点讲，是对自己当下情感的自我认识。比如，在遇到一件不幸事件后，体验自己此刻的心情是微怒、生气、狂怒还是含着悲伤。这种感受只是自己的感受，与他人无关，与事件也没有关系。假如此刻你还沉浸在事件本身，或者迁怒于他人，你根本没有进入自己的情绪。

情绪和肢体语言所表达出的信息是无法掩饰的，情绪不会撒谎，它是我们内心世界的真实体现。所以不要忽略了我们所表现出的情绪，试着去了解和体验，让情绪得到释放。情绪，需要我们去面对和表达，而不是掩饰。

【情境任务知识】

一、情绪的概述

(一) 情绪的定义

什么是情绪？最简单地讲，就是喜、怒、悲、惧。当然，这每一种情绪都可以分为不同的等级，比如“怒”的情绪可以分为不快、生气、愤怒、狂怒等不同的等级，“惧”可以分为担忧、害怕、惊恐等不同级别。并且，有时一个事件会引起不同的情绪，也就是说，我们的情绪常常并非一种单一的情绪，而是多种情绪的混合体。

由于情绪的复杂性及各人研究的方法和角度的不同，至今情绪的定义还没有一个统一的结论。从一般意义上讲，情绪是人们对外界刺激引起的生理和心理变化的一种主观体验。

(二) 情绪的表现

1. 情绪有其生理基础

在不同的情绪状态下，人的心律、血压、呼吸乃至人的内分泌、消化系统等，都会发生相应的变化。例如，人在焦虑状态下，会感到呼吸急促、心跳加快；而在愤怒状态下，则会出现面红耳赤等生理特征。

2. 情绪是一种内心感受和体验

人的不同情绪生理状态必然会反映在人的知觉上，从而形成人不同的内心感受和体验。

如当面临着极度危险时，会产生毛骨悚然的恐惧；当自己的某些需要得到充分的满足时，会感到幸福愉快；在失去亲人时，会感到悲伤。

3. 情绪的表现形式是表情行为

情绪也会直接反映到人的表情、语态和行为动作中。情绪的表现形式分为面部表情、语态表情和语调表情。比如一个人悲伤时，会泪流满面，会双肩颤抖，或捶胸顿足，会语调低沉、言语缓慢、语言断断续续等。

二、情绪理论

对于情绪的产生、表现，它和生理变化以及其他心理活动之间的关系，它对人的活动和人际关系的影响，乃至它的生理机制，心理学家都给予了特别的关注。在心理学发展过程中，产生过不少解释情绪的理论。从情绪理论发展的过程来看，比较重要的、对情绪的研究具有推动作用的情绪理论有以下几种。

（一）詹姆斯-兰格的情绪外周理论

美国心理学家詹姆斯和丹麦生理学家兰格分别于1884年和1885年提出了观点相同的情绪理论。詹姆斯认为，情绪是对身体变化的知觉，即当外界刺激引起身体上的变化时，我们对这些变化的知觉便是情绪。照他的说法，人并不是因为愁了才哭、生气了才打、怕了才发抖，而是因为哭了才愁、因为动手打了才生气、因为发抖了才害怕。

詹姆斯和兰格都强调情绪与机体变化的关系，强调植物性神经系统在情绪发生中的作用，所以被称做情绪的外周理论。但这种理论遭到了很多人的反对。

（二）坎农-巴德的情绪丘脑理论

坎农认为，情绪的生理机制不在外周，而在中枢神经系统的丘脑。外界刺激作用于感觉器官，引起神经冲动，经感觉神经传至丘脑，激发情绪的刺激由丘脑进行加工，丘脑所产生的神经冲动向上传至大脑皮层，引起情绪的主观体验；向下传至交感神经系统，引起机体的生理变化，所以，身体变化和情绪体验是同时发生的。

坎农的理论得到了巴德的支持和发展，故后人将这一理论称为坎农-巴德丘脑情绪理论。坎农、巴德发现了丘脑在情绪发生中的作用，驳斥了詹姆斯-兰格的情绪外周理论，提出了情绪的中枢理论，是对情绪理论的发展。但是这一理论忽视了外因变化的意义，也忽视了大脑皮层对情绪发生的作用，也是有缺陷的。

（三）沙赫特的情绪认知理论

美国心理学家沙赫特提出，任何一种情绪的产生，都是由外界环境刺激、机体的生理变化和对外界环境刺激的认识过程三者相互作用的结果，而认知过程又起着决定的作用。

1962年他又和辛格共同设计了一个实验，实验结果说明，生理变化在情绪的发生中肯定是会出现的，但对情绪体验来说却不是决定性的，决定性的因素是对外界刺激和对身体变化的认知。沙赫特将认知因素纳入到对情绪发生的解释，这对情绪的认识又是一个进步。

（四）汤姆金斯和伊扎德的情绪动机-分化理论

汤姆金斯和伊扎德于20世纪60年代提出，情绪并不是伴随着其他心理活动产生的一种副现象，而是一种独立的心理过程。情绪有其独特的机制，并在人的心理生活中起着适应环境的独特作用。这种观点构成了情绪理论的另一大派别，即情绪的动机-分化理论。

汤姆金斯直接把情绪看做是动机。他认为，内驱力的信号需要通过一种放大的媒介才能激发有机体去行动，而情绪正是起着这种放大作用的心理过程。不仅如此，情绪本身可以离开内驱力的信号而起到动机的作用。

三、情绪变化的维度及两极性

(一) 情绪的两极性

对情绪的固有特征可以从不同的方面进行度量，即情绪变化有不同的维度。这种度量可以从情绪的动力性、激动度、强度和紧张度这几方面来进行。而每一种特征的变化都具有两极对立的特性，也就是说，每一种特征都存在着两种对立的状态，这就是情绪的两极性。例如，有喜悦就有悲伤，有爱就有恨，有紧张就有轻松，有激动就有平静，它们都构成了对立的情绪的两极。

(二) 情绪变化的维度

1. 情绪的动力性有增力和减力的两极

一般来讲，满足需要的、肯定的情绪都是积极的、增力的，能提高人的活动能力；不能满足需要的、否定的情绪都是消极的、减力的，能降低人的活动能力。喜悦的时候人觉得轻松，精神饱满，对周围发生的事件格外关心，表现出积极参与的倾向。悲伤时觉得沉重，提不起精神，表现出对周围事物的冷漠和无心参与的倾向。前者是增力的，后者是减力的。

2. 激动度有激动和平静的两极

由重要的、突如其来的事件引起来的强烈的、有明显外部表现的情绪状态是激动的。如听到了特别重要的消息，得到了梦寐以求的收获，自然欣喜若狂，这是激动的情绪状态；在正常生活工作条件下安静的情绪状态则是平静的。

3. 强度有强和弱的两极

从不满到暴怒，从惬意到狂喜都是弱和强的两极。在弱和强的两极之间，还可以区分出各种不同的强度，如从不满到暴怒之间可以区分出生气、发怒、大怒和暴怒等几种强度。从惬意到狂喜之间有高兴、欢喜、大喜等几种强度。

4. 紧张度有紧张和轻松的两极

情绪的紧张程度依赖于情景的紧迫程度和个体的心理准备和应变能力。在情景紧迫、个体心理准备不足又缺乏应变能力的情况下，往往会感到紧张，不知所措，甚至身上发抖；情景并不紧迫，或者个体有充分的思想准备，有较强的应变能力时，即使遇到一些事件也会应付自如，觉得轻松。

四、情绪的种类

(一) 从情绪的内容来分——基本情绪和复合情绪

从生物进化的角度可把情绪分为基本情绪和复合情绪。基本情绪是人和动物共有的，不学而会的。每一种基本情绪都有其独立的神经生理机制、内部体验、外部表现和不同的适应功能。基本情绪的种类各家有不同的分法。近代研究中常把快乐、愤怒、悲哀和恐惧列为情绪的基本形式，又叫原始情绪。

复合情绪是由基本情绪的不同组合派生出来的。如由愤怒、厌恶和轻蔑组合起来的复合情绪可叫做敌意；由恐惧、内疚、痛苦和愤怒组合起来的复合情绪可叫做焦虑等。

(二) 从情绪的状态来分——心境、激情和应激

按情绪状态，就是按情绪发生的速度、强度和持续时间的长短，可以把情绪划分为心境、激情和应激。

1. 心境

心境是一种微弱、持久而又具有弥漫性的情绪体验状态，通常叫做心情。心境并不是对某一事件的特定体验，而是以同样的态度对待所有的事件，让所遇到的事件都产生和当时心境同样的色调。心境所持续的时间短的只有几小时，长的可到几周、几个月，甚至更长的时间。心境往往由对人有重要意义的事件引起，但人们并不是对引起某种心境的原因都能意识得到，而这种原因肯定是存在的。心境对人的生活、工作和健康会发生重要的影响，积极乐观的心境会提高人的活动效率，增强克服困难的信心，有益于健康；消极悲观的心境会降低人活动的效率，使人消沉，长期的焦虑会有损于健康。

2. 激情

激情是一种强烈的、爆发式的、持续时间较短的情绪状态，这种情绪状态具有明显的生理反应和外部行为表现。激情往往由重大的、突如其来的事件或激烈的意向冲突引起。激情既有积极的，也有消极的。在激情状态下，人的认识范围变得狭窄，分析能力和自我控制能力降低，因而在激情状态下人的行为可能失控，甚至会发生鲁莽的行为。人应该善于控制自己的激情，学会做自己情绪的主人。

3. 应激

应激是在出现意外事件和遇到危险情景的情况下所出现的高度紧张的情绪状态。应激状态可通过机体生理机能的变化和调节来进行适应性的防御，以应付外界突如其来的刺激和高度紧张的环境。如果应激状态长期持续，机体的适应能力将会受到损害，结果会导致疾病的产生。

【情境任务训练】

一、情绪识别图

(一) 活动目的

识别各种不同的情绪。

(二) 活动时间

大约 20 分钟。

(三) 活动场地

室内为宜。

(四) 活动道具

情绪图谱、水彩笔。

(五) 活动程序

(1) 将情绪图谱和彩笔发给同学。

(2) 请同学们仔细观察图谱的的表情，从下面列出的各种情绪里选择你认为能跟表情配合的，填入表情下方的括号中。

舒坦　不安　焦躁　温馨　害怕　快乐　期待　苦闷　愉悦　忧郁
生气　害羞　绝望　激昂　平静　悲伤　懒散　高傲　兴奋　美满
恐惧　轻松　寂寞　难过　高亢

(3) 你觉得这些表情应该配上什么颜色才适合呢 ？把你觉得适合的颜色涂在表情里。

二、辨识情绪

(一) 活动目的

通过角色扮演，使学生体验到他人的感受，强化对别人情绪的关注。

(二) 活动时间

大约 30 分钟。

(三) 活动场地

室内、室外均可。

(四) 活动道具

情绪卡，如高兴、生气、愤怒、窃喜、尴尬、哀伤、烦躁、恐惧、失望、震惊等。

(五) 活动程序

(1) 让一部分同学随机抽取情绪卡，分别请同学用肢体动作、面部表情表演某种情绪，表演过程中不能说话。

(2) 其他人观察、识别表演者到底处在什么情绪状态，并填写情绪辨识单。

情绪辨识单(示例)

情绪	情境	非语言行为	正误
高兴	有朋自远方来	伸出手臂拥抱	√
生气	考砸了	跺脚甩手	
悲伤	失恋	哭泣	
厌恶			
惊奇			

(3) 若表演者被观察者猜对，双方就都有得分。

【思考、澄清、分享、巩固：如何觉察自己的情绪？】

管理自己的情绪的第一步是“情绪的自我觉察”，如果做不到这一点，情绪的自我管理将无从做起。但问题是，非常多的现代人并不懂得觉察自己的情绪。

据抽样调查，大约 90% 的人看到文章标题的第一反应是“我会”，并且是“我当然会”，因为一般人都会这么想“我的感觉并不迟钝”。

但事实并不是这样。

举一个例子。在公司，一个职员刚刚被上司批评，他回到座位上往往会想以下问题：

为什么被批评的是我而不是别人?

我做错了什么呢?

他凭什么批评我呢?

上司为什么这么不讲理呢？这个王八蛋！

假如这个职员最后确定是自己做错了或者上司心情不好，很有可能他会再进一步分析自己做错的原因及上司心情不好的缘由。

以上这些是很容易产生的想法，很多人以为这些判断、分析都是自我觉察，但其实大错特错了。

大多数人不能觉察自己的情绪主要由于以下二个原因，一是习惯于理性思考，二是习惯性地逃离。

当自己生气、愤怒时，很多人能坐下来进行思维思考，回想整个事件，然后分析事情的原因，这个过程叫做归因，但绝对不是情绪判断。现代人都习惯于作利益分析、得失判断，却往往不会、也不能觉察自己的情绪。

每一个思维都伴随着情绪，但是如果你不愿意去发现你的身体在当下的感觉，你就会将自己一次又一次带到更多的思维、想法、计划、计算和评判里。现如今，有大量的思维性活动被创造出来，就是为了转移人们的注意力，让他们逃避不愿意去感受的情绪。智性的努力和情绪的觉察并不是互不相容的，但是当思维性的消遣变得具有强迫性时，它就被人们用来转移注意力，逃避痛苦。

在这里，需要强调的是，了解自己本身是不容易的。因为大家都认为外面的才是真实的，人的眼睛是往外长的，所以只看得到外面的东西，不太了解自己身体和心理的变化。

举一个例子。很多人都不了解自己的五脏六腑是怎么过日子的。比如肠什么时候蠕动得最快？是人要去上厕所的时候，如果当它有这个需求的时候，人不理会它，它就出毛病了。睡觉时胃里最好不要有太多东西，可是很多人喜欢吃宵夜，结果人是睡着了，胃还不能休息，所以胃就会痛。一个人情绪不安宁，其实和五脏六腑的情况有密切的关系。当一个人肚子很饿的时候，别人同他讲话，他会显得很没有耐心，比较容易发脾气。

除了习惯性的理性思考外，我们还习惯于逃避痛苦情绪，进而逃进一种活动。与体验剧烈的痛苦情绪所带来的肉体痛苦相比，去寻找刺激、去学习甚至努力工作更为容易。成为公司里最出色销售员、最勤奋的员工或者最聪明的问题解决者也容易得多。电脑游戏、电视和赚钱都成了将注意力从痛苦情绪中转移开来的手段，很多人不愿意早回家实际上是因为自己并不开心。

任何一种活动都能够成为这种手段——包括吃东西、买东西、喝酒和性。在社会、经济或者军事阶层里往上爬也是这样的手段，很多官员贪污一方面是因为贪心，另外一方面也是因为幸福指数不高，他们希望银行账户上不断增长的数字能给他们带来更多的安全感及幸福。

当一个活动被用来转移注意力，让人逃避痛苦的情绪时，它是强迫性的。一般来说，尽快完成一个很长的项目——比如一栋房子的装修、一单生意或者一段职业生涯的想法是很令人愉快的，尤其是当这个项目是在非常困难的情况下。但是当一个活动能够转移注意力，以逃避痛苦情绪时，这个活动临近结束就变得令人惊恐。这个活动掩藏了一个需要，当这个活动结束之后，那个需要会再次浮现，就像伤口的疼痛在麻醉剂失效时会再次出现一样。

如果你将自己放在过去或者是将来，在想着你本来可以做什么，或者你将要做什么，你一直都在做判断，而没有听听你的身体发出的声音。或者你总想着别人做过什么，或者将来会做什么，想着事情将要变成什么样，或者本来可以成为什么样，总是在和自己及别人讲“理”，则忘记了去感受自己。

总而言之，了解自己真正的情绪最好的办法就是“暂停”与“切断”，专注于自己身体的感受。

只有暂停以及切断与他人的联系，人才能够把注意力拉回来。当一个人老是随着环境而变化的时候，环境就决定一切，这时人没有自主性，完全随着环境的改变而团团转，那人是没有什么价值的。

任务2　压力与情绪

【情境任务描述】

话说宋徽宗是一位喜欢书画并且有很深造诣的皇帝，他有一天问随从：“天下何人画驴最好？”随从回答不出来，退下后急寻画驴出名者姓字名谁，焦急中得知一名叫朱子明的画家有“驴画家”之称，即召朱子明进宫画驴。朱子明得知被召进宫是为皇上画驴时，吓出一身冷汗，原来他根本不会画驴，他本是画山水的画家，因为有同行戏弄而给他起了个“驴画家”的绰号，并非擅长画驴才得的“驴画家”。但皇上之命不可违，情急之下的朱子明苦练画驴技术，先后画了数百幅有关驴的画，最后竟阴错阳差地得皇上赏识，真正成了天下第一画驴之人。

【情境任务分析】

在日常生活、学习、工作中，我们常常承受着来自各方面的压力，从而产生紧张的情绪状态。情境任务描述中，画家朱子明为什么会“吓出一身冷汗?”朱子明又如何化解这份害怕、紧张的情绪?

【情境任务知识】

一、什么是压力

压力这一概念最早是由加拿大著名的生理学家汉斯·薛利(Hans Selys)提出来的。他认为，压力就是“当生活环境不能满足个人需要，个人需要和经验与现实生活的要求不一致时，所导致的生理或心理失去平衡的一种紧张状态，也称应激状态”。心理学家们通过研究表明，压力是个体在生活适应过程中，由于环境要求与自身应对能力不平衡所导致的一种身心紧张状态，是一种复杂的身心过程。

从心里学的角度看，压力应当是一种体验到的东西，它无法抛开主体而单独存在。假如一个事件发生了，但主体对其漠视，毫不关心，或已经意识到刺激的存在，但认为不值得认真对待，这时，压力就无从谈起。

压力作为一个过程会对主体形成不同的结果，不同程度地增强或降低主体的健康水平。

二、压力源

压力源是指现实生活要求人们去适应的事件。

(一) 按对主体的影响分类

按对主体的影响，压力源可以分为如下三种类型。

(1) 生物性压力源。这是一组直接影响主体生存与种族延续的事件，包括躯体创伤或疾病、饥饿、性剥夺、睡眠剥夺、噪音、气温变化等。

(2) 精神性压力源。这是一组直接影响主体正常精神需求的内在和外在事件，包括错误的认知结构、个体不良经验、道德冲突以及长期生活经历造成的不良个性特点(如易受暗示、多疑、嫉妒、自责、悔恨)等。

(3) 社会环境性压力源。这是一组直接影响主体社会需求的事件。社会环境性压力源又可分为如下两类：

第一类是纯社会性的社会环境性压力源，如重大社会变革，重要人际关系破裂(失恋、离婚)、家庭长期冲突、战争、被监禁等。

第二类是由自身状况(如个人精神障碍、传染病等)造成的人际适应问题(如恐人症、社会交往不良)等社会环境性压力源。

(二) 按个人经历来分类

(1) 家庭压力源，包括夫妻关系、家庭财务、子女教养、赡养老人、空巢等。例如，夫妻矛盾，离婚、再婚，孩子不听话，老人生病，亲人离世等。

(2) 情绪压力源(又称内部压力源)，包括恐惧、焦虑、愤怒、哀伤等。例如，担心被解雇，考试不通过，孩子会生病，别人看不起等。

(3) 社会压力源，包括人际交往、道德规范、文化习俗、约会、聚会或演讲。例如，人际沟通障碍，邻里关系紧张，应酬过度等。

(4) 变迁压力源，包括迁居、换工作、独居、结婚、生孩子、旅游等。例如，乔迁新居的不适应，对新工作环境的陌生等。

(5) 工作压力源，包括工作环境、升职晋级、工作任务、出差、表扬与批评、惩罚、失业、停职、辞退等。例如，完成任务困难，升职晋级受阻，被辞退等。

(6) 化学压力源，包括吸烟、酗酒、药物滥用、吸毒等。例如，酒精中毒、尼古丁中毒、吸毒成瘾等。

(7) 决策压力源，包括择业、择偶、投资、购物、捐赠、义工等。例如，投资风险的不可预测性，择偶标准的不确定性等。

(8) 身体压力源，包括饥渴、性、睡眠、劳累、怀孕、疼痛、疾病等。例如，睡眠质量差，过度劳累，经常患病等。

(9) 环境压力源，包括噪音、污染、空间不足、过热或过冷等。例如，持久噪音引起的焦躁，休息空间狭窄导致憋闷感，持续高温引起机体不适等。

(10) 灾害压力源，包括地震、洪水、火灾、海啸、台风、瘟疫、干旱、车祸、失窃等。例如，物品被盗，遭遇车祸受伤，暴雨导致物品被淹等。

三、大学生的压力源

大学生在整个大学的每一个阶段都会面临不同的压力，压力是始终存在的。在大一阶段，主要面临着适应新的校园生活的压力。大学的一切都是陌生的，面对新的学习方式、陌生的人际关系、相对宽松自由的校园环境，许多大学新生无所适从，过去的自信荡然无存，难以把握自我，容易丧失人生的方向感。大学生大二、大三阶段面临着情感、交往、学习、就业等种种新问题，让人难以应付。其实，压力并不可怕，关键在于如何辨别、转化和应对压力。在某些情况下，压力也能转化为人生的积极动力。

一般来说，大学生的压力主要来源于以下几个方面。

(一) 环境不适应

刚刚跨进大学校园的新生，面对一个陌生的校园环境，往往会感觉不适应。造成不适应环境的原因有学校、环境变迁等，对于绝大多数新生而言，陌生的校园，生疏的群体，远离了家乡和父母，众多问题要自己决定、自己动手解决，这些都会使他们产生不同程度的环境压力。

(1) 学习条件和方法变化。大学生里“尖子”云集，在新的群体中自己不再是优等生，自我优越感丧失。对此没有思想准备，不能很好地接受和对待，就会出现心理压力。另外，传统的中学学习方法不适用于大学，结果造成新生疲于应付，也会出现心理压力。

(2) 生活习惯变化。饮食方面显著不同和生活习惯的差异，家庭经济与大学生群体主流消费的差距等，会给一些学生造成心理压力。

(二) 人际关系问题

在大学阶段，个体独立地步入了群体交际圈。离开了以往熟悉的朋友圈，周围是陌生的人群，特别是面对来自不同地区的同学和室友，大学生要在这种条件下形成新的交友圈和社会支持系统。在与周围的同学从陌生到熟悉的过程中，在不断调整自己以适应新的交际场合的过程中，部分学生会遭受到一些挫折。远离家乡的大学生在开始大学生活时会产生或多或少的孤独感，如果出现人际关系不和谐，这种孤独感就会进一步加剧，从而产生心理焦虑和压力。例如，有的学生因为语言表达能力差，因而害怕与他人交往沟通，于是倾向于把自己的内心世界和情感封闭起来，失去了与人沟通的机会，这样很容易导致孤独、抑郁和自卑。还有一类大学生，由于看待问题的观点以及生活习惯与周围的同学不能融合，或者由于本身的性格不合群，而遭到同学们的排斥。这类大学生很容易感受到压力，产生受冷落、悲观的心理。

(三) 专业发展问题

经过了“千军万马过独木桥”的高考走进大学校园，开始学习生活之后，大学生们有时会发现自己对所学专业不适应。一方面，在填写报志愿时，考生们总会选择一些热门的学科，但走进大学之后发现，所谓的热门学科可能并不适合自己，或者自己对所学的专业不感兴趣；另一方面，一部分大学生由于高考分数较低，被学校调剂到了一些生源不足的专业。这两类同学在学习自己所学的专业时都会产生压力，他们有的会产生急功近利的思想，急于自学一些实用的课程从而导致身心疲惫。

(四) 经济问题

大学里，大学生们可能面对各种各样的经济问题。有些大学生可能认为，自己已经可以脱离开父母，能够独立生活，可以自己养活自己了，于是开始盲目地以赚钱为目的，到处打工，从而影响学业，使身心俱疲。另外，大学生群体中有一部分同学来自贫困地区或贫困家庭，这些同学走进大学校园后，他们的消费习惯、方式与来自城市的大学生不同。面对日益严重的大学生的消费过高、攀比成风的现象，这类学生可能会更加自卑，感受到来自经济方面的压力。

(五) 对重大丧失的不适应

重大丧失也是给个人造成压力感受的一个不可忽视的来源。大学生常见的重大丧失有上学期间严重的外伤或疾病、学费和生活费来源的状况不佳、在校期间重要机遇的丧失等。其中，很多重大丧失都是突发事件，常常带给大学生措手不及的压力和困扰。

(六) 与“自我”有关的不适应

首先，“理想自我”与现实不适应的矛盾。每一个大学生都有自己对未来的设计，头脑中都会有一个“理想自我”。然而，现实社会的种种客观因素阻碍了“理想自我”的实现，这一矛盾会严重影响他们的心理状态。结果是，大部分学生能够努力重建被现实排斥的自我，重新树立起人生目标，但也有部分学生企图逃避与现实的矛盾冲突，因而产生压力。其次，在发展自我过程中的不适应。个别学生在追求发展自我的过程中顾此失彼，没有达到期望的目标，从而产生压力。还有一些学生在发展自我的过程中，放大了自我的劣势，由于害怕暴露自己的弱点而采取某些防御和压抑性的心态，导致心理压力很大。最后是自我同一性的形成和确立过程中的压力。自我同一性的形成，是指个人在过去经验中所形成的内在的一致性和连续性，并且和外部环境整合而协调一致的过程。在这个过程中，大学生需要完成某种社会职业的选择、个人终生目标的形成和人生观的确立。在自我同一性的形成和确立过程中，一些大学生会在多样的体系中丧失目标和人生观，即失去了自我和自我存感，不知自己究竟定位在哪里、在干什么，从而产生心理压力。

四、压力的影响

当人们面临压力时会产生一系列心理、生理的反应。这些反应在一定程度上是机体主动适应环境变化的需要，能够唤起和发挥机体的潜能，增强抵御和抗病能力。但是过低或者过度的压力会导致身心健康受损、工作效率下降、人际关系退步、适应力渐降、免疫系统减弱。如图 7-1 所示为“压力适当论”。

人们对压力的反应有显著的个体差异，也就是说相同的刺激引起的反应是不同的，这取决于个体的认知、评价以及起调节作用的个性心理特征、个性倾向性和社会支持、个体健康状况等因素。压力是由刺激引起的，不仅有害的、侵略性的刺激会引起压力，愉悦的、受欢迎的刺激也会带来压力。承受压力并非都是坏事。适度的压力是维持人们正常的心理功能和生理功能的必要条件，同时有助于人们适应环境、提高能力。可见，压力是我们生活的一部分，我们需要压力，正如需要食物和水分。大庆石油开发的时候铁人王进喜说过一句话：“人没压力轻飘飘，井没压力不喷油”。这话非常符合心理学研究的规律。生活如果没有压力，我们就无法适当地成长，不管在生理、心理或社会方面。在生活中若没有足够的刺激来引发生理激活状态时，我们通常会觉得厌烦，于是就会去寻找一些能造成压力的刺激，如爬山、竞赛等；假如工作、学习缺乏压力，也会使我们感到厌烦，难以保持适当的效率。但是，如果在长时间内有太多的压力，身体的细胞、组织与器官就会发生变化，生理与心理便会出现不同的混乱甚至致病。压力让我们学习掌握生活的技巧，应对压力可以成为一种生活的技巧。因此，我们需要学习处理压力的原则和方法，并将其应用于自己的生活、学习之中。

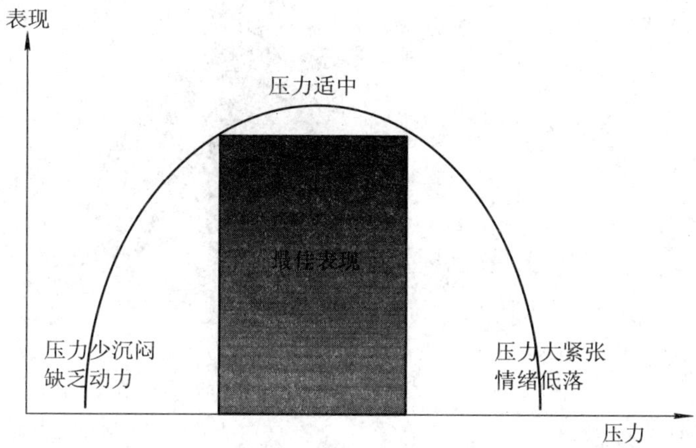

图 7-1　压力适当论

【情境任务训练】

一、压力源探索

(一) 活动目的

了解目前自身的压力状况。

(二) 活动时间

大约 30 分钟。

(三) 活动场地

室内、室外均可。

(四) 活动道具

压力圈图、笔。

(五) 活动程序

(1) 发放压力圈图，在大小圈内写下最近生活中的压力(大圈代表大压力，小圈代表小压力)。

(2) 分享、讨论：你的压力来源有哪些？
每个圈给你的感觉是什么？
压力很大时你身体感觉如何？哪部分不舒服？
你如何处理这些压力？

压 力 圈 图

二、压力问题脑力激荡

(一) 活动目的

发挥团体力量探讨解决问题的有效办法与途径。

(二) 活动时间

大约 30 分钟。

(三) 活动场地

室内。

(四) 活动道具

纸、笔。

(五) 活动程序

(1) 根据上个训练项目列出的生活压力，分组讨论并列出压力最大的前三种压力。

(2) 讨论有效适应和应对压力的方法。

(3) 各组代表报告讨论结果。

【思考、澄清、分享、巩固：没有紧张的事，只有紧张的人】

【思考】 在什么时候、什么情况下会对你造成压力？你最伤痛或者遗憾的事是什么？你认为最理想的快乐是怎样的？

适度紧张能够使人产生“紧迫感”，从而集中精力，焕发潜能，提高效率。但过度紧张或长期处于紧张状态，等于增加额外的支出，是劳累的根源。生命的标志是弹性，失去了一张一弛的弹性，生命就完结了。调查研究表明：人们担忧的事情，40% 永远不会发生；

30% 的忧虑是过去发生的事情，是无法改变的；12%的忧虑集中于别人出自自卑而做出的批评，这也是多余的；10% 的忧虑与健康有关，而越担忧这个问题就越严重。只有 8% 的忧虑可以列入“合理”范围，而其中有 4% 的事情是完全不能控制的。这就是说，引起紧张或害怕的 10 个问题中，真正值得担忧的问题其实还不到一个。心理紧张是客观的，但一味地苛求自己不紧张，就会越苛求越紧张，成为一种症状。对自我心理的苛求，总是对一些事放心不下，心会累，内脏会累，久而久之会引起机体功能失调。经常冥思苦想，想不开、想不通，大脑神经紧绷，头会痛，压力感就会增加。学会放松则能减少消耗，就是调整。什么事都会过去，什么事都能找到解决的办法。

一个人对生活情境及其意义的认知、解释或归因，情绪反应、生理反应，对选择及其可能的后果归因以及是否采取行动，这些处理压力的评价、情绪和行为成分调节着压力源对个体的结果及其幸福的影响效应。记住，只要你不去“抓住”沮丧，沮丧是不会附上身的。沮丧与生活中其他的情绪相同，是通过特殊的生理及心理活动产生的。当你从某个特定角度来看自己的处境，配上无奈的语气，松垮的肩膀，拖沓的脚步，颓丧的神情，便会变得沮丧。如果你饮食不当、酗酒、滥服药物，造成身体生化活动的紊乱，引起血糖的偏低，也会造成沮丧的状态。荀子说：“心者，行之君也，而神明之主也。”心态主宰我们的行为，引领我们的精神。

任务3　压力管理

【情境任务描述】

在一次压力管理培训课上，老师拿起一杯水，然后问台下的学员：“各位认为这杯水有多重呢?”有人说是半斤，有人说是一斤，笔者则说：“这杯水的重量并不重要，重要的是你能拿多久？拿一分钟，谁都可以；拿一个小时，可能觉得手酸；拿一天，可能就得进医院了。”其实这杯水的重量是一样的，但是你拿得越久，就越觉得沉重。

【情境任务分析】

无论什么样的压力，唯有科学面对，才能获得解决之道。其实，人的压力、情绪和玻璃杯里的水差不多，如果时常背负很多重担，重担的重量不变，担子也会变得越来越重，最后重到负担不起。要减压就应放下玻璃杯休息一下，然后再拿起。长时间来说，最好可以定期把担子放下，等自己喘一喘气再背起担子。只要经常像放下担子喘口气一样处理压力和情绪，人就会健康快乐一些。拿得起、放得下，人自然会觉得自在。

【情境任务知识】

一、松弛及其作用

适度的压力有助于提高人的学习和生活效率，但过度的压力会危害人的健康。所以，如果你在一定压力下，适当的放松非常必要。

松弛是肌肉纤维的伸展状态，意味着让肌肉纤维卸除其中的紧张，它是紧张的反义词。无数临床与实验研究表明，学会放松身体肌肉可以在初始的时间内促使身心得到完全的休息，减少压力。1981 年美国《社会科学与医学》杂志上刊登了一篇题为《与压力有关之死亡的生理基础》的重要论文，作者是宾夕法尼亚大学的 Sterling 和 Eyer。他们指出，当人的身体处于紧张状态时肌肉收缩，处于松弛状态时肌肉放松，同时指出，两种状态下新陈代谢作用有明显差异，如下表：

紧 张 状 态	松 弛 状 态
停止合成蛋白质、脂肪、碳水化合物	增加合成蛋白质、脂肪、碳水化合物(成长与能量储存)
增加消耗蛋白质、脂肪、碳水化合物(能量的使用)	减少消耗蛋白质、脂肪、碳水化合物
提高血液中葡萄糖、脂肪酸含量，脂蛋白及胆固醇浓度降低	减少葡萄糖、脂肪酸、胆固醇等
增加产生血球及胆汁酵素	
减少骨骼的修补及复原	增加骨骼的修补及成长
减少制造免疫系统细胞(胸腺缩小，循环白血细胞减少)	增加制造免疫系统细胞(胸腺及骨髓的白血细胞增加)
一些正常具有高代谢率的细胞(如内脏、皮肤等)的修补与代谢减少	一些正常具有高代谢率的细胞(如内脏、皮肤等)的修补与代谢增加
血压升高	血压降低
心脏的输出增加	心脏的输出减少
增加盐与水的维持量	减少盐与水的维持量
减少性过程	增加性过程(包括细胞组成方面、荷尔蒙方面、心理方面)

由上表可见，任何压力都意味着紧张状态升高以及交感神经系统活动量的增加，这对人是有益的。但另一方面，如果停留在紧张状态时间过久，副交感神经就没有机会执行其静化的影响功能，从而修补荷尔蒙也就无法对身体进行保护。

在生活中，必须使紧张与松弛状态维持在合理的平衡点上。有许多人虽然不了解这一点，却能成功地掌握好分寸；但也有许多人从来也没有达到这种平衡，而使身心受到损害。当平衡点越趋近松弛状态，生活就会变得枯燥无味，生理活动也会停滞下来；当平衡点越趋近紧张状态，生活就变得具有冒险性、挑战性，更加刺激，同时也更可能发展出与压力有关的健康问题。

从紧张状态到松弛状态的过程叫放松。一般来说，放松包括身体上的放松和精神上的放松。放松会使我们心境安静、身心和谐。放松可解除紧张，让我们保持更好的心理状态去面对生活中的困难，帮助我们应付各种压力。

二、压力的自我管理

（一）情景性自我管理

情景性自我管理是指个体面临压力情景，减轻最初压力反应的技能。这种技能包括认知重构、运动和呼吸训练等。个体可以通过改变假设来缓解压力体验。比如面临意外的失败，想到失败可能会带来的种种后果，个体会感到很大的压力。如果能改变假设，把这次失败看成是工作中的一个小事件，或是成功过程中常见的一次挫折，心存感激地接受失败带来的教训以及不同的工作体验，多思考明天应如何做才能取得成功，那么个体的压力体验就会减轻很多。另外，当个体面临很大的任务挑战时，也可以通过运动放松和呼吸训练来减轻压力体验。

（二）更新性自我管理

更新性自我管理是指个体在已经感到承受了很大的压力时，如何从现在的精神、身体和情感的过分紧张状态恢复到乐观、放松心态的技能。这时，可采取自我建议、紧张减轻训练等措施。比如个体处于很大的任务压力中，整天觉得有许多事需要做，但进展缓慢。此时不妨学习有效的时间管理，将任务根据紧急和重要两个维度分类，每天安排时间首先处理紧急且重要的事情，所有的任务根据其性质采取不同的处理方式，安排相应的时间。在这些时间里不能做打电话等琐碎的事情，以免整块时间被分割而不能完成原来安排的任务。按照正确的方法进行时间管理，相信任务压力会减轻很多。再比如，如果个体遭遇很大的人际压力，可以采取向好友倾诉等方法来缓解。总之，当个体处于高压之中时，不要坐以待毙，任凭压力摧残自己的身心，而应采取积极的态度实施各种自我建议。只有减轻压力才能提高个体绩效。

（三）防范性自我管理

防范性自我管理可以增强个体的适应能力，从根本上减少过度压力反应的机会。其工具包括精神构想、运动调节等。个体应注意自身良好心态和正确人生价值观的培养。人的一生不仅要追求结果，更应注重过程的体验，从细微入手，追求过程的完美，结果往往会水到渠成。即使有暂时的挫折，也应该有乐观和健康的心态，同时，努力增强自身实力，如知识、技术、人际交往等技能，可有效减少因自身能力不足而体会到很大压力的可能性。

三、压力应对具体方法

当人们面对压力和紧张的困扰时，就会自觉或不自觉地采取一些方法来应对压力。

（一）常见的错误方法

1. 依赖药物

有些人相信药物可以消除压力，因而常常服用，甚至滥用。药物只可以暂时消除紧张情绪，但不可能治疗压力的根源。长期持续性地使用药物，而不主动去控制自己的压力行为，那么药物就会带来依赖，使人失去个人主动性并导致各种疾病。

2. 饮酒

有些人认为酒精是解除压力的方法之一，因此面临压力时常常借酒消愁。酒精是神经系统的刺激物，同时也是一种镇静剂，能够暂时起到抑制中枢神经系统的功能，但经常饮酒容易引致酒精中毒而危害健康，而且饮酒过量会影响人的判断力。

3. 抽烟

烟草是一种兴奋剂，有一定的镇静作用。有些人遇到大压力时拼命吸烟，以缓解紧张的神经。但吸烟过量会引致神经过敏，因吸入大量尼古丁而使心肺呈现紧张状态，产生一些意料不到的反应。

(二) 正确的应对方法

1. 认识压力及其可能导致的后果

当我们认识到现实生活中充满竞争，心理压力和精神紧张无法彻底消除时，就可能对已出现或将要出现的压力有一定的准备。同时可以学习一些更有效的应对方法。

2. 在问题及后果还未引发之前将压力加以控制

控制的方法常有：坦诚倾吐，当紧张情绪积累到一定程度时找一位朋友或亲人诉说倾吐；增加休息、忙里偷闲，在还没有达到极度疲劳时让工作步伐缓慢下来；切合实际，当自己期望过高达不到目标，感到工作永远做不完而内心紧张、焦虑增加时，最好把工作好好计划一下，使时间与精力能有效利用；经常运动，运动可调整身心，有助于发泄愤怒和消除压力；学会放松，每天花几分钟时间平静和安定情绪。

(三) 放松的常用方法

1. 一般身心放松法

放松主要是消除肌肉的紧张。在所有身体系统中，只有肌肉系统是我们可以直接控制的。当压力事件出现时，沉重负担不断积累，个人的压力增大，而持续数分钟的完全放松，比一小时睡眠的效果还好。身体放松的常用方法有游戏、做操、散步、洗热水澡；精神放松的方法有听音乐、看漫画、静坐、钓鱼等；其他常用方法还有瑜伽、冥想、打太极拳等。所有的方法都是通过肌肉松弛而达成的。

那么，我们是否需要放松，何时放松为好，除了可以通过压力测量得知外，也可以从身体、精神状态方面了解。从身体方面了解可以观察饮食是否正常，营养是否充分，睡眠是否充足，有无适当运动等；从精神方面了解可以观察处事是否镇定，是否容易分心，是否心平气和等。如果回答都是“是”，说明你的生活比较放松。但如果遇到不如意的事情，精神会受到干扰，情绪会变得紧张不安，则需要借助放松的技巧和方法去排除干扰。

2. 放松训练

放松训练又称松弛反应训练或自我调整疗法，是一种通过机体的主动放松来增强自我控制能力的有效方法。它是在一个安静的环境中按一定的要求完成某种特定的动作程序，通过反复的联系使人学会有意识地控制自身的心理和生理活动，以期降低机体唤醒水平，增强适应能力，调整那些因紧张反应而造成的紊乱和心理生理功能，达到预防和治疗疾病的作用。放松训练的具体方法有许多种，如直接放松与间接放松、全部放松和渐进放松等。放松练习前需做的准备工作是：

(1) 找一个光线柔和、安静或不受干扰的地方；

(2) 给自己预备足够时间；

(3) 有一个活动自如的空间；

(4) 留意自己的姿势，看看是否坐得舒服。

3. 精神放松练习

试着把注意力集中在不同的感受上。

(1) 视觉：静心看着一支笔、一朵花、一点烛光或任何一件柔和美好的东西，细心观察它的细微之处。

(2) 听觉：聆听轻松的音乐，细细体会，或闭眼仔细倾听周围的声音并分析。也可以自己数数。

(3) 触觉：触摸你的手指，按按掌心，轻抚额头或面颊。

(4) 嗅觉：点燃香料，集中注意力，微微吸入它散发的芳香。

此外，还可以闭上眼睛，试着将生活中一切琐碎、不愉快的事情忘掉，着意只想象恬静美好的景物，如蓝蓝的海水、金色的沙滩、朵朵白云、高山流水等，都可以起到放松身心、调节情绪、减轻压力的作用。我们也可以通过 A-Z 减压 26 式来调节自我。

A-Z 减压 26 式

A	Appreciation	接纳自己接纳人，避免挑剔伤精神
B	Balance	学习娱乐巧安排，身心平衡两相宜
C	Cry	伤心之际放声哭，释放抑郁舒愁怀
D	Detour	碰壁时候要变通，无须南墙撞破头
E	Entertainment	看看电影听听歌，松弛神经选择多
F	Fear Not	正直无畏莫退缩，何惧小人背后戳
G	Give	自我中心自局限，关心他人展胸怀
H	Humor	戴副“默”镜瞧一瞧，苦中寻乐自有福
I	Imperfect	世上难觅完美人，尽力而为心坦然
J	Jogging	跑跑步来爬爬山，畅快赛过食仙丹
K	Knowledge	知多识多头脑清，无谓担心自减轻
L	Laugh	每天都会笑哈哈，压力面前不会垮
M	Management	不怕多却只怕乱，时间管理很重要
N	NO	适当时候要讲“不”，不是样样你都行
O	Optimistic	凡事要向好处看，无须吓得一头汗
P	Priority	轻重缓急细掂量，取舍就会有方向
Q	Quiet	心乱如麻自然慌，心静如水自然安
R	Reward	日忙夜忙身心倦，爱惜自己要牢记
S	Slow Down	做下停下喘口气，不必做到脑麻痹
T	Talk	找人聊聊有人听，被人理解好开心
U	Unique	人比人会气死人，自我突破最要紧
V	Vacation	放放假或充充电，活力充沛展笑脸
W	Wear	穿着打扮用点心，精神焕发好心情
X	X-ray	探寻压力的源头，对症下药有计谋
Y	Yes，I can	相信自己有潜能，勇往直前步青云
Z	Zero	从零开始向前看，每日都是新起点

【情境任务训练】

一、心理身体紧张松弛测试表(PSTRT)

人所承受的压力是适当还是过当，可以通过测试表来了解。“国际压力与紧张控制学会”是一个关注压力研究及药理处理问题的国际学术组织，该量表是学会的创始人之一毕来斯(J.Macdonaldwallace)研究开发的，简便适用，通过测试，可以了解自己的压力程度。用大约 10 分钟时间填写 PSTRI，不要在每一题上花太多的时间考虑。

依据每项题目中所述情况出现的频率，写出评分：总是——4，经常——3，有时——2，很少——1，从未——0

题　目	评分	题　目	评分
1. 我受背痛之苦	____	26. 喝酒	____
2. 我的睡眠不定且睡不安稳	____	27. 我很敏感	____
3. 我有头痛	____	28. 我觉得自己像被四分五裂了似的	____
4. 我颚部疼痛	____	29. 我的眼睛又酸又累	____
5. 若须等候，我会不安	____	30. 我的腿或脚抽筋	____
6. 我的后颈感到疼痛	____	31. 我的心跳快速	____
7. 我比多数人更神经紧张	____	32. 我怕结识人	____
8. 我很难入睡	____	33. 我手脚冰冷	____
9. 我的头感到紧或痛	____	34. 我患便秘	____
10. 我的胃有毛病	____	35. 我未经医师指导使用各种药物	____
11. 我对自己没有信心	____	36. 我发现自己很容易哭	____
12. 我对自己说话	____	37. 我消化不良	____
13. 我忧虑财务问题	____	38. 我咬指甲	____
14. 与人见面时，我会窘怯	____	39. 我耳中有嗡嗡声	____
15. 我怕发生可怕的事	____	40. 我小便频密	____
16. 白天我觉得累	____	41. 我有胃溃疡的毛病	____
17. 下午我感到喉咙痛，但并非由于染上感冒	____	42. 我有皮肤方面的毛病	____
18. 我心情不安，无法静坐	____	43. 我的咽喉很紧	____
19. 我感到非常口干	____	44. 我有十二指肠溃疡的毛病	____
20. 我有心脏毛病	____	45. 我担心我的工作	____
21. 我觉得自己不是很有用	____	46. 我口腔溃烂	____
22. 我吸烟	____	47. 我为琐事忧虑	____
23. 我肚子不舒服	____	48. 我呼吸浅促	____
24. 我觉得不快乐	____	49. 我觉得脸部紧迫	____
25. 我流汗	____	50. 我发现很难做决定	____
		你的总分是：	

回答完毕请把总分加起来，然后在分数解释表上找到你的总分所在位置，并认真阅读后面的解释。如果你的分数是43～65之间，那么你的压力是适中的，不必寻求改变生活型态。如果你的分数低于43或者高于65，那表示你可能需要调整生活型态。低分者需要更多刺激；高分者需要减轻压力。

PSTRT压力程度分析表

分　数	分　　析
98 (93或以上)	这个分数表示你确实正以极度的压力反应在伤害你自己的健康。你需要专业心理治疗师给予一些忠告，他可以帮助你减轻你对于压力源的知觉，并帮助你改良生活的质量
87 (82～92)	这个分数表示你正经历太多的压力，正在损害你的健康，并令你的人际关系发生问题。你的行为会伤害自己，也可能会影响他人。因此，对你来说，学习如何减除自己的压力反应是非常重要的。你可能必须花许多时间做练习，学习控制压力，也可以寻求专家的帮助
76 (71～81)	这个分数显示你的压力程度中等，可能正开始对健康不利。你可以仔细反省自己对压力源如何做出反应，并学习在压力出现时控制自己的肌肉紧张，以消除生理激活反应。好老师会对你有帮助，要不然就选用适合的肌肉松弛录音带
65 (60～70)	这个分数指出你生活中的兴奋与压力量也许是相当适中的。偶尔会有一段时间压力太多，但你也许有能力去享受压力，并且很快地回到平静的状态，因此对你的健康并不会造成威胁。做一些松弛的练习仍是有益的
54 (49～59)	这个分数表示你能够控制你自己的压力反应，你是一个相当放松的人。也许你对于所遇到的各种压力源，并没有将它们解释为威胁，所以你很容易与人相处，可以毫不惧怕地担任工作，也没有失去自信
43 (38～48)	这个分数表示你很不易被遭遇的压力事件所动，甚至是不当一回事，好像并没有发生过一样。这对你的健康不会有什么负面的影响，但你的生活缺乏适度的兴奋，因此趣味也就有限
32 (27～37)	这个分数表示你的生活可能是相当沉闷的，即使刺激或有趣的事件发生了，你也很少作反应。可能你必须参与更多的社会活动或娱乐活动，以增加你的压力激活反应
21 (16～26)	如果你的分数只落在这个范围内，也许意味着你在生活中所经历的压力经验不够，或是你并没有正确地分析自己。你最好更主动些，在工作、社交、娱乐等活动上多寻求刺激。做松弛练习对你没有什么用，但找一些辅导也许会有帮助

二、肌肉放松训练

(一) 活动目的

放松肌肉，减轻压力。

(二) 活动时间

大约20分钟。

(三) 活动场地

室内、外均可。

(四) 活动道具

放松音乐。

(五) 活动程序

(1) 当你舒舒服服做好之后，可以开始做深呼吸，慢慢吸入然后呼出，每当你呼出的时候在心中默念“放松”，当你感觉呼吸平稳，有规律的时候，暂时不用说“放松”。

(2) 将你的注意力集中到右手上，慢慢将右手握紧、握紧成拳头，再用点劲、紧紧握拳，你会感觉到整个右手由拳头到肩膀都变得僵直，然后数 1 至 10。

(3) 慢慢将右手放松、放松，你感到僵直的右臂逐渐经由肩膀—手肘—手腕—手心—手指而慢慢松弛下来，放松、继续放松，放松整个右手。跟着注意力集中在呼吸上，每当呼吸时，心里默念“放松”。重复 3 次。

(4) 再将注意力集中在左手上，重复以上练习。

(5) 将注意力集中在整个右脚，将右脚伸得硬直、收紧，将脚趾“拉”向头部方向，你会感觉小腿部分酸硬，数 1 至 10，再将脚趾反头部方向伸，数 1 至 10，放松整个右脚。当你的脚完全放松时，它会很自然地略向外倾。然后将注意力集中在呼吸上，让自己放松……

(6) 再将注意力集中在左脚上，重复以上练习。

肌肉放松的关键是练习者能分辨和感受到肌肉收紧、放松时的状况。当你能把握以上感觉后，可将上述练习的原理运用到身体其他部分，如头部、颈部、肩部、胸部、背部。

【思考、澄清、分享、巩固：缓解压力的 5 项训练】

压力有时可以激励人进步。但是那些对未来的忧虑、对不同情境下产生的心理压力等，常常有着潜在的深刻后果。比方说：对生理和心理上的反作用，使人容易疲倦、暴躁、焦虑。更重要的是，它会把我们的身体击垮，使我们易于患病。

因此，学会如何解压是当我们面对压力时必须具备的一项能力。排除压力需要具体的方法，下面的一些有效的建议你可以试试。

1. 学会丢包袱

生活中繁杂的事务会将我们宝贵的时间和精力支解，使我们没有充足的时间和精力去执行最重要的事情。这时，你会感觉到很大的压力。有效的办法是先分析一下什么对你是最重要的，哪些事情是次要的，重要的事情先做，次要的少做或不做，这样就可以为自己赢得宝贵的时间。

2. 善待自己，放低标准

不要对自己太苛刻了，至善至美只是一个遥远的梦，摆脱完美主义的束缚吧！不要妄想把所有的事情都做得完美无缺。适当放低一下标准，放松一下自己的心情，或许在客观上也减轻了别人的压力。

3. 远离虚荣

在生活中，许多压力完全是由于自己的虚荣心导致的。为了穿名牌时装，用高档化妆品，住漂亮豪华的房子……不得不拼命地赚钱，无端地增加了自己的压力。金钱、名誉、地位这些如同过眼云烟，却常常被人视为是最重要的东西，为之所累。学会真正地享受生活，摆脱虚荣。

4. 给自己留一点儿思考的时间

压力的产生也可能是因为对事情本身的理解有偏差造成的。过分夸大了事情的重要性和后果，导致心理负担加重。不少人往往因为急于求成，而忘记了对事情本身的思考。留一点儿时间思考能让你更清楚地看到事情本来的面目，同时也给了自己一个解剖情绪、分解压力的机会。

5. 不要忘了休息

过重的劳动会导致人生理疲劳，效率低下，从而导致过分的焦急与紧张。适当的休息不但能缓解大脑疲劳，而且可以放松一下紧张的心情，减轻心中的压力。特别是上班族，周末应好好休息一下，毕竟工作不是生活的全部。

任务 4　控制和管理情绪

【情境任务描述】

男生 A 前一晚通宵背书准备考试，第二天考完试拖着疲惫的身体准备回宿舍。忽然感到头上有口痰液，原来是教学楼二楼窗户旁边一位男生 B 在作怪。男生 A 很生气地抬头问男生 B：“你干嘛朝我吐口水？”男生 B 偷笑没回答。这更加激怒了男生 A，他跑上教学楼当面跟男生 B 对质，只见男生 B 醉醺醺地说：“看你不爽就吐你呗！”随后男生 A 踢了男生 B 一脚，男生 B 不甘示弱，两人厮打在一起，男生 A 拿起教室的椅子击打男生 B 头部，致使男生 B 身受重伤，后休克死亡。

【情境任务分析】

(1) 导致这种恶性事件发生的原因是什么？

(2) 男生 A 存在哪些消极情绪？

(3) 结合案例及个人体会谈谈，人为什么要管理情绪？怎样管理自己的情绪？

【情境任务知识】

一、情绪的影响因素

人的情绪变化受多种因素制约，常见的影响因素有以下几个方面。

(一) 需要影响情绪

情绪作为一种主观体验，也是对客观现实的反映。但是，它所反映的不是客观事物本身，而是主体的需要与客体之间的关系。如渴望读书的同学，突然得到一本好书，就会感到欣喜；怀有正义感的人看到见义勇为的行为就会产生敬慕等。当外在的客观事物不符合个人的需要时，就会产生否定的情绪体验。如失去亲人会感到悲痛，遭到攻击会产生愤怒情绪等。在现实生活中，并不是所有的事物都可以使人产生情绪反应，只有那些与需要有关系的事物，才能引起情绪体验。

（二）认识影响情绪

面对同样的事物，不同的人会有截然不同的情绪感受。比如，同一门考试中，成绩都是刚刚及格的学生却有着不同的感受，有的人庆幸，好歹及格了；有的人惋惜，怎么没考得更好一些；有的人会感到无地自容，因为他从小到大都没得过这么低的分数。这些不同反应与他们对这件事的认知经验和认识评价有关，产生何种情绪与认识过程密切相关。

（三）个性影响情绪

我们发现身边的人有的对一些事情产生的情绪反应往往呈现类似的反应模式。比如有人遇到一点小事便着急，有人做事总是不温不火，慢条斯理，情绪平淡。这表明，我们的情绪反应与变化受到个性特征的影响，主要包括性格和气质。

（四）环境影响情绪

环境对人的情绪的影响是不可忽视的。如在喧闹的市场和繁华的工业区，拥挤的人群常常使人们感到紧张、烦躁；灰蒙蒙的天空会使人感到压抑郁闷；下雨天会使人情绪低落；荒山秃岭会使人感到一片凄凉；而青山绿水则使人感到轻松愉快。

（五）精神状态影响情绪

当人的精神状态不佳时，通常表现为情绪低落、思维不清、身体疲惫、行为退缩，甚至认为生活没有意义。而在良好的精神状态下则表现得情绪高涨，对工作、学习充满信心。精神状态受多种因素的制约，如睡眠不好，过于疲劳，生活和学习的压力太大等。因此，调节并保持良好的精神状态，如充足的睡眠、适当的运动，可以使人处在积极的情绪状态下，提高工作和学习效率。

（六）生物钟影响情绪

人体的一切生理活动都是有规律的。人体的血压、体温、脉搏、心跳、神经的兴奋抑制、激素的分泌等 100 多种生理活动都要受生物钟规律的支配，从而产生生理活动的高潮和低潮，高潮时期情绪往往比较饱满，工作效率高；低潮时期情绪则比较低落，容易表现出不耐烦等不良情绪反应，办事效率低下。一般来说，中午和黄昏以后这两个时间段生物钟处于低潮。此外，人的情绪呈现出以 28 天左右为一个周期的变化，男女都有生理变化周期，女性更为明显。女性月经呈周期性，每到月经来潮时，情绪就会变得急躁，身体也会感到不舒服。

二、大学生常见的情绪困扰

（一）焦虑

焦虑是一种紧张、害怕、担忧、焦急混合交织的情绪体验，当人们在面临威胁或预料到某种不良后果时，便会产生这种体验。焦虑是人处于应激状态时的正常反应，适度的焦虑可以唤起人的警觉、集中注意力、激发斗志，是有利的。例如考试对大学生而言，是一种紧张刺激，因此引起焦虑反应是正常的，但是过高的焦虑或无焦虑则不利于考生能力的正常发挥。

被焦虑困扰的大学生内心感到紧张、着急、惶恐害怕、心烦意乱，注意力难以集中，思维迟钝、记忆力减弱，同时常常伴有头痛、心律不齐、失眠、食欲不振及胃肠不适等身体反应。

(二) 抑郁

抑郁是一种持续时间较长的、低落消沉的情绪体验，处于抑郁状态中的大学生看到的一切仿佛都笼罩着一层暗淡的灰色，对什么事情都提不起兴趣，常常感到精力不足、注意力难以集中、思维迟钝，同时伴有痛苦、羞愧、自怨自责、悲伤忧郁的情绪体验，自我评价偏低，对前途悲观失望。

长期处于抑郁情绪状态，会使大学生的学习、工作和生活受到极大影响。情绪抑郁消沉的大学生往往对学习、交往和活动失去热情和动力，体验不到生活的乐趣，学习效率大大降低，由于自我评价偏低，常常自怨、自责，认为自己无能无用，愧对父母师友，对生活失去信心，甚至产生自杀的念头和行为。持久的严重抑郁情绪还可能导致抑郁性神经症、肿瘤、胃溃疡、结肠炎等多种身心疾病。

由于大学生心理发展尚不成熟，因而在遇到挫折时往往难以接受，认为是不该发生偏又落在自己头上的事，在对社会、他人和自我进行评价时，容易片面化、极端化，如把生活看成非黑即白、非好即坏，且多看到其消极、黑暗面，则极易陷入悲观沮丧、情绪低落的抑郁状态中。遭受重大不幸事件和灾难，如亲人亡故、罹患重病、家境贫穷、负担过重，以及长期努力却不能得到相应回报，也是导致抑郁情绪的原因。此外，性格内向、敏感多疑、依赖性强、易悲观的大学生较其他同学更易陷入抑郁情绪。

(三) 愤怒

大学生正处在身心急剧发展、情感丰富强烈、情绪波动大的青年期。他们精力充沛，与其他同龄人相比，显得更有自尊、更敏感和好强、好胜，因而容易在外界刺激下激起愤怒情绪。有些大学生容易动怒是因为存在一些错误的认识，如认为发怒可以威慑别人，使人尊重自己；发怒是男子汉气概的体现；发怒可以维护自己的尊严或利益等。此外，不良的家庭环境和教育、个性修养方面的缺陷以及先天气质类型也是一些大学生激动易怒的重要原因；自我评价偏高的大学生也容易发怒。

愤怒对人的身心有极为不利的影响，会导致心率失常、心悸、失眠、高血压、胃溃疡等躯体疾病，愤怒还会使人的自制力减弱或丧失，不能正确评价自己行为的意义和后果，做出不理智的冲动行为。

(四) 恐惧

常见的大学生恐惧问题主要表现为社交恐惧。这是一种在大学生人际交往，特别是与异性交往过程中产生的极度紧张、畏惧的情绪反应，主要表现为在别人(尤其是异性)面前害怕、脸红；害怕自己的表情不自然、两眼发呆或有其他令人厌恶的表情；不敢与别人的视线对视，害怕别人会从自己的视线中看出其内心认为的一些不健康、不道德的想法或自己的“毛病”。还常常表现出明显的焦虑和回避行为，产生紧张不安、心慌、胸闷等焦虑症状。此外，社交恐惧的大学生也常表现出一定的性格特点，如胆小、孤僻、敏感、退缩和依赖性强等。

(五) 嫉妒

嫉妒是因为社会尊重需要受到现实的或潜在的威胁时而产生的情绪体验，是一种企图缩小和消除与他人的差距，恢复原有平衡关系的手段，它包含焦虑、悲哀、失望、愤怒、敌意、憎恨、羡慕、羞耻等不愉快的情绪体验，是一种错综复杂的情绪体验。嫉妒既有积极的一面，也有消极的一面。有的人能够利用嫉妒转化为积极的行为动力，而有的人则不能把握这种情绪和使之转向消极的一面，从而产生痛苦、忧伤的体验和行为。

嫉妒是大学生中普遍存在的不良情绪。有研究发现，嫉妒在大学生中有七种表现形式:一是嫉妒别人在政治、思想上的进步；二是嫉妒别人学习上的冒尖；三是嫉妒别人某一方面的专长；四是嫉妒别人生活上的优裕；五是嫉妒别人社交上的活跃；六是嫉妒别人仪表上的出众；七是嫉妒别人恋爱上的成功。

不良的个性因素是产生嫉妒的重要原因。虚荣心过强、自私狭隘、斤斤计较等不良的性格特征都会妨碍心理平衡，导致嫉妒的产生。另外，大学生在自我认识上的偏差，如认为在各个方面都要比别人强才是成功者，也是产生嫉妒的一个重要因素。

(六) 压抑

压抑是当情绪和情感被过分克制，不能表达和宣泄时所产生的内心体验，它含有苦闷、烦恼、困惑、寂寞等诸种情绪。处在压抑苦闷状态中的大学生常常精神萎靡不振，缺少青年人应有的朝气和活力，对生活失去兴趣，不愿与人交往，感觉迟钝，容易疲劳，不满和牢骚多。长期严重的压抑会诱发高血压、冠心病、消化道溃疡等疾病，极易导致心理障碍。

大学生思想活跃、兴趣广泛、精力充沛，渴望体验丰富多彩的大学生活，但现实中的生活却是繁重的课程、激烈的竞争、沉重的考试，大学生丰富多彩的文化生活需要得不到满足，感到乏味、压抑。大学生在自身心理、生理和社会性发展中的矛盾性特点，也是他们产生苦闷、压抑情绪的重要原因。例如，一方面他们强烈希望与人交往，得到理解和友谊，体验爱情的甜蜜；另一方面由于自我评价不当、认识错误、缺乏交往能力等原因，使得他们在交往中出现挫折或畏惧不前甚至自闭自锁，体验到郁闷、痛苦、压抑等，此外，大学生受不良社会风气和现象的冲击而产生的困惑、迷惘，以及个性上的缺陷，如固执、刻板、憎恨、退缩、过分敏感等，都易使其产生情绪困扰，若不及时调适、宣泄，长期积累便会形成压抑。

三、情绪控制与管理的方法

情绪控制是指选择情绪反应的方式和内容以及情绪反应的程度。一般而言，喜怒哀乐是人的情绪的正常反应。但是，在什么时间、地点和场合对什么人、采取什么样的方式反应，就有社会和道德的规范标准。例如，表达愤怒情绪时，要控制在使他人能够接受的限度内；当情绪兴奋时，也要将其控制在不使自己失态的状态下；在自己忧虑时，要尽量将之控制在不影响正常的学习和生活的范围内。以下是一些我们对情绪进行控制和管理的方法。

(一) 转移情绪——转移不良情绪或转换引起不良情绪的环境

1. 做自己感兴趣的事

看小说、幽默故事、搞笑的电影和连续剧，让自己放声大笑。欣赏音乐或放声高歌。音乐疗法主要是通过听不同的乐曲把人们从不同的负面情绪中解脱出来。除了听以外，唱也能起同样的作用。高声歌唱是排除紧张、激动情绪的有效手段。歌的旋律，词的激励，唱歌时有节律的呼吸与运动，都可以缓解紧张情绪。同时还可以享受一顿美味的大餐，做做美容，享受按摩等，用享受的方法获得放松和平衡。

2. 转移话题或回忆让自己高兴、幸福的事

使消极情绪转移到积极情绪上去，在快要起冲突的情况下巧妙地将话题转移开。回忆美好的事物容易寻找自己的优势，不要被负面的思维蒙蔽了双眼，不要沉迷在“一切都是灰色的、糟糕的”思维中。回忆美好和成功有利于你在情绪低沉时找到自己积极的一面。念一念“失败是成功之母”之类的名言激励自己。

3. 离开不愉快的环境

当受到不良情绪影响时，可以到风景秀丽的公园、绿树成荫的大道上散散心，大自然的美景、绿色的世界、蓬勃的生机都能旷达胸怀，欢娱身心，忘却烦恼，消除精神上的紧张和压抑之感。还可以外出旅游，离开令人不快的环境，给自己时间以适应调整。

(二) 宣泄情绪——把不愉快的心情和事件从心里释放出去

1. 倾诉宣泄

让知心的朋友知道你的事，为你分担。当产生不良情绪时，朋友们聚一聚，一壶清茶，一杯咖啡，一番心事倾述，消极情绪烟消云散。“快乐有人分享，是更大的快乐；痛苦有人分担，可以减轻痛苦。”

2. 眼泪宣泄

哭是释放不良情绪的最好方法，是心理保健的有效措施。人在情感激动时流出的泪会产生高浓度的蛋白质，它可以减轻乃至消除人的压抑情绪。适当地哭是一种自我心理保护的措施。哭可以为你解除情绪的紧张、内心的抑郁与烦恼，还可以促进生理上的新陈代谢。美国生物学博士费雷认为，人在悲伤时不哭是有害人体健康的。人在流泪时可以把体内因紧张而产生的化学物质排出体外，可以缓解人的忧愁和悲伤。

3. 文字宣泄

写日记，记录心情随笔和心中感概杂谈，把自己心中的负面情绪转移到文字上，既安全又有益。

4. 喊叫宣泄

不开心时，可以通过喊叫将自己内心的情绪发泄出来。可以找一个山头或者一片小树林，对着天空尽情地喊叫。心理学家西纳特拉博士认为：大声喊叫可以缓解精神压力，减轻紧张情绪，使皮质醇(与心脏疾病相关的因素之一)的产物释放缓慢。通过大声喊叫来发泄情绪是一种净化心灵的过程，事实上，大声喊叫可以刺激内啡肽的释放，而内啡肽是人体的天然镇痛剂。

5. 运动宣泄

当你盛怒时，可以干些体力活，也可以到操场上跑几圈，把因盛怒发出的能量释放出来。当你累得满头大汗，气喘吁吁时，你会感到筋疲力尽。这时你的不愉快心情会基于平静，郁积的怒气也会消失一大半。同时运动还是抑郁症的天敌，锻炼是抑制劣性心理的良方。如羽毛球、乒乓球、排球、跳绳等对减轻焦虑情绪有很大的帮助；足球、篮球、排球、

健美操和舞蹈等运动对抑郁情绪有好处；游泳、溜冰、单双杠等对克服恐惧情绪有很好的效果。目前某些医院和心理咨询室设立情绪宣泄室，通过击打仿真人模型和沙袋宣泄情绪，对于抑郁、急躁、压抑、有暴力倾向等情绪问题有很好的帮助。到发泄室尽情踢打摔，可以缓解情绪和压力。

(三) 平衡情绪——从认知层面缓解情绪

一般来说，人的心理有两个层面，一个是情感层面，一个是认知层面。宣泄法是通过心理宣泄解决情感层面的问题，情感层面的问题解决了，人的理智就会逐渐恢复。但是，有时人的认知层面的问题不解决，情感层面问题的解决也是暂时的，以后遇到问题仍会再次受挫。

1. 不要期望值过高，过分苛求自己

俗话说：希望越大，失望也就越大。在现实生活中，不少人的挫折感均来源于对自己的期望值过高，苛求自己。因此，我们要学会以平和的心态待人处事，学会给自己留下一定的空间，把目标锁定在能力所及的范围之内。而不是好高骛远，四处出击，要求自己事事都超过别人。同时，对任何人、任何事都不必期望过高，这样，当事物发展没有朝着你预期的方向进展时，你也不会产生强烈的挫败感。

2. 学会妥协和放弃

人的一生会有许多愿望和追求，但由于主客观条件的限制，不可能一一得到实现。这样，就需要我们学会放弃和妥协。否则，我们就会被这些欲望和目标所累，而失去了人生的洒脱和生活的乐趣。就像一个登山者，一心想登上顶峰而急于赶路，结果忘了欣赏沿途的风景。那么，登山的乐趣也就无从体现。即使站在山顶，想想自己的付出与所得，也会有不平衡的感觉。

3. 学会自我安慰

自我安慰也称合理化，指个体遭受挫折后，为了维护自尊，减少焦虑，就找出种种理由为自己辩解，增加自己行为的合理性和可接受性，以减轻心理压力，获得自我安慰。

自我安慰又有两种具体表现形式：酸葡萄式和甜柠檬式。

(1) 酸葡萄式。“酸葡萄”一词源自寓言《狐狸与葡萄》的故事。狐狸因得不到自己想吃的葡萄，就说葡萄是酸的，根本没法吃。用这个寓言比喻人们对于自己想要但又得不到的东西，就故意说它不好，从而弱化其意义和价值，以起到平衡心态的作用。比如，有人没有当上先进，就故意说：“当先进有什么用啊，又不当饭吃！”

(2) 甜柠檬式。甜柠檬式的自我安慰是指人们对于自己的某种行为明知不妥，但又不愿意承认，只好找出各种理由来增加行为的合理性，以获得自我安慰，减轻心理压力。正如花钱买了柠檬，吃到嘴里是酸的，但还得想办法证明自己的行为是正确的，所有只得说，加点糖就甜了。比如，有人上街买东西上了当，心理十分窝火。但别人问起此事，还不能承认是自己经验不足造成的。因此说：“不是我无能，而是对方太狡猾”。平时，我们也经常用这种“甜柠檬式”的自我安全方法来安慰自己和他人。比如，摔碎了东西，人们会说“碎碎(岁岁)平安！”丢了东西，人们会说“破财免灾”，“旧的不去，新的不来”等。

合理化的辩解有助于精神安慰。在社会生活中，人们的需要不可能全部获得满足，进行自我安慰可以使人的内心达到平衡。因此，在某种情况下，它不失为一种自我防卫心理的方法。

此外，还可以与境况不如自己的人比较，通过比较产生“比上不足，比下有余”的心理。俗话说“人比人，气死人”。人们的许多不平衡源于人与人之间的比较。因此，我们要想减少不平衡的心理，就要学会和境遇不如自己的人比较，不要总是和比自己强的人比较，那样，会加重心理不平衡。

(四) 放松训练——身体放松调节情绪的方法

放松训练除了可以消除压力，还可以缓解焦虑情绪以及因焦虑带来的失眠症状等。放松调节情绪有很多种方法，如呼吸放松法、肌肉放松法、想象放松法等。这里主要介绍两种简单方法。

1. 呼吸放松法

(1) 穿舒适宽松的衣服，保持舒适的躺姿，两脚向两边自然张开，一只手臂放在上腹，另一只手臂自然放在身体一侧，让心静下来，轻轻闭眼。

(2) 缓慢地通过鼻孔吸气，感觉吸入的气体有点凉凉的，吸气时，腹部鼓起。

(3) 用口鼻同时将气慢慢呼出，呼出的气息有点暖，呼气时，腹部瘪下去。吸气和呼气的同时，感觉腹部的涨落运动。

(3) 保持深而慢的呼吸，吸气和呼气的中间有一个短暂的停顿。

(4) 呼吸的同时提示自己身上哪些部位还紧张，想象气体从那些部位流过，带走了紧张，达到放松的状态。

呼吸放松的特点是见效快。在紧张时，只要进行深呼吸 2～3 次，就可以起到放松的作用。

2. 冥想放松法

(1) 选一个安静的房间，平躺在床上或坐在沙发上。闭上双眼，想象放松每部分紧张的肌肉。

(2) 想象一个你熟悉的、令人高兴的、具有快乐联想的景致，或是校园或是公园。

(3) 仔细看着它，寻找细致之处。如果是花园，找到花坛、树林的位置，看着它们的颜色和形状，尽量准确地观察它。

(4) 此时，敞开想象的翅膀，幻想你来到一个海滩(或草原)，你躺在海边，周围风平浪静，波光熠熠，一望无际，使你心旷神怡，内心充满宁静、祥和。

(5) 随着景象越来越清晰，幻想自己越来越轻柔，飘飘悠悠离开躺着的地方，融进环境之中。阳光、微风轻拂着你。你已成为景象的一部分，没有事要做，没有压力，只有宁静和轻松。

(6) 在这种状态下停留一会儿，然后想象自己慢慢地又躺回海边，景象渐渐离你而去。再躺一会儿，周圈是蓝天白云，碧涛沙滩。然后做好准备，睁开眼睛，回到现实。此时，头脑平静，全身轻松，非常舒服。

【情境任务训练】

一、梳理情绪

(一) 活动目的

引导同学认识到自己才是情绪的主人，应该主动构建快乐心情。

(二) 活动时间

约为 60 分钟。

(三) 活动场地

室内为宜。

(四) 活动道具

情绪梳理卡片、情绪小故事。

(五) 活动程序

(1) 冥想放松：伴随舒缓的音乐，选择舒适的姿势，成员放松肌肉，回想近一时期生活中发生的事件，并注意自己情绪上的变化。

(2) 纸笔练习：发给成员每人一张卡片，要求成员完成下列句子。

① 最近让我感觉高兴的事情是________________________。当时我的心情是________________________，现在想起这些事，我的心情是________________________。

② 最近让我感觉不高兴的事情是________________________。当时我的心情是________________________，现在想起这些事，我的心情是________________________。

③ 每当心情好的时候，我会觉得________________________。

④ 每当心情糟的时候，我会觉得________________________。

⑤ 我的心情总是________________________。

(3) 同学间讨论分享：帮助同学了解自己的主导情绪，感受到不同情绪体验对生活、行为、健康的影响，使其认识到积极情绪的重要性。

(4) 老师呈现生活中与情绪有关的小故事，启发成员思考如何成为情绪的主人。

二、怒也可遏

(一) 活动目的

(1) 帮助成员了解愤怒对人行为、身心的影响。

(2) 帮助成员学会宣泄、表达愤怒的方法，掌握控制愤怒的有效策略。

(二) 活动时间

约为 60 分钟。

(三) 活动场地

室内、外皆可。

(四) 活动道具

纸、笔、情境 PPT。

(五) 活动程序

(1) 情景表演：由两位同学分角色扮演进教学楼时不小心相撞，但互不相让，话不投机，发生争吵，导致双方情绪越来越激动，越来越愤怒，乃至于发生肢体冲突的情景。

(2) 我也有愤怒：请学生回忆最近发生的最令自己愤怒的事件，试着把自己的情绪引发出来，按要求用笔写在纸上。(要求：描写自己当时愤怒的表情和动作； 描述自己愤怒时的生理感觉，如心跳加速、呼吸急促、脸热，眼睛圆睁，头皮发紧，流泪等；表达自己愤怒时的内心感受，如“我被愚弄了！”“他(她)太过分！”“这简直是厚颜无耻的做法！”等；写下自己愤怒时的行为反应，如骂人、摔东西、打人、痛哭、咬紧牙关、硬忍、强迫冷静等；写下自己作出愤怒反应后自己和对方的感受）最后分享讨论。

(3) 制怒法宝：请同学逐一发言，提出自己控制愤怒等不良情绪的策略，老师带领同学对各种方法的可行性进行鉴别，归纳、整理控制情绪的有效策略。

【思考、澄清、分享、巩固】

困惑一：发脾气是有个性的表现。

发脾气绝对不是个性，而是缺乏对自身情绪的控制能力。很多年轻人常常将发脾气当成自己的个性，错误地认为有脾气是有个性的体现。脾气人人都有，但是如果不分场合、不分事情轻重、不分对错乱发脾气，则有失风度，也会让人觉得你心智不成熟、办事不稳当，从而给自己的未来造成很多障碍。

困惑二：吸烟可舒缓情绪，缓解压力，解除疲劳。

吸烟舒缓情绪，缓解压力、解除疲劳，主要有生理和心理两方面的作用。一方面，烟草中的尼古丁能很快到达大脑，使吸烟者有一种轻松愉快的感觉。另一方面，重复的行为也能够减轻焦虑，如同吃零食、购物一样。这样的效果，会刺激使用者继续使用烟草，我们称之为正性的强化作用。可是，由于尼古丁是成瘾性物质，在逐渐的重复使用中，机体对尼古丁产生了耐受性，即必须吸入更多的尼古丁以达到和以前同样的舒适感，形成烟瘾。最初的压力和不适也许来自于生活和情绪，吸烟后似乎缓解了；但形成烟瘾之后，不适和焦虑感则来自于尼古丁水平的下降，不吸烟会更加难受。这个时候，烟草的作用变成了负性强化，不得不用了。

困惑三：哭的时间越长，“排毒”效果越好。

适当地哭是一种自我心理保护的措施。哭可以为你解除情绪的紧张、内心的抑郁与烦恼，还可以促进生理上的新陈代谢。但是，哭不宜超过15分钟。压抑的心情得到发泄、缓解后就不能再哭，否则对身体反而有害。因为人的胃肠机能对情绪极为敏感，忧愁悲伤或哭泣时间过长，胃的运动会减慢、胃液分泌减少、酸度下降，会影响食欲，甚至引起各种胃部疾病。

任务5　抛弃非理性观念

【情境任务描述】

小李是学生会主席，一直认为自己在各方面都必须是优秀的。可最近小李情绪陷入低落，变得焦虑和烦躁。他最终难耐内心的痛苦，走进了心理咨询室。他这样跟老师描述使他痛苦的事：“上一次开会的时候，我竟然在作总结讲话时讲错了一句话，他们在底下都嘲笑我。哎！身为学生会主席我竟然犯下这样低级的错误，真是太丢脸、太失身份了！我真的太没用了！”

【情境任务分析】

情境中的小李因为什么感到情绪低落、焦虑、烦躁？如果是你遇到了这样的事情，你会跟他的反应一样吗？为什么？

【情境任务知识】

一、ABC理论

ABC理论是由美国心理学家埃利斯创建的。他认为诱发事件A(Activating Event)只是引发情绪和行为后果C(Consequence)的间接原因，而引起C的直接原因则是个体对激发事件A的认知和评价而产生的信念B(Belief)，即人的消极情绪和行为障碍结果(C)，不是由于某一激发事件(A)直接引发的，而是由于经受这一事件的个体对它不正确的认知和评价所产生的错误信念(B)所直接引起的，如图7-2所示。错误信念也称为非理性信念。

A ——→ C

诱发事件　情绪反应

A ——→ B ——→ C

诱发事件　认知　情绪反应

图7-2　ABC理论

通常人们会认为诱发事件A直接导致了人的情绪和行为结果C，发生了什么事就引起了什么情绪体验。然而，同样一件事对不同的人会引起不同的情绪体验。同样是报考英语四级，结果两个人都没过。一个人无所谓，而另一个人却伤心欲绝。为什么？就是诱发事件A与情绪、行为结果C之间还有个对诱发事件A的看法、解释的B在起作用。一个人可能认为：这次考试只是试一试，考不过也没关系，下次可以再来，也可能觉得这次是背水一战，不能失败。于是不同的B带来的C大相径庭。

例如，有一个女孩，因得喉炎变得声音沙哑(A)，于是整个人变得很畏缩、自卑和孤立(C)。在ABC理论看来，声音改变的事实并不会直接导致她的情绪和行为反应，而是她坚持认为女性的声音一定要娇柔清脆、富于女性化这种观念(B)才使她处于情绪困扰的状态中。但是，同样的事情若发生在别人身上，他们也许不会有过于强烈的负性情绪反应，因为他对这些事件有另外不同的看法，如“没有证据表明我注定要失败。如果是失败，那也只是这一次，它不能表明我以后会怎样”，或者是“女性的价值为什么一定要表现在嗓音上，我还有比声音更重要的东西。”这些都是合理的观念，它们常常能使个体避免陷入不适应的情绪困扰中。

由此可见，对于同一个诱发事件，不同的观念可以导致不同的结果。如果B是合理的、现实的，那么由此产生的C也就是适应的；若是不合理的，就会产生情绪困扰和不适应的行为。

二、非理性观念

艾利斯认为，正是由于我们常有的一些非理性观念才使我们产生情绪困扰。如果这些非理性观念存在时间过长，还会引起情绪障碍。

(一) 常见非理性观念

艾利斯通过临床观察，总结出日常生活中常见的产生情绪困扰，甚至导致神经症的11类非理性观念。

1. 一个人应被周围的人喜欢和称赞，尤其是生活中重要的他人

辩驳——这是不可能实现的。人的一生中，不可能得到所有人的认同，即便是家人、亲密朋友等对自己很重要的人，也不可能永远对自己持一种绝对喜爱和赞许的态度。更何况人不是为了他人的喜欢和称赞而活，人活着是为了自己。持有这样不合理信念的人，就很可能委曲求全来取悦他人，以获得每个人的赞同和欣赏，但结果必定会使自己感到失望、沮丧和受挫，从而很难再建立自信。

理性观念：一个人只要不被周围所有的人否定和排斥，就可以肯定自己是受欢迎的。

2. 一个人必须能力十足，各方面都有成就，这样才有价值

辩驳——这是不切实际的目标。“金无赤金，人无完人。”世界上根本就不存在十全十美的、永远成功的人。一个人可能在某些事上较他人有优势，但在另外一些事上却可能不如他人。虽然他以前有许多成功的境遇，但他无法保证在每一件事上都能成功。持有这样信念的人，不得不为永远无法实现的目标而徒自悲伤。

理性观念：人的精力是有限的，能在某些方面上有所成就，人生就是有价值的。

3. 那些邪恶可憎的人及坏人，都应该受到责骂与惩罚

辩驳——“人非圣贤，孰能无过?”这个世界没有绝对的好人，也没有绝对的坏人，不该因他人一时之误就认定他是坏人，以致对他产生极端的排斥和憎恶。就像艾里斯所说：“每个人都应该接受自己和他人是有可能犯错误的人类的一员。”

理性观念：人人都有可能犯错误，对那些犯错误的人要宽容以待。

4. 当事情不如意的时候，是很可怕，也是很悲惨的

辩驳——“人生不如意事十之八九。”一个人不可能永远成功，生活和事业上的挫折可以说是家常便饭，关键在于你如何对待它。如果一遭受挫折就感到十分可怕，那么只会导致情绪困扰，使事情更加恶化。如果遭受挫折会仔细分析并寻求解决的办法，那么挫折将会是一笔无形的人生财富。

理性观念：受挫是很正常的事情，没有什么可怕的。不喜欢某事可以试着去改变它；如果无能为力那就试着接受它。

5. 不幸福、不快乐是外在因素所造成的，个人无法控制

辩驳——外在因素对个人幸福是有一定的影响，但并非如自己想象的那样严重。情绪是人的主观体验，正是人对外在事件的知觉、感受和评价引起了人的情绪体验。不正确、

歪曲的评价导致消极的情绪；正确、合理的评价引起积极快乐的情绪。我们改变不了外在事件，但是我们可以改变对待事件的态度。

理性观念：不是外在因素而是对外在事件的评价决定了人的主观幸福感，通过改变悲观的评价态度，人是可以控制、调节自己的快乐和幸福的。

6. 我们必须非常关心危险可怕的事情，而且必须时时刻刻忧虑，并注意它可能再次发生

辩驳——对危险和可怕的事物有一定的心理准备是正确的，但过分的忧虑则是非理性的。因为坚持这种信念只会夸大危险发生的可能性，使人不能对其进行客观的评价、正确地面对并有效地处理解决。杞人忧天只会使生活变得沉重而缺乏生气，导致整日忧心忡忡、焦虑不已。与其担忧不如置之不顾，将精力花在当前需要解决的事情上。

理性观念：对危险可怕的事情要有一定的心理准备，但是不可过分忧虑。

7. 面对困难和责任很不容易，倒不如逃避较省事

辩驳——逃避能够暂时摆脱不愉快的情绪，但问题终究是悬而未决，反而会延误解决问题的时机。逃避只会使问题更加恶化或连锁性地引发其他问题和困难，从而使问题难上加难，最终会导致更为严重的情绪困扰。

理性观念：逃避只是暂时摆脱了情绪困扰，但不能真正解决问题。只要认真对待，困难和责任并非想象中的那么难。

8. 一个人应该要依靠别人，且需要找一个比他强的人来依靠

辩驳——虽然人在生活中的某些方面需要相互依靠，但凡事依靠他人，会让被依靠的人产生极大甚至是难以承受的心理压力，反而使良好的人际关系破裂。而过分夸大依靠的必要性很可能让人放弃培养独立自主的能力和失去自主性而导致更大的依赖，产生不安全感。

理性观念：每个人都是一个独立的个体，别人至多只能在某些方面帮助你，但不能代替你生活。安全感的获得还是要依靠自己的独立自主。

9. 过去的经历决定了现在，而且是永远无法改变的

辩驳——过去的经历成为历史，这的确无法改变，但不能说过去的事就会决定一个人的现在和将来。因为事实虽不可改变，但对事件的看法和感悟可以改变，因此人们仍然可以控制、改变自己现在乃至以后的生活。

理性观念：过去已成历史，但并不决定现在和将来，人通过自身的努力是有能力改变现状的。

10. 我们应关心他人的问题，也要为他人的问题感到悲伤难过

辩驳——关心他人、富于同情，这是有爱心的表现。但如果过分投入他人的事情，就很可能会忽视自己的问题，引发自己的情绪失去平衡，这样不但没有能力帮助他人解决问题而且使得自己更糟。

理性观念：对于他人的问题，我们可以表示关心和同情，有能力时不妨伸出援手，但如果帮不上忙也不必过多牵涉或是自责。

11. 人生中的每个问题，都有一个正确而完美的答案，一旦得不到答案就会很痛苦

辩驳——人生是个复杂多变的过程，人生的问题总是层出不穷，有些问题有明确的答

案，有些不一定有答案，有些即使有也不一定是正确而完美的答案，对任何问题都寻求完美的解决办法是不可能的事。如果坚持要寻求某种完美的答案，只会使自己感到迷惑、失望和沮丧。

理性观念：并不是所有的问题都会有正确而完美的答案，对于那些没有确定答案的问题不必穷究到底，更不必因为得不到完美答案而痛苦伤心。但求够好，不求最好。

(二) 非理性观念的主要特征

许多学者对非理性观念加以归纳和简化，指出绝对化的要求、过分概括化，以及糟糕至极是这些非理性观念的三个主要特征。

1. 绝对化的要求

绝对化的要求是指个体以自己的意愿为出发点，认为某一事物必定会发生或不会发生的信念。这种特征通常与“必须”和“应该”这类词联系在一起，如“我必须获得成功”，“别人必须友好地对待我”等。这种绝对化的要求是不可能实现的，因为客观事物的发展有其自身规律，不可能依个人意志而转移。人不可能在每一件事上都获得成功，他周围的人和事物的表现和发展也不会依他的意愿来改变。因此，当某些事物的发生与其对事物的绝对化要求相悖时，他就会感到难以接受和适应，从而极易陷入情绪困扰之中。

2. 过分概括化

过分概括化是一种以偏概全的不合理的思维方式，就好像是以一本书的封面来判定它的好坏一样。它是个体对自己或别人不合理的评价，其典型特征是以某一件或某几件事来评价自身或他人的整体价值。例如，一些人面对失败的结果是常常认为自己“一无是处”或“毫无价值”。这种片面的自我否定往往会导致自责自罪、自卑自弃的心理以及焦虑和抑郁等情绪。而一旦将这种评价转向他人，就会一味地责备别人，并产生愤怒和敌意的情绪。针对这类不合理信念，合理的情绪疗法强调世上没有一个人能达到十全十美的境地，每一个人都应接受人是有可能犯错误的。因此，应以评价一个人的具体行为和表现来代替对整个人的评价，也就是说“评价一个人的行为而不是去评价一个人。”

3. 糟糕至极

糟糕至极是一种对事物的可能后果作出非常可怕、非常糟糕，甚至是一种灾难性的预期的非理性观念。对任何一件事情来说都有比之更坏的情况发生，因此没有一种事情可以被定义为百分之百的糟糕透顶。若人坚持这样的观念，那么当他认为遇到了糟糕透顶的事情发生时，就会陷入极度的负性情绪体验中。针对这种信念，ABC 理论认为虽然非常不好的事情确实可能发生，我们也有很多原因不希望它发生，但却没有理由说它不该发生。因此，面对这些不好的事情，我们应该努力接受现实，在可能的情况下去改变这种状态，而在不能改变时去学会如何在这种状态下生活下去。

三、情绪调节的 ABCDE 技术

艾里斯通过切身体验和感悟总结出情绪调节的 ABCDE 技术，用于帮助自己同时也帮助他人进行心理自我调节。

艾里斯认为，要改善人们的不良情绪及行为，与非理性观念进行辩论(D，Disputing

irrational beliefs)，而代之以理性的观念。等到劝导干预产生了效果(E，Effect)，人们就会产生积极的情绪及行为，心理的困扰也因此消除或减弱。

这种疗法的主要目标是：帮助人们培养更实际的生活哲学，减少自己的情绪困扰与自我挫败行为，即减轻因生活中的错误而责备自己或别人的倾向(消极目标)，并学会如何有效地处理未来的困难(积极目标)。

其操作模式如图 7-3 所示。

A ——→ B ——→ C ——→ D ——→ E

诱发事件　认知　情绪反应　辩论　新的情绪行为

图 7-3　ABCDE 技术

(1) 找出使自己产生异常紧张情绪的诱发事件(A)，例如当众讲话、考试、工作压力、人际关系等。

(2) 分析挖掘自己对诱发事件的解释、评价和看法，即由它引起的信念(B)，从理性的角度去审视这些信念，并且探讨这些信念与所产生的紧张情绪(C)之间的关系。从而认识到异常的紧张情绪之所以发生，是因为自己存在不合理的信念，这种失之偏颇的思维方式应当由自己负责。

(3) 扩展自己的思维角度，与自己的不合理信念进行辩论(D)，动摇并最终放弃不合理信念，学会用合理的思维方式代替不合理的思维方式。还可以通过与他人讨论或实际验证的方法来辅助自己转变思维方式。

(4) 随着不合理信念的消除，异常的紧张情绪开始减少或消除，并产生出更为合理、积极的行为方式(E)。行为所带来的积极效果，又促进着合理信念的巩固与情绪的轻松愉快。最后，个人通过情绪与行为的成功转变，从根本上树立起合理的思维方式，不再受异常紧张情绪的困扰。

【情境任务训练】

一、情绪自我探究

(一) 活动目的

探究自我情绪，找出不合理观念。

(二) 活动时间

大约 60 分钟。

(三) 活动场地

室内为宜。

(四) 活动道具

基本情绪卡、纸、笔。

(五) 活动程序

(1) 卡片列出了四种基本情绪：喜、怒、哀、惧，请在每种基本情绪后写出表现这种情绪的词语，写得越多越好。

(2) 在白纸上写下令自己最高兴的三件事；令自己最沮丧的三件事；自己最向往的三件事。同学间分享这些事情，并且尽量让成员能够充分表达自己经历这些事情时的情绪。

(3) 根据情绪的 ABC 理论分析“令自己最沮丧的三件事”，找出自己的不合理观念。

(4) 跟自己的不合理信念辩驳，改变自身的不合理想法。

二、快乐其实很简单

(一) 活动目的

(1) 进一步帮助成员掌握调节情绪的方法和技巧，构建愉悦心情。

(2) 帮助成员懂得自己才是情绪的主人，转换视角、善于发现，一定会发现生活中的快乐元素。

(二) 活动时间

大约 60 分钟。

(三) 活动场地

室内为宜。

(四) 活动道具

基本情绪卡、纸、笔。

(五) 活动程序

(1) 镜中人：成员两人一组，一人扮演照镜子的人，要做出各种快乐的表情。一人扮演镜中成像，要模仿对方的样子，一轮表演完成后，双方互换角色。

(2) 快乐清单：每个同学都要说出几件让自己感觉快乐的事情，越多越好，互相分享快乐。

(3) 快乐密码：同学分别向大家介绍自己保持快乐心情的方法，同时讨论、鉴别各种方法的可行性，老师总结成员的讨论结果，向大家推荐保持快乐的策略和技巧。

【思考、澄清、分享、巩固：情绪管理的误区】

困惑一：情绪管理就是让人时时“快乐”。

如今，“快乐生活每一天”、“祝你天天开心”成为让人们最贴心的祝福。但是，现实生活中，仅仅有“快乐”这种情绪体验是不够的。人们更不能为刻意体验快乐而去回避矛盾、逃避困难。生活是丰富多彩的，人在生活中的情绪体验也应该是丰富多彩的。从体验的强弱程度上分，情绪分为心境、激情和应激。这里的“快乐”和“开心”指的是心境。一个情绪健康的人，他的主导心境应该是乐观向上的。由于情绪具有两极性的特点，当人感觉不知道怎么放松时，不妨再攥紧拳头继续紧张一下，在紧张不下去时，往回松的一瞬间体验的就是放松。

困惑二：情绪管理仅仅是成人的事。

人们对成年人的不良情绪往往能够理解，但是对于儿童出现的情绪问题却不能理解，我们常常听到成年人对儿童说“小小年纪，烦什么烦”，就是这个误区的体现。但根据心理学的推断，童年时期的经历对人一生的心理影响更大，情绪也是如此。成年人情绪问题的产生往往可以追溯到童年的经历。因此，我们必须更加重视儿童身心发展中出现的情绪问题，重视儿童的情绪调适，让儿童积累丰富的情绪体验，引导儿童合理地呈现情绪反应，从而养成良好的情绪调适习惯。

项目八　人际交往与沟通互动

【项目导言】

一位哲人说过，人生的美好是人情的美好，人生的丰富是人际关系的丰富。人一生的成长、发展、成功、幸福，是与他人的沟通和交往息息相关的；人一生的愉快、烦恼、欢乐、悲伤、爱与恨，也同样是与别人的沟通和交往分不开的。

【学习目标】

➢ **知识目标**

(1) 理解人际交往的概念、原则等。

(2) 理解人际吸引的理论。

(3) 理解印象形成与管理的概念、理论。

(4) 掌握人际冲突的处理方法。

➢ **能力目标**

(1) 能正确认识、分析自己和他人的人际关系现状。

(2) 能运用印象管理理论管理自己的形象。

(3) 能在沟通时清楚地表达和准确的理解。

(4) 能有效处理人际冲突。

任务 1　我的人际关系和谐吗?

【情境任务描述】

一位虔诚的教徒被带去参观天堂和地狱，以便在比较以后能够做出明智的选择。他走过一条幽暗的隧道，来到一个大厅。大厅里挤满了人，大厅中央支着一口大铁锅，下面烧着火，整个大厅散发着汤的香气。可是周围的人个个都愁眉苦脸，原来，每个人手里的铁勺足足有 4 尺长，那些饥饿的人贪婪地拼命用铁勺在锅里搅着，但谁也无法用又重又长的铁勺把食物盛出来，也无法把汤靠近嘴边去喝。甚至有些人烫了手和脸，还把热汤溅在旁边的人身上。于是大家争吵起来，进而大打出手。先知对那位教徒说：“这就是地狱。”

他们离开了那里，再也不忍听身后恶魔般的喊叫声，来到了另一间大厅。这里的条件与地狱所见一样，一样的大厅，一样的食物，每个人手中也同样有一把 4 尺长的铁勺。但这里的人营养状况很好，各个喜笑颜开。这位参观者困惑了，环境相同，为什么结果却如此不同？原来，这里的人一起帮忙把大铁勺放入锅中取食物，然后给其他人喝。这样，每个人都可以安安静静地喝。当一个人喝饱了，就换另一个人。分工合作，秩序井然。先知对教徒说："这就是天堂。"

【情境任务分析】

从这个故事中你体会到什么？人与人的关系，怎么才能变好？怎么就变坏了？人与人之间，好能好到什么程度？坏能坏到什么样子？

在儿童人际关系中，交往的对象和含义比较狭窄，人际关系也比较简单。自己喜欢的人就交往，自己不喜欢的人就不理。而作为成年的大学生，还能够凭个人的好恶与人交往吗？如果你想拥有和谐的人际关系，首先需要完成从儿童人际关系到成人人际关系的转变。

【情境任务知识】

一、人际交往的涵义

人际交往是指人与人之间进行物质交换、信息交流和心灵对话的过程。从动态的角度看，人际交往大致可以划分为以下三个层面。

首先是物质层面的交往，也即马克思所说的"物质交往"，具体表现为金钱、货物的交换，以及劳动力的交换，反映了人际、群际间一定的经济利益关系。人生于世，要解决基本的吃、穿、住、行等生活问题，创造物质财富，就必须与他人发生经济交换行为，结成普遍的经济关系。物质交往是其他一切交往的基础，任何人都无法越过一定的经济关系而超然存在。但我们却不能用经济原则来解释一切交往行为，因为交往绝不仅仅局限于物质层面，也不是只在经济领域里展开。

其次是知识信息的交流。这是人际间借助于言语与非言语的媒体所实现的知识信息的共享，是思想观念的沟通过程，也是口头与非口头的交际过程。这种信息交流与物质产品的交换明显不同。对于两者的不同，英国作家萧伯纳曾经作了很好的比喻。他说，假如你有一只苹果，我有一只苹果，彼此交换后，两个人还只是各有一只苹果。但是，如果你有一种思想，我有一种思想，那么，彼此交流后，我们每个人都有了两种思想。甚至，两种思想发生碰撞，还可以产生两人思想之外的其他思想。可见，在交往过程中，信息不仅仅是被传递，而且还不断形成、逐渐明确以及继续生成和发展。

再次是心灵对话、人格碰撞的过程。在交往全面而深刻的展开过程中，相互间不仅是交换物质形态的东西，也不仅是交流信息、处理具体的事务，而是在有意无意地表明各自的人生态度与追求，是在表现一种对整个世界精神、人生意义的关注，表明各自的人格倾向、心灵风貌。人的肉体终究有一天会随着不可抗拒的自然规律而消逝、毁灭，但他们心灵中的某些精神却可能是永恒的。从这一意义上讲，人是精神的存在，一个人对于另一个人的影响，绝非仅靠言语完成，而是靠精神完成的。交往的真正意义和价值是为了寻求真诚的友谊合作，是在每一次思想的“欢宴”、精神的“会餐”中，开阔视野，吸收营养，从而深入人心，改造人生。

人际交往的上述几个层面不是截然分开的，而是相互渗透的。交往的过程是人的社会关系与人际关系、非个性关系与个性关系的双重建构过程。人际间的心理、情感关系积淀了人的生理性的、物质性的、文化的与政治的关系。不过，应强调的是，我们所讲的人际交往不同于一般意义的社会交往，不局限于言语交际活动，不是单纯的知识信息交流，更不同于物质商品的交换，而侧重于指全面的心灵对话过程，强调的是尊重个性，理解差异，求得沟通并协调行为。

二、大学生人际交往的特点

大学生作为成年人，人际交往的特点首先应当遵循成年人人际交往的特点：一是不以个人好恶与人交往，对于集体中的每一员，无论喜欢与否，每天都要面对，都要与其相处，所以不仅要同自己喜欢的人交往，还要与自己不喜欢的人保持友好的关系；二是不能仅以自己的标准要求别人，还应认识到自己的行为和生活方式也可能是别人所不能接受和不喜欢的。因而，在彼此间发生冲突或不协调时，不能仅仅指责和埋怨对方，而要做到相互谅解和彼此适应，逐渐学会设身处地为别人着想。

大学生的文化层次较高，生理和心理日趋成熟，比较重感情，因此，大学生的人际交往除了具有人际交往的一般共性外，还具有与其他社会成员人际交往不同的特点。

（一）人际交往的迫切性

大学生思想活跃，精力充沛，求知欲强，对友谊十分看重，对社会中的新事物、新现象有强烈的好奇心。随着自我意识的不断增强，对了解社会和他人有着非常强烈和迫切的愿望。他们都有一种将原有交往圈子向外扩大的要求，他们希望通过交往获得友谊，希望得到他人的理解、关心和尊重。尤其对于大学新生更是如此，对他们来说大学校园是一个全新的生活环境，远离了父母和昔日的师长同学，来到了一个完全陌生的生活环境，这使他们既怀念昔日的亲情、友情，又渴望新的友谊。这种特殊的生活环境增加了大学生对人际交往的渴望。

（二）人际交往的纯洁性

相对于社会的人际交往而言，大学生的人际关系往往是比较纯洁的。大学生所承担的社会角色决定了他们来到大学的主要任务是学习知识和技能，在短时间内还不存在复杂的政治、经济、权势、利益等冲突。在这一时期，也正是思想活跃、感情丰富的时期，大学生们更珍视友谊，把友谊作为重要的追求目标，充满了对理想的憧憬和生活的热爱，互相利用的功利色彩相对少一些。在道德水平和文化水平相对较高的大学校园里，可以避开一些社会和世俗的影响，再加上年轻人的社会阅历较少，对生活、社会较多持乐观、积极、理想化的观点，这些因素也决定了大学生交往的纯洁性。

（三）人际交往的开放性

在中学阶段，中学生的注意力都集中在学习上，没有时间和精力进行更多的人际交往。进入大学后，由于学习模式的转变，大学生迫切需要交流更多的信息，接受更多的新思想。

在这种心理的作用下，大学生的人际交往呈现出前所未有的开放性特点，具体表现在以下两个方面：第一，交往对象由以前的亲戚、邻居、成长伙伴转向大学同学和在社交场合认识的其他人，其中又以同学交往为主。同学交往不局限于同班同学，已发展到同级、同系甚至是同校可认识的所有同学。不仅是同性之间的交往，异性交往也很普遍、很正常。第二，交往由偶尔的相聚、互访发展成为经常的聊天、社团活动、聚会、体育活动、娱乐、结伴出游以及其他一些集体活动，使大学生的人际交往变得更方便、更快捷，交往距离更远，交往范围更大甚至可以扩展到世界各地。

(四) 人际交往的平等性

在大学生的交往中，随着双方情感的不断深入，从感情依恋到两心相知、心灵渗透，友谊逐渐成熟起来。在交往中，他们追求双方以诚相待，平等相处。喜欢与尊重他人、关心他人、待人真诚的朋友在一起，而嫌弃和拒绝不尊重他人和操控欲、支配欲强的人。大学生更多地选择与同辈交往而远离父母，经常回避居高临下的教训，渴望平等交往。

三、大学生人际交往的常见问题

大学生人际交往的总体状况是良好的，大部分学生能够成功交往，他们乐于交往、主动交往、善用技巧、协调冲突、拥有朋友。但是，也有相当一部分学生存在一些交往不良的问题，具体表现在以下三个方面。

(1) 不敢交往。人人都希望有一个好人缘，但在人际交往中每个人都存在不同程度的恐惧心理，只是每个人的恐惧程度不同。有些学生在这方面反应特别强烈，他们由于害羞、自卑和焦虑等心理，在与人交往时显得特别紧张，心跳气喘、面红耳赤，两眼不敢正视对方；交谈时显得语无伦次、词不达意。尤其在人多的场合或者在集体活动中更感到恐惧，不敢和人打交道，不敢表现自己，严重的可导致社交恐惧症。

(2) 不愿交往。有的大学生进入大学之后发现自己不如在中学时那么出类拔萃了，进而形成嫉妒与自卑心理，认为自己不如别人，怕别人瞧不起自己，因而害怕失败而不愿意与人交往。有部分学生以自我为中心，对周围的人不信任，缺乏与同学合作的精神，觉得别人都不可靠，认为接近自己的人都是别有用心的，因此而不愿意与人交往。还有一些学生缺乏基本的人际宽容，常常过于苛求别人，并为一些鸡毛蒜皮的小事而伤害他人，进而严重影响交往的愿望。

(3) 不善交往。这类同学一般都渴望交往，但有些人不太注意沟通的方式和技巧，如在劝说他人、批评他人、拒绝他人时不讲究场合和说话的技巧，并因此伤害他人的自尊。还有一些学生不懂得尊重他人的风俗和习惯，不顾别人的禁忌和感受乱说笑话、乱开玩笑，从而得罪他人和冒犯他人，并最终影响和损害人际关系。

四、掌握人际交往的技巧

人际交往是一种能力，也是一种技术，可以通过学习和训练来提高。为了建立良好的人际关系，还必须掌握一些人际交往的技巧。

(一) 学会换位思考

换位思考，是设身处地为他人着想，即想他人所想、理解至上的一种处理人际关系的思考方式。换位思考是一种有利于增进情感沟通、达成内心理解的心理机制，对于建立良好的人际关系很重要。一般而言，善于交往的人往往善于发现他人的价值，懂得尊重他人，愿意信任他人。对人宽容，能容忍他人有不同的观点和行为，不斤斤计较他人的过失，在可能的范围内帮助而不是指责他人。大学生应懂得“你想别人怎样对待你，你就得怎样对待别人”；懂得“己所不欲，勿施于人”；懂得“得到朋友的最好办法是使自己成为别人的朋友”；懂得别人是别人而不是自己，因而不能强求；懂得与朋友相处时应存大同，求小异。

(二) 给人以真诚的赞美

生活中，人们有一种自然的天性，就是渴望得到别人的赏识和赞美。赞美能释放一个人身上的能量，调动人的积极性，是改善人际关系的润滑剂。会赞美别人是一种能力，那么，大学生怎样才能培养自己这种能力呢?

首先，赞美要选准角度并做到恰如其分。假如你要向一位女同学表示赞美，而这位同学相貌平平，与其说美如西施，不如肯定她善良的心地、温柔的性情、不一般的才干与高雅的气质。

其次，赞美的内容要具体实在。比如，你想赞美一个同学，与其笼统地说“我真的喜欢你”，不如说“我喜欢你今天的穿着打扮”，或“我喜欢听到你刚才那番真诚的话”。

第三，赞美的语言要真诚。言不由衷的赞美只会让人生厌，只有发自内心肺腑的赞美才能真正打动他人。

第四，赞美要讲究艺术。有位男生去女生宿舍拜访，要找的同学不在，只好坐下来等。那位男生想与正在宿舍的两位女生套近乎，就同时赞美这两位女生。他很热情地对其中一位女生说：“你虽然没有她漂亮(这样已经得罪一个人)，但你的亲和力比她高(又得罪一个人)。”显然，这种赞美适得其反。那么他应该怎样赞美呢？他应该改为“你们两个人都很漂亮，一个是古典美，一个是现代美。”或者说“一个很有亲和力，一个很热心。”这样就皆大欢喜了。

(三) 给人以友善的微笑

如果说，有的人认为自己拙于言表，实在不善于赞美，所以很难受人喜欢。其实不然，不会赞美，微笑总会吧！在与同学的交往中，真诚的微笑往往也会给人留下美好而深刻的印象。美国著名心理学家卡耐基曾说，你的笑容就是你好意的信差。你的笑容能照亮所有看到你的人。对那些整天都看到皱眉头、愁容满脸的人来说，你的笑容就像穿过乌云的太阳。当然，我们所说的微笑是指真正的微笑，真正的微笑是真诚的，是发自内心的，只有这种微笑才能给人以温暖的感觉。

(四) 记住对方的名字

记住对方的名字，并把它叫出来，等于给对方一个很巧妙的赞美。在人际交往中，若是把对方的名字忘了，或写错了，就会令自己处于非常不利的地位。事实上，记住对方的名字，说明对方在你心目中是重要的、有地位的、有分量的。这会使对方获得一种被人重视的成就感或被人记住的亲切感，这就等于赞赏了对方，肯定了对方。如果你想得到别人的喜欢，请你学会记住别人的名字。对于久违的朋友，尤为如此。

(五) 保持适当的交往距离

我们都喜欢用"亲密无间"这个词来形容很要好的朋友，其实真的到了亲密无间的程度往往会适得其反。朋友之间保持一定的距离是很必要的。只是交往程度不同的朋友其距离大小可以有区别。这里说的距离主要是指交往中应有的礼貌和尊敬。有些人一旦与人混熟了，就丢掉了分寸感，进入了所谓不分彼此的境界。一旦到了这种程度，友情就容易走向反面了。因为一旦没有了距离，就势必会侵入别人的私人空间，给人造成不悦。没了分寸，就会把一些看似小节，实际上挺重要的问题放到无关紧要的地位，从而可能造成误会或摩擦。

(六) 切忌自我投射

自我投射是内在心理的外在化，即以己度人，把自己的情感、意志等特征投射到他人身上，以为他人也如此。自己想干什么事，就以为别人也同自己一样想干；自己不想干什么事，便认为别人也同自己一样不想干。对自己喜欢的人越看越喜欢，优点越看越多，对自己不喜欢的越看越讨厌，缺点越看越多，因而表现出过度地赞扬和美化自己所喜欢的人，过分指责甚至中伤自己所厌恶的人；自己对某人有看法，就认为对方也在跟自己过不去，结果往往对他人的情感、意向做出错误评价，造成人际交往障碍。大学生在人际交往中应注意避免自我投射倾向，正确地理解别人。对别人的行为不要轻率地下结论，应多观察、多了解、多分析，任何时候都不要完全以自己的立场和标准去推断他人，必要时应调换位置，设身处地地站在别人的立场上多想想，才能在人际交往中减少失误。

(七) 给人留下良好的第一印象

第一印象是初次见面时给对方留下的印象。第一印象具有先入为主的特性，往往是决定双方初次见面后能否继续交往的关键。如果第一印象不好，在以后很长时间内两人的彼此了解都会受到影响，一般在首次交往中，最容易引起别人注意的是对方的精神风貌，如长相、面部表情、身体的姿态、言语、行为表现、衣着服饰等。这些因素综合在一起构成人们的仪表吸引力。在人际交往中，应尽量使自己的仪表符合当时扮演的角色，即在不同的场合，针对不同的人，伴以不同的表情、姿态、语调。该严肃的时候严肃，该放松的时候放松，衣着要干净整洁，这是获得对方初步好感、给人留下良好印象的有效方法，也是成功交往的第一步。

(八) 学会倾听

生活中学会倾听是一项重要的交往艺术。越是善于倾听他人意见的人，人际关系就越融洽，因为倾听本身就等于告诉对方，你是一个值得我倾听的人，表现出了对他的尊重，无形之中就会提高对方的自尊心，加深彼此的感情。在倾听对方谈话时，应掌握以下一些技巧：集中精神，表情专注；经常与对方交流目光；不停地给予赞许性的点头、微笑，以及重复一些你认为重要的话表示你在注意倾听，鼓励对方继续讲下去；在交谈中若有疑问，可提出一些富有启发性和针对性的问题，对方会感到你对她的话很重视，有知己的感觉；用自然、真诚的表情呼应对方的谈话，如对方在讲笑话时，你的笑声会增加他的兴致。

【情境任务训练】

一、人际关系综合诊断量表

<table>
<tr><td colspan="3">填表方法：这是一份人际关系行为困扰的诊断量表，共 28 个问题，每个问题做“是”(打√)或“非”(打×)两种回答。请你根据自己的实际情况如实回答，答案没有对错之分</td></tr>
<tr><td>题　　目</td><td>是</td><td>否</td></tr>
<tr><td>1. 关于自己的烦恼有口难言</td><td></td><td></td></tr>
<tr><td>2. 和生人见面感觉不自然</td><td></td><td></td></tr>
<tr><td>3. 过分地羡慕和妒忌别人</td><td></td><td></td></tr>
<tr><td>4. 与异性交往太少</td><td></td><td></td></tr>
<tr><td>5. 对连续不断的会谈感到困难</td><td></td><td></td></tr>
<tr><td>6. 在社交场合感到紧张</td><td></td><td></td></tr>
<tr><td>7. 时常伤害别人</td><td></td><td></td></tr>
<tr><td>8. 与异性来往感觉不自然</td><td></td><td></td></tr>
<tr><td>9. 与一大群朋友在一起，常感到孤寂或失落</td><td></td><td></td></tr>
<tr><td>10. 极易受窘</td><td></td><td></td></tr>
<tr><td>11. 与别人不能和睦相处</td><td></td><td></td></tr>
<tr><td>12. 不知道与异性相处如何适可而止</td><td></td><td></td></tr>
<tr><td>13. 当不熟悉的人对自己倾诉他的生平遭遇以求同情时，自己常感到不自在</td><td></td><td></td></tr>
<tr><td>14. 担心别人对自己有什么坏印象</td><td></td><td></td></tr>
<tr><td>15. 总是尽力使别人赏识自己</td><td></td><td></td></tr>
<tr><td>16. 暗自思慕异性</td><td></td><td></td></tr>
<tr><td>17. 时常避免表达自己的感受</td><td></td><td></td></tr>
<tr><td>18. 对自己的仪表(容貌)缺乏信心</td><td></td><td></td></tr>
<tr><td>19. 讨厌某人或被某人所讨厌</td><td></td><td></td></tr>
<tr><td>20. 瞧不起异性</td><td></td><td></td></tr>
<tr><td>21. 不能专注地倾听</td><td></td><td></td></tr>
<tr><td>22. 自己的烦恼无人可倾诉</td><td></td><td></td></tr>
<tr><td>23. 受别人排斥与冷漠</td><td></td><td></td></tr>
<tr><td>24. 被异性瞧不起</td><td></td><td></td></tr>
</table>

续表

25. 不能广泛地听取各种各样的意见、看法		
26. 自己常因受伤害而暗自伤心		
27. 常被别人谈论、愚弄		
28. 与异性交往不知如何更好相处		

记　分　表

Ⅰ	题目	1	5	9	13	17	21	25	小计
	分数								
Ⅱ	题目	2	6	10	14	18	22	26	小计
	分数								
Ⅲ	题目	3	7	11	15	19	23	27	小计
	分数								
Ⅳ	题目	4	8	12	16	20	24	28	小计
	分数								
评分	标准	打“√”的给1分，打“×”的给0分							总分：

【测查结果的解释与分析】

1. 总体评述

0～8分：说明你在与朋友相处上的困扰较少。你善于与朋友相处，人缘很好，获得许多的好感与赞同。

9～14分：你与朋友相处存在一定程度的困扰。你的人缘很一般，和朋友的关系并不牢固。

15～28分：你在同朋友相处上的行为困扰较严重，而且在心理上出现较为明显的障碍。你可能不善于交谈，也可能是一个性格孤僻的人，不开朗，或者有明显的自高自大、讨人嫌的行为。

2. 交谈方面(计分表Ⅰ得分)

6分以上：说明你不善于交谈，只有在极需要的情况下你才同别人交谈，你总难以表达自己的感受，无论是愉快还是烦恼；你不是个很好的倾诉者，往往无法专心听别人说话或只对单独的话题感兴趣。

3～5分：说明你的交谈能力一般，你会诉说自己的感受，但不能讲得条理清晰；你努力使自己成为一个好的倾听者，但还是做得不够。如果你与对方不太熟悉，开始时你往往表现得拘谨与沉默。经过一段时间的接触与锻炼，你能有所改变，会主动与人交谈。

0～2分：说明你有较高的交谈能力和技巧，善于利用恰当的谈话方式来交流思想感情，因此在与别人建立友情方面，你往往比别人获得更多的成功。这些优势不仅为你的学习与生活创造了良好的心境，而且常常有助于你成为伙伴中的领袖人物。

3. 社会交往方面(计分表Ⅱ得分)

6分以上：表明你在社交活动与交友方面存在着较大的行为困扰。比如，在正常集体活动与社交场合，你比大多数伙伴更为拘谨；在有陌生人或老师存在的场合，你往往感到更加紧张而扰乱你的思绪；你往往过多地考虑自己的形象而使自己处于越被动、越来越孤独的境地。总之，交际与交友方面的严重困扰使你陷入“感情危机”和孤独困窘的状态。

3～5 分：表明你需要和朋友在一起，但你又不太善于创造条件并积极主动地寻找知心朋友，你生怕自己的主动行为被人拒绝。

低于 3 分：则表明你对人较为真诚和热情。总之，你的人际关系较和谐，社会交往顺利。

4. 待人接物方面(记分表Ⅲ)

6 分以上：表明你缺乏待人接物的机智与技巧。你也许常有意无意地伤害别人，或者你过分地羡慕别人以致在内心妒忌别人。因此，其他一些同学可能回报你以冷漠、排斥，甚至是愚弄。

3～5 分：表明你是个多侧面的人，也许可以算是一个较圆滑的人。对待不同的人，你有不同的态度，而不同的人对你也有不同的评价。你讨厌某人或被某人所讨厌，但你却极喜欢另一个人或被另一个人所喜欢。你的朋友关系某方面是和谐的、良好的，某些方面却是紧张的、恶劣的。因此，你的情绪很不稳定，内心极不平衡，常常处于矛盾状态中。

0～2 分：表明你较尊重别人，敢于承担责任，对环境的适应性强。你常常以你的真诚、宽容、责任心强等个性获得众多的好感与赞同。

5. 与异性朋友交往(记分表Ⅳ)

5 分以上，说明你在与异性交往的过程中存在较为严重的困扰。也许你过分地思慕异性或对异性持有偏见。这两种态度都有它的片面之处。也许是你不知如何把握好与异性同学交往的分寸而陷入困扰之中。

3～4 分：表明你与异性同学交往的行为困扰程度一般，有时可能会觉得与异性同学交往是一件愉快的事，有时又会认为这种交往似乎是一种负担，你不懂得如何与异性交往最适宜。

0～2 分：表明你懂得如何正确处理异性朋友之间的关系。对异性同学持公正的态度，能大方、自然地与他们交往，并且在与异性交往中得到了许多从同性朋友那里得不到的东西，增加了对异性的了解，也丰富了自己的个性。你可能是一个较受欢迎的人，无论是同学、朋友还是异性朋友，多数人都较喜欢你和赞赏你。

二、同舟共济

(一) 活动目的

加强团队成员间的相互信任和合作意识，促进人际和谐。

(二) 活动时间

大约 20 分钟。

(三) 活动场地

室内、外均可。

（四）活动道具

报纸。

（五）活动程序

(1) 把一张报纸展开放在空地上。这张报纸就是滔滔洪水之中的一条小船。每组人都站上去，至少停留 10 秒，不能让任何一个成员落水。

(2) 这一阶段成功后，把报纸对折。水不断上涨满溢上来，全组成员如何团结一致，同舟共济？小组成员想办法继续站上去，至少停留 10 秒。

(3) 根据小组人数继续重复第二步。

(4) 讨论：在一张报纸上要站这么多人，一开始你是怎么想的？随着游戏的进行，报纸越折越小，你认为成功的原因是什么？

【思考、澄清、分享、巩固：在和睦相处中创造快乐】

人与人之间的和睦相处是可以创造快乐的。在一次心理研讨会结束后，其中 8 个学员结伴到一家高级餐厅吃饭。他们对服务生的服务很满意。于是在离去时就把刚刚学到的赞美原理用上了，每人写了一张“我喜欢……因为……”的纸条。当他们走出店门大约几步远的时候，突然听到背后传来服务生的叫声：“等一等，各位，请等一等！”他手中晃着小纸条跑过来，对他们说：“我当了十几年的服务生，却从来没有经历过这么美妙的事情。今晚的事，我永远不会忘记。”说着竟哽咽起来。这场景让 8 位学员也激动不已。

一句关心、鼓励或赞美的话，往往能带来意想不到的效果，任何人在任何场合都需要鼓励。不论是同学、师长、父母、孩子还是伴侣，不论在学校、家里、单位还是社会，鼓励性的言语不仅对他人有益，能增强他人的信心，而且对自己也有莫大的好处。

心理学家说，赞扬就像温暖人心灵的阳光，我们的成长离不开它。当然，赞美一个人，效果如何，也有讲究。

一是要真诚。人虽然都喜欢听好听的，但说好话的人是否真心是很容易被感受出来的。比如说，一句“真了不起！”可能表达真心佩服、欣赏甚至崇敬，也可能表达嘲笑、讥讽、攻击，那个话外音，一般人都能听得出来。当我们听到一些奉承的赞美时，身上会起鸡皮疙瘩，就是因为我们知道那不是出自内心的。真诚的赞美既非逢迎的献媚，也非虚伪的自欺欺人。虚情假意的恭维和溜须拍马的讨好，只会给人以不实在、不可信的感觉，甚至会令人轻视你的人格或怀疑你是否别有用心。同样，过度的赞美会令人不安，让人感觉你言不由衷，也是一种不真诚的表现。

二是贵在含蓄。真诚赞美他人，通常是把你的真实感受说出来就行了，但有时直露的称赞往往让对方感到唐突或不好意思，含蓄可以让你的赞美回味无穷。人们总是更愿意相信背后说话人的诚意。当面不如背后，只说不如传说。背后说人坏话，传到对方耳朵里他会恨死你，认为你品质恶劣；背后说人好话，传到对方那里，他会喜欢死你，人们对背后的评价特别敏感。同样，你想夸一个人聪明，说：“你真聪明。”不如说：“很多人说你聪明。”夸一个初识的女孩好看，说：“你真是美丽动人。”不如说：“听别人说你美丽动人，今日一见，果然名不虚传。”

三是赞美最好出乎意料之外，又在情理之中。一个人的优点已经是公认的事实，你再多说难免显得俗。如果能设法赞美他本人都未意识到的优点，你这份独特的重视就足以打动他。当然一定要在情理之中，如果你说的根本就不是他的长处，你的赞美会让他听着就可能感到别扭，甚至误解你是在拿他寻开心。

人际关系中，需要经常站在别人的角度思考问题。做到换位思考你就会养成人类的一个重要的美德：移情。我们在生活中获得幸福和成就并不意味着追求你自己狭隘的愿望；相反，它意味着在真正理解他人的条件下去追求你的抱负。当你努力超越自己的观点，或牺牲自己的利益，就意味着你要与人和谐相处，努力地创造自己成功的生活。我们应学会体谅他人的感受，考虑、兼顾他人的利益。让我们在人与人的和睦相处中创造更多的快乐吧！

任务2　良好的第一印象

【情境任务描述】

求职模拟比赛现场

本着“把握当下，赢在未来”的理念，为提高我院学生在未来求职道路上的竞争力，帮助学生在已经建立的职业认知和自我认知的基础上积累求职面试方面的经验，我院特举办求职模拟大赛。现在，你正在求职模拟大赛决赛现场，面对陌生的评委专家，你如何给他们留下良好的印象，让你能够在众多参赛选手中脱颖而出？

【情境任务分析】

随着高校扩招，大学生的就业压力已成为一个不容忽视的社会问题。求职面试成为很多毕业生致命的软肋。其实，如果你掌握了人际交往的原则，理解了人际关系中的首因效应，就能够事半功倍。有研究表明，初次见面的最初 4 分钟是印象形成的关键期。那么，怎样才能给人良好的第一印象呢？从根本上说，它离不开提高自己的文明程度和修养水平，离不开进行经常的心理锻炼。

当你新到一个地方，与素不相识的人初次见面时，必定会给对方留下某种印象。这在心理学上叫做“第一印象”。从第一印象所获得的主要是关于对方的表情、姿态、仪表、服饰、语言、眼神等方面的印象。它虽然零碎、肤浅，却非常重要。因为，在先入为主的心理影响下，第一印象往往能对人的认知产生关键作用。

【情境任务知识】

一、人际交往的首因效应

社会心理学研究表明，在人际交往中有一些非常有趣的心理现象。其中，我们通常所说的第一印象，就是人际交往的首因效应现象。

首因即最初的印象。在人际交往中，人们往往注意开始接触到的细节，如对方的表情、身材、容貌等，而对后来接触的细节不太注意。这种由先前的信息而形成的最初的印象及其对后来信息的影响，就是首因效应，即我们常说的“先入为主”。第一印象赖以产生的信息是有限的，所以第一印象并非总是正确的，但却总是最鲜明、最牢固的，并且决定着今后双方交往的过程。

心理学研究发现，与一个人初次会面，45 秒钟内就能产生第一印象。这一最先的印象对他人的社会知觉产生较强的影响，并且在对方的头脑中形成并占据着主导地位。烽火猎聘资深顾问就曾经指出：“保持和复现，在很大程度上依赖于有关的心理活动第一次出现时注意和兴趣的强度。”并且这种先入为主的第一印象是人的普遍的主观性倾向，会直接影响到以后的一系列行为。

实验心理学研究表明，外界信息输入大脑时的顺序在决定认知效果的作用上是不容忽视的。最先输入的信息作用最大，最后输入的信息也起较大作用。大脑处理信息的这种特点是形成首因效应的内在原因。

首因效应本质上是一种优先效应，当不同的信息结合在一起的时候，人们总是倾向于重视前面的信息。即使人们同样重视了后面的信息，也会认为后面的信息是非本质的、偶然的，人们习惯于按照前面的信息解释后面的信息，即使后面的信息与前面的信息不一致，也会屈从于前面的信息，以形成整体一致的印象。在生活节奏如同飞快奔驰的列车的现代社会，很少有人会愿意花更多的时间去了解、证实一个留给他不美好第一印象的人。

二、克服首因效应的方法

俗语说，“路遥知马力，日久见人心”，仅凭第一印象就妄加判断，“以貌取人”，往往会带来不可弥补的错误！《三国演义》中凤雏庞统当初准备效力东吴，于是去面见孙权。孙权见到庞统相貌丑陋，心中先有几分不喜，又见他傲慢不羁，更觉不快。最后，这位广招人才的孙仲谋竟把与诸葛亮比肩齐名的奇才庞统拒于门外，尽管鲁肃苦言相劝，也无济于事。众所周知，礼节、相貌与才华决无必然联系，但是礼贤下士的孙权尚不能避免这种偏见，可见第一印象的影响之大！所以很多时候，我们也应当克服首因效应带给我们的负面影响。

在社会认知中，个体获得对方第一印象的认知线索往往成为以后认知与评价的重要根据。首因效应的影响作用是可以在一定程度上得到控制的。首因效应的产生与个体的社会经历、社交经验的丰富程度有关。如果个体的社会经历丰富、社会阅历深厚、社会知识充实，则会将首因效应的作用控制在最低限度；另外，通过学习，在理智的层面上认识首因效应，明确首因效应获得的评价(一般都只是在依据对象一些表面的、非本质的特征基础上而做出的评价，这种评价应当在以后的进一步交往认知中不断地予以修正完善)，即第一印象并不是无法改变的。

三、首因效应的实际应用

首因效应是指人们根据最初获得的信息所形成的印象不易改变，甚至会左右对后来获得的新信息的解释。实验证明，第一印象是难以改变的。因此在日常交往过程中，尤其是与别人的初次交往时，一定要注意给别人留下美好的印象。第一印象主要是依靠性别、年龄、体态、姿势、谈吐、面部表情、衣着打扮等判断一个人的内在素养和个性特征。

首因效应在人际交往中对人的影响较大，是交际心理中较重要的名词。人与人第一次交往中给人留下的印象，在对方的头脑中形成并占据着主导地位，这种效应即为首因效应。我们常说的“给人留下一个好印象”，一般就是指的第一印象。因此，在交友、招聘、求职等社交活动中，我们可以利用这种效应给人展示一种极好的形象，为以后的交流打下良好的基础。当然，这在社交活动中只是一种暂时的行为，更深层次的交往还需要你的硬件完备。这就需要你加强谈吐、举止、修养、礼节等各方面的素质，不然则会导致另外一种效应的负面影响，那就是近因效应。首因效应在人们的交往中起着非常微妙的作用，只要能准确地把握它，定能给自己的事业开创良好的人际关系氛围。

在职场中，首因效应随处可见，“新官上任三把火”、“下马威”、“早来晚走”、“恶人先告状”、“先发制人”等，都是想利用首因效应占得先机。并且，首因效应也可以解释这样一个怪现象：有的人吃了相貌的亏，有的人却占了相貌的便宜，这也是大学生求职前纷纷跑到美容院整容的原因之一。相貌不佳者，其实根本不需要整容，一是去谋求不计较相貌的职业；二是学点心理学，任何事情都抢个先，占尽首因效应带来的职场先机。

四、建立良好第一印象的方法

(一) 注意外表和身体语言

心理学家认为，由于第一印象主要是指性别、年龄、衣着、姿势、面部表情等“外部特征”。一般情况下，一个人的体态、姿势、谈吐、衣着打扮等都在一定程度上反映出这个人的内在素养和其他个性特征，不管有些富人怎么刻意修饰自己，举手投足之间都不可能有世家子弟的优雅，总会在不经意中“露出马脚”，因为文化的浸染是装不出来的。

所以，俗话说“人靠衣装马靠鞍”。确实，得体的衣着、打扮在交往中很容易给人留下一个鲜明而深刻的印象。但是，衣着打扮要以得体为前提。所谓得体，就是要符合个人的年龄、性别、性格、职业、社会角色等特征，还要注意时间、地点与场合。曾经有一个中专毕业生，在某商场招工面试的第一天，特意去高级发廊做了一个时髦的发型，并且化了淡妆。在刻意打扮一番之后，满怀信心地去参加面试。尽管这位女学生在校的成绩不错，可结果还是被淘汰了。问题恰恰出现在她新做的发型上。面试的主考官对不录用这位女生的理由解释很简单：她打扮得不像个学生，让人看着不舒服。由此可见，打扮得体是多么重要。

身体语言是树立良好形象的重要内容。外表讨人喜欢是一项很宝贵的资本，这种人很容易获得他人的关心和信任。因此，在交往中我们每一个人都需要首先检查自己的外表，注意自己的身体语言，努力排除一切干扰良好印象形成的因素。比如，握手时的手部无力和目光偏离，听人说话时的注意力分散等，都会影响良好第一印象的建立，而这些表现都是可以通过事先的注意而加以避免的。同时，我们还要尽量在最短的时间内了解对方的特点，并根据对方的特点设计自己的身体姿势和说话的内容、方式，使自己在交往的一开始就被对方以一种喜欢、接纳的态度所对待，否则以后的交往就很难以和谐的方式继续了。

(二) 学会倾听

善于听别人说话有时比注意自己讲话更重要。在交往过程中，擅长听的人在别人的心目中都会留下良好的第一印象。要做到会听，首先要有正确的听的态度，专心地听对方谈话，态度谦虚，始终用目光注视对方。其次，在听的过程中，要善于通过身体语言和语言给对方以必要的反馈，做一个积极的听众。例如，听话时适当的点头，“嗯、噢、是吗、真的吗？”等回答表示自己确实在听和鼓励对方继续说下去；思考对方所说的话以填补停顿时间；重新说一遍自己听到对方提到的内容等。最后，还要能够巧妙地表达自己的意见，不要坚持与对方明显不合的意见。因为几乎所有的说话者都希望别人听他说话，或者希望听的人能够设身处地为他着想，而决不是给他提意见。同时，还要注意，不要轻易打断或试图打断别人的谈话。很多接受过心理咨询的人都会体验到，一个好的心理医生就是一个最好的听众。他们总是积极关注着你的发言，并且从不将自己的观念强加到你的头上。他们积极地诱导你、鼓励你说出心中的苦闷、迷惘。他们为你的悲伤而悲伤，为你的快乐而快乐。你必然在与他们短暂的会晤中对他们产生好感。一个不会听的心理医生是不称职的。

总之，我们在与别人说话时要注意积极倾听，在初次交往的很短时间内就能加入对方的谈话中，并且察言观色、随机应变，给对方留下良好的第一印象。

(三) 善于处理各种情境

在人际交往的过程中，常常会出现各种各样出乎意料的情境。比如说窘境，对这些情境处理得好坏，会直接影响到一个人在他心目中的印象和交往的发展。我们应该注意积累别人有效处理尴尬情境的经验，运用你的智慧和幽默感，随时将出现的尴尬局面化解。

很多专门研究人际关系的人都提出了一些有效的增加自己良好印象的技术。比如，有人在调查研究的基础上，提出了在最初的交往中有效地表现自己的 SOLER 技术。SOLER 是五个英文单词的首字母，分别代表五个技巧：

S：坐要面对别人；

O：姿势自然开放；

L：身体微微前倾；

E：目光接触；

R：放松。

事实证明，如果我们在人际交往的过程中有意识地在适当场合运用 SOLER 技术，改变其他一些不适当的自我表现，可以有效地增加别人对我们的好感和接纳，形成良好的印象。

【情境任务训练】

一、我记住了 ta

(一) 活动目的

总结第一印象的影响因素。

(二) 活动时间

大约 20 分钟。

(三) 活动场地

室内、外均可。

(四) 活动道具

卡片、笔。

(五) 活动程序

(1) 请每位同学把刚入学时印象最深刻的同学名字写在卡片上，并注明原因。

(2) 将结果公布，看谁是给人留下最深刻印象的人，分析原因，总结影响第一印象的各种因素。

二、“良好第一印象”大比拼

(一) 活动目的

训练同学们怎样树立良好第一印象。

(二) 活动时间

大约 60 分钟。

(三) 活动场地

室内、外均可。

(四) 活动道具

课前要求同学们注重着装等细节，并准备一段 100 字以内的讲话，内容不限。

(五) 活动程序

(1) 同学轮流上台，以最好的姿态进行一段演讲，限时 3 分钟。

(2) 台下同学根据所学首因效应，对演讲同学的现场表现进行评价，并提出关于建立良好第一印象的意见和建议。

(3) 评出“良好第一印象”十佳同学。

(六) 注意事项

提醒同学们比赛应在真诚、和谐的氛围下进行，不能有讽刺、嘲笑或挖苦等现象出现。

【思考、澄清、分享、巩固：“良好第一印象”我知道】

跟女朋友初次见面，谁都希望向对方展示最精彩的自己，给对方留下深刻的良好印象；面试求职，没人不希望给考官一个好印象；销售合作，双方都想留下一个好印象，迅速建立亲和感！这是因为，大多数人对你的看法通常是在与你见面的最初几秒钟内形成的，而且会左右以后对你的许多态度与行为。

有的人对此并不以为然，因为流行文化不停地鼓吹“糟糕的第一印象很容易扭转”的观点，这让很多年轻人在人际交往上败下阵来。

美国俄亥俄大学的研究人员小罗伯特·劳恩特告诉人们，如果你给人留下一个坏印象，那是很难纠正过来的，有时候甚至一辈子都改变不了，简直比中途背叛还不如——很多人根本不会给你修正错误的机会。如此交往，是很难建立持久信赖关系的。可以这样说，人际关系上，第一步迈错了，后面无论如何多么努力都是很难改变的。

那么怎样才能给人留下一个好印象呢？职业设计专家、心理学家以及很多有经验的人就“第一印象”谈了不少，诸如穿戴整齐、修好边幅、说话得体、绝不迟到等许多注意事项。这些无须多言，下面只介绍一些由内而外的表现。

第一，切勿咄咄逼人。跟一个人或者一群人第一次见面，要谦和，更要低调。如果像毛泽东所说，下车伊始，就哇喇哇喇地发议论，那给人的印象是非常差的。有一年，作者为了搞一个奥运会竞猜活动去一个企业联系赞助事宜，一进门就看到一个影视明星坐在那里。我跟主人没说几句，这位明星就插嘴，大发议论，结果给作者和同去的人留下很差的印象。还有一次去党校学习，同班的学员互相认识，名字还没有叫上来，就有一位同学评头论足起来。他不是班长，可是班里的很多事情他都插嘴，弄得班里多数人都有微词。

第二，尽早弄清名字。一般情况下，即将会见什么人，你自己是比较清楚的。在这种情况下一定要准备好，别的可以不知道，名字一定要弄清楚。我们经常在电影或电视里看到高级领导人面对一群士兵，居然能叫出其中几个人的名字。这样一来，他在士兵中的第一印象就一定是正面的。对我们一般人来讲也是如此。如果你见到一个人，能叫出对方的名字，人家一定是非常高兴的。高兴的背后则是一种积极的良好印象，至少人家知道你的记忆力很好，并且对其比较重视。

第三，脸上常带微笑。人人都知道，眼睛是心灵的窗户；微笑的核心是眼睛，真正的微笑会通过眼睛到达心灵。发自内心的微笑一方面会给他人留下好印象，另一方面自己也显得富有魅力。有这样的人，不论何时见面，总是面沉似水，好像对面之人欠他多少钱一般。要知道，人与人交往本是高兴的事情，谁也不愿意给自己找不痛快。如果你总是心绪不佳，一定不会给别人留下什么好印象。还有一点也要注意，对第一次见面的人，切不可动辄就哈哈大笑——笑过分了也不好。

第四，请用眼神沟通。跟别人第一次见面，特别是跟异性第一次见面，万万不可盯着别人不放，否则很容易会对你产生误解。不论是第一次见面，还是第二次、第三次，与他人面对面交谈时应该用眼神平视对方，也就是用眼神说话，这样你会给人留下十分强大的印象。

第五，杜绝无用动作。与他人见面，要集中注意力，不要有什么小动作。如果你跟别人说话的时候，小动作不断，诸如搔首弄姿、整理衣服，说明你对别人缺少起码的尊重。如果有紧急情况，需要打电话或者发短信，可以告诉对方，说一声“不好意思”。一般人都会理解这一点。

第六，保持积极态度。态度说明很多问题，因为它直接影响着你所释放的信息。谈论“第一印象”的人都强调拥有正确态度有多重要，可是很少有人告诉我们积极态度对一个人的第一印象意味着什么。即便在焦急、紧张情况下，你的积极态度也会给周围的人产生良好的影响。遇事冷静而不烦躁会使你得分不少。我们大多都有这样的经历。如果一个人跟你谈话的时候，始终是一种积极向上的态度，你是不是觉得好感大增？答案是肯定的。

任务3 沟通达人

【情境任务描述】

情境一：你新到一家公司，很想把工作做好，但公司的小王不配合你，总在公开场合讲你的坏话，还给领导打小报告，造成同事和领导对你有了偏见，请问你怎么办?

情景二：你是刚入职的公务员，有群众到你单位办事情，相关同事又不在，你怎么办?

情景三：小王新进你们单位，硕士学历，因为学历高处处表现自己。现在你作为项目组组长，组员对小王的处处表现很有意见，请问你怎么办?

【情境任务分析】

人际沟通往往存在很多不同的主体，当这些主体同时存在时，我们需要首先明确自己的身份定位，主动与不同主体进行沟通。在沟通时，不同的角色应当采用不同的沟通方式。三个“怎么办”能够让你总结出几条人际沟通的技巧。

【情境任务知识】

一、人际沟通及其特点

人际沟通是指人们之间的信息交流过程，是人们在共同活动中彼此交流各种观念、思想和感情的过程。这种交流主要通过言语、表情、手势、体态以及社会距离等来表示。它具有以下特点：

(1) 人际沟通不同于两套设备间简单的“信息传输”，其中每一个个体都是积极的主体。也就是说，人际沟通中的每一个参加者都要求自己的对方具有积极性，不能把沟通伙伴看成是某种客体。在沟通过程中，信息发出者必须判定对方的情况，分析他的动机、目的、态度等，并预期从对方的回答中得到新信息。因此人际沟通的过程不是简单的“信息传输”，而至少是一种信息的积极交流。

(2) 人们之间的信息交流不同于设备之间的信息交流，沟通双方借助符号系统相互影响。人与人的交流产生的沟通影响是以改变对方行为为目的的一个沟通者对另一个沟通者的心理作用。

(3) 作为信息交流结果的沟通影响，只有在发送信息和接受信息的人掌握统一的编、译码系统的情况下才能实现。这个法则用一般的话说，就是要使用双方都熟悉的同种语言对话。

(4) 人际沟通可能产生完全特殊的沟通障碍。这些障碍与某些沟通渠道的弱点以及编、译码的差错无关，而是社会性的和心理性的障碍。

二、人际沟通的要素

人与人之间的沟通尽管形式多种多样，但信息传播有它的一般规律。最基本的要素是包括信息发出者、信息、讯道、信息接受者。

(1) 信息发出者是信息沟通的主体，他不仅有目的地传播信息，还对传出的信息进行编码，即把信息加工、组织成便于传递的形式。

(2) 信息是指沟通的内容，表达沟通主体的观念、需要、愿望、消息等。

(3) 讯道即信息传递的途径，信息必须载入讯道才能存在和传递，声、光、电、动物、人以及报纸、书刊、电影、电视等，都是信息传递的媒介。

(4) 信息接受者即接受信息的人。

信息沟通的过程是指信息发出者将沟通的内容进行编码后纳入沟通渠道；接受者在接到信息后，将信息译码并接受后，再把收到信息的情况反馈给信息的发出者。这是信息沟通的基本过程。信息接受者接受信息以后，必须经过译码才能理解信息的内容。所谓译码，是人们依据过去的经验对信息的解释，基于双方的共同经验，将编码还原，并制成新的编码发送出去，从而构成双向沟通。如果没有新的编码，发送信息则是单向沟通。

企业中的信息沟通也是按着这个模式进行的。企业中的信息沟通一般是在两人或多人之间，并主要通过语言(包括文字语言、口头语言和身体动作语言)来进行；信息的内容包括资料、观点、意见或情感；沟通的目的在于获得了解、信任、协作，为共同完成企业目标而努力。

信息沟通在企业管理中起着重要作用。它是影响企业内部群体成员行为的一个重要因素，是企业建立和维持良好的人际关系，提高员工士气，促进企业发展的有效途径之一。

三、群体中人际沟通的分类

(一) 正式沟通和非正式沟通

从组织系统区分，沟通分为正式沟通和非正式沟通。信息通过组织明文规定的渠道进行的传递和交流是正式沟通。组织内部的文件传达、通知发布、工作布置、工作汇报、各种会议以及组织与其他组织之间的公函往来都属于正式沟通。其优点是信息通路规范、准确度较高。

除正式沟通渠道之外进行的信息传递和交流称为非正式沟通，如员工间的私人交谈及一般流传的“流言”等。因为非正式沟通不仅表露或反映人们的真实动机，同时也常提供给组织没有预料的内外信息，因此现在的管理者都很重视非正式沟通，常利用私人会餐及非正式团体的娱乐活动等，多与员工接触并从中获取各种资料，作为改善管理或拟订政策的参考。非正式沟通既具有沟通形式灵活、信息传播速度快等优点，又具有随意性和不可靠性等致命的弱点。

(二) 下行沟通、上行沟通和平行沟通

根据信息流动的方向，沟通分为下行沟通、上行沟通和平行沟通。

下行沟通是上级向下级传递信息。如企业的上级领导向下级发布命令和指示。这种沟通方式大体有五种目的：传达工作指示；促使员工了解本项工作与其他任务的关系；提供

关于程序与任务的资料；向下级反馈其工作绩效；向员工阐明组织目标，使员工增强其“任务感”。这种自上而下的沟通能够协调组织内各层级之间的关系，增强各层级之间的联系，对下级具有督导、指挥、协调和帮助等作用。因此，这种沟通形式受到古典管理理论家的重视，今天仍为许多企业所沿用。但是，这种沟通易于形成一种“权利气氛”而影响士气，并且由于曲解、误解或搁置等因素，所传递的信息会逐步减少或歪曲。

上行沟通是指由下级向上级传递信息。如员工向上级报告工作情况、提出自己的建议和意见、表述自己的态度等。在组织中，不仅要求下行沟通迅速有效，而且还应保证上行沟通畅通无阻。因为只有这样，领导者才能及时掌握各种情况，从而做出符合实际的决策。但有关研究表明：有时自下而上的信息沟通即使到达了管理阶层，通常也不会被重视，或根本没被注意到，并且在逐层上报过程中内容会被逐层压缩，细节会被一一删去，造成严重失真。

平行沟通是指同级之间传递信息。如员工之间的交流、同一层级不同部门的沟通等。在企业部门中经常可以看到各部门之间发生矛盾和冲突。除其他因素以外，部门之间互不“通气”是重要原因之一。保证平行组织之间沟通渠道的畅通，是减少各部门之间冲突的一项重要措施。这种沟通一般具有业务协调性质。它有助于加强相互间的了解，增强团结，强化协调，减少矛盾和冲突，改善人与人之间的关系。

(三) 单向沟通和双向沟通

根据发信者与接信者的地位是否变换，沟通分为单向沟通和双向沟通。

单向沟通只是一方向另一方发出信息，发信者与接信者的方向位置不变，双方无论在语言上还是在表情动作上都不存在反馈信息，发指示、下命令、演讲、报告等都带有单向沟通的性质。

双向沟通即指发信者和接信者的位置不断变化，发信者以协商、讨论或征求意见的方式面对接信者，信息发出后，又立即得到反馈。有时双方位置互换多次，直到双方共同明确为止。招聘会、座谈会等都属双向沟通。

单向沟通和双向沟通究竟哪种方式效率更高呢？心理学家曾做过不少实验，实验结果表明：

(1) 从速度看，单向沟通比双向沟通信息传递速度快；

(2) 从内容正确性看，双向沟通比单向沟通信息内容传递准确、可靠；

(3) 从沟通程序上看，单向沟通安静、规矩，双向沟通比较混乱、无秩序、易受干扰；

(4) 双向沟通中，接受信息者对自己的判断有信心、有把握；但对发出信息者有较大的心理压力，因为随时会受到接受者的发问、批评与挑剔；

(5) 单向沟通需要较多的计划性；双向沟通无法事先计划，需要当场判断与决策能力；

(6) 双向沟通可以增进彼此了解，建立良好的人际关系。

由此可见，单、双向沟通各有所长，究竟采用何种方式沟通，要视具体情况而定。如果需要迅速传达信息，应采取单向沟通方式；如果需要准确地传达信息，则以采取双向沟通为宜。一般说来，如果工作急需完成，或者工作性质比较简单，或者发信者只需发布指示，无需反馈时，多采用单向沟通方式。

(四) 口头沟通和书面沟通

根据沟通形式区分，沟通分为口头沟通和书面沟通。

口头沟通是面对面的口头信息交流，如会谈、讨论、会议、演说以及电话联系等。其优点是有亲切感，可以用表情、语调等增加沟通的效果，能够马上获得对方的反应，具有双向沟通的好处，且富有弹性，可以随机应变，但如果传达者口齿不清或不能掌握要点做简洁的意见表达，则无法使接受者了解其真意。沟通时如果接收受者不专心、不注意或心里有困扰，会因口头沟通一过即逝，无法回头再追认。

书面沟通即指通过布告、通知、文件、刊物、书信、电报、调查报告等方式进行的信息交流。其优点是具有一定的严肃性、规范性、权威性，不容易在传达中被歪曲；它可以作为档案材料和参考资料，以及正式交换文件长期保存；它比口头表达更详细地供接受者慢慢阅读，细细领会。其弱点是沟通不灵活，感情因素少一些，对文字能力要求较高。

传统的管理多偏重书面的沟通，现代管理中，口头言语沟通受到重视。书面沟通仍是一种重要方式，但采用书面沟通方式，应注意文字的可读性、规范性，做到：

(1) 文字简练；

(2) 使用规范与熟悉的文字；

(3) 使用比喻、实例、图表等必须清晰易懂，便于理解；

(4) 使用主动语态和陈述句；

(5) 逻辑性强，有条理性。

四、人际沟通的功能

人际沟通具有心理、社会和决策等功能，和我们生活的层面息息相关。

(一) 心理功能

1. 为了满足社会需求和他人沟通

心理学认为人是一种社会的动物，人与他人相处就像需要食物、水、住所等一样重要。如果人与他人失去了相处的机会与接触方式，大都会产生一些症状，如产生幻觉，丧失运动机能，且变得心理失调。但山居隐士们采取自愿方式选择遗世独立，是一种例外。我们平常可与其他人闲聊琐事，即使是一些不重要的话，但我们却能因满足了彼此互动的需求而感到愉快与满意。

2. 为了加强肯定自我而和他人沟通

由于沟通，我们能够探索自我以及肯定自我。要如何得知自己有什么专长与特质，有时是借由沟通从别人口中告诉你的。与他人沟通后所得的互动结果，往往是自我肯定的来源，人都想被肯定，受重视，从互动中结果就能找寻到部分的答案。

(二) 社会功能

人际关系提供了社会功能，且借着社会功能我们可以发展与维持与他人间的关系。我们必须经由与他人的沟通来了解他人。借由沟通的历程，关系得以发展、改变，或者维系下去。因此在与某人做第一次的交谈后，可能会决定和此人是保持距离还是接近亦或远离。

(三) 决策功能

人类除了是一种社会动物之外，还是决策者。我们每时每刻都在做决策，不论是接下来是否要去看电视，明天要穿哪一套衣服，或者是否该给对方一个微笑，都是在做决策。但有时可能是靠自己就能决定的，有时候却是和别人商量后一起做的决定。而沟通满足了决策过程中的两个功能，即促进资讯交换与沟通和影响他人。正确和适时的资讯是做有效决策之钥，有时是经由自己的观察得到，一些是从阅读得到，有些是从传播媒体得来，但也有时是经由与他人沟通而获得的。而今天我们也借着沟通来影响他人的决策，如和朋友去买衣服，他的询问意见与你的传达意见之间的互动就可能会影响到结果。

五、人际沟通的技巧

想做一个沟通高手，必须掌握沟通的技巧，常用的沟通技巧包括听、说、读、写。在这些技巧中，听是基础，但常常也是训练最少的。

(一) 积极倾听

许多人错误地认为沟通就是要不断地表达、不停地说话，事实上也是多数人都喜欢说，不喜欢听，关注的是说，忽略的是听。现代生活节奏的加快，使人们越来越缺乏倾听的耐心。倾听是一种艺术，巧妙的聆听态度能够使人觉得受重视和肯定。懂得善用这种艺术的人处处受人欢迎。

影响倾听效果的原因很多，比如是不是集中注意力、心情好不好、位置在何处、倾听目的等。有效的倾听必须注意以下几点。

1. 切勿多话

同时说和听并不容易，经常插话会使我们漏掉对方说的许多重要的东西，也会让对方觉得你没有真正地在关注他的话。而且，你必须了解对方真正需要的是什么，太多的说会使交谈难以继续。因为每个人都有自己的特长，每个人至少有一个喜欢谈论的话题，但用耳朵比用嘴巴更能赢得友谊和尊重。给朋友最好的礼物，有时是把耳朵“借”给他们，不要批评，只要听。

2. 真诚关注

倾听并不是说只要不说话，听就行了。必须满怀热情地去听，同时要专心地听，不要东张西望、心不在焉，或手里忙着其他事情，要注意不时地做出一些言语和表情上的反应，表示你对他的话有兴趣。平时面对别人说话，视觉要有交流，眼睛可以传神，表情也可以。对方对你没有兴趣的时候，眉头皱一下，你可能就不想讲了。对方要是瞪着眼睛，非常想听，你就很激动，很想说，即使对方什么也没说，对你也是很大的鼓励。你或许不知道沟通过程中眼睛有多重要。不用眼睛，背对背，光听声音，往往越讲越没有兴趣，越讲越懒得讲，为什么呢？因为没有回应。要用耳、用心、用眼听，注意一般的姿态、态度，根据场合注意你说话的声调。

3. 话要听完全

切勿匆忙下评论，要有耐心，应该在确定知道别人完整的意见后再做出反应，即使对方停下来，也并不表明他们已经说完了想说的话。

4. 对事不对人

对方也许有令你反感的态度，但是你注意的是对方说话的内容，即使是仇人说的话也有值得听的事实。

倾听是理解的前提。通往心灵的大道是人的耳朵，认真听人讲话就是对对方的最高赞誉，表明你很看重对方的观点。这样就迈出了增进友谊的第一步。

(二) 说的艺术

语言交谈方式是多种多样的，任何一句话都可以有不同的说法，所谓“一句话可以让人笑起来，一句话也可以让人跳起来”，说法不同，效果便截然不同。交谈中要注意以下几个问题。

1. 寻找共同点

这是一种最基本的沟通技巧，特别是在和陌生人的第一次交往中非常有效。也就是寻找共同的话题、爱好、看法等相同点，从而使对方认同自己，产生一种最初的共情。比如说都是音乐爱好者，或都喜欢足球，或都喜欢吃辣的，或都是浙江人等。在最初的交流中，即使是一点点的相同也会带来惊喜和共鸣。

同陌生人或不熟悉的人沟通，常常使人感到不自在，这时，沟通可以从一般性的寒暄开始，如谈谈天气、社会新闻等，然后转向双方感兴趣的话题；也可以从相似性入手，即从对方那里找到与自己相似的地方，如老乡、相同观点、共同爱好等。

如果是关系比较好的同学之间，应该注意定期的沟通与交流，经常与他们交谈，交换看法，讨论感兴趣的事，从事共同喜欢的体育活动等。缺乏沟通，再好的关系也不易维系，并可能淡化。

掌握这一技巧的分寸很重要，如果毫无诚心，随口胡编，甚至不分场合、不分对象，说些与自己年龄和身份不相符合的话，就不但起不到沟通的效果，反而会影响自己的形象了。

2. 培养同理心

人际沟通的关键点是能否用“同理心”来认识和处理问题。同理心是心理咨询的术语，也叫同感、共情，指能从对方角度看问题，能设身处地地考虑问题。同理心可分为初级同理心和高级同理心。初级同理心是指个体从思想上理解他人的思想和行为。高级同理心是指个体不仅可以从他人的立场考虑问题，而且能站在对方立场上来感受这件事所带来的情绪体验，并在交往中自觉地把这种体验用语言或非语言的方式传递给对方。

同理心对于交往是很重要的，它会帮助我们进一步理解别人。通过同理心，人们把自己和对方融合在一起。但对别人有同理心并不是一件容易的事，它要求一个人很敏感，能够清晰地从自己的经历中找到与别人相似的经历，并能将这种经历与具体的情绪反应联系起来，从而体验到别人的情绪状态，在对方说话和做事时，很有分寸地向对方表示自己的理解和同情。

生活中，人与人之间的误解和问题常常源于人们缺乏同理心。如果在交流中，你能处处体会到对方的心情，能设身处地地为对方着想，又怎么会不受欢迎呢?

3. 真诚赞美他人

赞美对不少人来说是需要学习的。学习称赞别人，会使你赢得不少朋友。“谦受益，满招损”，称赞别人，表明你是一个谦虚的人，是一个心怀宽广的人，是一个见多识广的人。人们都希望得到欣赏和赞美，这是人的一种心理需求。谁都不喜欢否定自己的人，这样的人会使人感到前进时多了一个障碍，自然想排除。但称赞自己的人就不一样，这样的人会使人产生愉快的自信，交往双方会进一步产生共鸣，并继续交往下去。

赞美别人和拍马屁、奉承完全是两回事。赞美别人是智者的行为，是真诚的。而奉承、拍马屁都是小人所为，是为了获取私利，是虚伪的。

那么，该如何赞美别人呢?

首先，你必须以真诚的微笑去接纳别人。你的笑容就是你的好意的信使。行动比言语更有力量，而微笑所表示的是：“我喜欢你，你使我快乐，我很高兴见到你。”然后，尝试去挖掘别人的长处，任何人都有自己的优点，只要真诚地去欣赏，就会发现并获得友谊。

其次，要真正拥有爱心。有爱心的人，爱自己也爱别人，最能发现别人身上的优点和长处的表达方式就是欣赏和赞美。

再次，勇敢地说出赞美的话，有人不习惯说赞美的话，但埋在心底的爱心不能给人亲身的感受，就大大失去了它原有的价值。所以，为了营造良好的人际氛围，必须学会表达，用语言来表示出内心的欣赏和认同。

4. 学会拒绝

良好人际关系的建立并不意味着要一味地迎合对方，人际沟通中适当的拒绝也很重要。因为每个人的能力都是有限的，个人也都有各自的喜好，如果盲目地顺从对方就会使这种交往变成一种负担，给自己造成不必要的压力。有不少大学生在和朋友交往中，怕朋友说自己小气，不讲义气或别的什么，对朋友要求的事不敢拒绝，结果自己做起来又非常吃力，或者根本难以做到，造成心理紧张。因此，我们不妨直接、清楚地说出我们的难处，求得对方的理解。但有时没有解释或是在不便解释时，面对这种情况，就可以用一些委婉的、巧妙的语言来化解。比如对方邀请你参加交友而你却不想去时，你可以这样说：真想和你痛痛快快地玩一玩，可惜我手头有一些重要的事要做，否则我不会放弃这次好机会等。

为了长远地、真诚有效地发展人际关系，在做不到的时候，我们要有说“不”的勇气和信心，这时的拒绝不会使你失去朋友，反而会让朋友觉得你很诚实、可靠。但要记住，必须表达否定的时候，一定要尊重对方，说话要适当、得体，让对方容易接受。

5. 幽默

幽默是一种人生态度，更是一种生存技巧。培养自己幽默的性情，能使人放松心情、减轻压力、提高愉悦性，还可以使沟通双方的满意度有所增加。在与人交往时，如果你很幽默，往往会激发别人对你的兴趣，并且，幽默也可以启发你和别人的智慧。或许你会说自己天生缺乏幽默感，但没有人注定是严肃刻板的，幽默感也可以培养训练，那怎样训练、培养自己的幽默感呢?

首先你需要认识幽默的特质和它的源泉，内心想让它成为你人格的一部分。其次，保持愉快的心情。如果一个人总是不开心、心情抑郁，难以想象他会产生出让人快乐的幽默感。再次，使自己胸怀开阔，去接触不同的人和事，让心灵充满阳光。胸怀宽广的人才会给自己和别人带来快乐。此外，积累些幽默的素材。如果你不是那种随时随地可以展示幽默的人，可以在平时多看些有趣的故事、笑话，从中体会幽默的感觉，时间长了，自然会从中获得一些启示。

【情境任务训练】

一、我说你画

(一) 活动目的

(1) 让学生学会全局思维、清晰表达、准确回应。

(2) 体验有效的心理沟通要素，包括准确的表达、用心聆听、思考质疑、澄清确定等。

(二) 活动时间

15～20 分钟。

(三) 活动地点

室内为宜。

(四) 活动道具

两张样图(构成基本一致，位置可以有所区别)。

(五) 活动程序

(1) 第一轮请一名自愿者上台担任“传达者”，其余同学作为“倾听者”，传达者看样图一，背对着全体倾听者，下达画图命令(过程中，传达者要保证样图的保密性，不能让倾听者看到样图)。

(2) 倾听者根据传达者的指令画出样图上的图形，倾听者不允许提问。

(3) 根据倾听者所画出的图，倾听者和传达者谈自己的感受。

(4) 第二轮再请一位自愿者上台，看样图二，面对倾听者传达画图指令，其中允许倾听者不断地提问题，看一看这一轮的结果如何(仍然要保证倾听者不能看到样图二)?

(5) 请传达者和倾听者谈自己的感受，并比较两轮过程与结果的差异。

二、人体拷贝

(一) 活动目的

(1) 让学生学会仔细观察、准确理解、清晰表达。

(2) 让学生体验彼此信任、融洽沟通、团队合作带来的成功与快乐。

(二) 活动时间

20 分钟。

(三) 活动地点

室内、外均可。

(四) 活动道具

数字卡片。

(五) 活动程序

(1) 各小组一路纵队站好。老师将写有一个数字的纸条让每小组的第一个人看一眼，然后请他通过身体扭动把信息传给后面一位同学，依次“拷贝”传动，直到最后一位同学。该同学得到传来的信息后，以最快速度跑到老师那儿，写出全组“拷贝”的数字。

(2) 一般地，各小组“拷贝”三个数字。老师宣布各小组的“拷贝”结果。

(3) 小组同学交流，如何提高正确率。

(4) 换一组数字重复第一步，宣布“拷贝”结果。

(5) 小组合作集体造型，完成一组6位数的表演。

(6) 全体成员在一起交流，分享感受。

(六) 注意事项

(1) 为避免各小组之间相互影响，各小组“拷贝”的数字不要相同。

(2) 在“拷贝”传递时，只允许两个人之间发生联系，不能集体参谋、交流。要强调不准发出声音，否则活动就没有意义了。要求只在两个人之间传递信息。已传递完信息和还未传递信息的成员都必须背对两位正在传递信息的成员。

(3) 除了考虑立体数字的表达，还可以提示成员做平面的表达。可以是阿拉伯数字表达，也可以是中文数字表达。

三、优点轰炸

(一) 活动目的

(1) 学习观察和发现别人的优点，并且直接表达对他人的欣赏，增强人际之间的良性互动。

(2) 学习接纳别人的欣赏，体验被表扬的愉悦感，增强自信心。

(二) 活动时间

40分钟。

(三) 活动地点

室内、外，舒适安静即可。

(四) 活动道具

笔、纸。

(五) 活动程序

(1) 每个人领取一支笔和5张纸。

(2) 依次将其他组员的优点写在纸上，一张纸写一个人，可以写很多优点，然后签上姓名，将纸片递给你赞扬的那个人。

(3) 全部交接完毕之后，请读出别人赞扬你的内容，并指出哪些优点是你自己以前不知道的。

(4) 大家坐成一圈，每个组员有一次机会坐在中间，大家对中间的组员进行赞扬，中间的组员说：谢谢！

(5) 讨论被赞的经验。

【思考、澄清、分享、巩固：沟通表达很重要】

沟通对于人类来说就像吃喝一样是最基本的需要。当一些人熟练地运用完美的沟通技巧时，另一些人还在努力学习。下面是一些可以帮助你提高沟通技能的方法。

1. 理解沟通的细微差别

沟通早已不再局限于口头的交流，而变成人与人之间联系的有效方式。沟通过程中存在着许多干扰和扭曲信息传递的因素，在传达的过程中信息的内容和含义经常会被误解。理解了这种微妙的差别，会使你更加意识到自我提高的需要。

2. 说出你的想法

当信息被传达时，大多数人会因为怕达不到社会的期望值而羞于表达他们的想法。人们常常在谈话中倾向于保留自己的想法。有效沟通最主要的目的就是能在特定的环境中表达出自己的想法。

3. 保持眼神的交流

每一个谈话者都认为，吸引听众的完美方式就是与其保持眼神的交流。谈话时看着对方的眼睛，往往会将其摇摆不定的注意力吸引到交谈中。如果你想提高你的沟通技巧，想吸引住你的听众的注意力，记得说话时直视他的眼睛。眼神的交流能使谈话者的注意力无形之中集中起来。如果没有眼神的交流，言语交际甚至是完全无用的。

4. 肢体语言也很重要

肢体语言的表达本身并不需要口头语言。它可以通过个人的特殊动作习惯、表情和肢体行为来完成沟通。有效的沟通需要口头交流与肢体语言的完美配合，从而在听众身上达到惊人的效果。要传达给定的信息，丰富的姿势、生动的表情加上肢体语言是极好的传达途径。面无表情的表达只会导致听众的厌倦，反之多变的表情会得到很好的效果。想提高自己的交际技巧，你应该多观察别人的说话方式。多和自己对话，对着镜子练习自己的肢体语言，找出自己的缺点并加以改正。

5. 善于倾听

沟通不是单向的过程。倾听与说话一样重要。事实上，大多数交际专家都认为，理想的沟通者听要比说的多。倾诉能缓解人际关系的烦恼，这听起来令人振奋，但有时候仅仅倾听就能获得成功。它不仅能丰富你的交际经验，还能让你在其他人身上获得更多的共鸣。

6. 口齿清晰

一些人的发音总是使倾听者很费解。在沟通中这是非常重要的，我们应加以重视。清晰的发音会使信息的传达更加有效，这不仅需要深入了解口语发音，更需要努力改善语音缺陷。

7. 发音标准

演讲时，演讲者必须发音标准才能达到预期的效果。很多时候，因为糟糕的发音，即使演讲家也会遭遇听众的笑场。错误的发音往往会造成所要传达的信息被曲解。如果你的发音需要改进，不要羞于寻求帮助。我们需要纠正我们的发音以保证沟通的有效性。

8. 增加你的词汇量

沟通的技巧包括时时更新你的词汇量。很多时候在公众场合由于用词不当，最后只有直面尴尬。这正如盖房子不打好地基只会导致房屋的倒塌。学习新的词汇是提高你沟通技巧的宝贵方法。它不仅能提高你的口头表达能力，还可以帮助你更好地交流。一气呵成的叙述能帮助你成功地表达自己的想法，并有效吸引倾听者的注意力。

9. 其他有效的沟通方式

人类是优秀的竞争者。我们在生活中与他人竞争，并在这个过程中学习新事物。要提高我们的交际技巧，最好的途径是向别人学习。只有通过观察他人你才有机会学到一些有用的东西。观察其他的谈话者会使你学到别人的优点。寻找具有良好沟通能力的同伴并密切观察他们，模仿他们的说话方式和习惯。随着时间的推移，你不但能像他们一样擅长交际，而且还能形成自己的独特风格。

10. 多看看自学书籍

自学书籍是提高特定技能的完美指南。交际专家把他们的经验转化为文字，帮助幸运的人们学习沟通的技巧。在大量可供选择的书籍中，我们可以模仿书中提到的方法来提高自己的交际技巧。这些循序渐进的指示能在很短的时间内，帮助我们深刻理解沟通的理念并提升我们的沟通能力。

任务 4　如何处理人际冲突

【情境任务描述】

职业情境冲突模拟

汪大伟正和下属李明春谈话，这是对李明春迟到和缺席的第二次警告。李明春争辩道，在同事中，他的工作做得最多。汪大伟知道李明春是一名很好的员工，但不能容忍他违反公司的制度。

汪大伟：“小李，你知道今天早上为什么叫你来?上个月我们讨论过你的问题，我认为你正设法改进。但当我检查月度报告时，我发现你迟到了四次，并且多病休了两天。这说明你根本没把我们的谈话当回事。小李，你的业绩很好，但态度不佳。我再也不能容忍这种行为了。”

李明春：“不错。我知道我们上个月谈过，我也努力准时上班，但是最近交通非常拥挤。工作的时候我是十分投入的，你应该多注意我的工作效率，与我们组的老王相比，我的工作量要大得多。”

汪大伟：“现在不谈老王的事，而是你。”

李明春："不，应该谈老王和其他几个同事的事。我比大多数同事做得好，而我却在这儿被批评，你不公平。"

汪大伟："小李，我承认你的工作很出色，但公司的制度也很重要。你平均每个月迟到4～5 次，你不能总这样。我该怎样处置你呢?我真的不愿使用正式的警告，你知道那意味着什么。"

李明春："是的，我了解正式警告，我想我会更加注意，但我认为我比他人工作努力，应有所回报。"

汪大伟："好的，小李。如果没有这些问题，你的出色业绩会得到回报的。如果你想挣更多的钱或被提升，你应按时上班，遵守公司的规章制度。"

李明春："好的，我认为你是对的。但是，对于你这样的处理方式我仍持保留态度。"

汪大伟："小李，随你选择。如果你下个月的记录仍不好，我将使用正式警告。"

李明春："好的，但我还是认为不公平。"

【情境任务分析】

请根据上面的案例回答下面几个问题：

(1) 汪大伟在处理李明春这件事上有何不妥?

(2) 谈话结果如何？为什么?

(3) 假如你是汪大伟，你将如何做?

大学生由于涉世未深、经验不足，对人际沟通的认识不够，经常在沟通中出现一些问题。集体生活中常遇到的就是缺少宽容。一个宿舍几个人，各有各的生活习惯，很容易与他人产生冲突。如一个人要睡觉，其他人却在打牌，一言不合，就可能吵起来，最后弄得冷面相对。

【情境任务知识】

一、冲突的概念

冲突是指人际交往双方之间由于沟通障碍、需要不同、认识差别、个性差异等引起的相互反对的互动行为。它是人际交往中普遍存在的一种社会互动行为，在人类全部的社会活动中随处可见。

冲突的概念可以从以下三个角度来理解：

(1) 冲突是一种对立的行为。它来自于互不兼容性。这种对立的表现形式和程度会有很大的差别，涵盖所有水平的冲突。可能是消极冷漠、沉默抗议，也可能是明显的攻击行为、侵犯伤害对方。

(2) 冲突是一种主观的感受。从认知的观点来看，冲突是个人主观的感受。冲突中，个体感觉到愤怒、敌意、恐惧或怀疑等外显或内隐的种种情绪。是不是存在冲突是一个知觉问题，如果没有"知觉到"冲突的存在，就没有所谓的冲突。

(3) 冲突是一种互动的历程。冲突是一个动态、不断改变的历程，采取建设性的做法，冲突可以降低，双方关系得到改善；采取破坏性的做法，敌意可能升高，引发更激烈的冲突。结果如何，要看冲突中双方互动过程如何。

二、人际冲突的过程

庞地首先提出了冲突过程的五阶段模式，认为冲突的过程是：潜在的冲突→知觉的冲突→感觉的冲突→显现的冲突→冲突的结果，如图 8-1 所示。

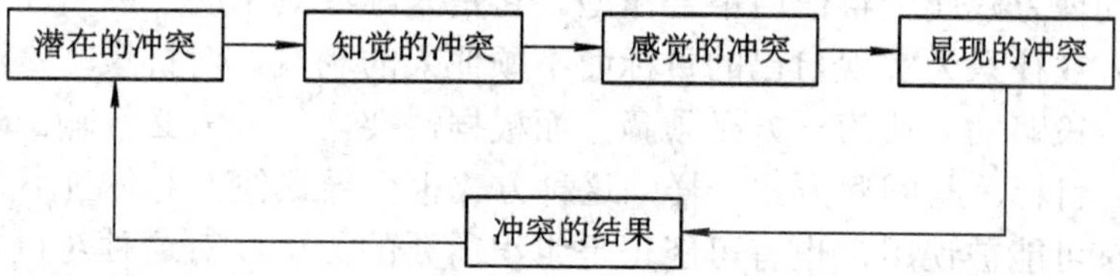

图 8-1　庞地的冲突过程五阶段模式

罗宾斯更具体地指出冲突的过程主要有五个阶段：潜在对立，认知介入，冲突意向，冲突行为，冲突结果，如图 8-2 所示。

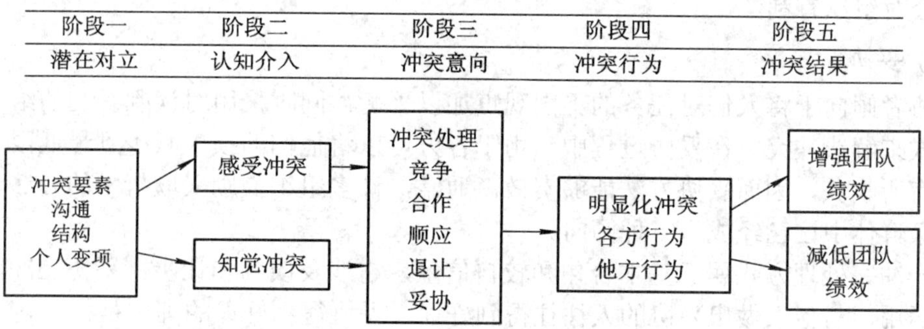

图 8-2　罗宾斯的冲突过程五阶段

三、人际冲突的处理方式

个体对待人际冲突大致有五种不同的处理方式，即回避、对抗、妥协、迎合及合作。在处理人际冲突过程中采取何种方式，主要取决于冲突中个体本身的需求或目标。上述五种冲突处理方式代表着自信型与合作型的不同组合。

(一) 回避

有些人在实现既定目标的过程中，遇到即将出现的冲突时，往往采取回避的方式。因为冲突使他们感到不舒服或非常害怕。尽管回避者确实想实现自己的目标，然而他们并不能以一种积极的方式来对待冲突。

这一冲突处理方式属于不自信且不合作型。人们运用这一方式来远离冲突，对不同意见者置之不理或保持中立。这种做法或者是为了让冲突自行发展，或者是为了避免紧张或挫败。有时候采取回避方式有利于避免冲突的升级。然而，对于重要问题采取置之不理的方式是不明智的。太多地运用这种方式，会导致他人对你不太好的评价。

(二) 对抗

有些人在面对冲突时采用针锋相对的处理方式。他们往往看重自己的目标或需求，并不考虑冲突中其他人的目标或需求。

对抗者通常将冲突看成是一场胜负较量，并且总认为自己应该是赢家。这种想法可能不利于较好地解决问题。但也有相反的情况：当对抗一方陷入绝境时，另一方经常会认为他们应当做出决策，并要为这个决策负责。如果他们有能力解决这个问题，这种方法可能非常有效。

这一冲突处理方式属于自信但不合作型。它是人际冲突中的“赢一输”处理模式。采用这一策略的人往往只为实现自己的目标而不顾他人的利益。对抗策略常涉及强权和支配因素。采取这一策略的人认为一方必须赢，而根据需要，另一方必须输。这种策略有的能够帮助达成个人目标。与回避方式一样，这种方式也会导致他人对你有不太好的评价。

这种方式有可能被误用，也有可能正是组织需要的，所以对这种对抗方式的结果应有明确的预见性。占优势的对抗者会排斥其他较好的主意，或者对他人进行人身攻击以保持胜利者的地位，但他们可能会为此而感到内疚。当对抗双方意见相左时，如果其中一方是对抗型的而另一方是回避型的，则采取对抗者获胜。但只有当获胜的一方是正确的，这种胜利才会对组织有利。

(三) 妥协

妥协者倾向于将人们对任务的不同观点加以平衡，同时采用对谈判有利的给予——获取的方式来解决冲突。在妥协过程中，由于各方可以将他们的损失减少到最低限度，同时又能够有所收获，因而妥协方法能够奏效。通常，许多组织鼓励采取折中的办法，而且在许多决策群体中这已经成为一种倾向。

这一冲突处理方式属于基本合作和较自信型，它涉及谈判和让步。妥协在冲突处理中被广泛运用，与他人做出妥协的人往往得到好评。妥协得到好评的理由是：

(1) 它可以被视作基本上是一种合作的举动。

(2) 它可能是解决冲突比较实际的准则。

(3) 它可以帮助维持相互间良好的关系。

较之合作方式，妥协方式不追求双方的最佳满意度，而是取得各方适中的、部分的满足，但是遇事妥协要谨慎。在竞争过程中，对妥协的偏好应该与具体情况相适应。倾向于妥协的人能够帮助组织在不同的冲突中做出决策，但是如果这种决策不能真正解决问题，还会导致问题再次出现，那么这种妥协导向就应当避免。

(四) 迎合

许多希望被他人喜欢并有较高合群需要的人以及那些真正关心他人需要的人宁愿采取迎合的方式来解决冲突。这种策略的特点是把对方的需求或者考虑放在高于自己的位置，以求维持和谐的人际关系。换句话说，是以牺牲个人目标为代价来保持友谊，这种迎合风格能够为已在做出困难决策的组织提供重要的支持。但迎合型的人在其他人表示不赞同时容易放弃自己的观点。

这一冲突处理方式属于合作但不自信型。迎合表明一种无私的行为，它是对他人愿望的一种服从，是一种与他人长期合作的策略。迎合风格往往会赢得他人的好评，当冲突问题不十分重要或非原则问题时，或需要以暂时的退让以换取长久的信誉时，可以考虑采取此策。不过，如果凡遇事就一味地迎合，则可能被视为软弱和顺从。

(五) 合作

以合作的姿态来处理冲突是一种十分理想的冲突处理方式。但是相对于其他冲突处理风格，合作在应用中却是最为困难的。对于倾向于合作的人来说，只有在其他人也采取合作风格并且拥有足够的为完成任务所必需的信息时才能采用合作风格。

这一冲突处理风格属于颇具合作且自信型。它是人际冲突中的“双赢”冲突处理模式。因此合作风格表现出将冲突带来的积极作用增加到最大限度的愿望。

采用合作风格的人往往具有以下特点：

(1) 他们将冲突视作自然现象，具有积极作用，假如处理恰当，甚至可以带来开创性的结果。

(2) 他们表现出相互间的信任和坦诚。

(3) 他们期望每个人在解决冲突过程中扮演同样的角色，同时每个人的观点都同样合理。

(4) 他们不会仅仅为了局部利益而牺牲整体的利益。

采用这种方式的人往往被认为是精干的，而且受到的评价也比较高。人际冲突处理调查结果表明，采用合作风格的人或群体往往：

(1) 是较成功的管理者；

(2) 是业绩出色的组织；

(3) 能够充分利用冲突带来的积极影响；

(4) 充分看到对方的长处，对自己的绩效及能力进行恰当的评价。

四、人际冲突管理的策略

人际之间利益的不同、沟通的障碍、认识的差别、个性的差异，都可能造成冲突的发生。由于每个人对人际关系的认识和态度不同，个人性格、社交技能和行为方式各异，人际冲突的处理策略和行为表现也会有所不同。正确认识和妥善处理冲突，有助于改善人际关系，促进身心健康。冲突处理不当，则会对人际关系及个体身心健康产生危害。

(一) 分析冲突来源，正确认识冲突

冲突是不可避免的社会现象，他凸显人际互动问题的症结，既是危机，也是转机。研究发现，了解和认识冲突来源是合理处理冲突的基础。冲突是一项教育性的经验，双方可能通过冲突对对方的问题及困扰有更深的了解与体会。处于冲突情境中，大学生应了解彼此不合的根源是在于资源有限、认识差异、沟通障碍还是没照顾到对方的情绪和感受。觉察到双方的差异，才能面对症结来处理，而不是让情绪失控、冲突越演越烈。

(二) 加强沟通训练，提高交往能力

研究发现，沟通不良是造成大学生人际冲突的首要原因。沟通的习惯有优有劣，有效的沟通就是克服不良习惯对沟通所造成的障碍，并养成良好的习惯，使沟通得到改善。大学生要主动热情地与人交往，在交往实践中逐渐掌握交往和沟通的技巧，要通过加强沟通训练，提高交往能力，将冲突引导至建设性的解决问题。

(三) 克服障碍心理，改善人际状况

大学生的日常交往中，心理障碍是人际交往的阻力，必须有效克服心理障碍，才能优先化解冲突，改善人际状况。大学生常见的人际交往心理障碍有嫉妒、羞怯、自卑、自傲、猜疑、自私等。大学生要针对这些心理障碍，在人际交往中克服嫉妒心理，消除羞怯心理，战胜自卑心理和自傲心理，破除猜疑心理，防止自私心理，努力减少冲突潜势，消除冲突危害，实现人际关系的和谐、自然和融洽。

(四) 善用处理方式，合理应对冲突

冲突并非只有负面影响，处理得当便能化阻力为动力。善用冲突处理方式就是冲突管理的重要环节和手段，以使彼此对冲突有最佳的处理与安排，将之导向建设性的发展。各种处理方式本身没有必然的优劣之别、好坏之分，每种处理策略都有其适宜适用的冲突情境。大学生要善于根据具体情况灵活选用不同的冲突处理方式，审时度势，促使冲突得到建设性解决。

【情境任务训练】

一、变形虫

(一) 活动目的

让学生通过活动学习人际交往技巧，提高人际交往的能力。

(二) 活动时间

大约 20 分钟。

(三) 活动地点

室内与室外相结合。

(四) 活动道具

13 米的长绳 2～3 根，5 个眼罩为一套，若干套。

(五) 活动程序

(1) 老师先把 13 米长的绳子两头相接结成一个大绳圈。

(2) 每组学生中选出 5 人，进行比赛。

(3) 5 名学生分别带上眼罩，老师把事先准备好的大绳圈分别交给他们。

(4) 根据老师发出的变形指令，如正三角形、正四边形、正五边形……5 名参与者通过合作完成，用时最少的组为胜。

(5) 在合作变形的过程中，不允许用语言交流。

(六) 注意事项

(1) 在变形过程中，要求绳子充分展开，不可以收缩部分绳子、减短边长、降低难度。

(2) 周边同学要保持安静，不要大声提醒或暗示，当变形成功时，集体鼓掌给予鼓励。

二、信任之旅

(一) 活动目的

(1) 磨练和提升人与人之间的信任度和关心度。缓解压力、降低距离感。

(2) 了解多种沟通的方式，在特殊情况下，学会用不同的沟通方式。

(二) 活动时间

大约 60 分钟。

(三) 活动地点

室内与室外相结合。

(四) 活动道具

眼罩、复杂的盲道设计、背景音乐。

(五) 活动程序

(1) 在背景音乐中，每个人带上眼罩扮演一个盲人，先在室内独自一人穿越障碍旅程，体验盲人的无助、艰辛，甚至恐惧。

(2) 所有学生中一半人继续扮演盲人，另一半人扮演帮助盲人的“拐棍”，由“拐棍”帮助盲人完成室外有障碍的旅行。完成后交换角色重新体验。

(3) 所有学生均扮演盲人，两个盲人相互帮助到室外走过一段障碍旅程。

(4) 讨论交流：在不同的情况下，扮演不同角色的感受。

(六) 注意事项

(1) 本活动可根据实际情况分别开展。

(2) 在角色互换的旅行中，“盲人”与“拐棍”最好不要选择同一人，以陌生的对象为好。

【思考、澄清、分享、巩固：做人与处世大德大智隐于无形】

一个人活在世界上，必须处理好三个关系：第一，人与自然的关系；第二，人与人的关系，包括家庭关系在内；第三，个人心中思想与感情矛盾平衡的关系。这三个关系，如果能处理得好，生活就能愉快；否则，生活就有苦恼。

对待一切善良的人，不管是家属，还是朋友，都应该有一个两字箴言：一曰真，二曰忍。真者，以真情实意相待，不允许弄虚作假。对待坏人，则另当别论。忍者，相互容忍也。日子久了，难免有点磕磕碰碰。在这时候，头脑清醒的一方应该能够容忍。如果双方都不冷静，必致因小失大，后果不堪设想。

至于个人心中思想感情的矛盾，则多半起于私心杂念。解之之方，唯有消灭私心，学习诸葛亮的“淡泊明志，宁静致远”，庶几近之。

——《季羡林随想录(11)：做人与处世》

项目九　恋爱心理与性爱“禁果”

【项目导言】

爱情也许是人类一种最复杂而微妙的情感，人们用世界上最美的语言来描述它：爱情是首诗，爱情是首歌，爱情像涓涓的流水，爱情像巍峨的高山……古往今来，多少与爱情的动人故事影响一代又一代青年，多少美丽的爱情传说激荡着人们的心灵，多少优美的诗篇讴歌着爱情的神圣，多少青年男女追求着爱情的甜蜜……爱情具有巨大的能力，它使人的精神生活丰富多彩，使人体会到人生的美丽灿烂。爱情可以让人获得新生，也会让人痛不欲生。爱之深，则恨之切，爱情会使人变得温柔、宽容，也会使人变得残酷、苛求。成功的爱情造就两个充实、快乐的人，不幸的爱情则导致痛苦、无奈的人生。赢得真正的爱情，便会发掘出内心的潜能，升腾起无穷的生命力和创造力。

【学习目标】

➢ **知识目标**

(1) 理解爱情的涵义。

(2) 理解大学生恋爱心理发展的规律。

(3) 理解大学生性心理的发展特点。

(4) 掌握恋爱问题的处理方法。

➢ **能力目标**

(1) 能建立起健康的恋爱观和择偶观。

(2) 能正确处理恋爱中的常见问题，例如失恋等。

(3) 能正确处理好恋爱中性的问题。

任务1　我的“梦中情人”

【情境任务描述】

“择偶宣言”

新的一期《非诚勿扰》即将录播，假如你是这期节目新到场的嘉宾，需要出场时简要介绍一下自己，简要描述你心目中的另一半是什么样子，你对爱情有什么样的憧憬……你会怎么说?

【情境任务分析】

每个人心目中都有理想的“梦中情人”和对爱情的美好憧憬，那么，如何将“梦中情人”的形象和现实中男女的形象有机结合起来，将这个“梦中情人”现实化，让自己的爱情迈出美好的第一步?

你是否有过爱情的感受，包括爱恋的欢娱与失恋的烦恼？爱情究竟是什么？爱情是怎样产生和发展的？大学生应当如何对待爱情、追求爱情？如何选择恋爱的对象？

【情境任务知识】

一、爱情及其特征

爱情有其原始质朴的渊源，那就是性爱。性爱是爱情的基础，是人的自然属性。爱情还具有社会属性，那就是情爱，情爱是爱情的灵魂。只有情爱和性爱的完美结合，才可能产生名符其实的爱情。

每个人心中都有一个爱情字典，虽然答案可能各不相同，但有些显然是共同的部分，如爱情离不开性爱，爱情是一种强烈的内心情感体验等。概括地说，所谓爱情，就是一对男女之间，基于一定的社会关系和共同的生活理想，在各自内心中形成的对对方最真挚的倾慕，并渴望对方成为自己终身伴侣的最强烈的感情。是两颗心灵相互向往、吸引、达到精神升华的产物，是人类特有的一种高尚的精神生活。

爱情包含着关心、责任、尊重、认识。爱是对我们所爱的生命成长的主动关注，是对另外一个人的主动渗透，包含对对方的尊重及责任感。一对恋人精神交往的最大欢乐，就是在智慧上、美学上的相互充实，逐渐地去认识和发展更新的美，包括恋人之间彼此“贪婪”地汲取更好的东西，而后，彼此奉献出更好的东西。忠诚的爱，要始终不渝地坚持。

二、爱情的三因素理论

现实生活中我们常常看到，爱情有不同的表现，有的平静似水，有的热情澎湃，有的亲密无间，有的若即若离，有的天长地久，有的稍纵即逝。为什么会如此呢？美国耶鲁大学的斯腾柏格教授提出爱情三因素论，他认为人类的爱情基本上由三种成分(也就是三种因素)组成。

(1) 动机成分：动机有内发的性驱力，包括异性之间身体、容貌等特征彼此吸引；以动机为主的两性关系是亲密的。

(2) 情绪成分：由刺激引起的身心激动状态，如喜、怒、哀、惧等；以情绪为主的两性关系是热情的。

(3) 认知成分：对情绪和动机是一种控制因素，是爱情中的理智层面；以认知为主的两性关系是承诺的。

爱情三因素论认为，两性间的爱情形式，因人而异，很可能所有情侣间的亲密关系和热烈程度各不相同，但在基本上都是这三元素彼此不等量的配合而演化出来。斯腾柏格进一步将动机、情绪、认知三者各自单独在两性间发生的爱情关系，分别称为热情、亲密与承诺。

爱情三因素论对爱情本质的理解给我们许多启示。其一，爱情的动机成分表明爱情有其生理的基础，由性驱力所致，包括身体容貌。性生理发育成熟，必然有性的冲动与欲望，爱情以人的生理成熟为基础。其二，爱情使人有强烈的情绪体验，如幸福、快乐、痛苦、悲伤。情绪体验会有变化，有时激情澎湃，有时可能平淡。其三，爱情有理性的一面，不仅仅是情感体验。承诺、责任是爱情的重要成分。三种成分所占比例各不相同，就使我们看到了多姿多彩的爱情世界。

三、择偶理论

择偶标准是变化发展的，它一方面受政治变革、文化的影响，另一方面又与人们的生存方式、行为方式和价值观念息息相关，是二者相互作用的产物。现代人们的择偶标准从单一化转向了多元化，远离了政治，淡化了家庭背景等非个人因素，心理需求和情感需求得到了复归。多元化的择偶观既体现了传统的审美价值，又带有鲜活的现代色彩，有利于健康择偶观的建立。

国外和国内的一些学者对择偶标准的研究，涉及了广泛的变量。如乔题认为主要的标准有：性别、教育和智力、健康与相貌、经济状况、气质、年龄、持家能力、宗教等。巴斯概括了有关研究，发现择偶变量涉及身体特征、年龄、宗教、社会经济地位、智力、个性、以及社会态度等。费舍则提出这些标准：他(她)爱你、你爱他(她)、性格、教育、健康、相貌、民族、职业、经济状况。李银河发现最受重视的标准有：年龄、身高、教育程度、职业、婚姻状况与经历、容貌、健康。所有这些都与一个时代的心理、文化、政治、经济和社会背景有关。而这些，从以下两种主要择偶理论中得到具体反映。

1. 实证研究理论

从西方的一些经典文献来看，用于实证研究的择偶理论主要集中在以下 3 种，即“同类匹配”理论、“资源交换”理论和“择偶梯度”理论。

(1) “同类匹配”理论。“同类匹配”理论就是人们择偶时倾向于选择与自己在年龄、居住地、受教育程度、价值观等方面相近或类似的异性为配偶。这与中国人传统观念中“门当户对”有类似的含义。

(2) “资源交换理论”。“资源交换理论”认为人们被某一特定的异性所吸引是由于他(她)所能提供的资源决定的，这些资源是多方面的，如个人的气质、财富、才能、社会地位。假设某人的某一种资源不足，但可以更多地提供另一种资源作为补偿，比如在包办的婚姻中，彩礼和新娘的价格是最常见的交换。女子较好的容貌也可以作为一种资源被用来交换社会经济地位等。

(3) “择偶梯度”理论。“择偶梯度”理论指男性倾向于选择与自己社会地位相当或者比自己地位稍差的女性为伴侣，而与此相反，女性往往更多地要求配偶在受教育、薪金收入和职业阶层等方面高于自己，也就是婚姻中常说的“男高女低”模式。这一理论的形成与社会对男女社会性别的建构从而导致的男尊女卑现象有着密切的关系。尽管从社会经济地位看，男性一般在婚姻中处于优势地位，然而女性的资源还包括长相、体型、相对年龄和持家能力，这些都使一些女性可以用她们的美貌换取男性的家世、成就和向上流动的潜力。

2. 进化社会心理学的择偶理论

目前进化社会心理学对于男女择偶观做出了新的解释：它从男女生理方面如年龄与生殖力的差异解释导致男女在择偶时对年龄偏好的不同的原因。社会心理学研究表明，人际吸引服从致律，强调文化因素对择偶时男女双方年龄上的差异的影响，而进化心理学则认为它们是男女对后代的投资方面的性别差异造成的。例如在繁殖后代的过程中，男性的投资主要是间接投入，像食物、金钱、提供保护与安全，这些并不必然随着年龄而减少；而女性是直接的投入，其生殖力随着年龄而减少，在 50 岁左右由于绝经而结束。所以在择偶时男性一般倾向于比自己年龄小的女性，因为她们生殖力较强，而女性则更愿意选择年龄稍长的男性。

总之，任何一种择偶理论都有一定的合理性。择偶观念的变化在某种程度上需要从多种理论的角度出发，才能给予合理的解释。

四、择偶标准

择偶标准就是男女之间进行恋爱与组成家庭时相互选择的主观评价标准，它是人脑对于男女之间价值关系的客观价值标准的主观反映。择偶标准由众多基本要素(如财富、才华、品德、相貌等)组成，而每一个基本要素都包含着特定的价值内涵。人将会以什么样的择偶标准来选择配偶，取决于择偶标准是否最有利于人的繁衍，是否有利于男女双方获得最大的价值总量，是否最有利于家庭的生存与发展。

(一) 财富

现金、住房、土地、矿产资源、车辆、股权、专利等财富是价值的直接体现，财富可分为生活资料财富和生产资料财富两种形式。以财富作为择偶标准的人，能够直接地、现实地得到所需要的价值。

(二) 才华

才华主要体现为脑力劳动能力。随着社会生产力的不断发展，劳动的复杂度越来越高，脑力劳动在全部人类劳动中所占的比例越来越高，才华将会体现为越来越重要的价值创造能力。当然，才华要转化为实际的财富，需要具体的条件与机会。才华只是一种潜在的价值，许多有才华的人没有条件和机会展现自己的才华，从而使才华无法转化为实际的财富。因此以才华作为择偶标准的人，只能够间接地、潜在地得到所需要的价值。

(三) 品德修养

品德修养就是用于调整人与人之间利益关系的行为规范。品德修养越高尚的人能够更多地考虑整体利益、长远利益和高层次精神利益，而不是只考虑局部利益、眼前利益和低层次物质利益。品德修养其实是一种特殊的才华。是一种用于正确认识和处理人与人之间利益关系的才华。以品德修养作为择偶标准的人，只能够间接地、潜在地得到所需要的价值。

(四) 社会尊重

社会尊重的程度越高，个人的利益就会更多地得到维护，个人的劳动就会更多地被社会所接受，个人的劳动能力就会有更多的机会和更多的比例转化为社会认可的劳动能力，因此社会尊重可以扩展、强化和增长一个人的劳动能力。

(五) 社会权力

对于个人而言，社会权力越大，就会使个人的利益产生越大的额外增长。

(六) 社会地位

人的社会地位高低一方面表现为社会在经济利益、政治利益与文化利益方面对他社会尊重的程度(或维护程度)，另一方面表现为社会在经济、政治与文化领域赋予他社会权力的大小。

(七) 社会角色

不同的社会角色往往从事不同的行业领域，占有不同的职业岗位，拥有不同的价值资源，使用不同的劳动工具，掌握不同的科学与技术，生产不同的产品，提供不同的服务。在特定的社会历史时期，不同的社会角色往往具有不同的行业优势、职业优势、资源优势、工具优势、科学与技术优势、产品优势等，从而表现出不同的价值特性。

(八) 健康

人消费各种价值的主观目的在于满足自己的主观欲望，而客观目的在于维持和发展自己的劳动能力，一方面提高健康水平可以直接地、有效地提高劳动能力，另一方面提高健康水平又可以将潜在的劳动能力尽可能多地转化为劳动价值，进而尽可能多地转化为劳动产品，因此健康既是一种直接的价值形式，又是一种间接的价值形式。

(九) 相貌(包括身材与行为举止)

男人喜欢漂亮女人，这在表面上来看是一种男人的主观心理现象，而实际上却是男人的一系列客观价值在起作用，因为漂亮女人往往蕴含着丰富的价值内容：一是漂亮女人更聪明能干；二是漂亮女人更健康活跃；三是漂亮女人更温柔贤淑；四是漂亮女人能更好地生育后代，漂亮女人往往具有丰满的体形、苗条的身材和光洁的皮肤，这种体形、身材和皮肤往往更有利于怀孕和哺乳后代。同理，潇洒英俊的男人往往在概率意义上比一般男人更加聪明能干，更加具有事业心和责任心，能更好地生育后代，具有更好的遗传功能。

(十) 个性

人的个性就是人在认知、思维与行为过程中所表现出的动力特性(如强度性、稳定性、细致性、效能性等)。个性作为人的择偶标准之一，是基于两个方面的原因。一方面，对于特定的社会环境和自然环境，不同的个性将会表现出不同的价值特性。另一方面，对于特定个性的对象，不同个性的配偶将会表现出不同的价值特性。一般来说，夫妻双方在个性方面如果有着较高的互补性，那么这样的家庭将会有较强的自我调节能力和社会生存能力。

(十一) 兴趣爱好

兴趣爱好可以影响夫妻双方合作的效率，相同、相近或互融的兴趣爱好可以充分发展各自的资源优势与能力优势，扩大共同的生活空间、加强彼此的社会关系，提高双方的利益相关性，从而表现出更多的价值效用。

(十二) 年龄

年龄作为人的择偶标准之一，是基于两个方面的原因：一方面，人的财富、才华、社会地位、社会尊重、社会权力等都与年龄存在着一定程度的相关性，在一般意义上讲，年长的人往往拥有相对较多的财富、才华、社会地位、社会尊重和社会权力，因此在其他条件(健康与相貌等)相对不变时，许多女性还是愿意选择年龄较大的男性作为自己的配偶。另一方面，年龄与性格、健康、相貌存在一定程度的相关性，对于特定的人，总是希望找一个年龄相当的异性作为自己的配偶，从而组成一个和谐而稳定的家庭。因此年龄也是间接的价值形式。

(十三) 时代潮流

择偶标准随着时代潮流的变化而变化。人类社会是一个复杂的、非线性的动态系统，在特殊情况下，一些次要变量可能突变为两性价值关系的主导变量，制约着这一时期的择偶标准的价值特性。例如，择偶标准在我国上世纪50～60年代偏重于人的成份与出身，在70年代偏重于人的职业和城市户口，在80年初期偏重于人的文凭与学历，在80年代后期偏重于人的身材与身高，在90年代偏重于人的金钱与财产。

五、择偶标准的性别差异

德国著名诗人歌德曾经说过：“青年男子哪个不善钟情？妙龄少女谁个不善怀春？”随着年龄的增长，生理发育的成熟，青年男女通过接触，自然而然地会产生爱情。然而，男女在择偶心理、要求方面却有着明显的差异。

首先，在对异性的爱慕和追求的表现方式上有差异。一般说来，男青年的情感比较热烈和外露，与女性相比，男性更容易坠入情网，很快进入热恋阶段，情绪容易激动，常常难以自制。如果“单相思”起来，其程度十有八九不轻，因此，心理所受的打击程度往往比女性要大，常常表现为垂头丧气、失魂落魄。而女青年对异性的爱慕情感大都比较含蓄内向，显得羞涩敏感。当然，女青年中也不乏热情奔放者，但她们一般能够控制住自己的情感，初恋阶段尤其如此。

其次，是对异性的认知有差异。男青年由于较容易陷入冲动的爱情漩涡之中，因而常常影响到他们对异性的认知能力，使其在初恋阶段容易对异性的外貌一见倾心，在短时间内就决定是否喜欢对方。相比之下，女性则很少一见钟情。她们对爱情往往多从婚姻本身和未来的角度进行考虑，可以说，女性的认知比较现实，不易受一时的情感所影响，她们大多会着眼于未来的家庭和共同生活。

第三，青年男女在择偶标准上有所不同。青年男女在情感与认知方面存在着差异，同时，由于社会文化背景的影响，社会生活方式的制约，社会对男女性别角色提出的不同要求，男女之间个性的差异等因素均影响着男女青年的择偶标准。根据问卷调查，目前，我国大多数男青年提出的择偶标准是：女方容貌端庄，年龄要小于自己，性格热情、文静不庸俗，温柔会体贴人，许多男青年还要求女方的学历与自己相当；也有一部分男青年在传统的婚姻家庭观念影响下，仅仅要求女方当好“贤妻良母”就行了，不愿意寻找事业心强的女性为伴侣。

一般来说，男青年尤其讨厌高傲、自以为是、举止粗俗、心胸狭窄、喜欢卖弄风情的女性。女青年的择偶标准则是：要求男方身体健康、高大魁梧，文化程度高于自己，起码不低于自己，有才华，事业心强，善于交际，性格坚强，稳重大方，能体贴人，理解和支持女方的事业；有的女青年还要求男方老实听话或有钱、有房、有车。女青年大都讨厌平庸、粗鲁、缺乏男子汉气概、无进取心和事业心、献假殷勤的男性。

以上是男女青年中比较普遍的择偶标准。此外，因各自文化程度、职业情况、家庭背景等的不同，还有许多具体的要求。例如，有的女青年对男方的身高、外貌、工作单位、住房条件、家庭成员甚至居住地段等都有具体的要求，认为完全具备这些条件的男青年才是“理想的伴侣”。如今，不少农村女青年希望找有经济头脑、能说会道、有致富才干的男青年；一些女青年要求对方必须掌握某种专业技能等。

择偶标准看起来只是一种个人行为，反映个人的要求或愿望，但它实际上是在社会现实生活制约下形成的个人恋爱婚姻动机的表现。婚恋并无一个固定的模式，青年人大可不必事先划定一个不可变更的框框，尤其是在那些爱情、人品以外的条件上过分苛求，“寸土不让”，不适当地提高择偶标准，为满足一时的虚荣心而错过找到称心如意伴侣的好机会。尤其是为了婚后能支配对方而要求对方必须是“贤妻良母型”的或“听话型”的，就更不应该了。因为按照这样择偶标准建立起来的家庭，是很难有平等、和睦的婚姻生活的。只要双方真心相爱，有坚实的爱情基础，在人生观、理想等方面达成一致，那么，就不必过分讲究对方的身高、年龄、学历、职业、经济、家庭成员、籍贯等条件。不能以不切实际的东西来取代爱情，否则就玷污了纯洁高尚的爱情，也会给婚后生活埋下不和的种子。

但根据中国青年报和团中央最近的调查，追求恋人之间的真爱仍然是大学生中的主流恋爱观，他们比以往更加重视爱情在人生中的地位和价值。随着社会的发展进步和人们自我意识的觉醒，追求人生的幸福与提高婚姻的质量成为人们普遍的共识，而不再仅仅为了完成生儿育女的任务和走过一段人生必需的旅程。夫妻间能否达到情感的满足和精神上的愉悦成为婚姻中的第一要素。通过恋爱过程，人们在努力寻找与自己心灵密切契合、人格和谐统一的另一半。而要达成上述目标，需要双方在思想修养、道德修养、学识修养、家庭教育、社会背景等诸方面的相对和谐统一。

【情境任务训练】

一、大学生的恋爱观测试

指导语：本测试由 15 道题组成，每道题有 4 个备选答案。跟据实际情况选择一个最符合自己心理状态的答案。不要在一道题上花费太多时间，第一反应的答案最准确。此测试用于测量恋爱观。

1. 我对爱情的幻想是；(　　)

A. 满足自己人生神秘的欲望和需求

B. 令人心花怒放，充满无限欢乐和诗意

C. 实现自己远大理想的阶梯，使人振奋向上

D. 没有想过

2. 我希望我开始谈恋爱是：(　　)

A. 由于一次偶然的相遇结下了一段微妙的姻缘，彼此就追求

B. 由于两人青梅竹马，情深意长，最终成为爱情

C. 由于在工作和学习中产生爱情

D. 无法回答

3. 我认为爱情是：(　　)

A. 男女间的性爱

B. 男女间的一种最纯洁的感情

C. 异性间的相互爱慕，渴望对方成为自己伴侣的感情

D. 不清楚

4. 我希望我的恋人：(　　)

A. 待人和蔼可亲，相貌较漂亮，有权有势

B. 有漂亮的容貌，健美的身体，待人接物周到，举止优雅

C. 长相一般，用心体贴自己，为人忠厚老实

D. 无法回答

5. 我喜欢我爱人在三美之中的是：(　　)

A. 外貌美

B. 姿势、仪表、发式美

C. 心灵美

D. 拒绝回答

6. 我想象中的小家庭的业余时间是这样度过的：(　　)

A. 各人干各人的事，互不干涉

B. 有共同事业，互相商讨，共同进取

C. 虽然自己对某事没兴趣，但还是愿意陪对方消磨时间

D. 不想回答

7. 我对爱情的字面解释是：(　　)

A. 爱情、性爱是男女之间友谊的高级形式

B. 有爱并不一定有情，而有情必定有爱

C. 爱情两字是不能拆开的，它是男女之间的感情

D. 没想过

8. 我喜欢的爱情格言是：(　　)

A. 爱情，这疯狂的字眼，为了你还有什么不能办到呢

B. 生命诚可贵，爱情价更高。若为自由故，两者皆可抛

C. 痛苦中最高尚、最纯洁的和最无私的乃是爱情的痛苦

D. 都有点喜欢

9. 恋爱后自己有一位异性朋友时：(　　)

A. 没有必要告诉对方，这是自己的自由权利

B. 让对方知道，但不允许对方干涉自己

C. 让对方知道，并且在对方同意的条件下才与他交往

D. 不能回答

10. 我认为幸福的爱情是：(　　)

A. 一切故事和传说中美好的婚姻都是幸福的

B. 以共同的情操、思想和社会活动作为基础

C. 互相尊重对方，包括尊重对方的感情

D. 无法回答

11. 我认为追求和对付高傲的异性的办法是：(　　)

A. 若无其事，完全做出一些与自己意志相反的动作

B. 大献殷勤，做对方要求做的一些事情

C. 自己也变得很高傲

D. 不愿意回答

12. 我认为：(　　)

A. 人是因为美才可爱

B. 美与可爱是同时产生的

C. 人不是因为美而可爱，而是因为可爱才美丽

D. 没想过

13. 一旦发现我的恋人变心时：(　　)

A. 我会把爱转变成恨

B. 无所谓，只当自己看错了人

C. 认为是幸运的，可以从中吸取教训

D. 不知如何是好

14. 下面的 8 个字中，我最喜欢的是：(　　)

A. 郎才女貌，爱如鱼水

B. 形影不离，心心相印

C. 志同道合，忠贞不渝

D. 不知道

15. 我对离婚的看法是：(　　)

A. 认为很平常，一旦发现更值得爱的人就抛弃原来的

B. 感到很惊讶，坚信自己的婚姻不会这样

C. 认为离婚很正常，不过离婚者的爱情是不幸的

D. 不知如何回答

【评分与解释】

选 A 得 1 分，选 B 得 3 分，选 C 得 3 分，选 D 得 0 分。然后累计，得出总分。总分在：

35 分以上，说明恋爱观非常正确，值得坚持；

25～35 分之间，说明恋爱观基本正确，有需调整之处；

25 分以下，说明恋爱观存在问题，应树立健康正确的恋爱观。

如果所选答案为 D 的个数在 6 个以上，说明恋爱观尚未确立，正处于游移不定之中。

需要尽快确立自己的恋爱观。

二、倾听情感深处的回声

(一) 活动目的

考察所持的爱情观，澄清自己的爱情期望。

(二) 活动时间

大约 30 分钟。

(三) 活动地点

室内为宜。

(四) 活动道具

笔、《我心目中的异性》表格。

(五) 活动程序

(1) 请同学认真填写《我心目中的异性》表格。

(2) 按男女分组，每组 5～8 人，讨论“我喜欢什么样的异性”、“我不喜欢的异性的特质”，并做好记录。

(3) 按男女组汇总讨论结果，罗列出“最受欢迎的异性特质”和“最不受欢迎的异性特质”，分别派一名代表进行总结陈述。

我心目中的异性

爱是什么?(用一句话来表达)
我喜欢什么样的异性?
1. 外表:
2. 性格:
3. 行为方式:
我不喜欢的异性的特质有哪些?
1. 外表:
2. 性格:
3. 行为方式:

【思考、澄清、分享、巩固：杯和水的爱情故事】

有一个杯子和水的爱情故事:

杯子总是说:“我寂寞，我需要水，给我点水吧。”

主人:“好吧，拥有了想要的水，你就不寂寞了吗?”

杯子:“应该是吧。”

主人把开水倒进了杯子里。

水很热，杯子感到自己快被融化了，杯子想，这就是爱情的力量吧。

水变温了，杯子感觉很舒服，杯子想，这就是生活的感觉吧。

水变凉了，杯子害怕了，怕什么自己也不知道，杯子想，这就是担忧的滋味吧。

水凉透了，杯子绝望了，杯子想，这就是缘分的“杰作”吧。

杯子大声喊叫：“主人，快把水倒出去，我受不了了。”

主人不在。杯子感觉自己压抑死了，可恶的水，冰凉的，放在心里感觉好难过。于是杯子奋力一晃，水终于流出了杯子心里，杯子好开心。突然晃动的杯子掉在了地上，杯子碎了。这时顿感心里的每一个地方都有水的痕迹，它才知道，它爱水，其实它是如此地爱着水，可是，此刻它再也无法把水完整地放在心里了。

杯子哭了，它的眼泪和水溶在了一起，奢望着能用最后的力量再去爱水一次，可仍旧支离破碎。

杯子笑了，爱情啊，到底是什么？难道只有经历了痛苦才知道珍惜吗？难道要到一切都无法挽回才说后悔吗？

主人捡起杯子的碎片，一片碎片割破了他的手指。

任务2　保鲜我的爱情

【情境任务描述】

王某(男)和李某(女)是高中同学，一起考上了大学，在同一个城市里，但并不在同一所学校，相距大概一个半小时的车程。两人在高中的时候都忙着高考，关系一般，上大学以后也联系不多，他们在上大学半年以后的一次同学聚会中再次相遇了，由于在大学压力较小，大家都比较放松，他们见面之后聊起高中时候的事情，一起回忆以前班级上的一些事，并介绍了各自在学校的一些情况，聊得很高兴，慢慢地感觉亲近了很多。王某觉得大家的变化很大，以前没发觉，现在看着李某觉得还挺有魅力，因此越发热情起来，李某受此感染也很开心。之后聚会的气氛热烈，大家都喝了很多酒，王某以前在班上也比较活跃，所以喝的酒比较多，加上其他同学的恶作剧，王某很快被灌醉了，由于之前和王某聊得很开心，所以李某很自然地照顾起王某，大家在 KTV 通宵，第二天王某醒来，几个要好的哥们都开玩笑说“李美女照顾了你一晚上，你小子有福了，要追赶紧了”。王某听了也很心动。同学聚会结束后，大家都各自回学校，从此王某经常给李某打电话，聊一些学校里的事，两人渐渐地发展起来，两个月后，两人正式在一起成了男女朋友。刚开始的时候，两人的感情进展很快，感情也很热切，一到周末两人都在一起，尽管小有吵闹，但都很快解决了。相处半年之后，李某发觉王某给自己打电话的次数少了，并且周末来找自己的次数也少了，李某问及原因，王某总是说学校事情多。李某知道事情不对，托与王某同校的朋友打听，才知道最近王某经常与本校的一个女生在一起，还很亲密的样子。李某觉得很生气也很难过，在一个周末没有告诉王某的情况下，偷偷去到王某的学校，在王某宿舍楼下等了一个下午见到了王某和一个女生牵着手回来，李某顿时觉得自己受到了欺骗，上去就给了王某一巴掌，并提出分手，然后愤怒地回到了学校。由于事情败露，王某和两个女生都反目成仇，甚至在自己的朋友面前互相言语攻击对方。

由于这件事情弄得两人在以前的同学面前都抬不起头，结果一对好好的情侣就变成了陌路甚至反目。

【情境任务分析】

大学生处于爱情幻想的年龄阶段，总把什么事情都想得很美好，而一旦出现问题便接受不了，甚至可能做出一些过激的事情，最后导致后悔莫及。上述这个案例中的男女主人公的爱情从发生到结束，都存在哪些问题？这些问题，他们又是怎么处理的呢？

恋爱现象在大学校园里已是十分普遍，恋爱是大学生性意识发展和完善的重要表现。目前，由于大学生对爱情和恋爱的看法各有不同，在恋爱行为上就会出现各种各样的反应，有时会给大学生带来痛苦和烦恼。如何处理这些痛苦和烦恼，成为大学生经营爱情的关键。

【情境任务知识】

一、大学生恋爱心理特点

大学生恋爱心理是指大学生在生理、心理、环境的共同作用下，所表现出来的对异性的求知、接近、进行恋爱、追求爱情等行为，以及由此产生的各种心理现象。如今的大学校园恋爱已成了一个热门话题，部分大学生甚至把恋爱列为大学必修课之一。通过对当代大学生恋爱现象的分析，大学生的恋爱除了具备恋爱的一般特征之外，还具有以下特征。

(一) 自主性强

在大学里，男女大学生的平等权利与平等价值观特别突出，反映在恋爱问题上，一般都是自己做主，个性特点强，重感情、易冲动，不受传统习俗的局限，在确定恋爱关系前，甚至在确定恋爱关系后，一般都不征求双方父母的意见，显示出较强的自主性。

(二) 恋爱动机简单

大学生的恋爱，一般只谈爱慕之情，交流对学习、对人生的看法很少或者根本不讨论结婚、建立家庭、举办婚礼、生儿育女等具体问题，带有浪漫色彩。这样，离开了恋爱—婚姻—家庭这样一个整体观，导致恋爱基础不够坚实，一旦遇到实际问题，比如毕业分配不在一地等，便会产生动摇甚至分手。恋爱，只是因为需要爱和被爱，“不在乎天长地久，只在乎曾经拥有”!

(三) 自控与耐挫力较弱

大学生一旦陷入热恋之中，不能控制自己的情感，缺乏理智的驾驭能力，对恋爱对象过分依赖，稍有波折就痛苦万分。一旦恋爱受挫，就会情绪失控，无法自拔，对学习、精神、甚至身体造成严重影响。

(四) 不成熟性与不稳定性

大学生谈恋爱历来有之，但过去多是高年级学生，是所谓“学业、爱情双丰收”的时期。但在今天的大学校园，大学生的恋爱呈现低年级化，人数呈上升趋势。一年级就开始谈恋爱的已不是个别现象，有的学生甚至一进校就谈恋爱。由于社会阅历不深，很多学生对于自己的人生目标和需要还没有一个很清楚的概念，对于恋爱问题同样如此。在选择恋爱对象的标准上，重外表，轻内在。在恋爱方式上，重形式，轻内容。在恋爱行为中，重过程，轻结果；重享乐，轻责任。加之经济上尚未独立，恋爱过程中感情和思想易变，缺乏妥善处理恋爱中情感纠葛的能力，极易造成恋爱的周期性中断或对恋爱对象的选择漂泊不定，恋爱的成功率很低。

二、大学生恋爱心理的发展过程

大学生恋爱心理不是一成不变的，而是有一个发展的过程。其过程大致可分为萌芽期、发展期、稳定期三个阶段。

(一) 萌芽期(一般为大学一年级)

经过紧张的高考，进入大学殿堂的青年学子从升学的压力中解脱出来，个个如醉如痴，得意洋洋，思想上暂时出现了“空档”。同时，因远离家乡，离开了曾经熟悉的面孔，面对着全新的生活环境，全新的人际关系，心里的孤独感油然而生，从而渴望得到别人的关心、帮助，与人建立友谊。于是，互相间找老乡，找朋友，你来我往，慢慢地，男生女生接触就频繁起来了。很多高年级学生看中了某位低年级的女生，便倍加关心，无微不至，进而使对方成为恋人，坠入情网。这是大学一年级学生恋爱队伍中的主体部分。当然，也有为数较少的一部分是在上大学之前就“名花有主，佳人在旁”了，他们双双升入大学，无论是否在一地一校，这种恋情大多能够巩固和发展。

(二) 发展时期(一般为大学二年级)

经过一年左右的大学生活，低年级学生已完全适应了大学生活，摆脱了高中生的稚气。从知识、能力、体魄到语言、服饰、风度等都更加大学生化了。他们已对同学有了较深入的了解，与同学之间建立了友谊。而友谊是一种表现为情感依赖的人际关系，它使人发现自我，善解别人，从中体验到深深的情感依恋。特别是大学生异性之间的这种友谊，更容易上升为性爱的依恋，友情可以成为爱情的基石。这样，二年级的大学生谈恋爱成迅速发展之势。有调查统计：二年级大学生恋爱人数占整个大学生谈恋爱人数的60%～70%。

(三) 稳定期(一般为大学生三、四年级)

进入三、四年级后，大学生变得更加成熟老练，看问题也更加现实。他们的精力多花在毕业实习、论文或设计、未来的分配等问题上，加之他们害怕出现新的“牛郎织女”，所以对爱情的思考趋于冷静理智，恋爱呈现较稳定的态势。这期间，新确立的恋爱对象一部分为条件成熟者，一部分为毕业分配找靠山者，其数量约占大学生恋爱总数的10%～20%。

三、大学生恋爱主要存在的心理问题

大学校园是恋爱的好场所，随处都可看见一对对的情侣在谈笑风生，再也不用像高中时代那样，时时刻刻提防着被老师、家长发现。

在现在的大学生心里，所谓的爱情不过是男女双方互相爱慕，所谓的憧憬未来也不过是自己的一个梦罢了。梦醒了，一切如斯。因而，为了防止这种不好现象的发生，我们要正确面对恋爱中的问题，积极解决问题。

（一）大学生恋爱中的常见问题

现在大学生为了追求一时的欢愉，盲目从众，导致出现这样或那样的恋爱问题。不仅影响了学习，而且影响了生活，得不偿失。现在大学生恋爱问题，主要有以下几个方面。

1. 找不到心上人

在偌大的校园里，却找不到自己喜欢的人，这是一件很苦恼的事情。也许因为眼光太高，总想找一位自己理想中的且符合自己审美情趣的，可现实往往不遂人愿，现实与理想总是有很大的差距，可能这方面符合你的要求，而另一方面却让你担忧；也许自己过于内向，对自己喜欢的人怯于表白，以致错失了良机，郁郁寡欢；也许是自己过于自卑，因自己条件不好而担心被拒绝；也许是我有情，他无意等。

2. 恋爱出发点不正确

大学生谈恋爱很多都是一时性起，把谈恋爱当作是一种情感的体验，只是为了得到一时的精神享受，弥补一下空虚的心灵，找一个情感的寄托。一些人把恋爱当作打发时间的工具，只是为了充裕自己的空余时间。在大学生活中，没有了高中时为了考入理想中大学而日夜奋战的压力，身心得到了从未有过的放松，感觉生活是那么美好，却也陷入了无聊的困境中，因而就想找一位陪伴在自己身边的异性；一些人把恋爱当作结婚前的实战演习，只为了获取那一丝的满足；还有一些同学恋爱是盲目从众，看到自己周围的人都是成双入对的，难免心里不好受，因而也想找一位异性来满足自己的自尊心。

3. 不能正确区分友情与爱情

无论在社会上，还是在大学校园里，异性交往是很正常的社交行为，同时也是大学生的一个社交障碍，总是把异性之间的友情当成爱情来对待。本来很好的一对异性朋友，亲密无间、无话不谈，却因为错把友情当作爱情，误认为对方喜欢自己，产生爱情错觉，导致彼此之间交流出现障碍，彼此之间的友谊也随之消失殆尽。

4. 导致学业荒废

大学时期本是积累知识、培养能力、成才立业的时期，然而有些学生认为，大学里没有了升学的压力，因而把感情放在首位，每天回忆着和对方在一起的点点滴滴，幻想着以后的幸福时光，殊不知青春的大好时光就在幻想中溜走了。错过了完善知识结构、提高综合能力的最佳时期。导致临毕业时，别人都忙着找工作，自己却一无所长，连最基本的专业知识都不知道，根本找不到工作，可惜后悔晚矣。

5. 恋爱方式不正确

恋爱刚开始时，俩人天天粘在一起，恨不得昼夜不离，女生这边一有点事，男性就忙得不亦乐乎，虽然累，但是也不会厌烦；然而三四个月过后，感情骤然下降，特别是男性，过了新鲜感就不再考虑女生的感受，对待女友一副无所谓的态度，甚至是厌烦，殊不知这样让女友深感困惑、被忽略。导致俩人因为一点小事就争吵不休，男生抱怨女生斤斤计较，女生抱怨男生对自己漠不关心，最终导致两人感情破裂，分道扬镳。

6. 表达爱的方式不文明

恋爱中的大学生行为控制不当，在教学楼、食堂、校内小湖边、操场等公共场合若无其人过度亲密，行为不检点，表现恶劣，让同学不得不避开。这样不仅不受人尊敬，更会让人厌恶，在同学心中留下不好的印象。

7. 婚前性行为增多

在飞速发展的社会环境下，人们的思想越来越开放，特别是当代大学生，对婚前性行为的态度也发生了很大的转变。男性对此持有支持的态度，然而还是有很多女性不是特别赞成。一些女生一旦陷入热恋，就会对交往的对象过分信赖，无法自拔，缺乏控制自己感情的能力，往往抵制不了男生的一再要求，迫于压力，从而发生性行为，甚至导致怀孕而休学，给不少女生造成了心理及生理上的障碍。

8. 失恋之后难以走出

失恋后会感到心情郁闷、郁郁寡欢、食不知味、精神恍惚，进而产生颓废、堕落的心理，陷入痛苦而不能自拔，影响正常的学习和生活。有不少学生为此摧残自己的身体，甚至跳楼自杀；还有一些学生误入歧途，产生报复心理，触犯法律，将自己的一生葬送于此。

(二) 树立正确的爱情观，处理好恋爱中的问题

为了防止我们在恋爱中迷失方向，误入歧途，一定要树立正确的恋爱观，积极解决恋爱中出现的问题。

1. 提高自身心理素质

通过对爱情心理学的学习，树立正确的爱情观，消除自我的寂寞孤独感，建立一种良好的生活方式，以保证自身保持一种健康、乐观积极向上的恋爱心态。

2. 增强自信心

要增强自己的自信心，用长处去弥补自己的不足，敢于说出自己的爱，表达自己的爱，不要唯唯诺诺。

3. 树立正确的恋爱观

(1) 提倡志趣相投的恋爱。在恋爱对象的选择上，应该选择一个不仅志趣相投，思想观念基本一致，而且还必须是自己喜欢和喜欢自己的人，这样才能进一步增进彼此的感情，一起分享快乐和痛苦、共同进退。不要为了一时的冲动而恋爱，这样不仅伤害了对方，也耽误了自己。

(2) 摆脱攀比心理。大学生应该知道每一对恋人有每一对恋人的相处方式，不要盲目认为别人的交往方式比自己的好，不要认为送花的就是对自己关心、重视，不送花的就是不看重自己，事实往往不是如此，你换一个角度考虑，或许你的他(她)比较节俭，也许你的心情会好很多。因而我们要保持一颗平常心态，不要盲目羡慕嫉妒别人的交往方式。

4. 正确认识爱情与友情

在与异性交往的过程中，把握好分寸，不要逾矩，正确认识友情与爱情，不要误把友情当爱情，产生爱情错觉，以免导致不必要的困扰和麻烦。

5. 正确处理爱情与学业的关系

爱情是人生路上的重要环节，但不是我们生命的全部。正确认识爱情与学业的关系，学生就是以学习为主，其他为辅。事业是爱情的基石，学业是事业的基础，只有有了事业爱情才会稳固。因为“经济基础决定上层建筑”。

6. 发展健康积极向上的恋爱方式

(1) 恋爱双方要保持感情的持久，就要敞开心扉，经常交流一下情感问题，遇事沉着冷静，这样才能保持情感持久。

(2) 恋爱言行要文雅：交谈中要讲究诚恳，不要有虚假的行为，不能出言不逊，粗鲁谩骂，要互相理解，互相体谅；行为要得体；在公共场合行为举止要检点，不要做出过分的亲昵行为，以免带来不好的影响。

(3) 恋爱过程中要互相尊重，不可出言不逊，贬低对方，伤害其自尊心，以免影响双方感情。

(4) 恋爱中要学会控制自己的感情，不可一时冲动，意气用事。

7. 要正确认识婚前性行为

在婚前性行为的认识上，双方要达成一致，不要逼迫对方做不愿做的事，以免感情疏远，留下情感上的阴影与隔阂。

8. 提高恋爱受挫能力

大学生的恋爱会受很多因素的制约，因而在追求爱情的路上难免会遇到不少挫折，比如爱情错觉、失恋、吵架导致的心灰意冷等。当面对这些挫折时，应该采取积极的态度去应对，这就需要很好的心理承受能力，而不应该一味地伤心难过，也不能因此而堕落，陷入痛苦不能自拔。因此，我们应该提高恋爱挫折承受能力，这对我们的心理健康是非常重要的。

【情境任务训练】

一、请求与拒绝

(一) 活动目的

帮助同学掌握恋爱中的相处技巧。

(二) 活动时间

大约 20 分钟。

(三) 活动场地

室内、外均可。

(四) 活动道具

无。

(五) 活动程序

(1) 男女两人一组，面对面站好，其中一人要大声向对方表达爱意，请求对方成为其恋人，另一方要予以拒绝。要求目光直视对方，时间为 3 分钟。

(2) 互换角色。

(3) 分享：在这个活动中，你有什么感受，请与大家分享。请 4～5 位同学发言。

二、玻璃缸里的爱情

(一) 活动目的

帮助同学澄清恋爱需要，解决恋爱问题。

(二) 活动时间

大约 40 分钟。

(三) 活动场地

室内、外均可。

(四) 活动道具

纸、笔、装纸条的玻璃罐。

(五) 活动程序

(1) 给男女同学分别发一张纸片，让同学们写下爱情中最想问对方的问题，例如，对方应该承担的责任，恋爱中出现的小矛盾要怎么处理等，写好后，男女分开，放在不同的盒子里。

(2) 首先拿出女同学的纸条，选出一位女生代表全部女生向男生提问，让男生进行讨论，并回答女生提出的问题，自己能否做到上面的事情，并请几名男同学发言。

(3) 然后拿出男同学的纸条，选出一位男生代表全部男生向女生提问，让女生讨论，同样请几名女同学发言。

【思考、澄清、分享、巩固：为什么不恋爱?】

一个大三的 22 岁的小伙子，很多人问他为什么还不谈恋爱……

他说：学生时代，周围接触最多的人年龄都相仿，所以价值观都差不多，都想着将来有个好工作，有个好恋人……正因为理想差不多，所以两个人在一起会很开心，也就很容易走到一起。至于恋爱是否会影响学习，因为既有促进作用，也有消极作用，因人而异。

但是，当毕业后，由于工作的需要，两人必须长时间分开。即使分开前信誓旦旦，但以后见面的机会将会非常少。不要说你会坚守爱情，在事业的压力下你若分心就无法使自己更优秀。而在你事业低谷时，那个搀扶你一把的人，往往使你心存感激，你会发现原来这个人就是你生命中最重要的人。而你原来爱的那个人，对你由爱生恨，你反而失去一个很好的朋友。所以，现在若有人想跟你交往，估计也是看中近期的利益而没有把眼光放远于未来的人。毕竟谈恋爱就得多多少少花钱，而钱全是父母给的生活费，你都还不会赚钱，没有自己的事业，凭什么可以乱花钱呢？从某种意义上讲，是父母在帮你谈恋爱，一点都没有靠自己的力量去追求自己的所爱。和这样的人交往，你若是上进的人，早晚得分手；你若不是上进的人，她早晚得跟你分手。因为社会的竞争很残酷，不上进就意味着被淘汰。

恋人不是靠寻找的，因为在没有完全了解对方之前，对方可以为了吸引你暂时改变自己，而一旦你完全了解对方后，分手就指日可待了。所以恋爱应该是日久生情，彼此非常熟悉后自然地走在一起，甚至无需表白。不要认为对方人很好就轻易妥协，人好不是爱情的全部，你们必须为爱情的将来做打算。

如果遇到一个你深爱的女孩，而你感觉她也喜欢你，大部分的人都是直接就开始交往了。这样做的后果就是前面所说的，最后失去一个深爱的人。你应该以朋友的名义关心她，在毕业后仍保持联系，然后为了她努力工作。当你在事业上有所成就后再去找她，如果此时她仍在等你，说明你没看错人。女孩，如果一个男生他很快就喜欢上你，那么他以后也会很快就喜欢上别人的。爱情晚点来，就不会走得太早。我们并不需要靠失恋来成熟，我们应该利用别人失恋的经验成长起来。

在学校里的爱情是无知的，在社会中的爱情可能是有目的的，只有遇到逆境仍走下去的爱情才是永恒的。爱情不是和一个最适合自己的人在一起，而是遇到一个更适合自己的人时，能够坚守自己对所爱的人作出的承诺。爱情不是两个人眼睛对视，而是两个人的眼光看着同一个方向。

网上的“爱你，为你做这些事”看起来很感人，因为大部分人都不是这种爱情。爱情不是一种潮流，你要有自己的看法，在你的理想恋人未出现时，你要有毅力选择一直单身，而不是找个替代品。当你做到后，网上传的那些事，在你的爱情中是再基本不过的了。

男生，在谈恋爱时不要抱着不适合就分手的想法，一定要慎重地考虑清楚，女朋友就是你未来的老婆，结婚只不过是多一张纸而已，结婚并不是为爱情加了锁，真正的爱情从来就不需要任何的束缚。一旦你选择了恋爱，就要有一种责任感，你要为你父母的儿子、你老婆的丈夫、你未来孩子的爸爸负责！

单身并没有什么不好，你一样可以关心你喜欢的人，这样可以让大众觉得你是一个很好的朋友；而恋爱中的人，关心别人会引发醋意，从爱情观说也是对爱情不够忠诚，但不关心别人又失去很多友谊，一旦你分手了，就赔了夫人又折兵。所以现在单身，不是说你不向往爱情，而是证明你对未来的她的一份痴情。

一个优秀的人单身说明这个人足够优秀，一个再优秀的人早恋说明这人的优秀只是表面而已，真正希望对方好的，就是默默在背后关心对方。最好的承诺，不是爱你一万年，而是根本不需要承诺。

任务3　走出失恋迷雾

【情境任务描述】

阿静是个可爱、活泼的女孩，在大学刚入校第一天遇到了接新生的阳光、帅气的学长。美丽的邂逅，顺理成章地在大一下期他们确立了恋爱关系。阿静一直觉得很幸福，这样的大学比预想的更好，有她纯纯的初恋，有寝室的好姐妹，因性格开朗所以班上同学相处得还不错。一切似乎都那么完美。可是生活中没有那么多童话，她大二时，男友劈腿，原来男友对她只是一时新鲜，他的新女友是新一届的女生，一切突如其来，这是阿静的初恋，对她打击很大，她一直觉得导致这次分手的原因是自己不够好，不够优秀，变得自卑，自暴自弃。本来活泼的她变得很安静，面对事情都变得很消极，时常感到焦虑和不安，也不爱和姐妹们说心里话，精神不振，每况愈下。

【情境任务分析】

类似阿静的情况在我们大学的生活中很常见，对任何人来说，失恋都是一种痛苦的情感体验。现在我们试着体验和分析一下：

(1) 体验一下阿静失恋后的心情。

(2) 阿静失恋后，每况愈下，她为何无法自拔?

(3) 阿静和学长的爱情问题的根本在哪里?

失恋可以说是人生中一个很大的挫折，考验的是人承受挫折的能力。失恋使人产生痛苦的感觉是很自然的事，每个人都会有，只是程度有差别。失去爱会使人感到一种重要关系的丧失、一种身份的丧失，这些要一定的时间去面对和适应。

【情境任务知识】

一、失恋后的心理及行为特征

恋爱是一对男女为寻求和建立爱情而相互了解和选择的过程。交往中，一旦双方或者某一方出于这样或那样的原因，不愿再保持彼此的恋爱关系，这就意味着恋爱的终止。恋爱的一方失去另一方的爱情，就是通常所说的失恋。

无论对任何人来说，失恋都是一种痛苦的情感体验，会不同程度地造成剧烈而深刻的心理创伤，失恋可以说是人生中最为严重的心理挫折之一。

1. 悲伤、痛苦、愤怒与绝望

有的人突然失恋以后，在情感上首先会产生极大的悲伤和痛苦，随之而来的便是愤怒和绝望，很可能产生鲁莽的异常行为。如自杀、殉情、报复他人等。

2. 强烈的报复心

这种情况通常发生在一些感情受到欺骗、玩弄的失恋者身上。他们为了宣泄自己的愤怒和不满，可能采取非理智的极端行为，甚至干脆以自己的沉沦来报复社会和他人。

3. 强烈的自卑感

有的失恋者因自尊心受挫会产生强烈的自卑感，有的甚至从此拒绝爱情，性格变得孤僻、古怪，严重者有自杀念头或行为。

4. 迁怒于他人或事

失恋后，有的人易将消极的情绪迁怒于人或事物中去。如易发脾气，对任何事都觉不顺心，容易发怒，这种无端的迁怒常会导致行为偏激。

总的来说，失恋是人生很重要的转折，对于坚强者来说，有可能是一次新生；而对于脆弱者来说，可能是毁灭性的打击。有些同学可能把失恋看做人生的一个巨大的失败，是自尊心的剧烈受损，那就必然会有强烈的负性情绪体验。其实，失恋只是一种选择的结果，一个人不选择自己不等于自我就全面失败、一无是处。每个人在爱的关系中的心理需要不同，看重的关键点不同。每个人都有可爱的一面，只是个人欣赏的角度不同。

二、如何分手

在爱情路上并非总是一马平川，很多人都会经历失恋。失恋不一定是不好的事，它可能帮你避免了未来的悲剧与更多的伤痛，也使你对自己有更清楚的认识，对你的人生起到正面的作用。失恋的处理，也是一个非常有意义的学习过程。当爱情不在了，彼此该怎样分手呢?

1. 你要认识到，失恋时伤心难过是难免的

尤其是男性，不要否认、压抑自己的情绪。人们常说“男子汉大丈夫，流血不流泪”，但就是因为男性不容易面对自己的失败，该哭时不哭，有人就长久地被情感折磨着，损耗自己的生命。失恋了，就痛痛快快哭，这种哀伤是需要一定时间和措施去处理的。

2. 分手要选择适当的时间提出

有一位男大学生，他和女朋友当天晚上约会，女朋友什么都没说，回到宿舍却打电话来说分手。第二天他就要大考，而且事先没有任何的信号，所以他一下就崩溃了。因此，假如你要和对方分手，千万不要这么残酷。

3. 分手之前要有周详的考虑

尽量给对方一些准备的信号，让对方有充分的时间进行心理的适应并参与决定。单方面决定就宣布，对对方来说是不公平的。

4. 主动提出分手的一方，要勇敢地面对

不可逃避责任，也不要说“我们从来没有爱过”来自欺欺人。这是非常不负责的，也让对方受到的伤害更重。

5. 在顾及对方感受和尊严的情况下，真诚地、具体地讲出为什么要分手

千万不要用批评的态度，不要把对方的毛病都挑出来，比如说“你就是没有男子气”、“我忍受不了一个女孩这么主观，说话这么凶”。分手时，仍要尊重和体谅对方。

6. 既然做了决定，不要出尔反尔，行动不要拖泥带水

有些人喜欢说：“我虽然不再是你的恋人，还可以做你的哥哥”，这将会使痛苦延续下去，而且反映了他们的优柔寡断和不成熟。

7. 被动的一方，不要拒绝沟通

有些人在对方提出分手时就说“我不听”，电话也不接，想以此逃避。这是非常不成熟的做法。相反地，要勇敢地争取机会做坦诚的讨论。

8. 被动的一方，不要死缠烂打

有人说“你不爱我我就去死”，如果对方还不“感动”，就真的去自杀了。这是一种非常软弱、可怕的行为，因为生命太宝贵了。而且，死缠烂打，结果只会令对方变得更加讨厌自己，使自己更难受与痛苦。

9. 被动的一方不可以意气用事

有些人“自尊”过高了，就要报复、就要示威，比如头一天女朋友提出分手，第二天

他就找个更漂亮的、大家都追求的女孩子，表示自己没有受伤，“你看，你不要我，我找得人比你更漂亮！”其实这种行为非常幼稚，于事无补，还会给自己带来更多的伤害。

10. 被动的一方千万不要因此自卑

失恋只是生命中碰到的一个失败，不要以偏概全，把自己整个否定了。在感情上受伤，很容易自暴自弃，这种行为是不可取的。

11. 分手的初期最好不要见面

经常见面的话，情绪就容易被挑起来。如果是在一个教室上课，要尽量找看不见对方的角落。倘若自己主动找机会去“见”对方，实在是在折磨自己。

12. 短期的退隐行为可以接纳

比如你是学校学生社团的头儿，你失恋以后觉得自己不行，可以告诉朋友，这两三个星期你不能再来。我们要承认自己在一个很大的情绪创伤中，需要休息，需要冷静。但退隐时间不能很长，要尽快地调整自己的情绪，重新站起来。

13. 男女都可以提出分手，并非只有男的或女的主动

14. 如果你处理不了，不要死撑下去

可以找朋友，找老师，找心理咨询，找任何一个人。不要让懊恼、痛苦长期地损耗你的生命。

三、失恋的情绪调整

1. 学会定时哀伤

在剧痛期，让你不伤心，鼓励你积极奋斗是一件困难的事情。情绪不能围堵，只能疏导。因而建议每天选择一段或者数小段时间，自行从事“哀恸治疗”。在这段自定的时间里，让自己尽情地哭，痛快地写(表达)，专想痛苦的往事，甚至故意夸大事实，使自己伤心。在这段时间之外，你则要努力专注于建设性的工作。

2. 与人保持接触

千万不要因为痛苦，就把自己封闭起来，缩进阴暗的角落，不跟任何人来往。在这自我价值感低落，自信心动摇的时候，你更需要与支持自己的人接触。

3. 保持规律生活

剧痛期是一段情绪紊乱，生活遭逢巨变的风暴期，你如果能努力保持生活规律，建立秩序，就能有效地减轻分手的痛苦。

4. 学会理性的思考

要用理性的思考方式取代非理性的思考方式。多数分手的朋友在分手之后都会陷入一种思维的误区，比如认为自己彻底的失败了，自己永远不能幸福了，而且久久地不能自拔。其实这是我们的思维在作怪，谁说分手就是失败呢？科学验证并没有说一个人单身就不幸福，结婚的人就会幸福。面对这些思维的误区我们要学会反驳，用理性的方式来代替这种自动思维。

5. 适度的表达情绪

在剧痛期适度地表达情绪，能加速心理创伤的愈合。勉强压抑痛苦的情绪，表面上装

成毫不在乎结果，不但不能延缓适应，也可能形成新的心理问题。所以不要压抑自己的情绪，适当的时候让自己冒点险流露出真情，让别人看到你坚强和软弱的不同面貌。

6. 不妨发泄心里的苦闷

任何人，不管凡夫俗子或英雄豪杰，碰上情场败北时，难免英雄气短，泪洒衣襟。此时想哭而不敢哭，甚至强颜欢笑，表面上看起来似乎“壮烈”，其实对身心的伤害非常大。

任何人都有哭的权利，尤其是在失恋时不能在众人面前哭的人，也应该找个地方私下痛哭一番；不习惯大哭一场的人，也不妨让自己的眼泪尽量流出来。

7. 不可死缠烂打

失恋时，为了挽回局势，绝大部分人都会有找对方好好谈谈的冲动。其实这个时候找对方好好谈的心理动机是“我们再谈一次，我们可以澄清所有的误会，然后我们会合好如初”，这就是为什么情场中的最后谈判总是永远谈不完的主因。

问题是这种不死心的态度换来的却是对方愈来愈多的不耐与厌烦。正确的做法应是赶快走，走得愈快、愈果决、愈主动，自己挽回的面子愈多，对对方所造成的震撼与吸引力愈大，这就是“不纠缠”。

8. 理智地分析毛病出在哪里

痛苦一阵子后，应该理智地面对自己，分析一下到底毛病出在哪里。既然分手已是事实，就要面对现实。记住，这不是是非对错的问题，而是适合不适合的问题。看看哪些是改不了的，下次找恋人时就找那些比较能适应自己“特质”的对象。

9. 不要怕别人知道你的处境

失恋时最尴尬的事是尽人皆知的情场分手，对于一个被抛弃的人，他/她最难处理的事是不知如何跟局外人解释为何被抛弃。一般人都会用一些奇怪的不成熟理由来搪塞。

如果懂事的朋友装着了解而不好意思再详问下去，带着一点疑惑的眼神离开，失恋者还勉强可以忍受；万一碰到一些喜欢打破砂锅问到底的人，常会问得当事者尴尬异常，心情越加难过痛苦。

若有人在失恋时还装着“我与爱人正在热恋”，这种心理就有一点病态了，建议失恋时不要怕别人知道，甚至可以主动让别人知道，此时，若是你觉得别人问长问短、婆婆妈妈让你受不了，你不妨试用以下公式：“某某某，我向你宣布一个不好的消息，我被抛弃了(我分手了)，对方已另有对象。我现在很难过，但是我相信几天以后就会好一点。请你不要问我为什么，我们不要再谈这些好吗?谢谢。”然后回去痛哭一场，你就会发现失恋没有那么可怕。

10. 学会自立自强

失恋者在初期最常见的反应是丧失信心、自怨自艾、愤愤不平，觉得无脸见人，或自甘堕落、逃避现实、报复之法不可取，而自己灰心丧志，每日以泪洗面，误了正事，状似可怜，其实也是败笔。

因为这些举动，只是使对方更加得意忘形，对自己没有丝豪的好处。处理失恋后的愤愤不平，最好的方法是好好过日子，自立自强，活得比以前更好，努力使日后的学业、事业更加进步、发达，将来娶(嫁)一个比原来更好的对象。

【情境任务训练】

一、你比以前快乐

(一) 活动目的

帮助同学们学会面对与处理失恋困扰，学会有效解决失恋问题的方法，快乐面对未来生活。

(二) 活动时间

约60分钟。

(三) 活动地点

室内。

(四) 活动道具

失恋情境故事若干个。

(五) 活动程序

(1) 角色扮演：邀请两位同学，以以下情景为主题，进行角色扮演。

情景一：你和他谈恋爱半年后，发现他脾气不好，打算与他分手，但他不同意，并以武力威胁，你如何处理?

情景二：你与她相处1年了，但你认为你们两人不合适，想与她分手，她却坚决不肯，并以死相要挟，你该怎么办?

情景三：你与她同学3年，一直暗恋她，令你寝食不安，你该怎样办？当你的邀请被拒绝时，你又该怎么办?

(2) 老师和同学共同讨论，角色扮演中失恋者的表现、处理方式是否得当。

(3) 角色扮演：一位同学劝慰一个失恋同学的经过。

(4) 老师和同学共同讨论，角色扮演中劝慰者的表现是否合理、得当。

(5) 讨论：如何摆脱失恋的痛苦？不做恋人可以做兄妹？如果恋爱中遇到一个条件更好的异性向你表白，你如何处理？当你发现你的恋人背着你又与其他人恋爱时，你该怎么办?

二、爱情拍卖

(一) 活动目的

帮助同学们探索自我爱情观，提高爱的能力。

(二) 活动时间

约50分钟。

(三) 活动场地

室内。

(四) 活动道具

爱情价值海报一张、拍卖锤。

附表：爱情价值海报(在与异性交友过程中，你最盼望得到什么？)

项　目	顺　序
1. 可以和他(她)分享生活中的点点滴滴	
2. 可以因他(她)而扩展生活领域	
3. 可以和他(她)相知很深	
4. 可以和他(她)共同建立一个家庭	
5. 可以因他(她)提携，激励而成长进步	
6. 可以多一个工作伙伴	
7. 可以获得爱和支持的感觉	
8. 可以享有和他(她)的美好性生活	
9. 可以有他(她)随时随地陪在身边	
10. 可以和他(她)一起赚很多钱	
11. 可以有照顾和爱他(她)的付出感觉	
12. 可以因他(她)而生活更有变化	
13. 可以有他(她)照顾生活起居	
14. 可以和他(她)一起生儿育女	
15. 可以因他(她)而增加生活乐趣	
16. 可以因他(她)而获得安定感	

(五) 活动程序

(1) 给同学们展示爱情价值海报，询问是否有人要补充项目。

(2) 开始拍卖，一人有100万元，由老师进行拍卖，叫价以一万元为单位，至16项卖完为止。

(3) 拍卖完，讨论下列题目：

① 各买到何者。

② 经何考虑而买到自己所得之项目？是自己所需或喜欢的吗？

③ 根据我们对每一伙伴的认识，认为他会买该这项吗？为什么？

④ 若重选一次，结果会相同否？如何选？

⑤ 让选相同价值者合成一组讨论其合适度及理由，找出自认为异性交友应带给的价值功能，用其他方式可否获得？

(4) 当你的价值与你的男(女)朋友相冲突或不同时，怎么办？

(5) 若以人生目标来看，会和爱情价值观相同吗？工作、爱情、亲情、朋友、嗜好，何者最重？

【思考、澄清、分享、巩固：失恋首先是一种幸运】

失恋首先是一种幸运，其次才是不幸。失恋，证明我们真正地爱过了。如果没有的话，也就无所谓失恋。要知道在这个世界上，一辈子都没有真正爱过的人大有人在。同这些人相比，在人生中我们已经赢得了让人羡慕的一分。尽管后来失去了，但是我们的人生已由此变得丰富，感情由此变得深沉，气质由此次变得成熟。恋爱是一次已完成的选择，失恋面对的是即将而来的选择。在以后的日子里只要有一个能与你心心相印的人。我们就可以回头对岁月说：谢谢，我庆幸那次失恋。真的别那么伤心，或许那个真正给我们幸福的人，正在不远的前方等待。解决失恋的最好办法就是微笑，对自己、对别人、对对方，这对谁都有好处。我不赞同那些失恋就大呼小叫、痛骂自己，感到自己是世界上最无助的人；也不赞赏那些失恋后就谩骂对方，说对方是没有眼睛的低能儿的人。这都是不明智没有头脑的人，要知道，失恋对双方的打击都是一样的，这样只能增加自己和对方不必要的痛苦，而且也根本不能解决什么。看清自己，理解别人，走自己的路，不要灰心；祝对方好运，不要愤恨。不要做狗熊，做一个真正的人！ 解决失恋最好的方法就是忘记。忘记恋爱中的快乐、幸福，忘记恋爱中的失落、痛苦。但不要强迫自己去忘记，越是这样越容易想起。当你不再想起他，也就不会再有任何失恋时的感受了。到那个时候，你便会坦然地面对，想起她时：你会感叹一句："哦，原来我曾经爱过她。"失恋证明他(她)不是你这一生真正要相伴的人，试着让自己想开些吧！没有的东西总是会没有的。有时候你追求一件东西怎么都追不到，因为它不属于你。相反的，有时候一件很好很好的东西会自然而然地到你身边，因为这就是你的东西！不论怎样，我坚信，朋友们，和自己心爱的女孩分手这对于男人来说是最为痛苦的事情，因为失恋就意味着所有的爱情投资都在这一刻成为茫然和没有任何意义的东西。而且你简直不敢想象你没有她会如何生活下去。可是真正的男人不会这样来看这个问题。假如对方根本不去想象你是否能够接受的时候，那么就不会有失恋了，因为排他的爱情中对于已经不愿意再往自己身上进行爱情投入的时候，任何的物质给予就变得没有任何意义了。

任务 4　是否将爱情进行到底

【情境任务描述】

安全套自动销售机进校园

- 1999 年 7 月，安全套自动销售机进入上海交通大学，校方将机器挂在学校医务室的 2 楼。
- 1999 年 8 月 23 日，安全套自动销售机进入清华大学，引起争议。
- 1999 年 10 月底，安徽大学有了安全套自动销售机。
- 2000 年 3 月 2 日，武汉首家高校性保健用品商店在武汉工业大学校园宿舍生活区内开张。
- 2000 年 4 月 3 日，新疆大学校园的自动售货机里出现安全套，遭到学校部分领导和学生强烈反对。校方当即给售货机断电，还要求售货机所属公司道歉，并接受经济处罚。一时间，因大学校园售货机中出现安全套一事而引起的风波在新大校园闹得沸沸扬扬。
- 2000 年 4 月中旬，安全套自动售卖机悄然进入南开大学。
- 2011 年 9 月上旬，南京市栖霞区计生局在仙林几所高校进行青春健康教育工程时，曾向校方建议在校园内安装安全套售卖机，得到清一色的反对票。

【情境任务分析】

大学里到底该不该安装安全套自动销售机呢？是个问题，不能以一句“存在的就是合理的”来敷衍了事。你认为大学里应该安装安全套自动销售机吗？为什么？

谈到爱情，不能不谈到性。正如瓦西列夫所说：“爱情是本能和思想，是疯狂和理性，是自发性和自觉性，是一时的激情和道德修养，是感受的充实和想象的奔放，是残忍和慈悲，是餍足和饥渴，是淡泊和欲望，是烦恼和欢乐，是痛苦和快感，是光明和黑暗，爱情把人的种种体验溶为一炉。”

【情境任务知识】

一、青春期性心理的发展

一般认为，青春期性心理的发展大体上经历三个时期。

(一) 异性疏远期

这一时期也称为性发育早期、性紧张期，在青春期开始时，少男少女对性的差异非常敏感。第二性征的出现，在他们内心深处产生了春情萌动的朦胧感觉，对两性关系似懂非懂，对性知识、性行为一知半解。将异性的生理差异与男女之间的关系看得神秘，在与异性的交往中显得羞涩、忸怩和不自然，心中好像潜藏着无数秘密，内心有相互吸引之力却在表面上表现得相互疏远。有畏惧感和似曾相似感，暂时疏远。男孩会表现出潜意识的紧张心理，如口吃、挤眉弄眼；女孩则表现得情绪不稳定，我们说的少女伤春就是指这段时期的心理特点。

(二) 异性接近期

在完全进入青春期后，随着生理机能的进一步发展，生活阅历的增加，青少年对异性关系有了进一步的了解和认识，对性意识的情感体验也开始有了新的变化。他们不满足于对异性朦胧的、泛泛的好感和爱慕了，而是希望通过与异性交往，有选择地寻找心中的白马王子和白雪公主。这个时期的特点是：喜欢与异性在一起活动，力求成为异性眼中有吸引力的人；两性的畏惧感、陌生感消失，强烈的相互吸引和接近，会采取接近异性的曲线方式。男生喜欢高谈阔论以引起注意；逞强、做危险动作，表现男子汉气概，甚至起哄、开玩笑、恶作剧，目的是引起女生的注意。女生则表现出单相思，钟情妄想，用打扮、声调、细微的关心和体贴吸引对方，有的以成年人作为崇拜和模仿对象。由于青少年缺乏接近异性的经验，不知如何表现自己，往往做法不得体；两性都会表现出狂热追星以释放内心对异性的渴慕之情。

(三) 异性恋爱期

进入青春后期后，性生理完全成熟，性心理在逐渐成熟，自我意识、思维和人格都在积极发展。生活领域也日渐广阔，对恋爱的理解和认识更加深刻，对恋人的寻觅更加迫切，对异性的态度也逐渐客观。此时，男女青年开始对异性展开主动积极的进攻。男女青年尽量在异性面前展示自己的长处与才华，以引起对方的关注。由于受社会文化的影响，男性在恋爱的表达方面更加主动、大胆、直率而且热情奔放；女性更加含蓄、深沉、妩媚略带羞涩和矜持。青春期性发育完成后，进入“两性恋爱期”。从泛泛的异性爱慕过渡到钟情于某个人；直接而热烈，追求技巧成熟；一旦碰壁，心理挫折感强烈。

二、大学生性心理的基本特征

（一）渴望了解性知识，性意识进一步加强

进入大学，大学生更加积极主动地关注自我发展，也包括自身的生理与心理。由于个体家庭教养方式、成长环境及个体差异的存在。对性意识的关注也不尽相同。有的大学新生对性知识的了解较少，渴望通过科学的途径了解自身。有的学生通过自慰性行为解决自身的性冲动。有的学生因性知识匮乏而带来不必要的心理焦虑。

（二）性冲动及其释放

性冲动是指由于性刺激引起大脑皮层的活动，产生性欲，再通过大脑皮层向身体组织发出指令。性冲动是一个健康、正常人自然和本能的行为表现。性冲动不一定产生性行为，人是通过意识调控的：通过大脑调节性行为，人有社会性，遵守社会行为准则，有人格和尊严，尊重他人意愿和抉择，人对社会有责任和义务，法律约束等。在心理尚未成熟前尽量减少声、光刺激；不接触黄色、淫秽读物；适时接触性刺激；锻炼理智和克制能力。

（三）性冲突和性压抑

一方面，生长趋势使得性发育年龄不断提前；另一方面，学业需要和事业及社会环境的要求，结婚年龄不断推后，出现漫长的“性等待期”。与此同时，日益开放的社会文化既满足了大学生对性的了解与渴望，又使大学生性的冲突加剧。在繁重的学业任务与就业压力及校纪校规的约束下，大学生的性不可以也不能自由地发挥。事实上，适度性压抑也是社会文明与进步的体现。但性压抑不是一味地压制，而是通过适当的释放、转移、升华得到合理的疏导。

（四）渴望性体验

由于性激素的作用，大学生更加渴望得到恰当的性体验，如与异性交往。在男女交往过程中，由于性激素的作用，恋人中双方的亲吻和抚摸都会引起性欲望和性冲动。感情的闸门在巨大的性压力下显得极其脆弱。有的通过自慰性行为如性梦、梦幻想、性自慰加以调节，而有的则通过性行为得以实现。

三、大学生常见性心理问题

（一）与异性交往不适的困扰

在青年大学生中，如果没有与异性交往，不仅生活单调乏味，而且会在一定程度上影响个性的成熟、社会适应能力的养成。但是，一些大学生在实际的交往过程中，却存在着种种困惑与问题。

有部分大学生由于传统观念的影响，头脑中还残存着一些男女授受不亲的封建观念，虽然是少数，但其行为尚有一定的影响。还有的大学生由于性格内向，缺乏自信而不敢与异性交往。所以，他们不积极与异性交往，久而久之就害怕与异性交往，紧张与羞怯使其

在交往中局促不安，严重者会产生异性恐惧症。一方面，青春性意识萌发，有强烈的接近异性的冲动；另一方面又受错误观念及现实能力的制约，内心冲突又加剧了异性交往的紧张。这种恶性循环使得这一部分大学生不能结交异性并维持情谊，致使自己沉浸在孤独、痛苦的情绪体验之中。

还有一部分大学生，在与异性交往的过程中，受西方性观念和性思潮的影响，随意与放纵的倾向较严重。他们认为谁与异性交往的广泛、频繁，谁就更有“魅力”、更有“本事”。于是，他们往往不分对象、不加选择，轻率地与各种类型的异性交往。有的大学生使用不适当的方式，甚至采取性挑逗的手段与异性交往。这种异性交往的观念与态度最终使他们陷于两难境地，严重的影响自身的心理健康。

(二) 性行为失当的困扰

大学生的性行为失当主要是边缘性性行为和婚前性行为。大学生边缘性性行为和婚前性行为的发生率也占有一定的比例。边缘性性行为包括青年或少年期的游戏性性交，青春期及青年期的接吻、拥抱、抚弄性器官等。这些性行为，如果他们不能给予较好的控制和应对，则会导致心理的困扰和心灵的伤害。一些资料显示，有边缘性性行为的学生中，约1/4 的男生和 1/2 的女生在事发之后会心里不安、烦恼、自卑、自责、恐惧等，严重地影响他们的学习、生活、交往。

大学生的婚前性行为一般有三个特点：一是突发性，往往在无心理准备的情况下突然发生；二是自愿性，而又非理智性。青年学生大多在自愿而又不理智的情况下发生性行为；三是反复性，一旦防线冲破，便可能反复发生。大学生出现婚前性行为，常为社会、家庭和道德所不容，容易引起心理困扰，不仅有认识、观念上的困惑与自我矛盾，还可能动摇其自我评价和对未来的信心。特别是未婚先孕给女大学生会带来更大的身体和精神上的痛苦。据调查，在婚前性行为的学生中，事发之后，心理上严重不安、自我否定、恐惧焦虑的男女学生均占 82.2%，对该性行为持有害评价的男生占 37.0%，女生占 82.2%。可见，在大学阶段发生性行为是一种对当事人的心理影响严重、社会问题多的有害行为，应引起大学生的高度重视。

(三) 对自己性别认同的困扰

性别认同是指个体在生理上觉得自己是男是女，以及对自己现有性别的喜恶和是否有选择相反性别的倾向。据中国青年报报道，一项涉及中国 22 个省区市、38 所大学、1.5 万名学生，包括近 140 个性健康教育问题的大学生性健康教育调查显示：90%以上的男生对于自己的性别满意度较高，而有超过 1/4 的女生表示在可能的情况下愿意改变自己的性别。专家们认为，这一数据可能与我国现在升学和就业竞争压力过大有大。以上结果表明女大学生在性别上自贱心理较男大学生严重。男女大学生对自己性别认同中的问题，影响着自己性别角色的社会表现。

四、大学生常见性心理问题调适

(一) 性心理健康的标准

1. 有正常的性需要和性欲望

任何一个成熟的个体，都应该有正常的性需要和性欲望。性需要和性欲望是能够获得性爱和性生活的前提条件。一个人如果没有性欲望，就不会有性爱和和谐的性生活，性心理就无从谈起。但性需要和性欲望并非都是正常的，有的人的性需要和性欲望很强烈，但很古怪，见不得人，如恋物癖等。正常的性需要和性欲望的标志是性需要和欲望的对象是指向成熟的异性而不是同性或以物品为替代物。

2. 能够正确认识自我，愉快地接纳自己的性别

一个性心理健康的人，能够正视自己性心理的发育和变化，会自觉地融入社会这个大背景下认识自我，能客观地评价自己和他人，并乐于承担相应的性别角色。不仇视自己的性别，能以坦然的心理接受自己，能理解性别是父母给的，我们不期求改变它，而注重在社会化的过程中优化自己的性别心理。

3. 性心理特点和性行为符合相应的性心理发展年龄特征

人在不同年龄发展阶段，其心理特点与行为特征是不同的。但是，一个正常发展的人，他的心理特点与行为特征必定符合他的年龄发展阶段。在性的成熟过程中，性心理特点和性行为以及性心理发展的年龄特征要求是相符合的。如果一个人的性行为与其性心理发展不协调，或严重偏离同龄人的特征，那么，他的性心理就不健康。

4. 能和异性保持和谐的人际关系

随着性生理与性心理的发育和成熟，个体自然而正常的性要求就是与异性交往，并能保持良好的关系。性心理健康的个体，能够在日常学习生活中，与异性进行自然的、符合社会规范要求的交往。在彼此的交往过程中，保持独立而完整的人格，有自知之明，做到互相尊重，互相信任，得体大方。

5. 性行为符合社会道德规范

性心理健康的人具有一定的性知识和性道德修养，能自觉地去分辨性文化中的精华与糟粕，淫秽与纯洁，庸俗与高雅，谬误与真理，自觉抵制腐朽没落性文化的侵蚀，并以自己文明的性行为、性形象去增进社会风尚的文明。

(二) 维护性健康的途径

1. 科学地掌握性知识

大学生一般缺乏规范的性健康教育，应该选择阅读一些正规出版发行的性生理和性心理方面的科普书籍或一些性社会学、性伦理学、性法律学等专门论著，使自己构建合理的性知识结构。其次，应该请教已具备了性知识、性经验的父母、性教育工作者或有关医生。这样，有助于帮助自己消除误解，解除心理负担，进而避免自卑、自责的不良情绪。一些大学生受传统观念影响，有了性的困惑不愿意向家人、老师、医生求助或探讨，而是在地摊、网上寻找有关性的知识内容，这些内容往往是“黄色”的、淫秽的、不科学的、富有煽动性的。这样，不仅不能帮助大学生掌握健康的性知识，还会给大学生性心理和性行为的形成带来畸形冲击。

2. 积极进行自我调节

首先，正确认识，端正思想。正确对待性冲动，接受性冲动的自然性和合理性；学习性生理、性心理的有关知识；了解青春期性意识的发展规律；树立科学与健康的性意识观念；提高感官刺激阈限，培养挫折耐受力。青年歧视性欲望、性冲动、性兴趣频繁出现的

时期，应努力培养自己的性抑制力，以便适应复杂多变的文化环境和生活环境。既要遵从人的自然本性，又要符合道德规范，还必须加强法制观念；防止自己在两性吸引和性欲冲动中，以及在偶然诱因影响下的冲动或越轨行为。性是每个人的事情，谁都不能回避，但性又不只是每个人的事情，处理不好，便会给个人、他人和社会带来严重的破坏性影响。

其次，积极导引，良好适应。要大方而潇洒地与异性交往，男女交往有利于性压抑的减缓，有助于培养大学生健康的情感，从而调节深层的本能，使之趋于高尚。但是，在与异性交往中，要注意摆脱低级趣味，不要限于身体的吸引；尤其是不要与庸俗的异性接触，避开一些人在物质、精神、肉体等各方面的诱惑。正确处理学习与爱情的关系，顺其自然地处理两性关系，不必刻意追求，如果为了满足自我的需要而刻意去追求，甚至不顾一切的恋爱至上，则是不可取的。

通常，性心理困扰的直接后果是自卑、自责和自我否定的倾向，它不仅影响学生的情绪，也会影响学生的人际交往和学习效率。所以一旦发现自己存在性心理问题，应及时处理。许多大学生的性心理困扰是源于对自己性身份、性幻想、性欲望、性冲动的害怕。因此，最好找知心朋友交流，一方面宣泄自己的不良情绪，另一方面获得一些如何应对青春期烦恼的信息和经验，有助于自我调节。必要时可找心理专家咨询，消除心理困扰。对一些较严重的心理问题，比如失恋后的自贬心理、性心理变态等，向心理专家咨询更具实效性。

(三) 拒绝黄色诱惑，预防性病和艾滋病

1. 拒绝黄色诱惑

人们常把淫秽书刊、淫秽录像对青少年的腐蚀和毒害比喻成“精神毒品”和“杀人不见血的软刀子”。在淫秽书刊、淫秽录像面前，不仅天真无邪的青少年，就是有知识、有文化的大学生，甚至是成年人也难以抵御。有关专家认为，淫秽物品之所以导致人堕落或犯罪，是由于它能够摧毁人的心理防卫机制，这种防卫机制主要由社会的思想道德观念、法制观念构成。由于它是建立在性禁锢基础之上的，所以在各种黄色诱惑下，就显得非常脆弱，极易被摧毁。几乎所有的淫秽出版物，都是在直接或间接地宣扬性自由、性开放的主张，并通过活生生的形象表现这种开放的、毫无节制的自由放纵。诱惑人忘记一切社会规范，为了满足性欲，变得疯狂与不择手段。因此，正在成长中的大学生应自觉地抵制黄色出版物的侵蚀，保持健康的性心理。

2. 预防性病和艾滋病

常见性病有梅毒、淋病、软下疳、性病性淋巴肉芽肿、非淋菌性尿道炎、尖锐湿疣、生殖器疱疹和滴虫病等。据世界卫生组织(WHO)报道，性传播疾病传染的速度非常快，估计世界上每秒钟就有 4 人会感染上性病病毒，易感人群是 20～24 岁的青年。性传播疾病已成为世界性的公害。

艾滋病——全称为获得性免疫缺陷综合症(AIDS)。这种病是有一种名为“人类免疫缺陷病毒”导致的性传播疾病。这种病主要损害人体免疫系统，破坏人体的抵抗力。随着全球艾滋病流行重心逐渐向亚洲转移，在我国的蔓延趋势也十分严峻。艾滋病的传播途径一般是性接触传染；血液和器械传播；母婴直接传染；身上的皮肤或黏膜的破损伤口接触等传染。

性病、艾滋病不仅仅是一种生理上的疾病，还是一种社会性的疾病。它和人们的道德自律、性生活的检点以及吸毒、卖淫、嫖娼等社会性的丑恶行为密切相关。正在成长发展中的大学生应该加强道德自律，洁身自爱，杜绝吸毒、性错乱等社会的丑恶行为，这样才能远离性病和艾滋病，保持身心的健康，也为将来的幸福生活奠定美好的基础。

五、婚前性行为及其危害

(一) 婚前性行为基本现状

婚前性行为是没有配偶的男女之间在未履行结婚登记手续的情况下发生的两性关系，是一种违反婚姻与性相统一的法律原则的婚外性行为。婚前性生活体验的上升趋势是带有世界性的，自 20 世纪 60 年代以来，西方各国婚前性行为泛滥，未婚母亲和非婚生子女增多，造成了严重的社会问题。对婚前性行为持肯定态度的人认为，只要男女两相愉悦就可以发生性关系或者在一起生活。基于传统性道德的约束，中国大多数人对婚前性行为持否定态度，但在实际生活中婚前性行为却大量存在。

性科学研究按照性欲满足程度的分类标准，将人类性行为划分为三种类型：一是核心性性行为，即两性性行为；二是边缘性性行为，如接吻、拥抱、爱抚等；三是另类性行为。

婚前性行为属第一种范畴，它是指男女双方在恋爱期间发生的性交行为。其特点是双方自愿进行，不存在暴力逼迫；没有法律保证，不存在夫妻之间应有的义务和责任；容易产生一些纠纷和严重后果。在我国，婚前性行为是被社会舆论、道德所反对的，是不允许的，“是一种性罪错”。大量资料表明，婚前性行为的主动者多是男性，但其直接受害者却是女性。由于这种行为是男女双方自愿进行的，各自都存在一定的心理动机。为了维护女性的利益，促进婚姻的和谐与社会的文明发展，我们应当建立正确的性道德观念，尊重家庭，尊重婚姻。

(二) 婚前性行为产生的原因

1. 婚前性行为产生的主观因素

(1) 恋爱中双方过于亲昵无法抑制性的冲动。

(2) 恋爱期间一方恐怕另一方变心，有意造成性关系的事实以便达到与另一方结婚之目的。

(3) 青少年出于好奇心和性体验心理。

(4) 要求结婚但不符合法定条件便先同居而后登记。

2. 婚前性行为产生的主要社会原因

(1) 人性的解放、婚姻观念的改变、避孕用品的发展使社会对婚前性行为较以前宽容多了，青少年男女对于性关系发生的担心和顾虑大大减少。

(2) 大众文化传播媒介过多渲染情爱，对青少年的性刺激大为增强。

(3) 性成熟期提前，性欲望的实现与婚龄到来之间有一个较长的等待期，使性生活提前成为可能。

(4) 社会的都市化，家庭在青少年进入社会的过程中的重要性下降了。

(5) 性价值、性道德教育远远跟不上社会发展的需要，社会对性行为的监督弱化了。

(三) 婚前性行为的主要危害

婚前性行为破坏了传统道德，使婚姻家庭关系的基石受到破坏。婚前性行为的发起者绝大多数是男性，而直接的受害者却是女性。有婚前性行为的女性不仅受到社会舆论的压力，且受到男性精神上的打击。在中国很少有男性愿意娶有婚前性行为的女性为伴侣，当男方知晓女方有这类问题时恋爱关系常被立即中止或使婚姻关系严重恶化。

影响了人际关系。在性行为上的松弛往往造成对婚姻采取轻率态度，一些婚姻关系被“露水夫妻”所代替，即使结婚以后也会隐藏危机。如有的因有婚前性行为，婚后夫妻间互相猜疑对方另有外遇；也有的因婚前有性行为，婚后恶习不改另求新欢造成家庭破裂。

造成女方心理上的压力。女方常感受到各种压力和指责而产生自卑心理，如果与婚前发生性行为的男子结婚，随着时间的流逝女方的心理会逐渐平静；如果怀孕以后又被抛弃，对她的一生则可能产生重大影响，心里留下一片永远抹不去的阴云和创伤，她可能对男性产生敌意选择独身主义；或者改变自己的道德观、价值观而“破罐子破摔”；或者以自杀逃避现实；或者仓促与他人结婚以遮丑。

给生育带来问题。有的人因为多次流产造成终身不育，即使今后生育也易于发生产科并发症。一些婚前性行为造成非婚生子女受到社会歧视，也给社会带来沉重的包袱。

不能协调性关系。许多事实证明，婚前同居者并未在家庭生活中显示出优越性。婚前同居往往只有性关系没有经济和其他方面的关系，因此这种关系并不稳定，同时也会出现另一个极端的变化。原来恋爱双方相互平等、自由选择的关系被婚前性关系所破坏，男方认为女方再也离不开自己故对其态度随便、任意支配。相反女方则因委身于对方，害怕或担心男方变心，故对其一再迁就、容忍，即使男方有较大缺点也不得不将就成婚，有些人更是因怀孕而完婚，并非出于两人的真正爱情，婚后难免不发生悲剧。

婚前性行为不经过身体检查很容易传染疾病殃及双方及下一代的健康；不能受到法律保护给有些坏人以恋爱为名而行玩弄女性之实以可乘之机。

(四) 婚前性行为的避免措施

要强调的是：避免非暴力性的婚前性行为的主动权掌握在女子手中，作为女性来讲，应该充分认识婚前性行为的危害，需要自尊、自重、自爱，要拒绝男方的越轨性要求，阻止婚前性行为的发生。

有人认为婚前性行为及性观念的开放与赞成人士的“时代论”不同，它实际上是个人选择的结果，与社会、时代发展无关。具体阐述如下：

一是婚前性关系容易使男女两人在结婚前分手。有些女孩因为怕失去心爱的男孩才勉强献出自己的肉体。结果常常适得其反，萧特博士说：“如果她坚持最后一道关防，也许更容易把他挂住。”

二是许多男人不愿娶一个跟别人发生过性关系的女孩，萧特博士说：“有些男人一直在尽量大的努力减少总人口中处女的人数。但是到了结婚的时候，他们却不肯要一个‘旧货’”。

三是发生婚前性关系的女孩，婚姻生活比较不快乐。萧特博士说“婚前性关系次数越多，婚后的生活越不快乐。”

四是发生婚前性关系的女孩，离婚率较高。这是第三项的自然结果，婚姻生活不快乐是离婚的重要原因之一。

五是在婚前发生过性行为的女孩，婚后容易对丈夫不忠实。容易发生婚姻外性关系。她们红杏出墙的机会是婚前没有性经验妻子的两倍。

六是在婚前发生性关系，可能会使少女嫁给不合适的人。“性能够使你盲目”，某些少女也许相信她已找到真正的爱，事实上使她和男友结合在一起的力量是性而不是爱。

七是有婚前性行为的女孩，婚后的性生活常常比较不满意。结婚前没有性经验的女性，婚后性生活显得比较美满。

【情境任务训练】

一、性的描述

(一) 活动目的

澄清自己对性的认识，树立健康的性意识。

(二) 活动时间

大约 30 分钟。

(三) 活动场地

室内、外均可。

(四) 活动道具

性的描述词挂图。

(五) 活动流程

(1) 全班同学男女生分别分为 6～8 人的若干组。

(2) 从下面词汇中找出你认为与性有关的词汇。

① 快乐　② 好玩　③ 污秽　④ 生育　⑤ 恐惧
⑥ 爱　⑦ 美妙　⑧ 信任　⑨ 羞耻　⑩ 不满足
⑪ 委身　⑫ 忠贞　⑬ 尴尬　⑭ 压力　⑮ 例行公事
⑯ 表现　⑰ 欢乐　⑱ 实验　⑲ 释放　⑳ 难为情
㉑ 舒服　㉒ 无奈　㉓ 罪　㉔ 厌恶　㉕ 内疚
㉖ 无助　㉗ 享受　㉘ 压抑　㉙ 乏味　㉚ 满足
㉛ 美丽　㉜ 征服　㉝ 沟通　㉞ 禁忌　㉟ 亲密
㊱ 融洽　㊲ 遗憾　㊳ 自卑　㊴ 自信　㊵ 和谐

(3) 小组讨论：

① 你选了哪些词汇？

② 为什么这些词与性有关？

③ 你的感觉是以负面为主还是正面为主？

④ 性的目的是什么？应该等到婚后再发生性关系吗？为什么？

(4) 小组总结陈词：

① 本组选择频率最高的是哪些词汇？为什么？
② 小组同学的感觉是以负面为主还是正面为主？
③ 小组同学认为性的目的是什么？应该等到婚后再发生性关系吗？为什么？

二、生理亲密度

(一) 活动目的

加强大学生对自己生理方面的常识的认识。

(二) 活动时间

约 35 分钟。

(三) 活动场地

室内为宜。

(四) 活动道具

《生理亲密度问卷》。

(五) 活动程序

(1) 请同学们认真填写《生理亲密度问卷》，然后一一讨论。
(2) 男女性行为可至何种程度？可否同居？可否婚前性行为？
(3) 如何避免发生例如怀孕堕胎、婚前同居后分手等憾事？

生理亲密度问卷

国内调查大学生对自己生理方面的常识普遍不足，造成男女交往上的困扰，请试着回答下列问题，看看你是否也是“少数民族”？

1. 一般女性排卵是在(　　)。
① 每个月经周期的同一时候　② 约在下次月经来的前 14 天
③ 约在月经来之后一星期　④ 从上次月经第一天来潮约 14 天
2. 完整的处女膜是(　　)。
① 是封闭的薄膜　② 膜上有一个或数个洞
③ 没有性行为的表征　④ 月经来潮时疼痛的原因之一
3. 男性割除包皮的目的在(　　)。
① 避免包皮过长，妨碍精液射出　② 避免因包皮过长，不易清洁
③ 在性行为方面可以有较好的持久力　④ 可使性欲增强，对性刺激敏感
4. 男性梦遗(　　)。
① 可能是因为身体太虚　② 可能会导致精力耗损
③ 可能是因为性器官受压迫　④ 可能是因为手淫过度
5. 精液是(　　)。
① 内含精子的无味道透明液体
② 经由睾丸、附睾、输精管、尿道而通往体外
③ 由输精管所制造

④ 只要男性不断受刺激，就可以无间歇射出

6. 性高潮(　　)。

① 与受孕机率有关　　② 会因焦虑而加速或减慢

③ 是性行为的主要目标　　④ 每次性交，男性有数次高潮，而女性较难

7. 结扎是(　　)。

① 暂时的避孕措施

② 男性结扎是切除输精管，女性结扎是切除输卵管

③ 男性结扎较女性结扎容易且不易有副作用

④ 男性结扎后即不射精，女性结扎即无月经

8. 避免性病的预防措施(　　)。

① 性交后即刻小便或以肥皂、温水清洗阴部　　② 性交时戴保险套

③ 不从事不正常的性交活动　　④ 以上皆是

9. 男女性器官基本构造有其相似之处，例如(　　)。

① 卵巢—睪丸　② 阴蒂—阴茎　③ 大阴唇—阴囊　④ 以上皆是。

10. 男女生接触过程中，何种会造成怀孕(　　)。

① 爱抚　② 性交但体外射精　③ 性交但戴保险套　④ 在女性排卵日之外性交

11. 何时会造成性器官的冲动(　　)。

① 男生深爱女生时　　② 男生看到穿着暴露的女生时

③ 男生看性录像带时　　④ 女生深爱男生时

⑤ 女生看到穿着暴露且强壮的男生时　　⑥ 女生看性录像带时

12. 何时适合发生性行为(　　)。

① 两人彼此相爱即可　　② 两人都有性需要即可

③ 两人订婚后即可　　④ 两人结婚后即可

【思考、澄清、分享、巩固：恋爱中对性要求的处理】

当情人们进入热恋，并且两人的情感达到了相当的程度时，彼此的亲热举止会越来越大胆、放肆，以至发展为要求性交。从男女的生理、心理角度来看，这是正常性行为过程的必然趋势，但就传统的社会观点和对爱情的责任感来说，这样做是不道德和轻率的。因此，在热恋中对异性在性爱方面提出的非份要求，既不要如遇猛虎，又不能听之任之。

那么，当你恋人的亲热举止超过了两人感情的范围时，该如何阻止事态发生呢？猛地推开对方，或者像有的人那样破口大骂，随之一个耳光，除非他不是你的恋人，而是一个无赖，否则这会大大伤害对方的自尊心，造成难堪局面，甚至导致感情破裂。而你是爱他的，从不想伤害对方，更不想把关系搞僵，可是事实又无法回避，沉默显然是无力的。因此只有正视现实，用你女性特有的温柔和理解，去帮助对方恢复理智。你可以明确地告诉他，你很理解他此时此刻的心情，切不可讥讽和嘲笑，态度要真挚，并且大胆地承认自己也很想这样做，因为你也很爱他。但是现在还不是时候，一者两人感情还未成熟，关系还未最后确定；二者万一受孕，对双方都不利。因此还是把这美好的时刻放在新婚之夜，不要凭一时感情冲动坏了大事。如果对方是一个通情达理的人，凭你这一再良言相劝，一定

能清醒、明白过来。

如果他不听规劝，坚持要那样做，那么你可以声色俱厉地对他说：“请自重！”同时告诉他，爱情是双方自愿的一种感情融合，任何一方强加于另一方的行为，都是对爱情的亵渎，希望他能保持理智，不要让感情冲动泛滥。虽然这些冲动可以理解，但是对他的行为表示遗憾。假如他不尊重别人，那么他自己也别想得到尊重。如此一番柔中有刚的话，不得不使对方打消念头，哪怕他当时心里很不高兴。许多人事后常会为此对你油然而生敬意，所以你不必害怕当时他的态度，有时他会扬长而去，就让他去，千万不要追，不出36小时，他会低着头来见你。如果他一去不回，那也不必为此惋惜，这种人不回头也罢。

如果你经过上述种种努力，他仍然一意孤行地要求做你不愿意做的事，或者采取各种手段对你软硬兼施，或者海誓山盟，甜言蜜语，甚至动手动脚以挑起你的性欲，那么你千万要警惕，这种男人往往是肉欲主义者，大多没有爱情可言。要设法尽快离开他，与这种人相处，本身就是一种冒险，即使婚后，也是寻花问柳之辈。

然而，如果你因一念之差，或主动或被动地与恋人发生了性关系，那么事后没有必要过多地自责和埋怨，不过需要冷静地回忆一下失身的经过，从中吸取教训，不再明知故犯，既不要因“反正是他的人了”而放纵自己，也不要觉得自己失去了贞操，而产生种种自卑感。一个人是否纯洁，不在于她是否是处女，而取决于她的思想与人生观。

项目十　生命危机与幸福心理

【项目导言】

在自杀已经成为全球共同关心的公共卫生及心理社会问题的今天，大学生作为社会的特殊群体，其自杀现象受到了更加广泛的关注。为什么大学生在美好的年华，不追求幸福生活，而是选择结束生命呢？其实，每个人都希望活得幸福，但往往在追求幸福的过程中，却忽视了幸福本身的含义和你所追求的最终目的。

无论我们正处在何种生命状态，遭遇不幸，经历变迁或追求卓越，名利双收，也无论人生正经历困惑、求索或领悟，我们对生命都要负一个重要的责任——“让自己更幸福”。正如泰勒博士在《幸福的方法》一书中所说：“人类的终极目标只是一个——幸福！”

【学习目标】

➢ **知识目标**

(1) 理解生命和生命的意义。

(2) 认识生命与死亡，掌握对生命与死亡的心理误区。

(3) 理解心理危机的概念，掌握干预的方法。

(4) 理解积极心理学的理念。

➢ **能力目标**

(1) 能认识生命的意义。

(2) 能树立正确的生命观。

(3) 能识别心理危机信号，掌握心理危机的干预方法。

(4) 能运用积极心理学理念让自己生活得幸福。

任务1　珍爱生命

【情境任务描述】

于娟，海归博士，复旦大学教师，患癌时年仅30岁，在与病魔抗争的过程中，通过“复旦教师抗癌记录”的微博和“活着就是王道”的博客，记录她生命最后的旅程。在她的生命日记中，反省自己不良的生活习惯和生活细节，以生死经历总结出许多富有哲理的人生观点，以乐观、豁达的生活态度鼓励更多人感恩生活，善待生命，引起了许多媒体(如《三联生活周刊》、《青年文摘》、新华网、新浪网、凤凰网等)和网友的关注和热议，其博客的访问量已达700多万。

走向死亡的过程是如此黑暗，于娟却努力让这段路变得有光明。她说："我们要用多大的代价，才能认清活着的意义？"、"如果不能和别人比生命的长度，那就去比生命的宽度和深度吧。"

【情境任务分析】

阅读了癌症患者于娟的故事，谈谈你对生命的看法：

(1) 小时候是否思考过自己是如何来到人间的？为什么我们不能长生不老？

(2) 你是否正确认识生命存在的价值和意义？谈谈你的生命观。

(3) 你对现在大学生杀人、自杀事件有什么看法？

生与死是生命的起点和终点，而其间的荣辱沉浮，去留进退，都构成了生命最真实的内容。一切感性、理性的生活都成了生命的内涵。孩童的可爱，青年的勇敢，壮年的强健，老人的智慧，都是这过程中酝酿出来的美。我们无法抗拒生命由盛到衰的规律，但只要我们曾经经历生命，体验生命，把这份美延续到生命的终结，那么还有什么遗憾呢？让我们坦然地走过生命的平原和高山，走过春夏与秋冬！

【情境任务知识】

一、生命和生命的意义

(一) 生命的含义

地球上生命的存在历史很大程度上受到偶然性因素的极大影响。生命，按照恩格斯的说法，是指物质运动的一种特殊形式。生命是蛋白质的化学组成部分的不断自我更新。当代遗传密码进一步揭示了生命的本质，生命是蛋白质和核酸相互作用的结果。生命构成了世界存在的基础，世界正是因为有了生命才精彩。而在所有生命存在中，人是超越一切其他生命现象之上的存在物。

生命主要包括新陈代谢、生长、发育、遗传、变异、感应和运动等。生长和发育是生命的基本过程，而新陈代谢则是生命的更新过程。

(二) 生命的存在形式

人的生命存在形式有生物性、精神性和社会性三种形态。

1. 生物性

人的生命作为一个自然生理性的肉体生命而存在，人的生长和发展就必然要服从生物界的法则和规律。所以，衣食住行、吃喝拉撒、生老病死是每一个人都必须具有的，也是每一个人都无法逃避的。

2. 社会性

每个人要想生存下去，就必须参与和融入到社会活动中，在与人的沟通、交往和互动中保存自己的生命，追求自己生命的意义，实现自己生命的价值。正是这种社会性存在使人面对千差万别、千变万化的社会生活时，能够使自己有一种生命的智慧和坚定的信念；使人面对有生有死、有爱有恨、有聚有散、有得有失的有限人生和无奈命运时，让自己有一种豁达的胸怀和安然的态度。

3. 精神性

人之所以为人，就在于人不仅仅是为了满足自己的自然生命而活着，还要追求超越生物性存在的精神性存在。人要规划自己的人生，创造自己的价值，指导和提升生物性的存在。正是有了生命的精神性的存在，才使人的生命有了人文意义和价值，有了理性的意蕴和道德的升华。

(三) 生命的特征

1. 生命的不可逆性

从胚胎起，生命便一直生长、发育，以迄衰亡。它绝不会“倒行逆施”，返老还童。

2. 生命的不可再性

生命，对任何人来说都只有一次。世间常说“人死不得复生”，便道出了这个真理。

3. 生命的不可换性

生命为个体所私有，相互不得交换，彼此不可替代。

4. 生命的有限性

人的生命有限性表现在以下 3 个方面：

(1) 生命存在时间的有限，人的自然寿命一般为七八十岁，最多百十来岁；

(2) 生命的无常性，表现在生老病死、旦夕祸福等不可预测，任何人都逃脱不了，任何人必然走向死亡；

(3) 个体生命的存在不能离群索居，不食人间烟火，每个人都需要别人的帮助、支持和关怀。

正是生命的有限性，促使人去努力思考、发奋创造、积极生活以实现自己生命的意义。

(四) 生命的意义

诺贝尔文学奖获得者黑塞说过：“生命究竟有没有意义，并非我的责任，但是怎样安排此生却是我的责任。”这句话带给大学生的启示是：人生的过程要好好去创造！

因此，生命的意义在于：人生最珍贵的宝藏是自己，人生最大的事业是经营自己，人生最大的价值与生命的意义就是追求不断的自我发展与成长。

1. 了解自己的价值观，过幸福的人生

卢梭说：“生命本身没有任何价值，它的价值在于怎样使用它。”

人的生命本身就是一个不断成长、发展、生生不息的过程。生命就是运动，不间断的运动，一切静止就是死亡。但生命比单纯的持续运动更为丰富。生命乃是在此基础上不断产生新内容的创造性运动，生命的意义就在于创造，在于给原本没有价值的生命创造出一个价值来。人通过创造去把握生活的变化，通过创造去发现生命的意义，通过创造去实现对自己生命的认识、把握和超越。每个人的生命过程都是不同的、独特的。

2. 为了目标不懈努力，过充实的人生

对生命意义的探求使人在不同人生阶段确立自己的生活目标，在实现目标的过程中感受到活得充实，活得丰富，活得精彩。一个人只有能够理解并承担生活中的责任，肩负起责任，才会感到满足和充实，才能真正体会到生活的乐趣和意义。

二、生命和死亡

生，老，病，死，试问这人生必经的四种状态，你最惧怕的是哪一种?相信大多数人都会选择死。生，代表的是希望。生意味着崭新的旅途才刚刚开始，你有足够多的时间去玩耍去成长。老，代表的是阅历。老意味着经历这漫长旅途，你的成长以及你所保留着的珍贵记忆。病，代表的是磨难。病意味成长所必须迈过的一道道坎，一次次历练。唯有死，代表的是未知。死意味着什么？死意味着失去感官，失去一切，你的存在已经完结，命运的轨迹回归原点。这就是为什么绝大多数的人都惧怕死亡。

(一) 死亡的定义

生物医学定义是身体机能、脏器、器官及所有生命系统永久的、不可逆的停止功能。心理学定义是个体心理活动的停止。没有感觉、没有意识、没有行为。社会学定义是指人类有意义生命的消失，没有思想、没有感觉。总的来说，死亡是人的肉体的消失，是人的现实生命的终结。人的死亡既是自然现象又是社会现象。

(二) 死亡的特征

1. 死亡的必然性

凡是生命都存在着死亡的必然性。人的生老病死属于自然规律，死亡是生命历程中自然的一环，是所有生命注定的最终归宿，死亡来临时，所有人都无法自己选择，在死亡面前人人平等。

2. 死亡的偶然性

每个人都有突然死亡的偶然性和最终死亡的必然性。我们无法预料自己的命运何时何地以何形式结束，死亡的过程是否痛苦等，这些都存在不确定性、偶然性。人们之所以害怕死亡、敬畏生命，正是因为死亡的偶然性。

(三) 死亡对生命的启示

一般人皆认为，死亡是最无意义的东西，而且，它还进而吞噬掉所有的人生价值。但是，人们若明白了人之生必然相伴于死，我们每个人从生下来的那一刻开始，便步入了走向死途的过程。由于有死亡，就使生命变得有限和短暂， 使生命更觉珍重宝贵，也促使人们在有限的生命里去尽量展示生命的光彩，去充分实现人生的价值。

1. 珍惜生命，活在当下

死亡的存在，让我们意识到生命的有限性，这就能使我们更加珍惜生命中的每一分每一秒。让生命中的每一时段都充满内容，都能够留下不可磨灭的印迹。当一个人能够牢牢抓住生活，不浪费人生中的宝贵时光，努力地从事各种创造性的活动，珍惜生活中的亲情、友情、爱情、人情，并尽可能多地品尝种种人生的滋味时，那么，人们就能在死亡来临之际，毫无恐惧，心安理得，并为自己即将永久地安息和为别的生命之诞生做基础而欣喜不已，这就达到了生死两相安的最佳境界。

2. 拓宽生命的宽度，过精彩人生

生命是有长度的，任何人都无法改变和决定生命的长度。但值得庆幸的是：我们可以努力拓展自己生命的宽度——提高生命的品质、丰富生命的内涵、增加生命的价值！所以在有限的生命长度中，我们应该把握住自己，采取积极的人生态度去面对生活，保持良好的心态，向生活微笑，让自己的人生更有意义！

三、大学生对生命与死亡的心理误区

(一) 无视生命，自杀伤人

有些大学生无视和淡漠生命，出现自杀和伤害他人的行为。目前，自杀已经成为中国死亡原因中排序第五位的原因。自杀已经成为我国 15～40 岁人群的首位死因，大学生自杀率为每年十万分之二到四。大学生无视与淡漠生命所产生的另一种人生悲剧是大学校园的暴力问题，这主要指大学生对他人生命毫无尊重意识，轻率地甚至是毫无道理地伤害或杀害他人的生命。如 2004 年发生的“马加爵事件”、2010 年 10 月发生的药家鑫交通肇事杀人案、2011 年 3 月发生的 9 名传销的大学生将不听话的新人殴打致死等。这些现象都让人触目惊心，发人深思。

(二) 轻视生命，伤害身体

有些大学生没有意识到生命与健康的宝贵，有意或无意间地伤害着自己的身体。有的因情感问题、学习压力以及空虚无聊等，对身体实行自残；还有的是迷恋于网络或通宵打游戏，看色情电影，阴阳颠倒，心理失衡，或是吸烟成瘾，酗酒不断，造成精神萎靡，健康下降；也有的是不能自律自尊，遭受性病、艾滋病的传染，甚至有害的药物、毒品也悄然流进校园，在接近学生，吞噬着学生的身体健康。另一方面是学生没有自我保护的意识，不能在遭遇意外时自救或求救，无端地伤害了自己的身体。如遭遇图财害命的抢劫，性伤害或者是被拐卖；再如遭遇自然灾害、重大事故、刑事案件、爆炸事故、盗窃和诈骗以及交通事故等意外时，没有防范与保护意识以及措施，伤害了自我健康甚至生命，尤其是假日旅游、回乡度假以及野外探险、野炊等造成的人身伤害更是突出。这些问题的产生，看起来似乎是被动的，不是自己造成的，但与自我忽视生命，对生命珍爱不够，防范意识不强，特别是缺乏必要的人身自我保护的基本技能与技巧等无不相关。

(三) 忽视生命，虚度时光

大学生对生命和死亡的误区，不仅表现在无视生命、轻视生命，自杀、自残、伤害他人等严重事件方面，还突出地表现在虚度时光，浪费生命方面，这一方面的问题往往被教育者和受教育者所忽视，它恰恰是大学生对生命和死亡的误区的普遍反映，也是生命教育面临的极其重要的问题。因为时光是生命的元素，是生命刻度，也是生命的标志。虚度时光无疑于就是轻率地丢失生命。其具体表现在：一是无所事事，虚度时光。个别学生不上课，不读书，不做作业，几乎什么也不做，什么也不想做，游手好闲，饱食终日；二是不务正业，浪费时光。有的学生总忙于社会交往应酬，无暇顾及学业，还有的是沉迷于恋爱之中，错把大学这所知识的殿堂当作了爱情的伊甸园，整日卿卿我我；三是贪求游玩。无休止打牌的有之，无度上网打游戏的有之，无心学习、通宵看电影聊天亦有之。无聊、郁闷、纠结成了学生的口头禅。在大学校园里，一天24小时里，什么时间都有睡觉的学生，有人“誉为”睡虫、睡神、睡仙、睡佛。而有人认为大学生睡觉的最高境界是，“抱着一张大学录取通知书来睡觉，醒来后发现，通知书变成了毕业证，证明我在这个地方睡过。”如此在大学混日子，浪费美好时光，真让人瞠目结舌，感叹不已！

【情境任务训练】

一、案例分析与讨论

小李是一名大一学生，他的作息时间表：13:00，起床，吃中饭；14:00，去网吧玩网络游戏；17:00，晚饭，在网吧叫外卖；通宵练级，第二天早上9:00回宿舍休息……小李几乎所有的空余时间都拿来打游戏，并开始拒绝参加同学聚会和活动。大约2个月之后，他发现自己思维跟不上同学的节奏，脑子里想的都是游戏里发生的事，遇到事情会首先用游戏中的规则来考虑。他开始感到不适应现实生活，意识到自己在虚度光阴，浪费生命，陷入了深深的焦虑之中。

讨论：(1) 小李存在什么心理问题？

(2) 你是否存在类似小李虚度光阴的行为？

(3) 我们应该如何让自己的大学生活充实而有意义地度过？

二、命运之牌

(一) 活动目的

让学生学会接纳自己，懂得珍惜现在所拥有的资源，感知幸福。让学生懂得“命运掌握在自己手中”。

(二) 活动时间

大约30分钟。

(三) 活动场地

室内。

(四) 活动道具

写有不同内容的小纸牌若干、轻音乐。

(五) 活动程序

(1) 指导语：由于受到出生环境等各种因素的限制，每个人的命运是不同的。有的同学可能对自己的家庭环境不满意，有的同学可能对自己的长相不满意，也有的同学可能对目前的自己不满意……假定每个人能够获得第二次生命，每个人的命运可以重新选择。我手中有很多纸牌，每张牌就是命运的一种重新安排，它所包含的资料就是你新的生活资料，从现在起，你就是牌上的这个人。设想一下你处在这种情况下的命运，现在看看自己目前的处境、位置与假设的第二次人生选择的处境相比，有什么不同?

(2) 主持人把纸牌放在一个盒子里，让同学们随机抽取一张，不得更换。

(3) 全班同学交流全新的“自己”，并询问是否满意牌上的“自己”。生命只有一次，你该怎样面对已经拥有的生活?

(六) 注意事项

(1) 若有同学对自己抽取的纸牌不满意要求更换，主持人可准备更差的纸牌，让图片显示比原牌更糟糕的生活，询问是否愿意更换。在游戏过程中，有的同学可能不太严肃认真，主持人要及时给予提醒。

(2) 对于纸牌的内容，这里只给出了一些参考。主持人在使用时可根据学生的实际情况自己设计一些内容。之所以设计的内容大都是不尽人如意的，主要是想让学生意识到，虽然我们每个人都无法选择我们的出身、我们的家庭，或许我们对目前的环境不一定很满意，但无论如何，我们都应该珍惜自己的境遇。

(3) 由于这个游戏的内容中有可能真的涉及到学生的伤心处，如家庭离异的学生、身体外貌略有欠缺的学生，所以主持人在游戏之前应该先跟一些同学座谈沟通，取得学生的同意。游戏之前，主持人要强调为游戏可能会给学生带来的负面效应表示歉意。

纸牌的内容

① 自己不幸患了癌症，家里没有钱治疗。

② 因家中意外发生火灾，脸部被大火烧伤，留下了一个很难看的伤疤。

③ 家中父母去世，面临失学。

④ 父母生意失败，父母无力供养自己读书。

⑤ 自己的父母不幸患有重病，治疗花费了很多钱，家庭经济紧张。

⑥ 父母失业，家庭经济困难，不能支付目前的学习费用。

⑦ 与周围的同学人际关系很紧张，很不受大家的欢迎。

⑧ 自己患有小儿麻痹症，生活很不方便。

⑨ 自己小时候因中耳炎治疗不好而变聋。

⑩ 自己一家三口挤在一个10多平方米的老房子里，食宿条件比较艰苦。

⑪ 自己的一只眼睛因意外事故而失明。

⑫ 自己的一条腿因在一次车祸中受伤严重被截肢。

⑬ 自己在一个条件很差的普通高中里读书。

⑭ 自己相貌普通，在班级里不引人注意，学习等各方面都一般。

⑮ 学习成绩优秀，但人缘很差，不受老师和同学欢迎。

⑯ 自己的妈妈对自己太唠叨，对自己管得太多，让自己不舒服。

⑰ 以前家里很富有，现在却因意外事故而陷入经济拮据状态。

⑱ 出生在一个普通的工人家庭。

⑲ 自己目前的学习成绩很差，经常被一些同学看不起。

⑳ 自己患有口吃，常被同学模仿而引起大家的嘲笑。

㉑ 因自己太胖，大家经常以此开涮，并且给自己起不太好听的绰号。

㉒ 自己身高低于同龄人平均身高 20 厘米。
㉓ 自己学习成绩在班级最后，努力用功后效果仍然不明显。
㉔ 自己是个塌鼻子，影响了容貌。
㉕ 自己患有先天性心脏病，很容易疲劳。
㉖ 自己在高一结束时取得全市物理竞赛一等奖。
㉗ 自己被评为十佳“校园明星”。
㉘ 自己出生在一个贫困山区的农民家庭里。
㉙ 自己的家人去东南亚旅游时因海啸而不幸遇难。
㉚ 走路时因不小心而被车撞，头部严重受伤。
㉛ 自己的父母对自己要求很严，很专制，很不自由。
㉜ 家庭经济条件好，但父母对自己缺乏关爱，不喜欢自己。
㉝ 自己经常受到别人的欺负，心理很忧郁。
㉞ 自己除了学习外，其他业余爱好基本没有。

【思考、澄清、分享、巩固：走出自杀的认识误区】

误区一：认为想自杀的人不会向别人暴露自己的自杀企图，向别人谈起自杀不过是想威胁别人。

事实上，大多数的自杀者在自杀前清楚地表达过自己的自杀企图，向别人说起自杀是处于心理困境，寻求心理支持的重要信号。

误区二：认为不能与有自杀倾向的人谈自杀。

实际上，和可能自杀的人讨论自杀问题，可以及时发现患者的自杀企图，使病人觉得关心、理解、同情和支持，这在预防自杀工作中具有重要意义。当然，这种讨论不应涉及自杀的方法，更不要评述哪种自杀方法容易致死，哪种方法痛苦较轻之类的问题。

误区三：认为有自杀意念、自杀未遂的人不需要精神医学干预，特别是不需要使用精神药物。

这种观点广泛存在于患者家属和部分医护工作者中。事实上，自杀者即使不能被诊断为精神疾病患者，但其心理状态也是极不稳定的，在进行危机干预和心理治疗的同时，适当使用一些精神药物是有益的。

误区四：认为危机的度过意味着自杀危险的消失。

事实是，如果现实问题仍然存在，则仍需提高警惕，因为自杀者表面上的“平静”正是自杀最危险的时机。

误区五：认为自杀未遂者并没有真正的死亡愿望。

事实上这些人当中有一部分死亡愿望非常强烈，只是因为自杀方法不足以致死或被及时抢救。

许多人认为心理疾病是不需要治疗的，其实这种想法是错误的。现代社会随着人们压力的增大，心理疾病的发病率也大大提高了，得了心理方面的疾病如果不及早治疗，后果将不堪设想，严重的可能会危及生命。及早进行心理干预和治疗，可以减少自杀悲剧的上演。

任务2　识别心理危机

【情境任务描述】

20岁的女大学生刘某，因交往多年的男友突然要与她终止恋爱关系，十分伤心和悲痛，情绪低落，一周没有上课，很少进食，睡眠极差，不愿意跟他人说话。一天周末，小刘骑坐在宿舍的窗户上，欲意跳楼自杀。

【情境任务分析】

据世界卫生组织提供的数据显示，全球每年大约有100万人死于自杀。国内每年约有28.7万人死于自杀，自杀已经成为我国人群第五大死因，是15岁到34岁青壮年人群的首位死因。发表在《加拿大医学协会期刊》上的最新研究显示，自杀可以传染，尤其是在青少年人群当中。生活在象牙塔中的大学生们本应是天之骄子，为何心灵如此脆弱?

该事件的发生发展具有哪些特征? 该事件中刘某心理危机有哪些表现形式? 作为刘某的同学，当你发现她意图自杀，你该怎么做?

【情境任务知识】

一、心理危机的概述

(一) 心理危机的含义

心理危机干预研究鼻祖卡普兰于1964年首次发表心理危机干预理论。他认为当一个人面临困难情景，而他先前的处理危机的方式和惯常的支持系统不足以应对眼前的处境，即他必须面对的困难情境超过了他的能力时，这个人就会产生暂时的心理困扰，这种心理失衡状态就是心理危机。

心理危机的产生不但与应急事件有关，而且与个体解决应急的有效资源及个体对困难情境的评估有关。因此，心理危机不是个体经历的事件本身，而是他对自己经历的困难情境的情绪反应状态。

(二) 心理危机的特征

(1) 突发性。危机常常是出人意料、突如其来的，具有不可控制性。

(2) 紧急性。危机的出现如同急性疾病的爆发一样具有紧急的特征，它需要人们紧急应对。

(3) 痛苦性。危机在事前事后给人带来的体验都是痛苦的，而且还可能涉及人尊严的丧失。

(4) 无助性。危机的降临常常使人觉得无所适从，而且，危机使得人们未来的计划受到威胁和破坏。由于心理自助能力差、社会心理支持系统不完善，危机常常使个体感到无助。

(5) 危险性。危机之中隐含着危险，这种危险可能影响到人们的正常生活与交往，严重的还可能危及自己和他人的生命。

二、心理危机的类别和具体表现形式

(一) 心理危机的类型

(1) 发展性危机。发展性危机是指在正常成长和发展过程中，急剧的变化或转变导致的异常反应。大学生在成长过程中要经历一系列阶段，处理一系列人生主题，逐渐走向成熟。在这一过程中，个人如果缺乏有关知识和技能，缺少社会支持系统，或缺少一定的物质条件和机遇，往往就不能度过一个个人生转折，从而产生发展性危机。升学、转学、离开父母亲人、结婚等都有可能引发发展性危机。大学生中常见的如新生入学不适应、毕业没有合适的工作等都可以导致发展性危机。

(2) 境遇性危机。境遇性危机是指当出现罕见或超常事件，且个人无法预测和控制时出现的危机。这些事件通常是随机的、突然的，具有灾难性和震撼性。例如，各种自然灾害或人为灾难、失业、失学、失恋、亲人亡故、身患不治之症等都可以导致境遇性危机。

(3) 存在性危机。存在性危机指伴随着重要的人生问题，如关于人生目的、人生价值、责任、独立性、自由与承诺、未来发展等的困惑而出现的内部的冲突与焦虑。存在性危机往往不具有突发性。例如大学生是出国还是留在国内，是继续读书深造还是工作，两个工作单位二择一的抉择，是否要转专业，是否决定与某个人发展恋人关系等都可以导致存在性危机。

(二) 心理危机的表现形式

只有知道心理危机的表现，才能决定你或你所关心的人是否需要帮助。心理危机中的个体总是以各种不同形式表现出来，呈现给人的是另外一种表现，如情绪不好、吃不下饭等。

(1) 情绪。情绪突然改变、明显不同于往常，出现不良情绪反应，如：情绪低落、悲观失望、焦虑不安、无故哭泣、意识范围变窄、忧郁苦闷、烦恼或喜怒无常、自我评价丧失、自制力减弱等时，就有发生心理危机的可能。

(2) 认知。认知能力下降或改变，精神恍惚、记忆力减退、注意力不集中、分析力减弱，难以区分事物的异同，体验到事物间的关系含糊不清，理解能力变差，反应迟钝，作决定和解决问题能力受影响。

(3) 行为。正常的行为活动是一个人心理健康的重要表现之一。当个体出现行为异常，如：不能专心学习、不能工作和劳动、不敢出门、害怕见人、个人卫生习惯变坏、不讲究修饰、自制力丧失、孤僻独行、滥用药物等非常态行为时，就要注意是否有心理危机问题了。

(4) 躯体。肠胃不适、腹泻、食欲下降、头痛、疲乏、失眠、做恶梦、容易惊吓、感觉呼吸困难或窒息等。

(5) 自杀意图的流露。谈论自己的死或与死有关的问题，如打听什么方式自杀没有痛苦、直接询问哪种药物吃多少会死、活着不如死了或写下遗嘱之类的东西。有的甚至已经试图采取过某些手段企图自杀。

三、心理危机干预的方法

(一) 心理危机干预的含义

心理危机干预就是对处于心理危机状态者采取明确有效的措施，使其症状得到缓解，使心理功能恢复到危机前的水平，并获得新的应对技能，以预防将来心理危机的发生。

危机干预的主要目标是降低急性、剧烈的心理危机和创伤的风险，稳定和减少危机或创伤情境的直接严重后果，促进个体从危机和创伤事件中恢复或康复，帮助的及时性、迅速性是其突出特点，有效的行动是危机干预成败的关键。

(二) 危机干预的重点对象

(1) 既往有自杀未遂史或家族中有自杀者的学生。

(2) 由于学习压力过大而出现心理异常的学生。

(3) 生活学习中遭遇突然打击而出现心理或行为异常的学生，如家庭发生重大变故、遭遇性危机、受到意外刺激的学生等。

(4) 个人感情受挫后出现心理或行为异常的学生，如失恋、单相思而情绪失控的学生等。

(5) 人际关系失调后出现心理或行为异常的学生，如当众受辱、受惊吓、与同学发生严重人际冲突而被排斥受歧视的学生、与老师发生严重人际冲突的学生。

(6) 性格内向孤僻、经济贫困且出现心理或行为异常的学生。

(7) 身体出现严重疾病，如患上传染性肝炎、肺结核、肿瘤等医疗费用很高但又难以治愈的疾病，个人很痛苦，治疗周期长，经济负担重的学生。

(8) 患有严重心理疾病，并已经专家确诊的学生，如患有抑郁症、恐怖症、强迫症、癔症、焦虑症、精神分裂症、情感性精神病等的学生。

(9) 出现严重适应不良导致心理或行为异常的学生，如新生适应不良者、就业困难的毕业生。

(10) 由于身边的同学出现个体危机状况而受到影响，产生恐慌、担心、焦虑、困扰的学生。

(三) 学校危机干预的程序

(1) 问题的发现。学校要建立起通畅的学生心理危机信息反馈机制，做到在第一时间内掌握学生心理危机动态。对有心理危机的同学，周围同学应予以理解、关心和帮助，并及时向班主任老师反馈情况；对有行为异常或近期情绪、行为变化较大的学生，心理辅导老师应给予及时的心理干预，并做好咨询记录；对问题严重的学生需转介到校外心理指导中心，由心理指导中心请相关专家对学生进行预诊和危机风险评估，提出危机干预措施和初步的治疗建议。

(2) 讯息报告。发现学生危机情况，周围同学应立即向班主任老师报告；班主任老师在采取必要措施，并在迅速赶往现场的同时，向学校分管领导报告；学校分管领导立即向校长报告，同时调动和组织学校相关人员到现场；学校校长视危机严重程度酌情向学校上级部门及时汇报。

(3) 即时监护。学校根据预案程序，立即安排专职人员对危机学生进行 24 小时监护，保护学生的生命安全。

(4) 通知家长。在校内实施监护的同时，学校应以最快的速度通知家长来校，如果家长确实无法尽快赶到学校，在家长以传真、电话等方式的授权下，对学生采取治疗措施。在紧急情况下，可直接送至专业卫生机构进行治疗、抢救等相应的处理措施。对没有监护能力或不配合学校的家长，学校应对学生实施抢救措施或派人将学生护送回家。

(5) 进行阻控。对于有可能造成危机扩大或激化的人、物、情境等进行必要的消除或隔绝。对于学校可调控的可能引发其他学生心理危机的刺激物，学校应协助有关部门及时阻断。

(6) 实施治疗。对需住院治疗的学生，必须经家长将其送至专业卫生机构治疗；对可以在校坚持学习(前提是不会危害其他学生)但需辅以药物治疗的学生，应与其家长商定监护措施；对不能坚持在校学习的，按照学校学籍管理有关规定办理相关手续，由家长监护并离校治疗，复学必须有医生证明。

(7) 应急救助。得知学生有自伤或伤害他人倾向时，相关人员应立即赶赴现场采取救助措施，紧急情况下应先拨打 110、120 等紧急电话求助。

(8) 事故处理。当学生自伤或伤害他人事故发生后，学生工作主管部门负责现场的指挥协调；对当事人实施生命救护或配合相关人员护送至就近医院救治；对其他学生进行安全监护；负责保护事发现场；协助有关部门对事故进行调查取证；心理辅导教师负责稳定当事人情绪，制定心理救助方案，实施救助；做好家长安抚。

(9) 干预评估。事故处理结束后，心理辅导教师负责事件的成因分析，对事前征兆、事发状态、事中干预、事后疏导康复等情况认真梳理并作全面评估，对行之有效、操作性强的手段和措施认真总结；对事件处置不力、干预不佳要及时分析，以备今后参考。

(四) 危机干预的方法

尽管人们会遇到错综复杂、各式各样的危机，但危机干预工作者仍可使用相对直接和有效的干预方法来处理危机。危机干预六步法已广泛被专业咨询工作者和一般工作人员所采纳，用于帮助许多不同类型危机的求助者。

(1) 确定问题。危机干预的第一步是从求助者的立场出发，确定和理解求助者的问题。干预人员使用积极的倾听技术如同感、理解、真诚、接纳以及尊重，包括使用开放式问题。既注意求助者的语言信息，也注意其非语言信息。

(2) 保证求助者安全。在危机干预过程中，干预人员应该将保证当事人安全作为首要目标。这里的安全是指对自我和对他人生理和心理的危险性降低到最小的可能性。在干预人员检查评估、倾听和制订行动策略的过程中，安全问题都必须给以同等的、足够的关注。如果必要的话，保证求助者知道代替冲动和自我毁灭行动的解决方法。

(3) 提供支持。让求助者认识到危机干预工作是可靠的支持者。通过语言、声调和躯体语言向求助者表达危机干预工作者是以关心的、积极的、接受的、不偏不倚的和个人的态度来处理危机事件。

(4) 提出应对的方式。帮助当事人探索可以利用的替代解决方法，促使当事人积极地搜索可以获得的环境支持、可以利用的应付方式，启发其思维方式。当事人知道有哪些人现在或过去能关心自己，有许多可变通的应对方式可供选择。

(5) 制订计划。帮助当事人做出现实的短期计划，包括另外的资源的提供方式，确定当事人理解的、自愿的行动步骤。计划应该根据当事人的应付能力，着重于切实可行和系统地帮助当事人解决问题。计划的制订应该与当事人合作，让其感到这是他自己的计划。制订计划的关键在于让求助者感到没有剥夺他们的权力、独立和自尊。

(6) 得到当事人的承诺。帮助当事人向自己承诺采取确定的、积极的行动步骤，这些行动步骤必须是当事人自己的，从现实的角度是可以完成的。如果制订计划完成得较好的话，则得到承诺是比较容易的。在结束危机干预前，危机干预工作者应该从求助者那里得到诚实、直接和适当的承诺。

除以上六步之外，还应该启动社会支持系统。社会支持系统主要包括：来自于父母及其他亲人、老师和同学、其他方面如朋友和社区志愿者的支持等。这种支持不仅包括心理和情感的支持，也包括一些实质的救助行动。有调查表明，大学生从他人那里获得的社会支持具有可靠同盟、价值增进、工具性帮助、陪伴支持、情感支持、亲密感和满意度等调节功能，这些功能对处于危机期的大学生具有重要作用。

【情境任务训练】

一、自杀态度测试

(一) 大学生自杀态度问卷(QSA)

指导语：本问卷旨在了解大学生对自杀的态度，在下列每个问题的后面都有五个选项供您选择，即：A. 完全赞同；B. 比较赞同；C. 中立；D. 比较不赞同；E. 完全不赞同，请选择适合的答案

项目	完全赞同	比较赞同	中立	比较不赞同	完全不赞同
*1. 自杀是一种疯狂的行为	5	4	3	2	1
2. 自杀死亡者应与自然死亡者享受同等待遇	1	2	3	4	5
*3. 一般情况下，我不愿意和有过自杀行为的人深交	5	4	3	2	1
4. 在整个自杀事件中，最痛苦的是自杀者的家属	1	2	3	4	5
5. 对于身患绝症又极度痛苦的病人，可由医务人员在法律的支持下帮助病人结束生命	1	2	3	4	5
6. 在处理自杀事件过程中，应该对其家人表示同情和关心，并尽可能为他们提供帮助	1	2	3	4	5
*7. 自杀是对人生命尊严的践踏	5	4	3	2	1
*8. 不应为自杀死亡者开追悼会	5	4	3	2	1
9. 如果我的朋友自杀未遂，我会比以前更关心他	1	2	3	4	5
*10. 如果我的邻居家里有人自杀，我会逐渐疏远和他们的关系	5	4	3	2	1

续表

项　目	完全赞同	比较赞同	中立	比较不赞同	完全不赞同
*11. 安乐死是对人生命尊严的践踏	5	4	3	2	1
*12. 自杀是对家庭和社会一种不负责任的行为	5	4	3	2	1
13. 人们不应该对自杀死亡者评头论足	1	2	3	4	5
*14. 我对那些反复自杀者很反感，因为他们常常将自杀作为一种控制别人的手段	5	4	3	2	1
*15. 对于自杀，自杀者的家属在不同程度上都应负有一定的责任	5	4	3	2	1
16. 假如我自己身患绝症又处于极度痛苦之中，我希望医务人员能帮助我结束自己的生命	1	2	3	4	5
17. 个体为某种伟大的、超过人生命价值的目的而自杀是值得赞许的	1	2	3	4	5
*18. 一般情况下，我不愿去看望自杀未遂者，即使是亲人或好朋友也不例外	5	4	3	2	1
19. 自杀只是一种生命现象，无所谓道德上的好和坏	1	2	3	4	5
*20. 自杀未遂者不值得同情	5	4	3	2	1
21. 对于身患绝症又极度痛苦的病人，可不再为其进行维护生命的治疗(被动安乐死)	1	2	3	4	5
*22. 自杀是对亲人、朋友的背叛	5	4	3	2	1
23. 人有时为了尊严和荣誉而不得不自杀	1	2	3	4	5
24. 在交友时我不太介意对方有过自杀行为	1	2	3	4	5
25. 对自杀未遂者应给予更多的关心和帮助	1	2	3	4	5
26. 当生命已无欢乐可言时，自杀是可以理解的	1	2	3	4	5
27. 假如我自己身患绝症又处于极度痛苦之中，我不愿再接受维持生命的治疗	1	2	3	4	5
*28. 一般情况下我不会和家中有过自杀的人结婚	5	4	3	2	1
29. 人应该有选择自杀的权利	1	2	3	4	5

(二) QSA 的结构、计分和解释

QSA 共 29 个项目，都是关于自杀态度的陈述，分为以下 4 个维度：

维　度	各维度条目构成编号	均分=条目总分/条目数
对自杀行为性质的认识	1、7、12、17、19、22、23、26 、29	
对自杀者的态度	2、3、8、9、13、14、18、20、24、25	
对自杀者家属的态度	4、6、10、15、28	
对安乐死的态度	5、11、16、21、27	

均分分值在 1～5 之间，在分析结果时，以 2.5 和 3.5 分为两个分界值，将对自杀的态度划分为三种情况：

(1) 小于等于 2.5 分为对自杀的肯定、认可、理解和宽容的态度。

(2) 2.5～3.5 分之间为矛盾或中立的态度。

(3) 大于等于 3.5 认为对自杀持反对、否定、排斥和歧视的态度。

二、我的遗嘱

(一) 活动目的

消除同学之间的小矛盾，增进同学之间的友谊，让学生们经历一场灵魂的洗礼。

(二) 活动时间

100 分钟。

(三) 活动场地

室内。

(四) 活动道具

音响、温柔的轻音乐。

(五) 活动程序

(1) 开场白：今天的游戏有点特殊，如果你们能真正地让自己进入情境，你们将得到人间最珍贵的东西。希望大家在游戏过程中保持严肃，认真对待游戏的每个环节。

(2) 写遗嘱(30 分钟)。

老师引导并提出要求：由于某种原因，你们今天将离开人世。死神已经伸出了他可怕的大手，随时会把你们吞噬，你们只剩一点点时间了(声音缓和、低沉，让学生们真正感受到死亡的沉重感。——能否让学生们进入面临死亡的状态是整个游戏能否成功的决定性因素)。在离开人世之前，你们要写一张遗嘱，我们假设你们已经写好了其他方面的内容，现在老师要求你们写遗嘱的最后一部分，有关你们在班级的一部分。这一部分应该包括下面四方面的内容：一年来我在这个班级中印象最深的事情；我对这个班级和同学们的感受；我对生的渴望；我最后的遗愿(必须是与同学们有关的)。

(宣布完要求后，让学生开始写，与此同时在旁边用轻柔的声音引导。)你们到这个班级已经一段时间了，在这段时间里，你感受到了很多快乐，你认识了很多好朋友，你不再孤独了，于是你有了许多感想，把它们写下来；在这段时间里，你或许还受了不少委屈，有时候你和你的同学之间可能产生了一些小矛盾，你觉得迷惑了，有时候你甚至会怀疑友情的真实性，现在把你的委屈都写下来吧，在离开人世之前把它们都抛下吧！对同学们你们可能也会有很多想法，你们可能会感激一些人，那么就把你们的感激之情表达出来吧；你可能觉得某个人让你受委屈了，那么现在把它告诉那位同学吧。过不了多久就要离开人世了，但是你现在还那么年轻，我知道你一定不想这样，你一定很怀念这个世界，你一定很渴望能继续活下去，那么把这种对生的渴望写下来吧。最后写下你的一个愿望，你可以希望以前与你闹过矛盾的同学原谅你，可以祝福你最好的朋友，等等。

(3) 从地狱到天堂(60 分钟)。

① 读遗嘱(每人 2 分钟)。让学生们围成一圈坐好，让学生们轮流到中间读他们的遗嘱。刚开始，学生们都不愿意把遗嘱读给别人听。老师需要进行引导：

我知道，遗嘱里有你们很多的遗憾，很多希望，我相信在你离开之前，你是很想让人知道你的希望和遗憾的。或许你把它们告诉了大家，大家就可以在你离开前实现你的希望，消除你的遗憾。我相信，你们在死亡来临之前可以真正地把内心最深处的东西拿出来和大家一起分享……

② 接受祝福(每人 1 分钟)。老师对学生们宣布：每个人读完遗嘱后必须站在原地，接受其他人的祝福。(如果有超过 5 个人祝福他，那么他离开人世后就不会到地狱里去，而是到天堂。——因为她得到了人世间最珍贵的友谊。)祝福的具体过程为：祝福者走到被祝福者前面，对她说："请接受我最真诚的祝福"，然后拥抱被祝福者；被祝福者要说"谢谢"。5 个人祝福了被祝福者之后，老师请被祝福者下去，并宣布被祝福者可以进入天堂了，让大家为被祝福者鼓掌。如果祝福或被祝福的学生表情不够严肃，那么老师就宣布这个祝福无效，并且将前面一位同学对被祝福者的祝福也取消掉——祝福者的不真诚使天堂使者生气了，被祝福者继续接受祝福，直到积累满 5 次祝福才能进入天堂。

③ 互相祝福(10 分钟)。祝福完之后，老师对学生们宣布：你们马上就要到天堂去了，还有 10 分钟时间，你们可以互相祝福、互相拥抱。让所有学生都站到场地中央，互相祝福，并放出轻柔的音乐。

④ 获得新生(5 分钟)。互相祝福完，让所有学生手拉手站成一圈，并说："你们刚才的真诚感动了上天，它决定阻止死神将你们带走。现在我们从 10 倒数到 1，当我们数到 1 时，死神就会离我们而去，紧紧拉住其他人的手不要让死神有机可乘。"

⑤ 总结(5 分钟)。经历了这一场生离死别，你们是不是发现以前的很多东西都是微不足道的，以前的许多矛盾都是非常小的。我们知道你们都渴望友谊，都把友谊想得非常美好，但是我们不能要求别人什么，最重要的是我们付出了我们的真诚，相信别人也会以诚相待。老师祝福你们，祝福你们每一个人，也请你们记住你们祝福过的每个人，记住祝福过你们的每个人。希望你们能保持今天的这一份感动，更希望你们在以后的日子里能用今天的这份真诚对待彼此！

(六) 注意事项

(1) 建议让女生参加活动，这主要基于以下两点考虑：第一，因为男女生之间存在性别差异，所以在交往的过程中所表现的问题也具有特异性，因此我们建议心理健康课应该针对男女生之间的性别差异，在以男女混合活动为主的情况下，有针对性地设置一些专门用于男生或女生的活动。第二，考虑到活动中有相互拥抱这个环节，男女生不方便一起活动。与此同时，相对于男生而言，女生感情比较丰富，比较容易进入游戏设定的情境，如果有男生参加，那么他们可能会成为干扰因素。女生们在交往中产生的小矛盾有可能用这种方法消除，而男生则很难。

(2) 游戏能否成功的关键在于：游戏刚开始时，能否使学生们进入面临死亡的情境，学生们进入情境是进行该游戏的必备条件。

(3) 游戏的最后一个步骤"获得重生"是非常重要的，它既是游戏的升华，也是消除学生们在游戏中产生的负面情感的必要步骤。

【思考、澄清、分享、巩固：心理危机干预认识误区】

误区一：某同学本不想自杀，反而因为班主任和心理咨询老师的询问导致他采取自杀行为。

死亡在中国文化中是个禁忌问题，也许该同学已经反复想过这个问题，但无法向别人诉说。老师的询问是在告诉他，死亡、自杀这类问题是可以和别人讨论的，这能缓解学生一部分心理压力。

误区二：心理咨询中心说某同学有危险性，但看起来他还好，对他实行24小时监控、通知家长、去医院，有些小题大做。

有些同学的掩饰性较高，甚至专业的、经验丰富的精神科医生都有看走眼的时候。另外，精神疾病的发病很快，头一天学生还有自知力，很可能第二天就神志不清了。比如，某大学出过一个案例，后勤人员对学生实行监控，监控过程中该老师觉得和他谈心谈得挺好，不会有啥危险，放松了警惕，结果等晚上睡着，学生溜出宾馆，跳楼自杀。

误区三：某同学很信任班主任或心理咨询老师，不让通知家长或不想去医院或者就自杀的想法替他保密，如果老师这样做了，将破坏师生关系。

无论什么情况下，生命是第一重要的，只有保证了学生的生命安全，师生之间的关系才有意义。曾经有一位心理老师不顾学生反对，根据保密例外原则，通知学生辅导员和家长，学生被送到医院去时，大骂心理老师，觉得老师辜负了自己的信任。后来经过治疗，学生的状况好转，跟心理老师说，老师，我想你当时是对的。

很多有自杀倾向的学生习惯任何事情和压力都自己扛，不向外界寻求帮助，不善于利用资源。而老师通知家长，送学生去医院接受专业治疗，其实也给学生起到一个良好的示范作用，我们每个人都只能做自己能力范围内的事，当我们扛不住时，就要寻求支持和援助。

任务3　幸福的方法

【情境任务描述】

活出生命色彩

她是脑瘫者，面部扭曲、动作不协调、讲话含糊不清；她是美国加州州立大学美术博士、油画家，乐观而幽默。她就是来自台湾的黄美廉，残缺的躯体中怒放生命之花。

在别人眼里，她就像一个怪物。但黄美廉没有被这些外在的痛苦击败，小学二年级在老师的启发下，确定了当画家的志向。中学毕业后，她进入洛杉矶学院和加州州立大学研读艺术。在付出比常人多十倍的努力后，最终获得艺术博士学位，而她的画展也轰动了世界。在一次演讲会上，一个学生问她："黄博士，你从小就长成这样，请问你怎么看自己？难道你从来就没有怨恨吗？"在场的人都责怪这个学生提出了如此不敬的问题，担心黄美廉难堪。出乎众人意料的是，不能说话的黄美廉嫣然一笑，十分坦然地在黑板上龙飞凤舞地写下了几行字："我很可爱！我的腿长得很美！爸爸妈妈那么爱我！我会画画！我会写稿！我有一只可爱的猫！……"最后，她以一句话做结论："我只看我所有的，不看我所没有的！"掌声在学生中经久不息。

【情境任务分析】

对残障者，人生是一场苦修，人们看到了结果，却难以体会过程有多艰辛。在我们眼中，他们绝不可能幸福！可也是这样的人，活出了精彩、幸福的人生。你认为，她是如何做到的呢？

英国哲学家大卫·休谟曾说过："人类刻苦勤勉的重点就是获得幸福，因此才有了艺术创作、科学发明、法律制定以及社会的变革。"财富、声望、知名度与其他目标都不能和幸福相比，无论是在物质上还是名誉上的追求，其最终都是追求幸福的手段。

【情境任务知识】

一、成功与幸福

在一个对"幸福感"研究的综述中，积极心理学家桑娅·吕波密斯基、劳拉·金以及艾德·狄纳提出："幸福的人群在生活的各个层面上都非常成功，包括婚姻、友谊、收入、工作表现以及健康。"报告也指出了幸福和成功存在强烈的相互作用：成功(无论是工作还是感情方面)可以带来幸福，而幸福本身也可以带来更多的成功。

当其他条件一样时，幸福的人有着更好的人际关系，在工作中表现得更好，活得更好、更长久。幸福是值得去追求的，无论作为目标还是达到目标的方法。

二、什么是幸福

泰勒·本·沙哈尔认为，幸福的定义应该是"快乐与意义的结合"。真正快乐的人，会在自己觉得有意义的生活方式里享受它的点点滴滴。这种解释绝不仅仅限于生命的某些时刻，而是人生的全过程，即使有时经历痛苦的感受，人在总体上仍然可以是幸福的。

我们可以把这个解释与"幸福型"相连：快乐代表现在的美好时光，属于当前的利益；意义则来自于目的，一种未来的利益，如图 10-1 所示。

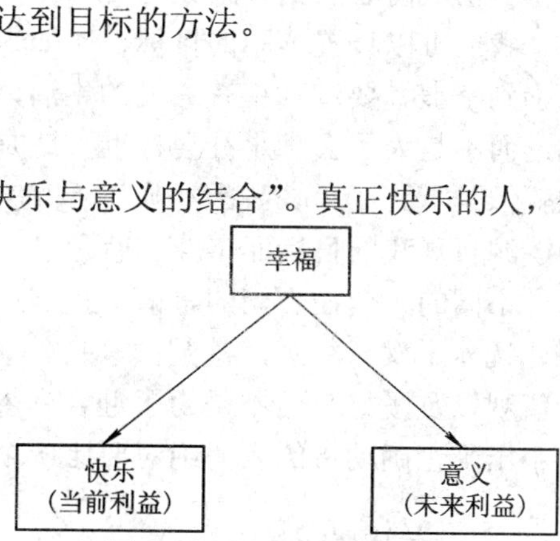

图 10-1　快乐、意义与幸福

(一) 快乐：满意生活的先决条件

感情在我们所有的追求中扮演着一个关键的角色，包括我们对幸福的追求。很难想象一个缺乏感情的生命是什么样子。感情引发行动，它赋予我们行为上的动机。我们的语言就是一种证明——感情、行为与动机都密切地关联在一起。感情把我们带离没有欲望的世界，给了我们一种动机，促使我们行动。

如果我们丧失感情，并因此失去行为的动机，我们将不再对生活心存任何渴望，将对自己的行为与想法及其后果漠不关心。感情是动机的来源，它在我们追求幸福的过程中扮演了一个非常重要的角色。

但是，光有感情是不够的。如果要幸福，我们就必须体验积极的情绪或情感，因为快乐是满意生活的先决条件。正如心理学家纳撒尼尔·布兰登所说：“快乐不是奢侈品，而是一种深层次的心理需要。”在完全没有快乐且频繁感受痛苦的生活中，几乎没有幸福可言。

这里提到的幸福，并不是持续的情绪高涨的状态，我们都会经历情绪上的起伏，虽然生命中不可避免地会有悲伤的情绪，诸如失败或失去的时候，但我们依然可以获得幸福。事实上期盼无时无刻的快乐只会带来失望和不满，并最终导致负面情绪的产生。幸福并不需要一直高涨的情绪，也不是完全没有负面情绪。

一个幸福的人也会有情绪上的起伏，但会在整体上保持一种积极的人生态度。他经常被积极的情绪所推动着，如欢乐和爱，很少被愤怒或内疚这些负面情绪所控制。快乐是常态，而痛苦都只是小插曲。要想真正的幸福，我们必须明白无论遇到怎样的悲伤、考验还是波折，我们都应该为自己本身感到由衷的快乐。

（二）意义：生命的喜悦，真我的呼唤

人类和动物有一个本质区别：人类是有灵性的。在牛津英文词典里，称灵性为“真切地感受到事件的意义”。动物无法去过有灵性的生活，它们行为的意义只限于追求满足和逃避痛苦。

当向往有意义的生活时，我们经常谈到目标感，却忽略目标感其实比设定目标更重要。当然，有目标或者实现目标并不一定保证我们能感受到生存的意义。我们真正需要的是那些让我们从内心感到有意义的目标。

我们可以设置不同的目标，比如得到好成绩、买大房子，当这一切实现后我们仍然可能感到空虚。要过真正有意义的生活，其目标必须是自发的，它是为了实现自我存在的意义，而不是为了去满足社会标准，或是迎合他人的期望。当我们有这种目标感时，那种感觉就像是听到了“真我的呼唤”，即使命感。就像萧伯纳所说，“这才是生命的喜悦，那种为了源自真我的目标而奋斗的感觉。”

不同的人会在不同的事情里找到意义。“真我的呼唤”随时都有可能出现，创业、做义工、抚养子女、行医，甚至做家具。重要的是，我们选择目标时必须要确定它符合自身的价值观以及爱好，而不是为了迎合外界的期望。一个在工作中找到意义与快乐的投资家，一个出于正确动机的人，绝对要比一个心不在焉的和尚要高尚和有意义得多。

三、幸福的方法

（一）自我接纳

人是如此地苛求完美，恐惧失败并顽固抗拒负面情绪——这让我们表现不佳同时也无法感受到幸福。只有完全接纳自己，允许有缺点和烦恼，挣脱完美主义的桎梏，抱着开放的心态，从失败中学习，并接纳负面情绪，才能完全释放我们的潜力，并保有持续的幸福感。

（二）简单生活

通过科学有效的方法，我们可以更好地设定生活和工作的优先级，不是努力做得更多，而是更多地做正确的、重要的事情，这有助于帮助我们简单快乐地奔向成功，享受生活。

(三) 身心合一

身体和心灵，彼此依赖，互为部分，是一个有机整体。紧张、激烈和充满压力的生活环境让我们渐渐远离自己的内心，对生命的感知力，对生活的感受力都在下降。如何把神经系统调校到身心合一的状态，更有效发挥自身能力，重新掌握生命的控制权？经过严格实证的方法是，使参加者学习如何通过意念与身体的协调一致调节情绪和心态，更加有效地应对压力和快速变化的外在环境，让我们更幸福、更健康。

(四) 心怀感恩

外界因素——无论成功还是失败，与我们整体的幸福感几乎没有什么关系。很多人有各种令人信服的理由感到幸福，他们实现梦想、获得成功，却仍然笼罩在愁云惨雾之中。还有一些人，不断地面对不幸和困难，却常常对生活充满感激。悲观主义者眼中只有残缺，而乐观主义者更专注于积极因素。事实证明，通过练习感激生活可以培养乐观主义的生活态度。

(五) 时间管理

手机、互联网、会议、学习、工作、娱乐、睡眠，所有这些让人们常常感到时间的紧迫，这在一定程度上让我们在忙碌一天后感到挫败和沮丧，是时间在控制我们，还是我们在管理时间？有效的时间管理方法能帮助我们恰当地设定生活和工作的优先级——在简单生活的同时，使自己更幸福并更成功。

(六) 目标使命

发自内心的使命感让我们由内焕发出工作的动机和热情，有效地克服倦怠，实现更加明确的自我定位。明确的目标和使命可以帮助我们更加有效地整合内部和外部资源，建立有效的资源系统和行动指南。当组织的目标和愿景有效地与个人的成长目标和内心使命一致时，组织就成为组织成员实现自我成长目标的平台和路径，最终实现组织和个人的共同成长和双赢。

(七) 积极品质

不同个体有一系列不同的个人积极品质，包括认知品质、情感品质、意志品质、人际品质和卓越品质。如果在工作、学习、生活中找到并运用它们，能带来良好的人际互动和工作绩效，从而获得满足感和幸福感。因为使用上述特质时人们会感到兴奋和满足，所以一旦使用此特征后，就会重复使用，而且渴求找出使用此品质的新的方式，以追求其在人生中的价值最大化。

(八) 人际关系

我们如何对待他人，他人如何看待我们以及如何回应，这其中的人际互动对人类的影响远远超出人的想象。良好的人际关系包括深度自我认识及接纳、常持诚恳的态度、有效的倾听和共情、恰当清晰的自我表达等。它是人际的粘合剂和润滑剂，对人际气氛、人际沟通、工作效率及个人与社会的关系均有极大的影响。良好的人际关系可以营造愉悦的人际氛围，明显提高工作满意度。

(九) 优势探索

人生真正的悲哀不在于缺乏足够的能力，而在于未能利用与生俱来的天赋。每个人的天赋都是持久而独特的，每个人的最大成长空间在于他最擅长的领域。试着找出自己最强的部分，通过练习与学习使之加强，然后每天运用这些能力，便能更具生产力、更满足也更成功。卓越不代表全才：成功者很少是全方位人才，但必然特质鲜明。唯有将能力发挥到极致才能脱颖而出，而不仅仅是去改善弱点。能让个人优势得以充分发挥的组织，才能达成卓越。

【情境任务训练】

一、调谐幸福频率

(一) 活动目的

对自己的幸福做出评估，促使同学思考如何才能变得更幸福。

(二) 活动时间

20 分钟。

(三) 活动地点

室内。

(四) 活动道具

幸福表格(见附表)。

(五) 活动程序

(1) 给每位同学发一份《幸福表格》，进行填表说明：写下这一周内你所做的事情，以及你所花的时间。

(2) 对你所做的事情带给你的快乐与意义，从-5 到 5 分进行评分。

(3) 在所有事情所用的时间旁边注明你希望以后用更多还是较少的时间在这件事情上，如果希望用更多的时间就写个“+”，很多时间的话就写“++”，减少就用“–”，保持用“=”。

幸 福 表 格

活　　动	意　义	快　乐	时　间
和家人相处	5	4	2.2 小时，++

二、奋斗的特权

(一) 活动目的

让同学们意识到困难在成长中扮演的角色，它是变成幸福的机会。

(二) 活动时间

20 分钟。

(三) 活动地点

室内。

(四) 活动道具

纸、笔。

(五) 活动程序

(1) 写下一个你所经历过的艰难时期——一次失败或是某段挣扎的时期，对其进行详细描述。

(2) 写下在这个艰难的过程中你所得到的的好处。当然，不必刻意淡化或减轻经历的痛苦。那件事让你变得更有韧性了吗？你学到了重要的东西了吗？你会不会变得更加心怀感恩了呢？你有没有学到其他经验？

(3) 小组交流，集体分享。

【思考、澄清、分享、巩固：幸福就在当下】

我们经常会想，当到达某一个新境界时，就会有成就感，就会得到安宁并迎接幸福。我们会告诉自己，当达到某一个目标时我们可以得到平静。我们告诉自己，大学毕业后这些就会实现，或是在找到好工作赚很多钱、建立了家庭、有了孩子之后，或在达到一些其他人生的目标时。但大多数的情况是，当我们到达了那个目标之后没多久，就会回到基本的幸福感上。如果我们经常焦虑或紧张，就算达成了一些目标，不用多久，那些焦虑和紧张就又会出现了。

“忙碌奔波型”的人通常有一种控制未来的欲望。结果，他们就老是活在未来。他们宁可活在紧张、充满假设性的未来，也不愿意活在平静的、真实的现在。如果我考不好怎么办？如果我无法升职怎么办？如果我无法付房贷怎么办？正如诗人加尔威·金奈尔所说：“他们无法享受当下，反而让对未来的担忧笼罩了一切。”

接着就是那些活在过去的人，他们一样无法去经历当前的事物。他们不断地把不好的过去在脑海里重复地播放着，他们先试了“忙碌奔波型”的生活，接着是“享乐主义型”的，他们不断地沉思：为什么努力经营自己的情感却总是失败？为什么尝试了许多份工作却始终找不到使命感？由于总是把过去不断地重演，由于无法找到不幸福的原因，他们便放弃了幸福的潜力。

与其让自己被过去或未来绑着，我们不如学会去珍惜当前的事物。

一般人对幸福的一个误解是，觉得某一样东西可以最终改变他们的幸福感，比如说一本书或一个老师，一个梦中情人，某件事情的成功，一个奖品或一个伟大的发现。当然，以上的事情确实可以为我们带来很多快乐，但它们都不是永久的。如果相信这些神话，只会导致失望。任何幸福的生活绝不是源于某一件重大的事情或改变，幸福的生活是靠累积而成的，无论是那些刻骨铭心的经历，还是那些点点滴滴的瞬间。

想要实现幸福的生活，想要发挥追求至高财富的潜力，我们首先要做的是去接纳“活在当下”的理念，也就是去关注那些日常生活中的小东西，那些普通的、平常的小事情，比如我们可以从与亲人相处、学习新知识以及工作任务中获得意义和快乐。我们日常生活里这些快乐的事情越多，自然就会更幸福，如此而已。

参考文献

[1] 樊富珉，费俊锋，等. 青年心理十五讲. 北京：北京大学出版社，2006.
[2] 白羽. 改变心力：团体心理训练与潜能开发. 杭州：浙江文艺出版社，2006.
[3] 杨敏毅，鞠瑞利. 学校团体心理游戏教程与案例. 上海：上海科学普及出版社，2006.
[4] 沙哈尔，著，汪冰，等译. 幸福的方法. 北京：当代中国出版社，2007.
[5] 张梅. 心理训练(第二版). 武汉：华中科技大学出版社，2005.
[6] 中国心理卫生协会编写，心理咨询师(基础知识). 2版. 北京：民族出版社，2012.
[7] 中国心理卫生协会，编. 心理咨询师(二级). 2版. 北京：民族出版社，2012.
[8] 中国心理卫生协会，编. 心理咨询师(三级). 2版. 北京：民族出版社，2012.
[9] 樊富珉. 大学生心理素质教程[M]. 北京：北京出版社，2002.
[10] 陈红英，潘丽红. 大学生心理健康教程[M]. 武汉：武汉大学出版社，2008.
[11] 郑洪利. 大学生心理素质教育与训练[M]. 上海：上海大学出版社，2010.
[12] 欧晓霞，曲振国. 大学生心理健康[M]. 北京：清华大学出版社，2006.
[13] 边玉芳. 大学生心理健康[M]. 上海：华东师范大学出版社，2009.
[14] 朱敬先. 健康心理学[M]. 北京：教育科学出版社，2002.
[15] 钱铭怡. 心理咨询与心理治疗[M]. 北京：北京师范大学出版社，2000.
[16] 魏改然，项传军. 大学生心理健康教育[M]. 北京：化学工业出版社，2010.
[17] 孔洁，丛山. 高职大学生心理健康指南[M]. 北京：中国科技大学出版社，2006.
[18] 王登峰. 大学生心理卫生与咨询[M]. 北京：北京大学出版社，1995.
[19] 沈之菲. 生涯心理辅导[M]. 上海：上海教育出版社，2000.
[20] 邓旭阳. 大学生心理发展训练[M]. 北京：北京出版社，2004.
[21] 柏华. EQ情商[M]. 北京：中国文史出版社，1997.
[22] 肖永春，齐亚丽. 成功心理素质训练[M]. 上海：复旦大学出版社，2005.
[23] 孤草. 逆境心理学[M]. 北京：大众文艺出版社，2001.
[24] 吴增强，张建国. 青少年网络成瘾预防与干预[M]. 上海：上海教育出版社，2007.
[25] 邢邦志. 心理素质的养成与训练[M]. 上海：复旦大学出版社，2002.
[26] 顾振中，潘永亮. 实话实说——与大学生谈恋爱观[M]. 呼和浩特：内蒙古科学技术出版社，2003.
[27] 胡德辉. 大学生心理与辅导[M]. 广州：中山大学出版社，2000.
[28] 海云明. 情感智商[M]. 北京：中国城市出版社，1997.
[29] 杨琴珠，朱苓. 大学生心态调节. 合肥：安徽教育出版社，1994.
[30] 陶国富，王祥兴. 大学生网络心理[M]. 上海：立信会计出版社，2004.
[31] 王玲. 大学生心理手册[M]. 广东：暨南大学出版社，2000.
[32] 周家华，王金凤. 大学生心理健康教育[M]. 北京：清华大学出版社，2004.
[33] 吉红，王志锋. 大学生心理健康与调适[M]. 北京：中央编译出版社，2006.